高等学校电气类专业系列教材

继电保护原理

单海欧　主编

王天施　刘智勇　副主编

化学工业出版社

·北京·

内容简介

　　《继电保护原理》为适应高等院校电类专业教学改革实际需要而编写，主要内容有电流保护、距离保护、高频保护，变压器、发电机及母线等保护的基本原理与运行特性分析，对各种继电器的性能、各种继电保护做了系统分析，并介绍了继电保护的新发展。

　　本书可作为高等学校电气工程及其自动化和自动化等相关专业的教材，也可作为相关专业的培训教材或相关工程技术人员的技术参考及学习用书，同时亦可供有关专业从事继电保护工作的科技人员参考。

图书在版编目（CIP）数据

继电保护原理 / 单海欧主编；王天施，刘智勇副主编． —北京：化学工业出版社，2024. 11. —（高等学校电气类专业系列教材）． — ISBN 978-7-122-46874-1

Ⅰ. TM77

中国国家版本馆 CIP 数据核字第 2024RP7828 号

责任编辑：郝英华　　　　　　　文字编辑：吴开亮
责任校对：宋　玮　　　　　　　装帧设计：关　飞

出版发行：化学工业出版社
　　　　　（北京市东城区青年湖南街 13 号　邮政编码 100011）
印　　装：北京云浩印刷有限责任公司
787mm×1092mm　1/16　印张 15　字数 393 千字
2025 年 4 月北京第 1 版第 1 次印刷

购书咨询：010-64518888　　　　售后服务：010-64518899
网　　址：http：//www.cip.com.cn
凡购买本书，如有缺损质量问题，本社销售中心负责调换。

定　　价：58. 00 元　　　　　　版权所有　违者必究

前言

继电保护原理是电气工程及其自动化专业的一门必修课程。通过本课程的学习，可使学生了解继电保护的作用、原理和基本要求，学会常用继电器的校验与整定方法；可训练学生综合运用知识解决复杂继电保护工程问题，使学生掌握输电线路的电流保护、距离保护、纵联保护等的基本原理，了解自动重合闸的基本知识，了解发电机、变压器保护的基本配置及主要保护的基本原理，母线保护的基本原理；掌握电流保护、距离保护的整定计算原则；熟悉功率方向继电器、阻抗继电器的实验方法；掌握继电保护的工作原理、保护配置原则和整定计算方法，并对微机保护有所了解；使学生明确继电保护工作对电力系统安全的重要性，为今后从事实际工作打基础；培养学生树立安全、环保意识，使之具有工程设计能力和创新能力。本课程涉及基础知识多，并与工程实际联系密切，逻辑性强，能帮助学生提高分析问题和解决问题的能力。

本教材面向高等学校电气工程及其自动化专业继电保护原理课程教学需求编写，共设 10 章：开篇明确电力系统继电保护的含义、任务，解析继电保护装置基本原理及组成、基本要求；核心章节深入讲解电流保护、电压保护、距离保护、纵联保护等传统保护原理，详细阐述工作原理、保护配置原则、整定计算方法，以及继电保护技术的最新发展，包括微机保护原理、新型继电器的构造和动作原理等内容。

为契合工学结合、项目驱动的教学改革趋势，教材在每章前设置本章主要内容作为学习要点指引，章末归纳学习小结强化知识脉络，并配备针对性习题巩固所学。同时，教材紧密结合现场工作实际，融入继电保护整定计算基础知识与岗位技能要求，为电力系统继电保护专业人员提供从理论到实践的全面指导，助力读者掌握继电保护核心原理，提升保障电力系统安全稳定运行的专业能力。

本书由单海欧担任主编，王天施、刘智勇担任副主编。刘智勇编写了第 1~4 章；王天施编写第 5、6 章；单海欧编写第 7~10 章。柳强、尹薇薇、张勇参与了各章习题的编写与答案的验证，并对全书内容给予了建议。

因编者水平所限，书中难免存在不妥之处，望广大读者批评指正。

编　者
2025 年 2 月

目录

第4章 电网的电流保护 / 89

绪言

第 1 章

本章主要内容

　　本章首先阐释了电力系统继电保护装置（简称继电保护）的重要作用。为了满足用户对持续、稳定和优质电能的需求，电力系统的运行必须保持高度的稳定性和灵活性。然而，由于各种原因，如设备老化、制造缺陷、自然灾害等，电力系统难免会产生故障。一旦产生故障，如果不能迅速切除故障元件，将会对电力系统和设备造成严重损害，甚至导致系统瓦解。因此，继电保护系统应运而生，其主要任务是自动、灵敏、有选择性地将故障元件从电力系统中切除，使故障损失降到最低。

　　本章列举了电力系统继电保护需要满足的四个基本要求，即选择性、速动性、灵敏性和可靠性；还介绍了继电保护的基本原理，以及继电保护装置的分类；最后对继电保护的发展历程进行了梳理。

1.1　电力系统继电保护的作用

1.1.1　电力系统的运行状态

　　电力系统作为国家的能源支柱系统，承担着向广大用户提供持续、稳定且优质的电能这一至关重要的任务。在人们的日常生活中，无论是一盏照亮道路的路灯，还是家庭常用的电器，背后都是默默运行的电力系统。然而，电力系统在运行过程中，会面临许多挑战。千变万化的运行环境，如天气、负荷的变化等，都会对电力系统的稳定运行产生影响。因此，电力系统的运行状态并非一成不变，而是随着运行条件的变化而变化。

　　电力系统是由各种电气设备组成的联合系统，这些设备按照一定的技术与经济要求，共同完成电能的生产、变换、输送、分配和使用。通常，将这些与电能直接相关的设备称为电力系统的一次设备，如发电机、变压器、断路器、母线、输电线路、补偿电容器、电动机及其他用电设备等。

　　对一次设备的运行状态进行监视、测量、控制和保护的设备，称为电力系统的二次设备。这些设备对电力系统的正常运行至关重要，它们能够对一次设备的运行状态进行实时监控，确保系统的稳定和安全。

由于电能不能大量存储，生产、输送和消费必须在同一时间完成，因此，为了满足这种即时的供需平衡，并且保证电能的质量，电力系统的运行必须保持高度的稳定性和灵活性。

电力系统的运行状态是随时变化的。由于各种原因，如设备老化、制造中的缺陷、自然灾害等，某些设备可能会突然出现故障而无法正常运行。此外，由于负荷水平、出力配置、系统接线等条件的变化，也使电力系统的运行状态时刻发生变化。

这种变化的复杂性在于，电力系统需要在满足负荷需求的同时，确保设备的安全运行。为了达到这个目标，电力系统的运行条件可以用三组方程式来描述。一组微分方程式描述系统元件及其动态控制规律，而另外两组方程式是分别描述电力系统正常运行的等式和不等式约束条件。

等式约束条件是由电能性质本身决定的，也就是说，系统发出的有功功率和无功功率必须在任一时刻与系统中随机变化的负荷功率（包括传输损耗）相等。这确保了电能的供需平衡，是电力系统稳定运行的基础。

$$\sum P_{Gi} - \sum P_{Lj} - \sum P_S = 0 \tag{1-1}$$
$$\sum Q_{Gi} - \sum Q_{Lj} - \sum Q_S = 0 \tag{1-2}$$

式中，P_{Gi}、Q_{Gi} 分别为第 i 台发电机或其他电源设备发出的有功功率和无功功率；P_{Lj}、Q_{Lj} 分别为第 j 个负荷使用的有功功率和无功功率；P_S、Q_S 分别为电力系统中各种有功功率和无功功率损耗。

不等式约束条件涉及供电质量和电气设备运行的安全某些参数，它们应处于安全范围（上限及下限）内，例如

$$S_k \leqslant S_{kmax} \tag{1-3}$$
$$U_{i,min} \leqslant U_i \leqslant U_{i,max} \tag{1-4}$$
$$I_{ij} \leqslant I_{ij,max} \tag{1-5}$$
$$f_{min} \leqslant f \leqslant f_{max} \tag{1-6}$$

式中，S_k、S_{kmax} 分别为发电机、变压器或用电设备的功率及其上限；U_i、$U_{i,max}$、$U_{i,min}$ 分别为母线电压及其上、下限；I_{ij}、$I_{ij,max}$ 分别为输、配电线路中的电流及其上限；f、f_{max}、f_{min} 分别为系统频率及其上、下限。

那么什么是电力系统的运行状态呢？简单来说，它指的是系统在不同的运行条件下，如负荷水平的高低、发电机出力的配置、系统的接线方式及可能发生的故障等，系统与设备的工作状况。这些工作状况是反映电力系统运行状态的重要指标，对于保证电力系统的稳定和安全至关重要。

电力系统的运行状态根据是否正常运行，可以进一步细分为正常状态、不正常状态和故障状态。正常状态是指电力系统的各个部分都在正常运行，能满足用户的需求，而且没有出现任何故障或隐患；不正常状态则是指系统在某些情况下偏离了正常运行状态，但仍能为用户提供电能；而故障状态是电力系统出现了明显的故障，无法正常运行，可能会影响到电能的供应。

为了确保电力系统的稳定运行，人们采取了多种措施。其中，电力系统运行控制是关键的一环。它的主要目标是通过自动控制和人工控制的结合，使系统尽快摆脱不正常状态和故障状态，确保系统能够长时间保持在正常状态。这种控制不仅涉及电力系统的技术方面，还涉及管理和调度等多个方面。只有这样，才能确保电力系统的稳定和安全，满足广大用户对优质电能的需求。

（1）正常状态

在正常状态下，电力系统能够以充足的电功率来满足各类负荷对电能的需求。其中，发

电、输电和用电设备都严格符合长期安全工作的标准，确保了系统的稳定运行。电力系统的母线电压和频率都维持在允许的偏差范围内，以为用户提供优质的电能。

通常，正常状态的电力系统，其发电、输电和变电设备还会留有一定的备用容量。这种设计能够轻松应对负荷的随机变化，确保系统在安全的基础上实现经济运行。即使面临一些常见的干扰，如部分设备的正常或不正常操作，电力系统都能从容应对，从一个正常状态或不正常状态或故障状态，通过预设的控制程序，平稳过渡到另一个正常状态。这样，就能避免许多可能的有害后果，确保电力系统的持续、稳定运行。

（2）不正常状态

电力系统的不正常状态，是指由于各种原因导致系统正常工作受到干扰，从而使运行参数出现异常的运行状态。这些原因可能包括负荷超过电力设备的额定上限，导致电流加大，这种情况称为过负荷；当系统中出现功率缺额时，频率可能会降低；如果发电机突然甩负荷，那么其频率可能会升高；在某些中性点不接地或非有效接地的系统中，如果出现单相接地故障，则非接地相对地电压可能会升高。此外，电力系统发生振荡也是一种不正常状态。以上这些原因都可能对电力系统的稳定性和安全性产生负面影响，因此需要及时采取措施进行解决。

（3）故障状态

在电力系统的所有一次设备的运行过程中，由于各种原因，如外力、绝缘老化、过电压、误操作或设计制造缺陷，都可能导致各种故障的发生。其中，短路和断线是最常见的故障类型。短路可以根据其发生的形式分为三相短路、两相短路、两相接地短路和单相接地短路，这些是最常见、最危险的故障。当发生短路时，会产生以下后果。

① 通过故障点的短路电流和电弧可能会严重损坏故障元件和设备，甚至引发火灾或爆炸等更严重的后果。这不仅对设备造成损害，也对人员的生命安全构成威胁。

② 从电源到短路点流过的短路电流会产生发热和电动力效应，这可能会进一步损坏该路径中的非故障元件和设备。

③ 靠近故障点的地区电压可能会大幅下降，影响用户的正常用电，并可能会对生产、生活产生负面影响。这种电压下降还可能会对工业生产设备和家用电器等造成影响，影响广泛。

④ 短路还可能破坏电力系统中各发电厂之间的并列运行的稳定性，引发系统振荡，甚至导致系统瓦解、崩溃，这对整个电力系统的稳定运行是致命的打击。

在电力系统中，无论是正常状态还是故障状态，都有可能引发事故。事故是指电力系统的正常运行遭到破坏，导致对用户少送电或电能质量变坏到不能允许的程度，甚至可能造成人身伤亡和电气设备损坏。系统事故往往是由设备制造缺陷、设计和安装错误、检修质量不高或运行维护不当所引起的。因此，应提高设计和运行水平，以及制造与安装质量，以尽可能减少事故发生的概率，将事故消除在萌芽状态。

然而，完全避免系统故障和不正常状态是不可能的。一旦发生故障，它将以近似光速的速度影响其他非故障设备，甚至引发新的故障。为了防止系统问题扩大，保证非故障部分仍能可靠供电，并维持电力系统运行的稳定性，需要迅速且有选择性地切除故障设备。切除故障的时间有时要求非常短，短到十分之几秒甚至百分之几秒。显然，在这样短的时间内，由运行人员发现故障设备并将之切除是不现实的，因此，必须借助安装在电气设备上的自动装置即继电保护装置来实现这一目标。

1.1.2　继电保护的作用和任务

随着自动化技术的不断发展，电力系统的正常运行、故障期间的应对措施及故障后的恢复过程都日趋自动化。这些自动控制的装备主要分为两大类。一类是为了保证电力系统正常运行的经济性和电能质量，主要用于电能生产过程的连续、自动调节。这种装备的调节动作速度相对较慢，但稳定性高，通常以整个电力系统或其中的一部分作为调节对象。这便是通常所说的"电力系统自动化（控制）"。

而另一类装备主要用于电网或电力设备发生故障，或出现影响安全运行的异常情况时的快速应对。它能够自动切除故障设备并消除异常情况，其动作速度快，性质是非调节性的。这便是通常所说的"电力系统继电保护与安全自动装置"。

为了在故障后迅速恢复电力系统的正常运行，或者尽快消除运行中的异常情况，防止大面积停电和保证对重要用户的连续供电，通常采用一系列的自动化措施。例如，输电线路的自动重合闸、备用电源的自动投入、低电压负荷、按频率自动减负荷、电气制动、振荡解列，以及为维持系统的暂态稳定而配备的稳定性紧急控制系统等。完成这些任务的自动装置统称为电网安全自动装置。

在电力系统中，一旦发电机、变压器、输电线路、母线及用电设备发生故障，迅速而有选择性地切除故障设备，既能保护电力设备免遭进一步破坏，又能提高电力系统运行的稳定性，这是保证电力系统及其设备安全运行的最有效方法之一。切除故障设备的时间通常要求非常短，短到几十毫秒到几百毫秒。实践证明，只有在所有电气设备上装设继电保护装置，才有可能完成这个任务。

继电保护（relay protection）装置是指能反映电力系统中电气设备发生故障或不正常状态，并使断路器跳闸或发出信号的自动装置。而电力系统继电保护是指利用继电保护技术，由各种继电保护装置组成的维护系统，是包括继电保护的原理设计、配置、整定、调试等技术，也包括获取电气信息的电压互感器、电流互感器二次回路，从继电保护装置到断路器跳闸线圈的一整套具体设备。如果需要利用通信技术传送信息，还包括通信设备。

电力系统继电保护的基本任务如下所述。

① 自动、灵敏、有选择性地将故障设备从电力系统中切除，使故障设备的损坏程度降到最低。

② 反映电力设备的不正常状态，并根据运行维护条件动作于发出信号或跳闸。一般不要求立即动作，而是根据对电力系统及其设备的危害程度规定一定的延时，以免短暂的运行波动造成不必要的保护动作，同时避免干扰引起的保护误动。

1.2 电力系统继电保护的基本要求

动作于跳闸的继电保护，在技术上应满足以下四个基本要求，以确保电力系统的稳定运行。

① 选择性。当电力系统出现故障时，继电保护应仅将故障设备从系统中切除，从而尽量减小对其他设备的干扰。这样可以确保非故障部分的正常运行，降低因故障导致的损失。

② 速动性。继电保护应快速地响应和动作，以减少故障对电力设备和系统的破坏。快速切除故障可以降低设备的损坏程度，提高电力系统的稳定性。

③ 灵敏性。继电保护应具有足够的灵敏度，以便在系统发生故障时能够准确、快速地响应。灵敏度决定了继电保护装置的反应速度和准确性，是评价继电保护性能的重要指标。

④ 可靠性。继电保护必须可靠地工作，避免误动作或拒动作。误动作可能导致正常的设备被切除，而拒动作可能使故障设备无法得到及时切除，影响电力系统的正常运行。因此，提高继电保护的可靠性是确保电力系统稳定运行的关键。

综上所述，为了满足这四项基本要求，继电保护装置在设计和配置时应充分考虑电力系统的特性、设备参数及运行条件等因素。同时，定期的维护和检查也是保证继电保护可靠运行的重要措施。

（1）选择性

选择性是指继电保护装置动作时，仅将故障元件从电力系统中切除，保证系统中非故障元件仍然继续运行，尽量缩小停电范围。单侧电源网络中有选择性动作的说明如图 1-1 所示。

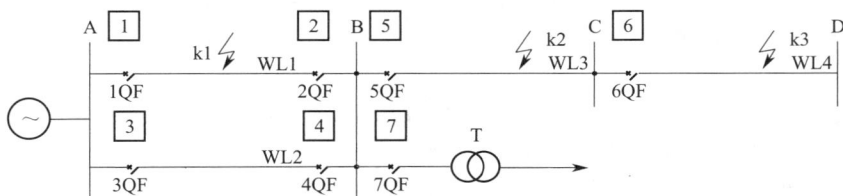

图 1-1　单侧电源网络中有选择性动作的说明

当 k3 点发生短路故障时，按照电力系统的保护逻辑，应由距离短路点 k3 最近的保护装置 6 动作。此时，6QF 断路器会执行跳闸操作，将故障线路 WL4 从系统中切除，从而防止故障的进一步扩大。这样，变电所 D 将会停电，但这是为了防止故障的扩散，属于必要的措施。

然而，当 k1 点发生短路时，保护装置 1 和 2 会同时动作，1QF 和 2QF 断路器执行跳闸操作，从而快速地切除故障线路 WL1。这样，变电所 B 仍可以通过线路 WL2 继续为用户供电，不会中断供电。这充分发挥了继电保护选择性的优势，通过有选择性地切除故障线路，可以将停电范围限制到最小，甚至可以做到不中断向用户供电。

在考虑继电保护的选择性时，还必须认识到继电保护装置或断路器因自身故障而失灵（简称拒动）的可能性。因此，后备保护的问题也是必须要考虑的。仍以图 1-1 为例，当 k3 点发生短路时，尽管保护装置 6 应该动作，但由于某种原因，它可能拒动。此时，保护装置 5 会作为后备保护装置动作，切除故障线路 WL4。这种后备保护作用在远方实现，因此也被称为远后备保护。同样的道理，保护装置 1～4 作为保护装置 5 的远后备保护。

一般来说，那些能快速反映被保护设备严重故障并动作于跳闸的保护装置被称为主保护装置；而那些在主保护装置失效时作为备用的保护装置被称为后备保护装置。在复杂的电力系统中，实现远后备保护可能会遇到困难，这时可以考虑采用近后备保护方式，即在本设备的主保护装置拒动时，由本设备的另一套保护装置作为后备保护装置。如当断路器拒绝动作时，可以由同一发电厂或变电所内的相关断路器动作来实现后备保护。

为了实现这一目标，每一设备都需要装设单独的主保护装置和后备保护装置，同时还需要给设备装设断路器失灵保护装置。由于这种后备保护是在保护装置的安装处实现的，因此也被称为近后备保护。

虽然近后备保护是一种有效的后备保护方式，但由于远后备保护能对相邻设备的保护装置、断路器、二次回路和直流电源的拒动起到后备保护作用，并且实现简单、经济，因此应优先采用远后备保护方式。只有当远后备保护不能满足要求时，才考虑采用近后备保护方式。

（2）速动性（快速性）

快速切除故障对于提高电力系统并列运行的稳定性至关重要。当电力系统发生故障时，迅速切除故障可以避免故障的扩大，减少对整个系统的影响。另外，快速切除故障还可以减少用户在电压降低情况下的用电时间，保障用户的正常用电。同时，快速切除故障还可以降低故障元件的损坏程度，减少维修成本和时间。

为了实现快速切除故障的目标，保护装置的设计和配置尤为重要。能够迅速动作且同时满足选择性要求的保护装置，其结构通常较为复杂，价格也相对较高。但在一些特定情况下，允许保护装置带有一定的时限以切除故障的元件。这是考虑到在实际情况中，保护装置的快速性和选择性有时难以同时满足，需要做出一定的折中。

因此，对于继电保护速动性的具体要求，应根据电力系统的接线及被保护设备的具体情况来确定。例如，对于一些关键的设备或线路，要求保护装置能够更快地切除故障；而对于一些次要的设备或线路，可以适当放宽对速动性的要求。需要快速动作的故障如下。

① 根据维持系统稳定性的要求，必须快速切除高压输电线路上发生的故障。

② 使发电厂或重要用户的母线电压低于允许值（一般为额定电压的70%）的故障。

③ 大容量的发电机、变压器及电动机内部发生的故障。

④ 1～10kV线路导线截面面积过小，为避免过热不允许延时切除的故障。

⑤ 可能危及人身安全，对通信系统或铁路信号系统有强烈电磁干扰的故障等。

故障切除的总时间等于保护装置和断路器的动作时间之和。一般快速保护装置的动作时间为 $0.02\sim0.04s$，最快可达 $0.01\sim0.02s$；一般断路器的动作时间为 $0.06\sim0.15s$，最快可达 $0.02\sim0.04s$。

（3）灵敏性

保护装置对其保护范围内的故障或不正常状态的反应能力称为灵敏性。衡量灵敏性的物理量为灵敏系数。这个系数是在确定了保护装置测量元件的动作值后，按照最不利的运行方式、故障类型，以及保护范围内的指定点发生故障的情况进行校验的，并满足相关的标准。

值得注意的是，灵敏系数并不是一个固定的值，它主要取决于被保护设备和电力系统的参数，以及实际的运行方式。这意味着在不同的条件下，同一个保护装置的灵敏系数可能会有所不同。

一个满足灵敏性要求的保护装置，在事先规定的保护范围内发生故障时，应当不论短路的类型、位置，还是短路点是否有过渡电阻，都能敏锐感知并做出正确的反应。

（4）可靠性

保护装置的可靠性是指在其规定的保护范围内，当发生其应该做出保护动作的故障时，它不会拒动；当保护动作不应该做出时，它也不会错误动作。

继电保护装置的误动和拒动都会对电力系统造成严重的危害。然而，采取提高其不误动和不拒动可靠性的措施往往是相互矛盾的。由于不同电力系统的结构和负荷性质各不相同，误动和拒动的危害程度也有所不同，因此，在各种情况下，提高保护装置可靠性的重点也有所不同。

例如，当电力系统中存在充足的旋转备用容量、输电线路众多、各系统之间及电源与负荷之间紧密相连时，如果继电保护装置发生误动，导致发电机、变压器或输电线路被切除，对电力系统的影响可能不大。但如果发电机、变压器或输电线路发生故障，继电保护装置出现拒动，可能会导致设备损坏或破坏系统的稳定运行，造成巨大的损失。在这种情况下，提高继电保护不拒动的可靠性比提高不误动的可靠性更为重要。

相反地，如果电力系统的旋转备用容量较少，以及各系统之间和电源与负荷之间的联系比较少，继电保护装置的误动可能导致发电机、变压器或某输电线路被切除，从而引起对负荷供电的中断，甚至破坏系统的稳定性，造成巨大的损失。而当某一保护装置出现拒动时，其后备保护仍可以动作，切除故障。在这种情况下，提高保护装置不误动的可靠性比提高其不拒动的可靠性更为重要。

由此可见，提高保护装置的可靠性需要根据电力系统及负荷的具体情况采取适当的对策。在制定保护方案和配置保护装置时，需要全面考虑电力系统的运行特点、负荷要求、设备状况及地区供电需求，确保保护装置能够在各种情况下发挥其应有的作用。

许多学者将不误动的可靠性称为"安全性"（security），而将不拒动和不会非选择动作的可靠性称为"可信赖性"（reliability）。这两者共同构成了可靠性的两个方面。为了提高保护装置的可信赖性，可以采用二中取一的双重化方案。然而，这种方案可能会降低保护装置的安全性。为了同时提高可信赖性和安全性，特别是在大容量发电机组的保护中，可以采用三中取二的双重化方案，或者双倍的二中取一双重化方案。

保护装置的可靠性主要取决于其自身的质量和运行维护水平。一般来说，保护装置组成元件的质量越高，接线越简单，回路中继电器的触点数量越少，可靠性就越高。此外，正确的设计和整定计算，以及保证安装、调整、试验的质量和高运行维护水平，对于提高保护装置的可靠性也具有重要作用。

对于一个确定的保护装置在一个确定的系统中运行而言，在继电保护整定计算中，一般使用可靠系数来校核保护装置是否满足可靠性的要求。在国家或行业制定的继电保护整定计算规程中，对各类保护的可靠系数都做了具体规定。

以上四个基本要求是分析、研究继电保护性能的基础，也是贯穿全书的一条基本线索。它们之间既有矛盾的一面，又有在一定条件下统一的一面。如何处理好这四个基本要求之间的辩证统一关系，是继电保护科学地研究、设计、制造和运行的核心工作。

1.3 电力系统继电保护的基本原理与分类

1.3.1 继电保护的基本原理

要完成电力系统继电保护的基本任务，首先需要准确地"区分"电力系统的正常状态、不正常状态和故障状态，并"甄别"出发生故障和出现异常的设备。为了实现这一目标，必须寻找电力设备在这三种运行状态下的可测参量（继电保护主要测电气量）的"差异"。这些可测参量的差异提供了区分正常状态、不正常状态和故障状态的关键信息。

电气量是继电保护的主要测量参数，如相电流、序电流、功率及其方向等。这些电气量在不同运行状态下呈现出明显的差异。例如，正常运行时，电流和电压的幅值、相位和波形等特征可能与故障状态时有所不同。通过测量和分析这些电气量的变化，就可以快速、准确地"区分"正常状态、不正常状态和故障状态。

依据不同可测电气量的差异，可以构建不同原理的继电保护装置。目前已经发现了许多在不同运行状态下具有明显差异的电气量，如流过电力设备的相电流、序电流、功率及其方向；设备的运行相电压幅值、序电压幅值；设备的电压与电流的比值即"测量阻抗"等。

更为重要的是，发现并正确利用能可靠区分三种运行状态的可测量或参量的新差异，就可以形成新的继电保护原理。这为继电保护技术的发展和创新提供了无限的可能。随着科技的不断进步，有望看到更多基于新原理的继电保护装置的出现，为电力系统的安全、稳定运行提供更加可靠的保障。

如图 1-2（a）所示我国常用的 110kV 及以下单侧电源供电网络，在正常运行时，每条线路上都流过由它提供的负荷电流 $\dot{I}_\text{L}$，越靠近电源端，负荷电流越大。假定在线路 B-C 上发生三相短路[图 1-2（b）]，从电源到短路点将流过很大的短路电流 $\dot{I}_\text{k}$。利用流过被保护设备电流的幅值的增大，可以构成过电流保护。

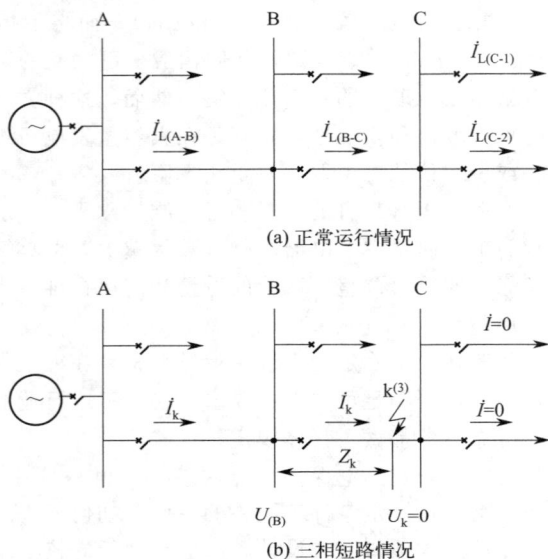

（a）正常运行情况

（b）三相短路情况

图 1-2　单侧电源供电网络接线

在正常状态下，各变电所母线上的电压通常保持有额定电压的 ±（5%～10%）范围的波动。而且，靠近电源端母线上的电压会略高一些。然而，当发生短路时，各变电所母线电压会有不同程度的降低。离短路点越近，电压降得越低，甚至短路点的相间电压或对地电压降低到零。这种短路时电压幅值的降低可以被用来构成低电压保护。同样地，在正常运行时，线路始端的电压与电流之比反映的是该线路与供电负荷的等值阻抗及负荷阻抗角（功率因数角）。这个值一般较大，阻抗角较小。然而，发生短路后，线路始端的电压与电流之比反映的是该测量点到短路点之间线路段的阻抗。这个值较小，如果不考虑分布电容，它通常正比于该线路段的距离（长度）。此时的阻抗角变为线路阻抗角，通常较大。这种测量阻抗幅值的降低和阻抗角的变大可以被用来构成距离（低阻抗）保护。

如果发生的不是三相对称短路，而是不对称短路，那么在供电网络中会出现某些不对称分量，如负序或零序电流和电压等，并且其幅值较大。而在正常运行时，系统是对称的，负序和零序分量不会出现。利用这些序分量构成的保护通常具有良好的选择性和灵敏性，因此得到了广泛的应用。

短路点到电源之间的所有设备中，其电气量在正常运行时与短路时存在一定的差异。利用这些差异，可以构成保护装置。在短路时，这些保护装置都有可能做出反应，但需要进一步甄别，确定是否为发生短路的设备。如果是发生短路的设备，保护装置将动作，跳开该设备，从而切除故障；如果是短路点到电源之间的非故障设备，保护装置则可靠不动作。为了实现这一目标，常用的方法是预先给定各电力设备保护装置的保护范围，然后计算出保护范围末端发生短路时的电气量，并考虑适当的可靠性裕度，以此作为保护装置的动作整定值。当短路发生时，将测得的电气量与该动作整定值进行比较，以判断是否为本设备短路。然而，当故障发生在本线路末端与下级线路的首端时，在本线路首端测得的电气量差别可能不大。为了确保本线路的短路能被快速切除，而下级线路在短路时不动作，快速动作的保护装置只能保护本线路的一部分。对于末端的短路，则采用慢速保护装置，只有在下级线路的快速保护装置不动作时，才会切除本级线路。这种利用单端电气量的保护方法需要上、下级保护（离电源的近、远）在动作整定值和动作时间上相互配合，才能完成切除任意点短路的保护任务。这种特性被称为阶段式保护特性。通过这样的配合与协作，能够有效地切除各种短路故障，确保电力系统的安全与稳定运行。

双侧电源供电网络接线如图 1-3 所示。

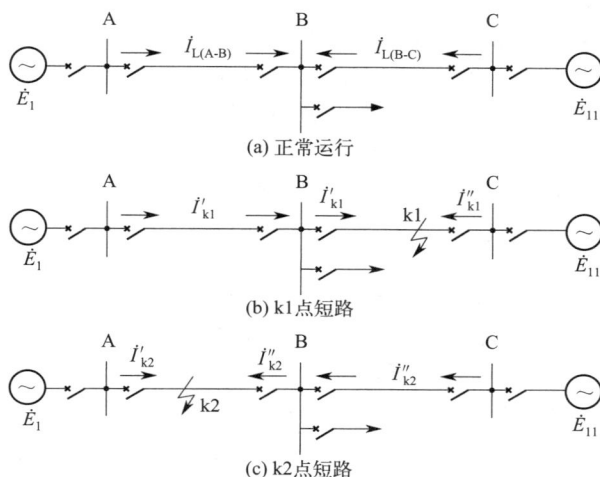

图 1-3　双侧电源供电网络接线

对于 220kV 及以上多侧电源供电的网络中的任一电力设备，如线路 A-B，在正常运行时，负荷电流总是从一侧流入，从另一侧流出。假设电流的正方向是从母线流向线路，那么 A-B 两侧的电流大小相等，相位相差 180°，因此两侧电流的相量和为零。这一规律是建立在被保护的线路 A-B 内部没有短路的前提下的。然而，当线路 A-B 内部发生短路时，如在 k2 点发生短路，两侧电源会分别向短路点供给短路电流 $\dot{I}'_{k2}$ 和 $\dot{I}''_{k2}$。此时，线路 A-B 两侧的电流都是由母线流向线路，两个电流一般不相等。在理想条件下（两侧电动势同相位且全系统的阻抗角相等），两个电流同相位，两个电流的相量和等于短路点的总电流，其值较大。这一特性对于保护装置的响应和动作具有重要的意义。因为一旦发生内部短路，保护装置需要快速、准确地识别并切除故障，以防止故障扩大或对设备造成更大的破坏。通过了解和利用正常运行和内部短路时的电气量的差异，可以设计出更可靠、更有效的保护方案和策略。

利用每个电力设备在内部短路与外部短路时两侧电流相量的差别，可以构成电流差动保护。这种保护装置能够准确区分内部短路和外部短路，从而快速切除故障。同样地，利用两侧电流相位的差别可以构成电流相位差动保护，利用两侧功率方向的差别可以构成方向比较式纵联保护。另外，利用两侧测量阻抗的大小和方向等还可以构成其他原理的纵联保护。这种利用某种通信通道同时比较被保护设备两侧正常运行与故障运行时电气量的差异的保护称为纵联保护。它们仅在被保护设备内部故障时动作，能够快速切除被保护设备内部任意点的故障，因此被认为具有绝对的选择性。这类保护装置常被用作 220kV 及以上输电网络和较大容量发电机、变压器、电动机等的主保护。

除了上述基于电气量变化的保护外,还可以根据电力设备的特点实现反映非电量特征的保护。例如,当变压器油箱内部的绕组短路时,变压器油受热分解产生气体,构成瓦斯保护;电动机绕组温度升高,构成过热保护等。这些非电量特征的保护同样对电力系统的安全运行具有重要的意义。

1.3.2 继电保护装置的分类

电力系统继电保护是独立于电力系统自动化的一个重要领域。继电器本质上是一种自动控制装置,根据动作原理,可以分为电磁型继电器、感应型继电器和整流型继电器等;根据所反映的物理量,可以分为电流继电器、电压继电器、功率方向继电器和阻抗继电器等;根据在保护装置中的作用,可以分为主继电器(如电流继电器、电压继电器、阻抗继电器等)和辅助继电器(如中间继电器、时间继电器和信号继电器等);根据控制过程中信号的不同,可以分为模拟型继电器和数字型继电器两类。20 世纪 70 年代之前,常规继电保护装置都属于模拟型。而从 20 世纪 70 年代开始,随着微机技术的发展,数字型继电保护装置开始得到广泛应用。尽管这两类保护装置的基本原理相似,但它们的实现方法和构造存在显著差异。

模拟型继电保护装置根据实现技术的不同,又可以分为机电型和静态型两类。

① 机电型继电保护装置。这种保护装置由多个具有不同功能的机电型继电器组成。这些继电器基于电磁力或电磁感应原理工作,当加入的物理量达到某个预定值时,就会发生动作。每个继电器由感受元件、比较元件和执行元件三个主要部分组成。感受元件用于测量控制量的变化,并将其传递到比较元件;比较元件将接收到的控制量与整定值进行比较,并将比较结果传递到执行元件;执行元件则负责执行继电器的动作并输出信号。

② 静态型继电保护装置。这种装置使用晶体管或集成电路等电子元件来实现其功能。它由多个具有不同功能的回路(如测量回路、比较回路、触发回路、延时回路、逻辑回路和输出回路)组成,具有体积小、重量轻、功耗低、灵敏度高、动作速度快、不怕振动及可以实现无触点等特点。

1.3.3 继电保护装置的构成

一般继电保护装置由三个主要部分组成,即测量比较元件、逻辑判断元件和执行输出元件,如图 1-4 所示。

相应输入量 → 测量比较元件 → 逻辑判断元件 → 执行输出元件 → 跳闸或信号

图 1-4 继电保护装置的组成方框图

(1)测量比较元件

测量比较元件用于测量被保护电力设备的物理参量,并与预设值进行比较。根据比较结果,该元件会给出"是""非"("0""1")性质的逻辑信号,从而判断保护装置是否需要启动。常见的测量比较元件如下。

a. 过量继电器:当被测电气量超过给定值时动作。如过电流继电器、过电压继电器和高周波继电器等。

b. 欠量继电器：当被测电气量低于给定值时动作。如低电压继电器、阻抗继电器和低周波继电器等。

c. 功率方向继电器：根据被测电压、电流之间的相位角是否满足一定值来动作。

（2）逻辑判断元件

逻辑判断元件根据测量比较元件输出的逻辑信号的性质、先后顺序和持续时间等，使保护装置按照一定的逻辑关系判定故障的类型和范围，然后决定是否需要使断路器跳闸、发出信号或不动作，并将相应的指令传递给执行输出元件。

（3）执行输出元件

执行输出元件根据逻辑判断元件传来的指令执行相应的动作。如果需要，它会发出跳开断路器的跳闸脉冲，并发出相应的动作信息、警报，如不需要，则其不动作。

通过这三个部分的协同工作，继电保护装置能够在电力系统中快速、准确地检测和隔离故障，确保电力系统的安全、稳定运行。

1.3.4　继电保护的工作回路

为了完成继电保护的工作任务，除了继电保护本身外，还需要继电保护工作回路的正确运行。这个回路包括以下几个关键部分。

① 电流互感器、电压互感器：这些设备将一次设备的电流和电压线性地转换为适合继电保护等二次设备使用的电流和电压，并确保一次设备与二次设备之间隔离。

② 电缆：连接互感器与保护装置、断路器跳闸线圈及指示设备。

③ 信号设备：用于指示保护装置是否动作。

④ 工作电源：为保护装置、跳闸和信号回路提供电源。

图 1-5 展示了一个简单的过电流保护工作回路原理接线图。当电流互感器 TA 将一次额定电流转换为二次额定电流后，将其送入电流继电器 KA（测量比较元件）。如果流过电流继电器的电流大于其预定的动作值，则输出启动时间继电器 KT（逻辑判断元件）的信号。经过预定的延时（逻辑运算后），时间继电器的输出启动中间继电器 KM（执行输出元件），并使其触点闭合，从而接通断路器的跳闸回路并使信号继电器 KS 发出动作信号。

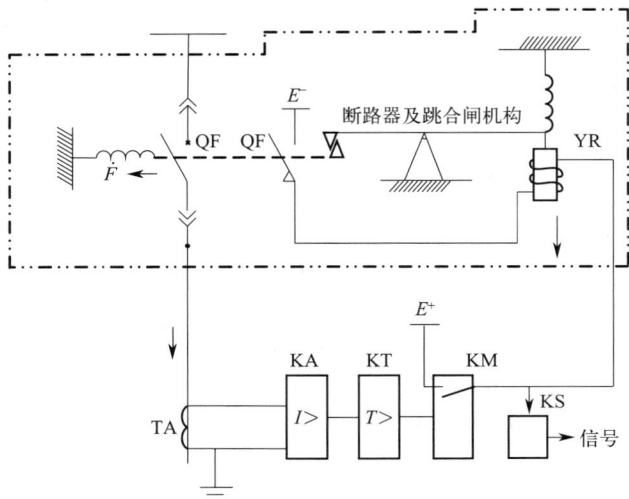

图 1-5　过电流保护工作回路原理接线图

在正常运行时，由于负荷电流小于电流继电器的整定电流，电流继电器不会动作，整套保护也不会动作。然而，当被保护的线路发生短路时，线路中的短路电流（通常是额定负荷电流的数倍至数十倍）会使电流互感器二次侧输出的电流增大，流过电流继电器的电流大于整定电流，从而使其动作。这会启动时间继电器，经过预定的延时后，时间继电器的触点闭合，启动中间继电器。中间继电器的触点瞬时闭合，当断路器 QF 处于合闸位置时，其位置触点 QF 是闭合的，使断路器的跳闸线圈 YR 带电。在电磁力的作用下，脱扣机构释放，断路器在跳闸弹簧力 F 的作用下跳开，故障设备被切除，短路电流消失，电流继电器复位，整套保护装置复位，做好下次动作的准备。

由此可见，为了安全、可靠地完成继电保护的工作任务，继电保护回路中的每一个元件及其连线都必须时刻保持正常状态。

1.3.5　电力系统继电保护的工作配合

在电力系统中，每套继电保护装置都有其特定的保护范围，也称为保护区。这个范围是根据特定的原则严格划定的，以确保在发生故障时，只有相关的保护装置能够可靠地动作。保护范围的划分是为了确保故障能够被快速、准确地切除，同时尽量减少停电范围和对系统正常运行的影响。保护范围的划分通常借助断路器来实现。在图 1-6 中，可以看到一个简单电力系统的部分电力设备的保护区是如何划分的。每个虚线框代表一个保护区。由图 1-6 可知，发电机保护区与低压母线保护区、低压母线保护区与变压器保护区等上下级电力设备的保护区是重叠的，这是为了保证无论在哪个位置发生故障，都能被相应的保护装置所覆盖。但重叠区域应尽可能小，因为在重叠区内发生故障会导致两个保护范围内的断路器都跳闸，从而扩大停电范围。

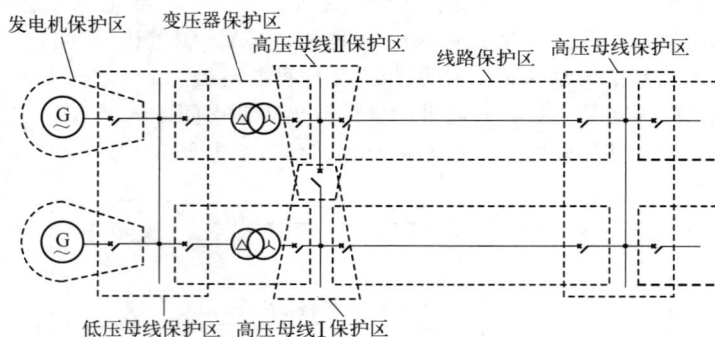

图 1-6　保护范围和配合关系示意图

为了确保故障设备能够从电力系统中被快速切除，每个重要的电力设备通常配备两套保护装置：一套主保护和一套后备保护。图 1-6 中展示的即为各电力设备的主保护区和后备保护区。主保护主要用于快速切除故障，而后备保护在主保护拒动或其他相关环节出现问题时作为补充，确保故障能够被切除。通过这样的配置和保护区的划分，电力系统能够在发生故障时迅速做出反应，最大限度地减少停电范围和影响，确保系统的稳定运行。

在电力系统中，为确保系统稳定运行，每个重要的设备都必须配备至少两套保护装置。对于下级电力设备，其后备保护通常安装在上级（近电源侧）设备的断路器处，称为远后备保护。当多个电源向该设备供电时，需要在所有电源侧的上级设备处配置远后备保护。虽然远后备保护能够解决所有故障设备不能切除的问题，但由于其动作将切除所有上级电源侧的断路器，可能导致事故扩大，因此，在高压电网中，远后备保护往往不能满足灵敏度的要求，所以采用近后备附加断路器失灵保护的方案。

近后备保护与主保护安装在同一断路器处，当主保护拒动时，由后备保护启动断路器跳闸；当断路器失灵时，断路器失灵保护启动，跳开所有与故障设备相连的电源侧断路器。虽然近后备保护可以切除故障，但一般会扩大故障造成的影响。为了尽量缩小故障对电力系统正常运行的影响，应保证主保护快速切除任何类型的故障，而后备保护一般都延时动作，等待主保护确实不动作后才动作。因此，主保护与后备保护之间存在动作时间和动作灵敏度的配合。

现代电力系统离不开完善的继电保护系统。没有安装保护的电力设备不允许接入电力系统工作。对于由成千上万个电力设备组成的现代电力系统，如何配置保护、配备几套继电保护以及各设备间如何配合，需要根据设备的重要性和对电力系统的影响等因素而确定。在GB/T 14285—2023《继电保护和安全自动装置技术规程》中已做出明确规定。

1.4 继电保护发展历史及现状

电力系统继电保护技术是随着电力系统的发展而不断进步的。从电力系统诞生之初，保护技术就与之相伴、共同发展。对于电力系统的正常运行，继电保护技术起着至关重要的作用。

随着电力系统的不断发展，短路故障成为不可避免的问题。短路故障点会产生极大的短路电流和电弧，这会严重损坏故障设备。为了防止电力设备受到短路电流的破坏，最初采取过电流保护措施。当电流超过一定预定值时，过电流保护装置就会启动，切断电流，保护设备。熔断器是最早出现的、最简单的过电流保护装置，直到今天，它仍然被广泛应用于低压线路和用电设备中。然而，随着电力系统规模的扩大，发电厂、变电所和供电网络的接线越来越复杂，正常工作电流和短路电流都在不断增大，单纯依靠熔断器已经无法满足选择性、速动性的要求。因此，人们开始研制作用于专门的断流装置——断路器的过电流继电器。

19世纪90年代，出现了一次式的电磁型过电流继电器，它安装在断路器上，直接作用于断路器。到了20世纪初，随着电力系统的发展，二次式继电器开始广泛应用于电力系统的保护。这个时期被视为继电保护技术发展的开端。随着技术的进步，各种新型的继电保护装置陆续出现。1901年，感应型过电流继电器问世；1908年，提出了比较被保护设备两端电流的差动保护原理；1910年，方向型电流保护开始得到应用，同时出现了将电流与电压进行比较的保护原理，并促进了距离保护的出现。随着电力系统载波通信的发展，高频保护装置开始出现。1927年前后，利用高压输电线上高频载波电流传送和比较输电线两端功率方向或相位的高频保护装置被研制出来。到了20世纪50年代，微波中继通信开始应用于电力系统，利用微波传送和比较输电线两端故障电气量的微波保护也随之出现。同时，人们提出了利用故障点产生的行波实现快速继电保护的设想。经过20余年的研究，行波保护装置终于诞生。如今，随着光纤通信在电力系统中被大量采用，利用光纤通道的继电保护已经得到广泛的应用。

与此同时，构成继电保护装置的元件、材料，以及保护装置的结构形式和制造工艺也经历了巨大的变革。在20世纪50年代以前，继电保护装置主要由电磁型继电器、感应型继电器或电动型继电器组成，这些继电器统称为机电式继电器。由这些继电器组成的继电保护装置被称为机电式保护装置。

随着半导体晶体管在20世纪50年代的快速发展，晶体管式继电保护装置开始出现，也被称为电子式静态保护装置。到了 20 世纪 70 年代，晶体管式继电保护装置在我国大量应用，满足了当时电力系统向超高压、大容量方向发展的需求。20 世纪 80 年代后期，静态继电保护从第一代（晶体管式）向第二代（集成电路式）过渡。目前，集成电路式继电保护装置已成为静态继电保护装置的主要形式。而在 20 世纪 60 年代末，有人提出了用小型计算机实现继电保护的设想，由此开始了对继电保护计算机算法的大量研究，为后来微型计算机式继电保护（简称微机保护）的发展奠定了理论基础。到了 20 世纪 70 年代后半期，比较完善的微机保护样机开始投入到电力系统中试运行。进入 20 世纪 80 年代，微机保护在硬件结构和软件技术方面已趋于成熟，并在一些国家推广应用，成为第三代静态继电保护装置。微机保护具有巨大的优越性和潜力，因此受到运行人员的广泛欢迎。进入 20 世纪 90 年代，微机保护在我国得到了大量的应用，并成为继电保护装置的主要形式。可以预见，微机保护将继续代表电力系统继电保护的未来，成为电力系统保护、控制、运行、调度及事故处理统一的计算机系统的不可或缺的组成部分。

在 20 世纪 50—90 年代的 40 年时间中，继电保护经历了机电式继电保护、晶体管式继电保护、集成电路式继电保护、微机保护四个发展阶段。

（1）机电式继电保护

早期的机电式继电保护装置由具有机械转动部件带动触点开合的机电式继电器组成。

这种保护装置基于电磁力或电磁感应作用产生机械动作，工作稳定、可靠，而且不需要额外的工作电源，抗干扰性能也很好，因此在当前的电力系统中仍有一定的应用。然而，机电式继电保护装置也存在一些明显的缺点。例如，它的体积较大，消耗的功率也较大，动作速度相对较慢；此外，机械转动部分和触点容易磨损或粘连，调试和维护过程较为复杂；更为关键的是，这种保护装置不能满足超高压、大容量电力系统的要求。

（2）晶体管式继电保护

20 世纪 50 年代，随着晶体管的发展，出现了晶体管式继电保护。这种保护装置体积小、功率消耗小、动作速度快、无机械转动部分、无触点。20 世纪 60 年代中期到 20 世纪 80 年代中期是晶体管式继电保护蓬勃发展和广泛采用的时期，满足了当时电力系统向超高压、大容量方向发展的需要。

晶体管式继电保护的核心部分是晶体管电子电路，它主要由晶体三极管、晶体二极管、晶体稳压管和电阻、电容、电感等构成。

晶体管存在抗干扰性能差、元件比较容易损坏，以及可能因制造工艺不良而引起动作不够可靠等缺点。

（3）集成电路式继电保护

20 世纪 70 年代中期，集成电路技术发展起来，它可将数百或更多的晶体管集成在一块半导体芯片上，因此人们开始研究基于集成运算放大器的集成电路式继电保护；20 世纪 80 年代末，集成电路式继电保护已形成完整系列，逐渐取代晶体管式继电保护；20 世纪 90 年代初，集成电路式继电保护的研制、生产、应用仍处于主导地位，这是集成电路式继电保护的时代。集成电路式继电保护比晶体管式继电保护的可靠性高，其调试和维护也更加方便。

（4）微机保护

计算机技术在 20 世纪 70 年代初期和中期出现了重大突破，大规模集成电路技术的飞速发展，使微型处理器和微型计算机进入实用阶段。价格的大幅度下降，可靠性、运算速度的大幅度提高，促使计算机继电保护的研究出现了高潮。在 20 世纪 70 年代后期，出现了比较完善的微机保护样机，并投入到电力系统中试运行。20 世纪 80 年代，微机保护在硬件结构和软件技术方面日趋成熟，并已在一些国家推广应用。20 世纪 90 年代，电力系统继电保护技术发展到了微机保护阶段。

微机保护是用微型计算机构成的继电保护，微机保护的硬件以微处理器（单片机）为核心，还包括输入通道、输出通道、人机接口和通信接口等。

微机保护具有高可靠性、高选择性、高灵敏度，无论是动作速度还是可靠性等方面都远超传统保护。微机保护可用相同的硬件实现不同原理的保护，使制造简化、生产标准化和批量化，可以实现复杂原理的保护。除了实现保护功能外，还兼有故障录波、故障测距和事件顺序记录等功能。

计算机网络的发展、变电站综合自动化和调度自动化的兴起，以及电力系统光纤通信网络的形成，为微机保护技术的发展提供了可靠的条件。

此外，由于计算机网络提供的数据信息共享服务，通过获取全系统的运行数据和信息，微机保护能够应用自适应原理和人工智能方法，进一步发展并提高其保护原理、性能和可靠性。这使继电保护技术沿着网络化、智能化、自适应和一体化（保护、测量、控制和数据通信）的方向不断前进。

随着网络技术的不断发展，微机保护逐渐实现网络化，使继电保护能够更好地与调度自动化系统和变电站综合自动化系统进行集成。通过网络化，继电保护能够更好地与其他设备共享信息和协同工作，提高了电力系统的整体运行效率和可靠性。

此外，随着人工智能技术的不断发展，微机保护也逐渐引入了人工智能算法和应用。人工智能技术能够帮助微机保护更好地识别和处理复杂和非线性信号，提高其故障检测和保护动作的准确性和速度。同时，人工智能技术还可以帮助微机保护进行自适应调整和优化，以适应电力系统的动态变化和不确定性。

总之，随着技术的不断进步和应用，微机保护将继续朝着更加智能化、自适应和网络化的方向发展，为电力系统的安全、稳定运行提供更加可靠的技术支持。

本章小结

作为全书的开端，本章为读者呈现了电力系统继电保护的全景图。通过对继电保护的作用、要求、原理、分类和发展历程进行全面的阐述，为后续章节的展开奠定了基础。

继电保护必须满足选择性、速动性、灵敏性和可靠性四个基本要求。选择性保证只切除故障设备而不影响非故障设备，最大限度地减小停电范围；速动性则要求对故障快速响应并切除，以防止损失扩大；灵敏性要求能够敏锐地感知保护范围内的任何故障；可靠性则需要在应该动作时决不拒绝，在不应该动作时绝不误动。这四个方面的要求并不孤立，而是相互影响、相辅相成的，只有将它们统一起来，才能真正达到理想的保护效果。

继电保护之所以能够自动切除故障，是因为它利用了电力设备在正常、非正常和故障三种状态下某些可测电气量（如电流、电压、阻抗等）的显著差异。通过对这些差异的检测和判断，继电保护可以快速识别出故障发生的位置和类型，并发出相应的动作指令。不同的保护装置利用了不同电气量的差异，构建出了多种保护原理，形成了过程保护、距离保护、差动保护等多种保护类型。无论采用何种原理，继电保护的工作流程都遵循着测量比较、逻辑判断和执行输出这三个基本环节。

当前，微机保护代表着继电保护的最新发展方向。相较于早期的机电式、晶体管式和集成电路式继电保护，微机保护具有可靠性高、灵敏度高、功能多样等诸多优势。通过微处理器的运算，它可以高效实现各种复杂的保护原理；借助网络通信，它可以与其他系统实现共享信息和协同工作；凭借智能算法，它可以自适应电网的动态变化，实现自适应调整和优化。这种智能化、网络化的特性，使微机保护成为现代化电力系统的重要组成部分。

<<<< 思考题与习题 >>>>

1-1 简述电力系统继电保护的基本任务，并解释其在电力系统中的重要性。

1-2 电力系统在正常状态、不正常状态和故障状态下各有哪些特征？请分别列举并说明它们对电力系统稳定性的影响。

1-3 论述电力系统继电保护的四个基本要求，并解释它们之间的辩证关系以及在实际应用中如何平衡这些要求。

1-4 描述电力系统继电保护的基本原理，并解释如何通过检测电力设备在不同运行状态下的电气量差异来实现故障的快速识别和切除。

1-5 电力系统继电保护按照实现技术和工作原理可以如何分类？请分别列举各类保护装置的特点。

1-6 阐述电力系统继电保护工作回路的构成，并解释每个组成部分在保护回路中的作用。

1-7 电力系统继电保护装置的构成包括哪三个主要部分？请详细描述每个部分的功能和它们是如何协同工作的。

1-8 简述电力系统继电保护技术从机电式到微机保护的发展历程，并预测未来继电保护技术的发展趋势。

1-9 为什么说电力系统继电保护装置的发展和完善对于电力系统的安全、稳定运行至关重要？请结合实际案例进行分析。

1-10 设计一个简单的电力系统模型，并说明如何通过继电保护来应对该系统中可能出现的短路故障。

第2章

继电保护装置的基础元件

本章主要内容

本章主要介绍了继电保护装置中的基础元件（设备），包括互感器、变换器和继电器。互感器作为电力系统中的关键设备，负责将高电压和大电流转换为低电压和小电流，以确保测量仪表和保护装置的正确运行。电流互感器（TA）和电压互感器（TV）的主要功能是为测量仪表和继电器提供电源，同时实现电气隔离，保障设备和人员的安全。变换器（U）则进一步减小二次电流和电压，满足弱电元件的要求。

电流互感器的结构和工作原理与变压器类似，但其一次绕组匝数较少，二次绕组匝数较多，以适应短路状态下的电流变化。电流互感器的误差分析包括电流误差和角度误差，这些误差与励磁电流成正比，影响保护装置的准确性。电流互感器的接线方式多样，包括三相完全星形联结、两相不完全星形联结和两相电流差接线等，每种接线方式都有其特定的应用场景和优缺点。

电压互感器主要分为电磁式电压互感器和电容式电压互感器两种。电磁式电压互感器的工作原理与电力变压器相同，而电容式电压互感器则利用分压原理实现电压变换。电压互感器的误差分析同样重要，其准确度等级和误差限值标准对于确保电压测量的准确性至关重要。

变换器包括电压变换器（UV）、电流变换器（UA）和电抗变换器（UX），它们在继电器的电压形成回路中起到降压和移相的作用。这些变换器的设计和应用对于提高继电器性能及使其适应不同负荷条件具有重要意义。

继电器是继电保护装置中用于检测电气故障并发出动作信号的关键元件。本章介绍了电磁型、感应型、整流型、晶体管型、集成电路型和数字型等多种类型的继电器。电磁型继电器以其结构简单、可靠性高而得到广泛应用，而数字型继电器代表了继电保护技术的现代化趋势，具有自诊断、自适应和快速动作的特点。

阻抗继电器作为继电保护装置的核心，其作用是测量故障点到保护装置安装处之间的阻抗，并与整定值比较，以确定保护装置是否应该动作。阻抗继电器的分类、构成原理、动作特性及接线方式在本章中都有详细阐述，为读者理解其在电力系统保护中的应用提供了基础。

2.1 互感器

互感器是电力系统的重要设备，包括电流互感器（TA）和电压互感器（TV）。它们是一次回路和二次回路的联络设备，起到将一次系统的高电压和大电流转换为二次系统的低电压和小电流的作用。

电流互感器和电压互感器的主要功能是向测量仪表及继电器的电流线圈和电压线圈供电，使这些设备能够正确反映电力设备的正常运行情况和故障情况。它们是电力系统中不可或缺的元件，对于保障电力系统的安全、稳定运行起着至关重要的作用。

互感器的作用不仅在于将一次回路的高电压和大电流转换为二次回路的标准低电压和小电流，使测量仪表和保护装置标准化和小型化，还在于使二次设备和高压部分隔离，从而保证了设备和人员的安全。互感器能够提供准确的电流和电压信号，并且具有较高的安全性和可靠性。

为了进一步减小互感器提供的二次电流和电压，使其满足弱电元件（如电子元件）的要求，通常采用变换器（U）。变换器除了具有电气隔离和电磁屏蔽的作用，以及保障人身安全及保护装置内部弱电元件的安全外，还能够帮助减小高压设备对弱电元件的干扰。因此，变换器在互感器的应用中扮演着重要的角色。

2.1.1 电流互感器

目前，在电力系统中，广泛应用的是铁芯不带气隙的电磁式电流互感器。除此之外，还有带小气隙、带大气隙或不带铁芯的电流互感器。本章主要讨论的是铁芯不带气隙的电磁式电流互感器。

电流互感器的结构如图 2-1 所示，主要由铁芯、一次绕组 W_1 和二次绕组 W_2 构成。其工作原理和变压器一样，特点是一次绕组的匝数很少，流过一次绕组的为主回路负荷电流，与二次绕组的电流大小无关，二次绕组所接仪表和继电器的线圈阻抗很小，所以在正常情况下，电流互感器相当于工作在短路状态下。

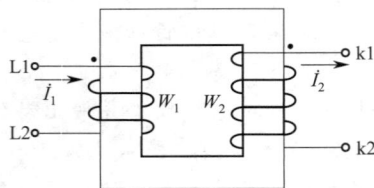

图 2-1　电流互感器的结构

电流互感器的额定电流比定义为其一次额定电流和二次额定电流之比，即

$$K_{TA} = \frac{I_{1N}}{I_{2N}} = \frac{N_2}{N_1} \tag{2-1}$$

式中，N_1、N_2 分别为一、二次绕组的匝数。

（1）电流互感器的误差

电流互感器的等效电路及相量图如图 2-2 所示。

图 2-2(a) 中，Z_1'、Z_2 为电流互感器一次绕组和二次绕组的漏阻抗；Z_m' 为励磁电抗；

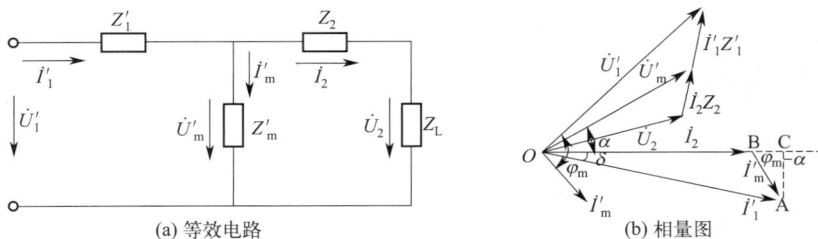

图 2-2 电流互感器的等效电路及相量图

Z_L 为负荷阻抗。$\dot{U}_1'$、$\dot{I}_1'$、Z_1'、Z_m' 为折合到二次绕组时的值。从图 2-2(b) 中可知，由于励磁电流 $\dot{I}_m'$ 的存在，$\dot{I}_1'$ 和 $\dot{I}_2$ 在数值上存在一个差值，在相位上也不相同，这说明电流互感器存在误差。电流互感器的基本误差包括电流误差和角度误差。

电流误差 ΔI 定义为

$$\Delta I = \frac{I_1' - I_2}{I_1'} \times 100\% \tag{2-2}$$

由于角度误差 δ 很小，可认为 $\overline{OA} \approx \overline{OC}$，所以电流误差可表示为

$$\Delta I \approx -\frac{I_m'\cos(\varphi_m - \alpha)}{I_1'} \tag{2-3}$$

角度误差 δ 可近似表示为

$$\delta \approx \sin\delta \approx \frac{I_m'\sin(\varphi_m - \alpha)}{I_1'}（弧度） \tag{2-4}$$

《继电保护规程》规定，用于保护的电流互感器，电流误差在最坏条件下不应该超过 10%，角度误差不超过 7°。用如上两式分析表明，电流误差和角度误差都与励磁电流 I_m' 成正比。当一次绕组电流增加，铁芯饱和程度加深，励磁阻抗减少，励磁电流增加，电流误差 ΔI 增大。当电流互感器二次绕组负荷增加时，励磁电流增加，电流误差 ΔI 增大。在某确定负荷阻抗条件下，为保证电流互感器的电流误差不超过 10%，一次电流 I_1' 不能超过规定数值。习惯上用一次电流倍数 $m_{10} = \dfrac{I_1'}{I_{1N}}$ 表示。不同的负荷阻抗对应于不同的规定限值，从而形成一条限制曲线，称为 10% 误差曲线。不同规格的电流互感器有与之对应的 10% 误差曲线，由制造商提供。

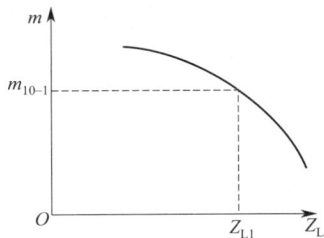

图 2-3 电流互感器的 10% 误差曲线

电流互感器的 10% 误差曲线如图 2-3 所示，在已知最大可能一次电流倍数 m_{10} 时，可求得最大允许负荷阻抗 $|Z_L|$。在 m_{10-1} 条件下，欲使 $\Delta I < 10\%$，则 $|Z_L| < |Z_{L1}|$。

（2）电流互感器的极性

电流互感器一次绕组和二次绕组引出线端子都标有极性符号，如图 2-4 中一次绕组首端

L1、尾端 L2，二次绕组首端 k1、尾端 k2。通常在一、二次绕组中，将感应电动势同时为高电位的点称为同极性端，用符号·表示，图 2-4（a）中 L1 和 k1 为同极性端。根据图 2-1 列出磁通势平衡方程如下。

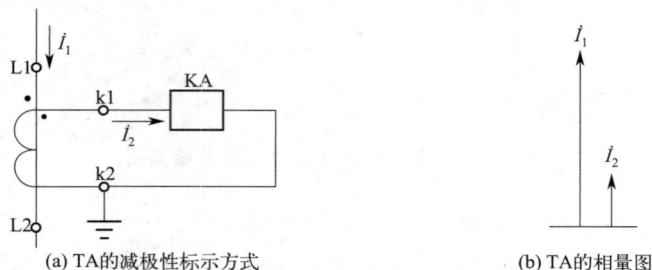

(a) TA的减极性标示方式　　　(b) TA的相量图

图 2-4　电流互感器的极性及相量图

$$\dot{I}_1 W_1 - \dot{I}_2 W_2 = \dot{I}_m W_1 \approx 0 \qquad (2\text{-}5)$$

$$\dot{I}_2 = \frac{W_1}{W_2} \dot{I}_1 = \frac{\dot{I}_1}{K_{TA}} \qquad (2\text{-}6)$$

式中，W_1、W_2 分别为一、二次绕组的匝数。

式（2-6）表明 $\dot{I}_1$ 和 $\dot{I}_2$ 同相位，如图 2-4（b）所示。这种标示方式称为减极性标示，用它分析保护装置的特性和接线方式很方便。

（3）电流互感器的接线方式

电流互感器的接线方式是指电流互感器二次绕组与电流继电器的接线方式。目前常用的有三相（完全）星形联结、两相（不完全）星形联结和两相电流差接线。

图 2-5（a）所示为两相电流差接线方式。这种接线方式虽然节约投资，但 B 相短路时保护不能反应，并且对于不同形式的短路故障，其接线系数和灵敏度并不相同，故只适用于在 10kV 以下小接地电流系统中，作为相间短路保护、小容量设备保护和高压电动机保护。

对于保护装置来说，流过电流继电器的电流 I_r 与电流互感器二次电流 I_2 的比值称为接线系数，用符号 K_{con} 表示。

$$K_{con} = \frac{I_r}{I_2} \qquad (2\text{-}7)$$

对于两相电流差接线，三相短路时，流过继电器的电流是两相互感器二次电流相量差，即等于电流互感器二次电流的 $\sqrt{3}$ 倍，所以接线系数 $K_{con} = \sqrt{3}$。当 A、C 两相短路时，流过继电器的电流是两相互感器二次电流的相量差，这时 A、C 两相电流相位相反（相位差为 180°），故接线系数 $K_{con} = 2$。当 A、B 两相或 B、C 两相短路时，流过继电器的电流为故障相二次电流，所以接线系数 $K_{con} = 1$。

图 2-5（b）、（c）所示为三相星形联结和两相星形联结，它们都能反应相间短路故障，不同的是三相星形联结还可以反应各种单相接地短路故障，而两相星形联结不能反应无电流互感器那一相（B 相）的单相接地故障。另外，三相星形联结中性线电流为 $\dot{I}_N = \dot{I}_a + \dot{I}_b + \dot{I}_c$。正常运行及三相对称短路时，其值近似为零。当发生接地短路故障时，$\dot{I}_N = 3\dot{I}_0$（三倍零序电流）。

对上述两种接线在各种短路故障时的性能分析如下：

① 对中性点接地和非直接接地电网中各种相间短路故障都能正确反应，接线系数为 1。

② 对中性点不接地或非直接接地电网中的两点接地短路进行分析。

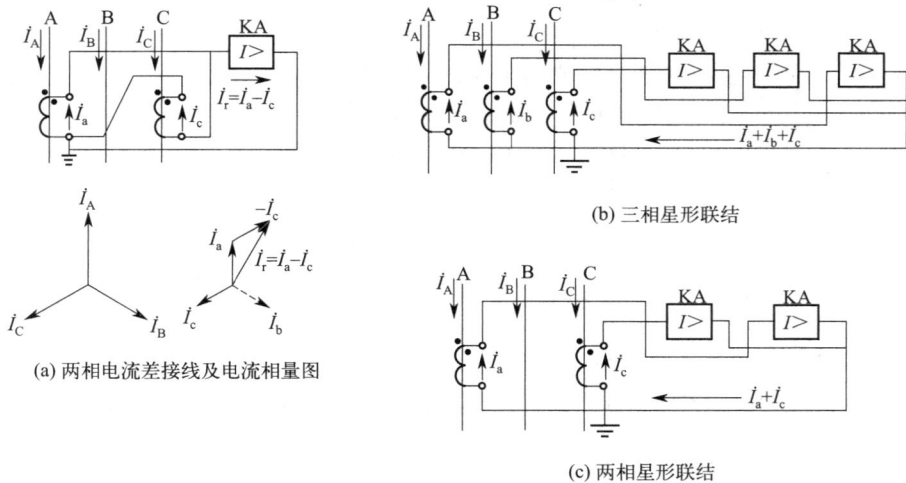

(a) 两相电流差接线及电流相量图

(b) 三相星形联结

(c) 两相星形联结

图 2-5　电流互感器的接线图

　　在中性点非直接接地小接地电流电网中，允许单相接地时继续短时运行，因此希望只切除一个故障点，图 2-6 所示为一小接地电流电网，在图中并行线的不同地点、不同相分别发生两点（kB、kC）接地短路时，设并行线路 WL2、WL3 上的保护具有相同时限，若采用三相星形联结，则 100% 地切除两条线路，因此不必要地切除两条线路的概率较高。若采用不完全星形联结，则保护只有 $\frac{2}{3}$ 的概率切除一条线路，这是因为只要某一条线路上有 B 相一点接地，由于 B 相未装保护，因此该条线路不能被切除。这正是不完全星形联结的优点。

　　在图 2-6 中串联线路（如 WL1、WL2）上发生两点（kA、kB）短路时，只希望切除距电源较远的那条线路 WL2，而不切除 WL1，这样可以保证继续对变电所 B 供电。若采用三相星形联结，则保护 2 和保护 1 的整定值和时限都是按选择性要求配合整定的，能够保证 100% 地切除线路 WL2。如果采用两相星形联结，线路 WL2 的 B 相短路，由于 B 相未装保护，则保护 2 不能动作，只能由保护 1 动作切除线路 WL1，扩大了停电范围。由此可见，这种接线方式在不同相别的两点相地组合中，只有 $\frac{2}{3}$ 的概率有选择性地切除后面一条线路。这是两相星形联结的缺点。

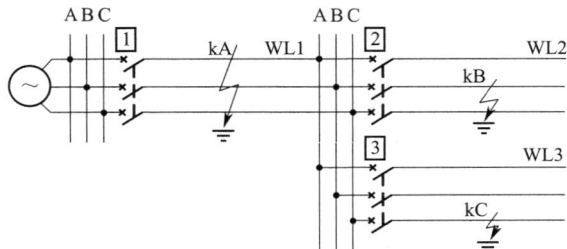

图 2-6　小接地电流系统中发生两点接地分析

　　从上面分析可知，对于小接地电流电网，当采用以上两种接线方式时，各有优缺点。但为了节省投资，一般采用两相星形联结；而大接地电流电网为了能反应所有单相接地短路故障，都采用三相星形联结。

　　③ 对 Yd 联结变压器，两相短路时两种接线方式的工作性能分析。

以常用的 Yd11 联结变压器为例进行分析，设电压比 $K_T=1$，当在三角形侧发生 a、b 两相短路时，三角形侧电流相量如图 2-7(b) 所示。星形侧正序电流相位比三角形侧滞后 30° 即 $\dot{I}_{A1}=\dot{I}_{a1}e^{-j30°}$，由于星形侧负序电流相位比三角形侧超前 30°，即 $\dot{I}_{A2}=\dot{I}_{a2}e^{j30°}$，经过转换后，星形侧电流相量如图 2-7(c) 所示。根据不对称短路分析，可得

$$\begin{cases} I_{a1}=I_{a2}, I_K^{(2)}=I_a=I_b=\sqrt{3}\,I_{a1} \\ I_c=0 \end{cases} \tag{2-8}$$

$$\dot{I}_A=\dot{I}_C=\dot{I}_{a1}=\frac{1}{\sqrt{3}}\dot{I}_K^{(2)}, \dot{I}_B=-2\dot{I}_A=-\frac{2}{\sqrt{3}}\dot{I}_k^{(2)} \tag{2-9}$$

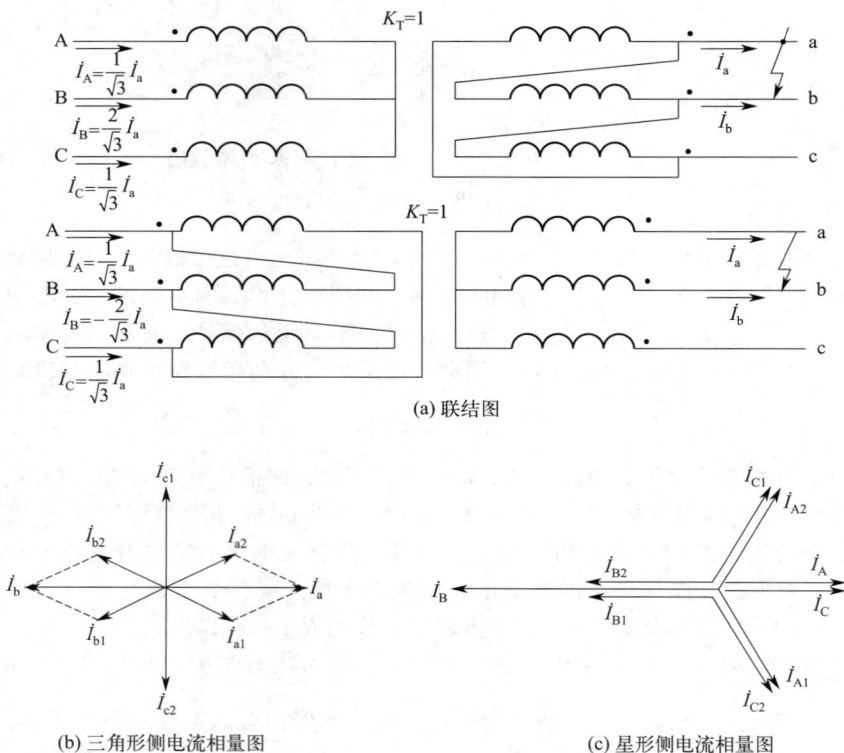

(a) 联结图

(b) 三角形侧电流相量图

(c) 星形侧电流相量图

图 2-7　Yd11 联结降压变压器后相间短路时的电流分布和相量图

由式(2-9) 可知，三角形侧发生 a、b 两相短路时，星形侧 A 相和 C 相中电流为 B 相电流一半。当在星形侧发生各种两相短路时，三角形侧电流分布也有同样结果，总有两相电流为第三相电流的一半。当采用电流保护作为降压变压器相邻线路后备保护时，三相星形联结通入 B 相继电器的电流比其他两相电流大一倍，故灵敏度系数也提高一倍，若采用两相星形联结，由于 B 相没装电流互感器，则灵敏度系数比三相星形联结的灵敏度系数的 $\frac{1}{2}$，为提高灵敏度系数，可在两相星形联结的中性线上再接一个电流互感器。

三相星形联结需要三个电流互感器、三个电流继电器和四根二次电缆线，与两相星形联结相比是不经济的。

要注意的是，当电网中电流保护采用两相星形联结时，所有线路上的保护装置必须安装在相同的两相（A 相、C 相）上，以保证在线路上发生两点及多点接地短路时能可靠地切除故障。

（4）电流互感器使用注意事项

① 电流互感器在工作时其二次侧不允许开路。当电流互感器二次绕组开路时，电流互感器由正常短路工作状态转变为开路状态，$I_2=0$，励磁磁动势由正常时很小的 $\dot{I}_m W_1$ 骤增为 $\dot{I}_1 W_1$，由于二次绕组感应电动势与磁通变化率 $\dfrac{\mathrm{d}\varPhi}{\mathrm{d}t}$ 成正比，因此在二次绕组磁通过零时将感应产生很高的尖顶波电动势，其数值可达数千伏甚至上万伏，危及工作人员的安全和仪表、继电器的绝缘。由于磁通猛增，铁芯严重饱和，引起铁芯和线圈过热。此外，还可能在铁芯中产生很大剩磁，使互感器的特性变坏，增大误差。因此，电流互感器严禁二次侧开路运行，从事继电保护工作的工作人员必须十分注意这一点。为此，电流互感器二次绕组必须牢靠地接在二次设备上，当必须从正在运行的电流互感器上拆除继电器时，应首先将其二次绕组可靠地短路，然后才能拆除继电器。

② 电流互感器二次侧有一端必须接地。一端必须接地是为了防止一、二次绕组绝缘击穿时，一次侧的高电压窜入二次侧，危及人身和设备安全。

③ 电流互感器在连接时，要注意其端子的极性。在安装和使用电流互感器时，一定要注意端子的极性，否则二次侧所接仪表、继电器中流过的电流不是预想的电流，甚至会引起事故。如不完全星形联结中，C 相 k1、k2 如果接反，则中性线中的电流不是相电流，而是相电流的 $\sqrt{3}$ 倍，可能烧坏仪器和设备。

2.1.2 电压互感器

电压互感器主要分为电磁式电压互感器和电容式电压互感器两种。

2.1.2.1 电磁式电压互感器

电磁式电压互感器的工作原理与一般电力变压器一样，其特点是容量较小，二次侧所接测量仪表和继电器的电压线圈的阻抗值很大，相当于在空载状态下运行。

电压互感器的额定电压比为其一、二次侧的额定电压之比：

$$K_{TV}=\frac{U_{1N}}{U_{2N}} \tag{2-10}$$

（1）电压互感器的误差及准确度等级

电压互感器的等效电路与普通变压器相同，其相量如图 2-8 所示。图中一次侧电量已折算到二次侧，为了说明问题，图中负荷电压降 $\Delta\dot{U}$ 被放大了。

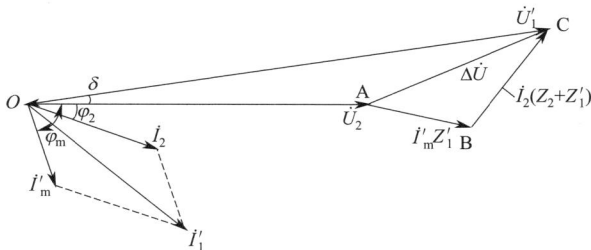

图 2-8　电磁式电压互感器的相量图

从图中可看出 $\dot{U}'_1 \neq \dot{U}_2$，说明电压互感器有误差 $\Delta\dot{U}=\dot{U}'_1-\dot{U}_2$，包括电压误差 ΔU 和角

度误差δ。电压互感器误差与二次负荷及其功率因数和一次电压等运行参数有关。

电压误差定义为

$$\Delta U = \frac{U_2 - U_1'}{U_1'} \times 100\% \tag{2-11}$$

角度误差定义为

$$\delta = \arg \frac{\dot{U}_2}{\dot{U}_1'} \tag{2-12}$$

电压互感器的准确度等级是指在规定的一次电压和二次负荷允许变化范围内，负荷功率因数为额定值时，电压误差的最大值。我国电压互感器的准确度等级和误差限值见表2-1。

表 2-1　电压互感器的准确度等级和误差限值

准确度等级	误差限值		一次电压、变化范围 二次负荷、变化范围
	电压误差/%	相位差/(°)	
0.5	±0.5	±20	$(0.85 \sim 1.15)U_{1N}$
1	±1.0	±40	$(0.25 \sim 1)S_{2N}$
3	±3.0	不规定	$\cos\varphi_2 = 0.8$

由于电压互感器与负荷有关，因此同一台电压互感器对应不同准确度等级具有不同的容量。通常额定容量是指对应于最高准确度等级的容量。电压互感器按照在最高工作电压下长期工作允许的发热条件，规定了最大容量。

（2）电压互感器的接线方式

电压互感器在三相电路中有四种常见的接线方式，如图2-9所示。

① 一个单相电压互感器的接线，如图2-9（a）所示，供仪表、继电器接于一个线电压。

② 两个单相电压互感器接成V/V形，如图2-9（b）所示，供仪表、继电器接于三相三线制电路的各个线电压。这种接线方式用于中性点不直接接地或经消弧线圈接地的小接地电流电网中。这种接线方式二次总输出容量为两个单相电压互感器容量之和的$\frac{\sqrt{3}}{2}$。

③ 三个单相电压互感器星形联结，如图2-9（c）所示。电压互感器的电压比为$U_{1N}/\sqrt{3}$/$\frac{100V}{\sqrt{3}}$/$\frac{100V}{\sqrt{3}}$，供电给要求接线电压的仪表、继电器，并供电给接相电压的绝缘监视电压表。由于小接地电流的电网发生单相金属性接地短路时，非故障相的相电压升高到线电压，所以绝缘监视电压表不能是按相电压选择的电压表，否则在发生单相接地短路时会损坏电压表。

④ 三个单相三线圈电压互感器或一个三相五柱式三线圈电压互感器接成星形和开口三角形联结，如图2-9（d）所示。星形联结的二次绕组供电给需要接线电压的仪表、继电器及作为绝缘监视电压表，辅助二次绕组接成开口三角形，构成零序电压过滤器，供电给监视线路绝缘的电压继电器。在三相电路正常运行时，开口三角形两端电压接近零。当某一相接地短路时，开口三角形两端将出现100V的零序电压，使电压继电器动作，发出预警信号。

（3）电压互感器的使用注意事项

① 电压互感器在工作时其二次侧不允许短路。电压互感器和普通电力变压器一样，二次侧如果发生短路，将产生很大的短路电流烧坏互感器。因此，电压互感器的一次、二次绕组必须装设熔断器，以进行短路保护。

(a) 一个单相电压互感器　　　　　　　　　　　(b) 两个单相电压互感器接成V/V形

(c) 三个单相电压互感器接成Y_0/Y_0形　　　　(d) 三个单相三线圈电压互感器或一个三相五柱
三线圈电压互感器接成$Y_0/Y_0/\triangle$形

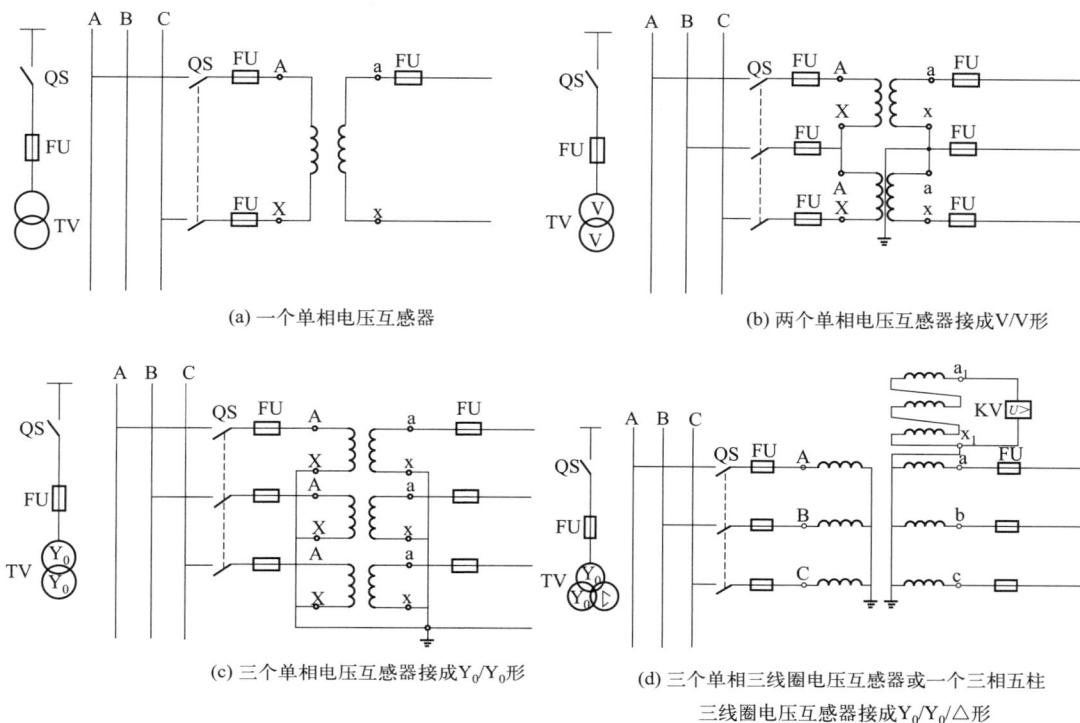

图 2-9　电压互感器的接线方式

② 电压互感器二次侧有一端必须接地。这是为了防止一、二次侧接地时，一、二次绕组绝缘击穿，一次侧的高电压窜入二次侧危及人身和设备安全。

③ 在连接电压互感器时，也要注意其端子的极性。我国规定单相电压互感器一次绕组端子标以 A、X，二次绕组端子标以 a、x，A 与 a 为同极性端。三相电压互感器按照相序，一次绕组端子分别标以 A、X、B、Y、C、Z，二次绕组端子分别标以 a、x、b、y、c、z。这里的 A 与 a、B 与 b、C 与 c 分别为相对应的同极性端。

2.1.2.2　电容式电压互感器

电容式电压互感器（CVT）用于 110～500kV 中性点直接接地的电力系统中，它是利用分压原理实现电压变换的。在超高压电容式电压互感器中，还需要一个电磁式电压互感器将电容分压器输出的较高电压进一步变换成二次额定电压，并实现一次电路与二次电路之间的隔离。

图 2-10 所示为电容式电压互感器的原理接线图。C_1、C_2 为分压电容。T 为隔离变压器，其电压比为 $K_T=1$，Z_L 为负荷阻抗。图 2-11 所示为电容式电压互感器的等效电路，图中 Z_T 为隔离变压器的漏阻抗，$Z_n = \dfrac{Z_{c1}Z_{c2}}{Z_{c1}+Z_{c2}}$ 为等值电源内阻，$\dfrac{C_1}{C_1+C_2}\dot{U}_1$ 为等值电源电压。

如忽略隔离变压器励磁阻抗并将其漏阻抗归并到负荷阻抗中，当隔离变压器二次侧开路时，图 2-10 和图 2-11 中的电压关系为

$$\dot{U}_2 = \dot{U}_{C2} = \frac{C_1}{C_1+C_2}\dot{U}_1 = K\dot{U}_1 \tag{2-13}$$

式中，K 为分压比，$K = \dfrac{C_1}{C_1 + C_2}$。

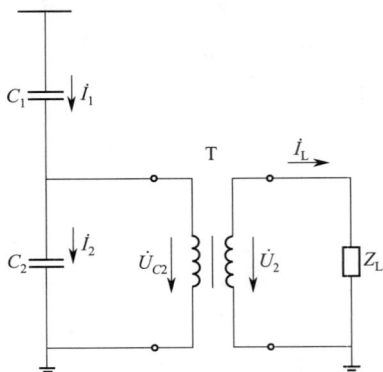

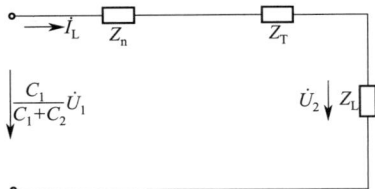

图 2-10　电容式电压互感器的原理接线图　　图 2-11　电容式电压互感器的等效电路

由于 $\dot{U}_{C2}$ 和一次电压 $\dot{U}_1$ 成比例变化，故可测出其相对地电压。但当 C_2 两端与负荷接通时，由于 C_1、C_2 有内阻压降，使 $\dot{U}_{C2}$ 小于电容分压值，负荷电流越大，误差也越大。

当二次侧接入负荷后，由图 2-11 可得到输出电压为

$$\dot{U}_2' = \frac{C_1}{C_1 + C_2} \dot{U}_1 - \dot{I}_L \left[\frac{1}{\mathrm{j}\omega(C_1 + C_2)} + Z_T \right] \tag{2-14}$$

比较式(2-13)与式(2-14)可见，接入负荷后，由负荷电流和内阻抗 Z_n 造成的电压误差为

$$\Delta \dot{U} = \dot{I}_L \left[\frac{1}{\mathrm{j}\omega(C_1 + C_2)} + Z_T \right] \tag{2-15}$$

可见要减小误差，就要减小负荷或减小内阻抗。为减小内阻抗，在图 2-10 中二次侧回路串入一个补偿电抗器 L，也称为谐振电抗器，选择合适的 L 值以满足谐振条件 $\mathrm{j}\dfrac{1}{\omega(C_1 + C_2)} = 0$，则电压误差为

$$\Delta \dot{U} = \dot{I}_L \left[-\mathrm{j}\frac{1}{\omega(C_1 + C_2)} + \mathrm{j}(X_L + \mathrm{j}X_T) + R_L + R_T \right] = \dot{I}_L (R_L + R_T) \tag{2-16}$$

式中，R_L 为谐振电抗器的电阻；R_T 为隔离变压器一次电阻与折算到一次侧的二次电阻之和。

当完全谐振时，电容式电压互感器的电压误差仅由二次负荷电流 $\dot{I}_L$ 在 $R_L + R_T$ 上引起的压降决定，由于 R_L、R_T 的数值很小，电压变换误差显著减小；另外，完全谐振时，$\dot{U}_1$ 与 $\dot{U}_2$ 几乎同相位，使电压角度误差接近零。

2.2　变换器

常用的变换器有电压变换器（UV）、电流变换器（UA）和电抗变换器（UX）。

2.2.1 电压变换器（UV）

电压变换器的工作原理与电磁式电压互感器完全相同，UV 的铁芯一般采用无气隙的硅钢片叠加而成，一次绕组匝数多、导线细，与被保护设备的电压互感器的二次绕组并联。二次绕组所接负载的电阻通常很大，接近开路状态。二次电压 $\dot{U}_2 = \dot{K}_U \dot{U}_1$，式中，$\dot{K}_U$ 为 UV 的变换系数，其值小于 1。当忽略励磁电流的影响时，UV 的二次电压 $\dot{U}_2$ 与一次电压 $\dot{U}_1$ 同相位。

在继电器的电压形成回路中，有时利用电压变换器不仅能进行降压，还能进行移相，如图 2-12（a）所示。在 UV 一次绕组串接一个电阻 R，这样 $\dot{U}_2$ 将超前 $\dot{U}_1$ 一个 θ 角，如图 2-12（b）所示。这时电压变换系数 $\dot{K}_U$ 为复数，即 $\dot{U}_2 = \dot{K}_U \dot{U}_1$。系数 $\dot{K}_U$ 不仅反映 $\dot{U}_2$ 的数值降低，还反映相位的改变。改变电阻 R 的大小，可使 θ 角在 $0° \sim 90°$ 范围内变化。

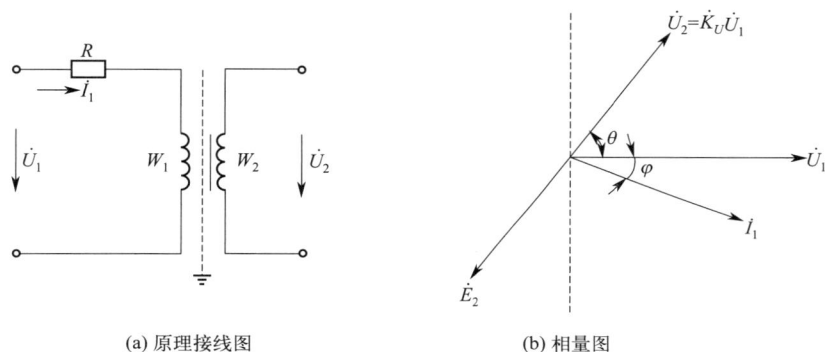

(a) 原理接线图　　　　　　　(b) 相量图

图 2-12　电压变换器一次线圈串接电阻

2.2.2 电流变换器（UA）

电流变换器（UA）的原理接线图如图 2-13 所示，它由一个小容量辅助电流互感器（TA）及其固定负荷电阻构成。电流变换器的一次绕组接保护设备的电流互感器的二次绕组，将输入电流 $\dot{I}_1$ 变换成与其成正比的电压 $\dot{U}_2$。

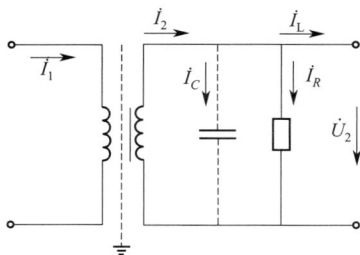

图 2-13　电流变换器（UA）的原理接线图

电流变换器的等效电路如图 2-14 所示，图中忽略了辅助电流互感器的漏阻抗，因为变换器的共同特点是漏阻抗可忽略不计。图中 $\dot{I}_1'$、$\dot{I}_m'$、Z_m' 为折算到 TA 二次侧的数值。在一般情况下，为减小 Z_m' 的非线性影响，TA 二次侧电阻远小于 Z_m'，因此可忽略励磁电流 $\dot{I}_m'$。当

负荷电流 $\dot{I}'_L = 0$ 时，其输出电压 $\dot{U}_2$ 可近似表示为

$$\dot{U}_2 \approx \dot{I}_2 R = \dot{I}'_1 R = \frac{\dot{I}_1}{K_{TA}} R = K_i \dot{I}_1 \tag{2-17}$$

式中，K_{TA} 为辅助电流互感器的二次线圈匝数与一次线圈匝数之比；K_i 为电流变换器的电压变换系数，$K_i = \dfrac{R}{K_{TA}}$。

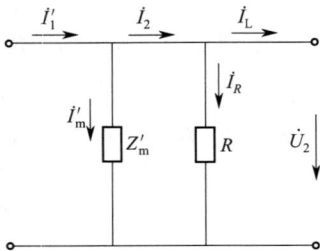

图 2-14　电流变换器（UA）的等效电路

由式（2-17）可知，在忽略 $\dot{I}'_m$ 且 $\dot{I}_L = 0$ 时，UA 的输出电压 $\dot{U}_2$ 与输入电流 $\dot{I}_1$ 成正比，且同相位。如果不忽略励磁电流 $\dot{I}'_m$，则 $\dot{U}_2$ 超前 $\dot{I}_1$ 一个小角度 σ。如果要保持 $\dot{U}_2$ 与 $\dot{I}_1$ 同相位，可在 R 上并联一个小电容 C，调整该电容值大小，使其容抗等于 X'_m，则可以使输出电压 $\dot{U}_2$ 与输入电流 $\dot{I}_1$ 同相位，如图 2-15（b）所示。图 2-15（a）为不加电容时的相量图。

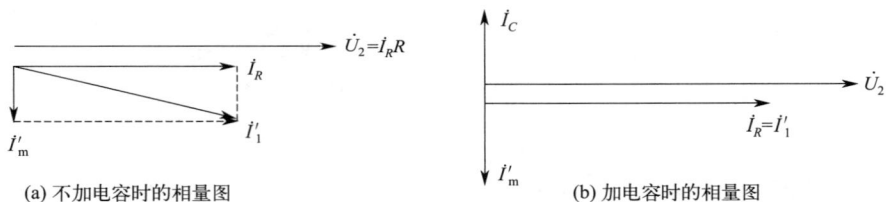

(a) 不加电容时的相量图　　　　　　　(b) 加电容时的相量图

图 2-15　电流变换器（UA）的相量图

UA 二次侧接入负荷时的电压变换系数为

$$K_i = \frac{1}{K_{TA}} \left(\frac{R Z_L}{R + Z_L} \right) \tag{2-18}$$

式中，Z_L 为负荷阻抗。

从式（2-18）可知，当 UA 接入负荷阻抗后，电压变换系数变小了，但因为 Z_L 一定，故 K_i 仍为常数。

2.2.3　电抗变换器（UX）

电抗变换器的作用是将由电流互感器输入的电流 $\dot{I}_1$ 转换成与其成正比的输出电压 $\dot{U}_2$。电抗变换器（UX）的原理接线图如图 2-16（a）所示。通常有一个或两个一次绕组 W_1，有两个或三个二次绕组 W_2、W_3。一次绕组用线径较粗的导线绕制，并且匝数很少，二次绕组一般用较细的导线绕制，并且匝数较多。采用三柱式铁芯，在中间心柱上有 $1 \sim 2\text{mm}$ 的气隙 δ。全部绕组都绕制在中间心柱上。

（1）电抗变换器（UX）的工作原理

当 UX 二次侧 W_2、W_3 开路时，忽略 UX 的漏阻抗，等效电路如图 2-16（b）所示。由于

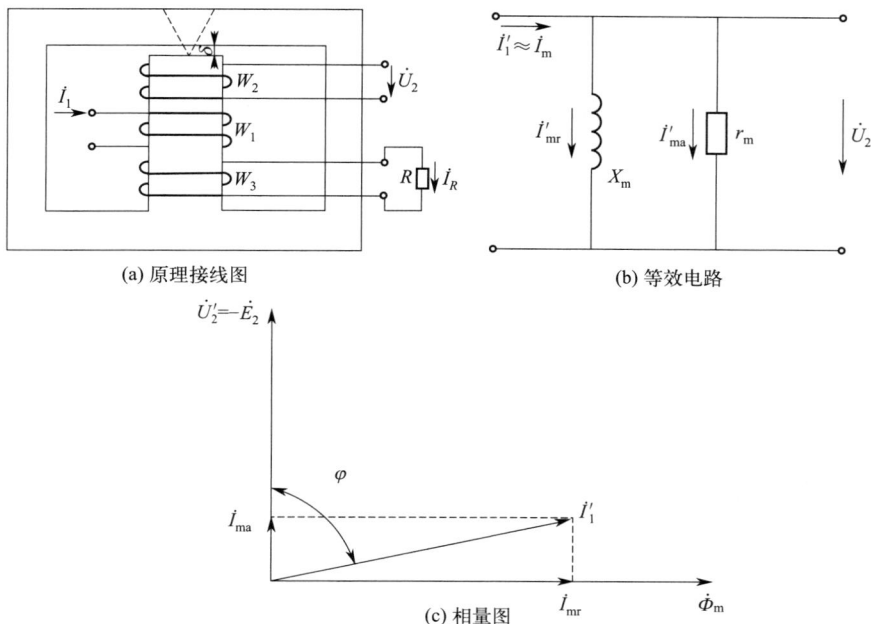

图 2-16　UX 的原理图接线图、等效电路和相量图

UX 有气隙，所以磁路磁阻很大，励磁阻抗 $Z_m = r_m + jX_m$ 很小，励磁电流 I_m 很大。通常 UX 二次负荷阻抗很大，负荷电流可忽略不计，这样可认为一次电流全部流入励磁回路作为励磁电流，$\dot{I}_1' = \dot{I}_m$，所以二次侧近似于在开路状态下运行，于是可以将 UX 看成一个电抗器，这就是电抗变换器名称的由来。

$$\dot{I}_1' = \frac{\dot{I}_1}{K_{UX}} \tag{2-19}$$

式中，K_{UX} 为 UX 的二次绕组与一次绕组的匝数比，$K_{UX} = \dfrac{W_2}{W_1}$。

一次电流 $\dot{I}_1' \approx \dot{I}_m = \dot{I}_{ma} + j\dot{I}_{mr}$，其中无功分量电流 $\dot{I}_{mr}$ 建立磁通 $\dot{\Phi}_m$ 并与 $\dot{I}_{mr}$ 同相位；有功分量中 $\dot{I}_{ma}$ 与 $\dot{U}_2 = -\dot{E}_2$ 同相位，补偿铁芯损耗。$\dot{U}_2$ 超前 $\dot{\Phi}_m 90°$，画出相量图如图 2-16(c) 所示。$\dot{U}_2$ 与 $\dot{I}_1'$ 的夹角 $\varphi \approx 90°$，关系式如下。

$$\dot{U}_2 = \dot{I}_1' Z_m = \frac{Z_m}{K_{UX}} \dot{I}_1 = \dot{K}_1 \dot{I}_1 \tag{2-20}$$

式中，$\dot{K}_1$ 为 UX 的转移阻抗，$\dot{K}_1 = \dfrac{Z_m}{K_{UX}}$，是一个复数，当铁芯未饱和时，它是一个常数。

在实际应用时，为了调整 UX 的输出电压 $\dot{U}_2$ 与输入电流 $\dot{I}_1'$ 的相位关系，可在二次侧的移相回路线圈 W_3 中接入电阻 R。流过 W_3 的电流 $\dot{I}_R$ 折算到 W_2 侧为 $\dot{I}_R'$ 和 R'，忽略 UX 二次漏阻抗画出等效电路如图 2-17(a) 所示。这时电流 $\dot{I}_1' = \dot{I}_{ma} + \dot{I}_{mr} + \dot{I}_R'$，输出电压 $\dot{U}_2$ 为

$$\dot{U}_2 = \frac{(R' + r)jX_m}{(R' + r + jX_m)K_{UX}} \dot{I}_1 \tag{2-21}$$

由图 2-17(b) 可知，$\dot{I}_R'$ 滞后输出电压 $\dot{U}_2$ 一个阻抗角 φ_2，由于 $\dot{I}_R'$ 的存在，$\dot{U}_2$ 与 $\dot{I}_1'$ 之间的夹角 φ' 比图 2-16(c) 中的 φ 减小了，于是可以推论，减小 R' 值，$\dot{I}_R'$ 增加，则 $\dot{U}_2$ 与 $\dot{I}_1'$ 之

间的夹角 φ 将继续减小，这说明改变 R 值可以改变 $\dot{U}_2$ 与 $\dot{I}_1'$ 之间的相位关系，φ 的变化范围为 $0° < \varphi < 90°$。

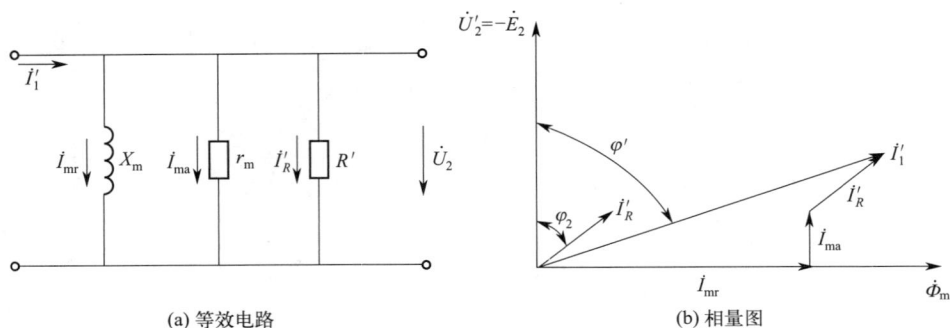

图 2-17　W3 线圈接入电阻时的 UX 等效电路及相量图

（2）电抗变换器（UX）的使用注意事项

① 因为 UX 一次绕组接入电流源，故 $\dot{I}_1$ 是不变的，当 W_3 接入电阻时，励磁电流 $\dot{I}_m$ 比没接 R 时小，则磁通 Φ 减小，将会引起二次输出电压 $\dot{U}_2$ 的下降。

② 在实际调试中，要减小 φ，必须减小 R，但当 R 减小到一定值时，这种方法就不奏效了。因为在 R 减小时，虽然 $\dot{I}_R$ 增大，但 W_3 二次回路阻抗角 φ_2 也在增大，对减小 φ 来说，这两个因素的作用正好相反。因此，在调节过程中，当 R 值较大时，前一个因素起主要作用，故随着减小 R 值，φ 值也减小，当 R 减小到一定程度时，第二个因素起主要作用，如继续减小 R，φ 值反而会增大。

③ 提高 UX 的线性度。为使 $\dot{U}_2$ 与 $\dot{I}_1$ 之间在很大范围内保持线性关系，则 UX 的励磁阻抗 Z_m 应为常数，但 UX 的铁芯磁化曲线是非线性的。为改善 UX 的非线性可采取下列措施：

a. 采用带气隙铁芯，气隙长度与一次绕组磁通势要适当配合，保证通入最大电流时铁芯不饱和。

b. 在 UX 气隙中插入铍镁合金片，在小电流时，它的磁导率很高，当电流增大时很快饱和。利用这个特性，当电流很小时，铍镁合金片的高磁导率减小了气隙中的磁阻，提高了整个铁芯的磁导率，当电流增大后，合金片迅速饱和不发挥补偿作用。采用上述措施后，满足了 UX 的线性要求。

④ 电抗变换器本身是一个模拟阻抗：$Z = R + jX_m$，$X_m = \omega M = 2\pi f M$（$M$ 为 UX 的一次和二次绕组互感）。可见，Z 是一次电流频率 f 的函数，f 越高，Z 值越大，因此，在负荷电流中含有大量高次谐波的电路中禁止使用 UX，UX 对非周期分量及低次谐波电流有削弱作用。

2.3　继电器

2.3.1　电流保护用的继电器

电流保护用的继电器常用的有机电型和静态型两种。机电型包括电磁型和感应型，静态型包括晶体管型、集成电路型、整流型和数字型。

2.3.1.1 电磁型继电器

（1）电磁型继电器的结构和工作原理

电磁型继电器按其结构可分为螺管线圈式、吸引衔铁式和转动舌片式三种，如图 2-18 所示。通常电磁型电流继电器和电压继电器均采用转动舌片式结构，时间继电器采用螺管线圈式结构，中间继电器和信号继电器采用吸引衔铁式结构。以上三种结构的继电器都是由电磁铁、可动衔铁（或舌片）、线圈、触点、反作用力弹簧和止挡所组成的。

当线圈通入电流 I_r 时，产生磁通 Φ，磁通 Φ 经过铁芯、气隙和衔铁构成闭合回路。衔铁（或舌片）在磁场中被磁化，产生电磁力 F 和电磁转矩 M，当电流 I_r 足够大时，衔铁被吸引移动（或舌片转动），使继电器动触点和静触点闭合，称为继电器动作。由于止挡的作用，衔铁只能在预定范围内运动。

根据电磁学原理可知，电磁力 F 和电磁转矩 M 与磁通 Φ 的二次方成正比，即

$$F = K_1 \Phi^2 \tag{2-22}$$

式中，K_1 为比例系数。

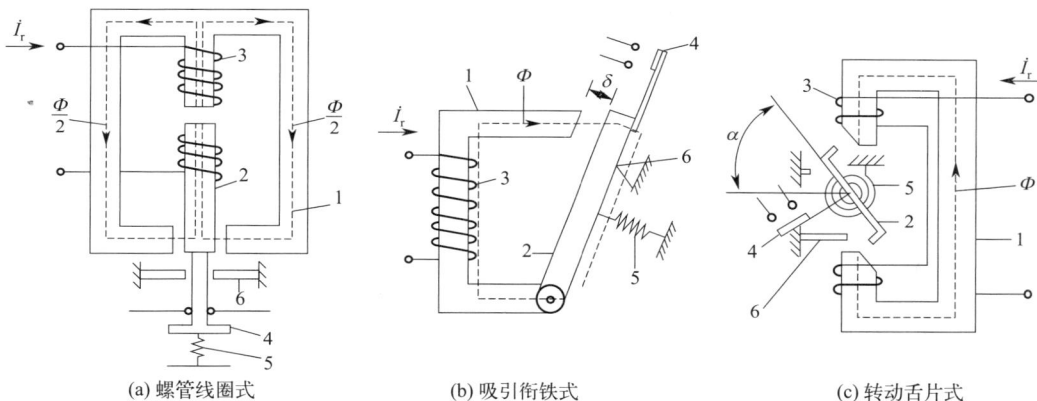

(a) 螺管线圈式　　　　　(b) 吸引衔铁式　　　　　(c) 转动舌片式

图 2-18　电磁型继电器的原理结构图

1—电磁铁；2—可动衔铁；3—线圈；4—触点；5—反作用力弹簧；6—止挡

磁通 Φ 与线圈中通入的电流 I_r 产生的磁通势 $I_r W_r$ 和磁通所经过的磁路的磁阻 R_m 有关，即

$$\Phi = \frac{W_r I_r}{R_m} \tag{2-23}$$

将式（2-23）代入式（2-22）中可得

$$F = K_1 W_r^2 \frac{I_r^2}{R_m^2} \tag{2-24}$$

电磁转矩 M 为

$$M = FL = K_1 L W_r^2 \frac{I_r^2}{R_m^2} = K_2 I_r^2 \tag{2-25}$$

式中，K_2 为系数，当磁阻 R_m 一定时，K_2 为常数。

式（2-25）说明，当磁阻 R_m 为常数时，电磁转矩 M 正比于电流 I_r 的二次方，而与通入线圈中电流的方向无关，所以根据电磁原理工作的继电器，可以制成直流继电器或交流继电器。

（2）电磁型电流继电器

电流继电器在电流保护中用作测量和启动设备，它是当电流超过某一定值而动作的继电器。在电流保护中常用 DL-10 系列电流继电器，它是一种转动舌片式电磁型电流继电器，其结构如图 2-19 所示。

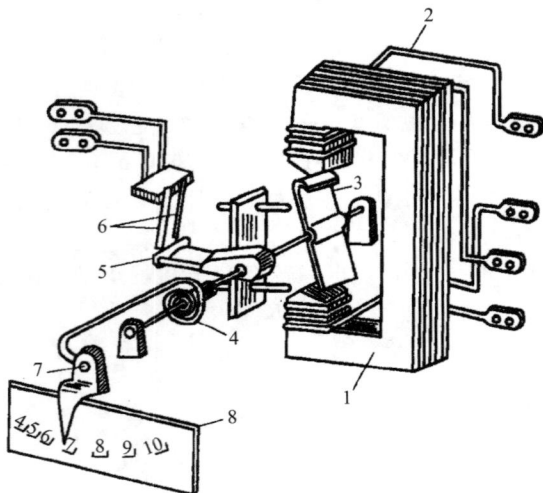

图 2-19　DL-10 系列电磁型电流继电器的结构
1—电磁铁；2—线圈；3—Z 形舌片；4—弹簧；5—动触点；
6—静触点；7—整定值调整把手；8—刻度盘

① 电流继电器的动作电流、返回电流及返回系数。电流继电器采用转动舌片式结构，这类继电器在动作过程中，随着舌片转动，气隙长度 δ 不断缩小，磁路磁导 G 不断增加，在 I_r 不变时，电磁转矩不断增加，这说明继电器在动作过程中，电磁转矩 M 是转角 α 的函数，这种关系表示为

$$M = \frac{1}{2}(W_r I_r)^2 \frac{\mathrm{d}G_\mathrm{m}}{\mathrm{d}\alpha} \tag{2-26}$$

式中，$W_r I_r$ 为磁通势；$\mathrm{d}G_\mathrm{m}$ 为磁导增量；α 为舌片对水平位置所转动的角度。

a. 动作电流。当继电器线圈中流入电流 I_r 时，在转动舌片上产生电磁转矩 M，试图使舌片转动，同时在转动舌片轴上还作用弹簧产生的反抗转矩 M_re 和摩擦转矩 M_f。弹簧的反抗转矩 M_re 与舌片旋转角度 α 成正比，而由可动系统的质量产生的摩擦转矩 M_f 实际上是恒定不变的。反抗转矩和摩擦转矩的总和称为反作用机械转矩，即 $M_\mathrm{ma} = M_\mathrm{f} + M_\mathrm{re}$。

在通入继电器的电流为负荷电流时，$M < M_\mathrm{ma}$，继电器不动作，要使继电器动作，必须增大 I_r，以增大 M，继电器能够动作的条件是 $M \geqslant M_\mathrm{re} + M_\mathrm{f}$，能使继电器动作的最小电磁转矩称为继电器的动作转矩，其对应的能使继电器动作的最小电流称为继电器的动作电流 $I_\mathrm{op.r}$。

b. 继电器的返回电流 I_re。当继电器动作后，减小 I_r，继电器将在弹簧作用下返回，这时 M_re 的作用是使 Z 形舌片返回，而电磁转矩 M 和摩擦转矩 M_f 试图阻止 Z 形舌片返回，故继电器返回的条件是 $M_\mathrm{re} \geqslant M + M_\mathrm{f}$ 或写成为 $M \leqslant M_\mathrm{re} - M_\mathrm{f}$。

当 I_r 减小到继电器刚好能够返回时，使继电器可靠返回到原来位置的最大电磁转矩称为返回转矩，其最大电流称为继电器的返回电流 $I_\mathrm{re.r}$。

c. 继电器的返回系数。继电器的返回电流 $I_\mathrm{re.r}$ 与动作电流 $I_\mathrm{op.r}$ 的比值，称为返回系数，用 K_re 表示：

$$K_{re} = I_{re.r} / I_{op.r} \tag{2-27}$$

由于剩余转矩 ΔM 和摩擦转矩 M_f 的存在，决定了返回电流必然小于动作电流，故电流继电器的返回系数恒小于 1。在实际应用中，要求继电器有较高的返回系数，如 $0.85 \sim 0.90$。要提高返回系数，就要设法减小继电器转动系统的摩擦转矩和剩余转矩 ΔM，否则不能保证转动部分可靠、快速地转动到行程终点位置，并不能保证触点在接触时有足够的压力，不能保证继电器动作的可靠性。

② 继电器的特性。电流继电器的继电特性如图 2-20 所示。当 $I_r < I_{op.r}$ 时，继电器不动作；当 $I_r \geqslant I_{op.r}$ 时，继电器能够突然迅速动作，闭合其常开触点。在继电器动作后，当 $I_r > I_{re.r}$ 时，继电器保持动作后的状态；当 $I_r < I_{re.r}$ 时，继电器突然返回到原来位置，常开触点重新被打开。无论动作和返回，继电器从起始位置到最终位置是突发性的，它不可能停留在某一个中间位置上，这种特性称为继电器特性。继电器具有这种特性，是因为无论在动作过程中，还是在返回过程中，都有剩余转矩存在。

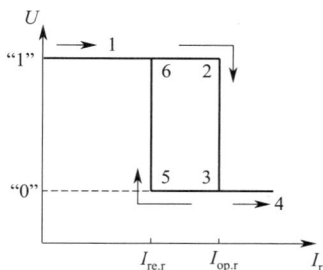

图 2-20 电流继电器的继电特性

③ 继电器动作电流的调整方法。

a. 改变弹簧的反抗转矩 M_{re}，即改变动作电流调整把手的位置。当调整把手由左向右移动时，由于弹簧的弹力增强，M_{re} 增大，因而使继电器的动作电流 $I_{op.r}$ 增大。反之，如果将调整把手由右向左移动，则动作电流 $I_{op.r}$ 减小。

b. 用压板改变继电器两个线圈的连接方法（可串联或并联），这样可使刻度盘的调整范围增大一倍。如果加上改变调整把手的位置，那么电流动作值的调整范围可填大四倍。当线圈串联时，电流动作值为并联时的一半。

（3）电磁型电压继电器

① 电磁型电压继电器的结构及工作原理。电磁型电压继电器通常也是转动舌片式，如常用的 DJ-100 系列，其构造和工作原理与 DL-100 系列电流继电器基本相同，不同的只是电压继电器的线圈匝数多、导线细、阻抗大，反映的参数是电网电压。

电压继电器的电磁转矩可表示为

$$M^2 = K' I_r^2 \tag{2-28}$$

式中，I_r 为继电器中的电流；K' 为系数，当 R_m 一定时为常数。

$$I_r = \frac{U_r}{Z_r} = \frac{U_s}{K_{TV} Z_r} \tag{2-29}$$

式中，U_r 为继电器的输入电压；Z_r 为继电器线圈的阻抗；U_s 为电网电压；K_{TV} 为电压互感器的电压比。

将式(2-29)代入式(2-28)，得

$$M^2 = K' I_r^2 = \frac{K' U_s^2}{K_{TV}^2 Z_r^2} = K U_s^2 \tag{2-30}$$

式中，K 为系数，$K = \dfrac{K'}{K_{TV}^2 Z_r^2}$，当磁阻 R_m 一定时为常数。

式(2-30)说明继电器动作取决于电网电压 U_s。为减少电网频率变化和环境温度变化对继电器工作的影响，电压继电器的部分线圈采用电阻率高、温度系数小的导线（如康铜导线）绕制，或在线圈中串联一个温度系数小、阻值较大的附加电阻。

② 电压继电器的动作电压、返回电压和返回系数。电压继电器分为过电压继电器和低（欠）电压继电器，作为过电压保护或低电压闭锁的动作元件。DJ-111 型和 DJ-131 型过电压

继电器动作和返回的概念与电流继电器相似，它的返回系数可表示为

$$K_{re} = \frac{U_{re.r}}{U_{op.r}} \qquad (2\text{-}31)$$

式中，$U_{re.r}$ 为继电器的返回电压；$U_{op.r}$ 为继电器的动作电压。

显然，过电压继电器的返回系数也小于1，一般在 0.85 左右。

DJ-122 型低电压继电器有一对常闭触点。在正常运行时，继电器线圈接入电网额定电压的二次值，其电磁力矩大于弹簧反抗转矩和摩擦转矩之和，Z 形舌片被吸引到电磁铁的磁极下面，其常闭触点处于断开状态。此时称之为继电器非工作状态。当电压下降到整定值时，电磁转矩减小到 Z 形舌片被弹簧反作用力拉开磁极，继电器常闭触点闭合，这个过程称为低电压继电器的动作过程。因此，能使低电压继电器 Z 形舌片释放，其常闭触点从打开到闭合的最高电压称为继电器的动作电压 $U_{op.r}$。在继电器动作后，如果增大外加电压，低电压继电器就能返回原状。能使继电器返回到 Z 形舌片又被电磁铁磁极吸引而断开触点的最低电压，称为继电器的返回电压。根据式（2-31）可知，返回系数恒大于1，一般情况下不大于1.2，强行励磁时不大于 1.06。

（4）电磁型时间继电器

在各种继电保护和自动装置中，时间继电器作为时限元件，用来建立必需的动作时限。对时间继电器的要求是动作时间要准确，而且动作时间不应随操作电压的波动而变化。

电磁型时间继电器由一个电磁启动机构带动一个钟表延时机构组成。电磁启动机构采用螺管线圈式结构，一般由直流电源供电，也可以由交流电源供电。时间继电器一般有一对瞬动转换触点和一对延时主触点（终止触点）。根据不同要求，有的还有一对滑动延时触点。

当螺管线圈加上额定电压时，衔铁被吸入线圈，连杆被释放，同时上紧钟表延时机构发条，钟表延时机构带动可动触点反时针匀速转动。经过整定时限，动、静触点闭合，继电器动作，发出信号。改变动、静触点间的距离可以改变继电器的整定时限。当继电器线圈失电时，弹簧将衔铁与连杆顶回原位，继电器返回原状。

为了缩小时间继电器的尺寸，它的线圈一般不按长期通电设计。因此，当需要长期（大于30s）加电压时，必须在线圈回路中串联一个附加电阻 R。在正常情况下，电阻 R 被继电器瞬动常闭触点短接，继电器启动后，该触点立即断开，电阻 R 串入线圈回路，以限制电流，提高继电器的热稳定性。

（5）电磁型中间继电器

中间继电器的作用是在继电器保护装置和自动装置中增加触点的数量和容量，所以该类继电器一般有几对触点，其触点容量也比较大。当前常用的系列较多，如 DZ-10、DZB-100、DZS-100 系列及组合式的 DZ-30B、DZS-10B、DZB-10B 等系列，都是舌门衔铁电磁式中间继电器，结构原理基本相同。当电压加在线圈两端时，舌门衔铁被吸向闭合位置，并带动触点转换，常开触点闭合，常闭触点断开。当电源断开时，衔铁在触点后的线圈的压力作用下，返回原来的位置，触点也随之复归。

DZB-10B 系列中间继电器的电磁铁上有一个电压线圈、一个或几个电流线圈。DZB-11B、DZB-12B、DZB-13B 为电压启动、电流保持的中间继电器，DZB-14B 为电流启动、电压保持的中间继电器，而 DZB-15B 为电流或电压启动、电压或电流保持的中间继电器。DZ-30B 和 DZB-10B 系列中间继电器的动作时间一般不超过 0.05s，DZS-10B 系列中间继电器在其线圈的上面或下面装有阻尼环，用以阻碍主磁通的增加或减少，从而实现继电器动作延时或返回延时，如 DZS-11B、DZS-13B 为动作延时型继电器，DZS-12B、DZS-14B 为返回延时型继电器，电流保持的中间继电器动作延时一般不少于 0.06s 或返回时限不少于 0.4s。上述各系列中间继电器的触点容量大，允许长期通过的电流为 5A。

（6）电磁型信号继电器

信号继电器在继电保护和自动装置中用作动作指示，根据信号继电器发出的信号指示，运行维护人员能够方便地分析事故和统计保护装置的正确动作次数。常采用的主要有 DX-11 系列和组合式的 DX-20、DX-30 系列舌门衔铁电磁式信号继电器。它们的内部结构都相同。当线圈通入电流时，舌门衔铁被吸引，信号掉牌靠自重落下，并停留在水平位置。断电后，舌门衔铁在弹簧力作用下返回原位，但信号掉牌需要用手转动或按动外壳上的按钮，才能返回原位。平时信号掉牌被舌门衔铁卡住而不会自动转动落下。DX-11、DX-31 型为具有信号掉牌的信号继电器。DX-20 和 DX-32 型无信号掉牌但具有灯光信号，当启动线圈通电时，接通保持线圈，信号小灯亮。当启动线圈断电时，信号灯仍继续亮，直至保持线圈断电后才熄灭。

此外，还有用干簧密封磁触点构成的 DXM-2A 和 DXM-3 型信号继电器，用磁力自保持代替机械自保持，用灯光指示代替信号掉牌，能实现远方复归。

DXM-2A 型继电器由干簧密封磁触点、工作线圈、释放线圈、永久磁铁和指示灯等组成。

当继电器工作线圈通电时，工作线圈产生的磁通与放置在线圈内的永久磁铁的磁通方向相同，两磁通叠加，使干簧密封磁触点闭合，信号指示灯亮。当工作线圈断电后，借助永久磁铁的作用，可使干簧密封磁触点保持在闭合位置。复归时，在释放线圈加上电压后，因其所产生的磁通与永久磁铁的磁通方向相反而相互抵消，使触点返回原位，指示灯灭，准备下一次动作。DXM-2A 型信号继电器的内部接线如图 2-21 所示。

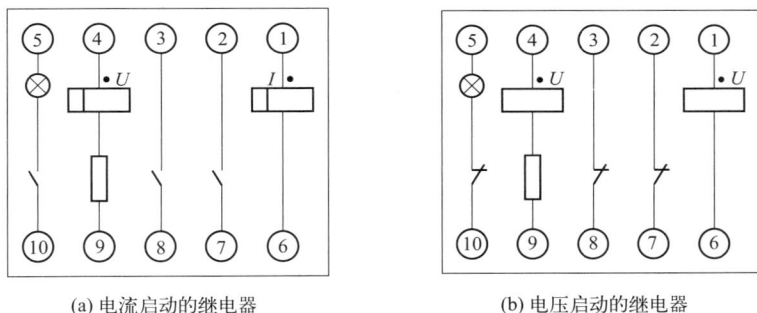

(a) 电流启动的继电器　　　　　　　　(b) 电压启动的继电器

图 2-21　DXM-2A 型信号继电器的内部接线图

2.3.1.2　感应型电流继电器

（1）GL-10 系列感应型电流继电器

GL-10 系列感应型电流继电器具有反时限特性，可用于发电机、变压器、线路和电动机等过负荷和短路保护，并适用于交流操作的保护装置。

GL-10 型感应式电流继电器由两个元件组成：带延时动作的感应元件和瞬时动作的电磁元件，其内部结构和接线如图 2-22 所示。

感应元件主要由带有短路环的电磁铁和圆形铝盘组成，铝盘的另一侧装有永久磁铁，铝盘的转轴放在可动框架的轴承内，可动框架可绕轴转动一个小角度，正常未启动时框架被弹簧拉向止挡位置，使扇形齿片和蜗杆不接触。一旦继电器启动，两者就啮合在一起，利用铝盘转动带动蜗杆转动，使扇形齿片上升，最终将继电器触点接通。

电磁元件由装在电磁铁上侧的衔铁、电磁铁芯和线圈构成。衔铁左端有顶板，由它可瞬时闭合触点。正常时，衔铁左端重于右端而偏落在左边位置，触点不闭合。

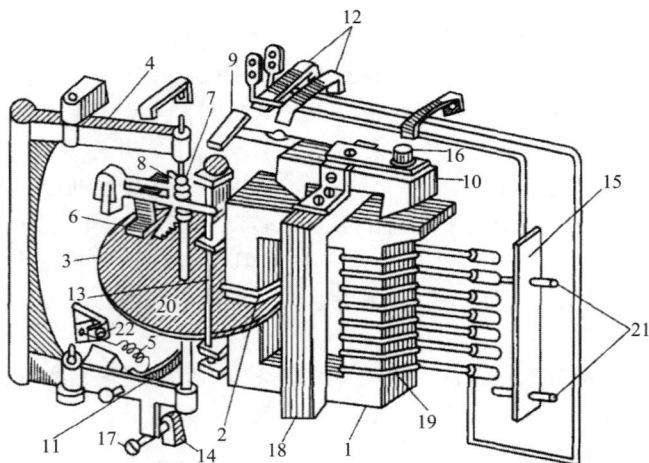

图 2-22　GL-10 系列电流继电器内部结构及接线

1—电磁铁；2—短路环；3—铝盘；4—可动框架；5—弹簧；6—永久磁铁（阻尼作用）；7—蜗杆；
8—扇形齿轮；9—摇柄；10—衔铁；11—薄钢片；12—触点；13—调整螺杆；14—调节螺母；15—插孔板；
16—调整瞬动电流倍数的螺钉；17—止挡；18—电磁元件的磁路（瞬动部分）；19—继电器线圈；20—扇形
齿轮起始位置的移动装置；21—调整动作电流的插孔螺钉；22—调节框架弹簧的螺钉

（2）感应元件的工作原理

当继电器通入电流 $\dot{I}_r$ 时，在短路环内产生感应电动势 $\dot{E}_k$，并在短路环中产生电流 $\dot{I}_k$，电流 $\dot{I}_r$ 和 $\dot{I}_k$ 分别产生磁通 $\dot{\Phi}_r$ 和 $\dot{\Phi}_k$，磁通 $\dot{\Phi}_r$ 在磁极处分成了 $\dot{\Phi}_{r1}$ 和 $\dot{\Phi}_{r2}$ 两部分，$\dot{\Phi}_{r1}$ 通过短路环，$\dot{\Phi}_{r2}$ 不通过短路环。图 2-23（b）为相应相量图。从图中可以看出通过短路环的总磁通 $\dot{\Phi}_1$ 为

$$\dot{\Phi}_1 = \dot{\Phi}_{r1} + \dot{\Phi}_k \tag{2-32}$$

未通过短路环的磁通为

$$\dot{\Phi}_2 = \dot{\Phi}_{r2} - \dot{\Phi}_k \tag{2-33}$$

由于 $\dot{I}_k$ 是由 $\dot{\Phi}_1$ 产生，故 $\dot{E}_k$ 滞后 $90°$。由于短路环中有电抗，电流 $\dot{I}_k$ 滞后 $\dot{E}_k$ 一个角度 α，若忽略铁损，则 $\dot{\Phi}_k$ 与 $\dot{I}_k$ 同相。从图 2-23（c）中可看出，磁通 $\dot{\Phi}_1$ 和 $\dot{\Phi}_2$ 在空间上处于不同位置，在时间上又有一个相角差 φ，$\dot{\Phi}_2$ 超前 $\dot{\Phi}_1$ 一个 φ 角。根据电机学的旋转磁场理论，可知此时在圆形铝盘上产生的转矩为

$$M = K_1 \Phi_1 \Phi_2 \sin\varphi \tag{2-34}$$

式中，K_1 为换算系数；Φ_1、Φ_2 为两部分磁通的有效值；φ 为磁通 $\dot{\Phi}_1$ 和 $\dot{\Phi}_2$ 之间的夹角。

当铁芯未饱和时，磁通 Φ 与继电器线圈中的电流 I_r 成正比，并且相角差 φ 为常数，则转矩可写成

$$M = K_2 I_r^2 \sin\varphi = K I_r^2 \tag{2-35}$$

显然，通入继电器线圈的电流越大，铝盘转动速度越快，当通入的电流为整定值的 $30\% \sim 40\%$ 时，圆形铝盘就开始转动，但支持铝盘的可动框架在弹簧拉力作用下仍保持原位，此时扇形齿轮并未与蜗杆相啮合，铝盘空转，继电器不动作。

当通入继电器线圈中的电流足够大时，可动框架克服了弹簧的拉力向前移动，使轴上蜗杆与扇形齿片相啮合，此时圆形铝盘继续转动，并带动扇形齿片上升，直到扇形齿片尾部托

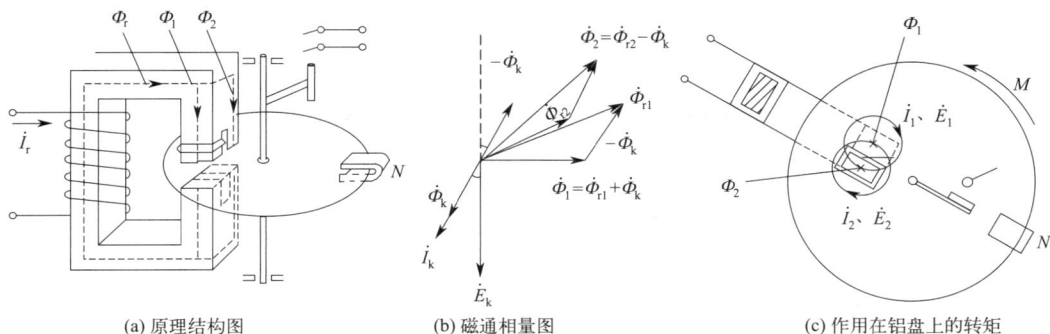

(a) 原理结构图　　　　　　(b) 磁通相量图　　　　　　(c) 作用在铝盘上的转矩

图 2-23　GL-10 系列继电器的动作原理图

起顶板，使衔铁被电磁铁吸下，将触点闭合。从轴上蜗杆与扇形齿片相啮合到触点闭合的这段时间称为继电器动作时间。

通入继电器的电流越大，铝盘转速越快，继电器的动作时间越短，这种特性称为反时限特性，见图 2-24 曲线 1、2 所示的反时限部分（曲线段）。当通入电流大到一定程度，铁芯饱和，铝盘的转速不再随电流增加而加快时，继电器动作时间便成为定值，如图 2-24 中曲线 1、2 直线部分。可见，反时限特性是有限度的。如果将时限调整螺钉放在某一位置，改变通入继电器的电流，测出其相应的动作时间，即可点绘出反时限特性曲线。将时限调整螺钉放在最下和最上的极限位置时，所得出的为边缘上、下时限特性曲线。根据这两条包络时限特性曲线，应用内插比例法可求出时限调整螺钉置于任一位置时的时限特性曲线。时限调整螺钉指示盘上的刻度，是指通入 10 倍整定值电流时的动作时间。

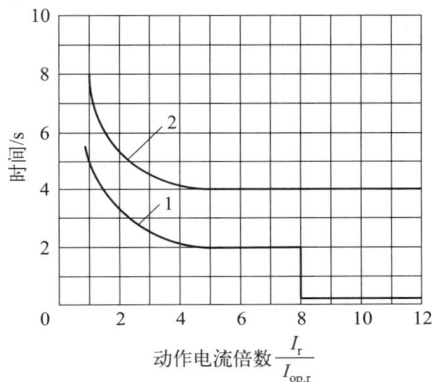

图 2-24　GL-10（20）系列继电器的时限特性曲线

感应元件的动作电流 $I_{op.r}$ 是指继电器铝盘轴上蜗杆与扇形齿片啮合时，线圈所需要通入的最小电流值。使扇形齿片脱离蜗杆返回到原位置的最大电流称为感应系统的返回电流。继电器线圈有 7 个抽头，通过插孔板拧入的螺钉来改变线圈的匝数，借以调整感应元件的动作电流整定值。

当通入继电器线圈的电流大到整定值 $I_{op.r}$ 的某个倍数时，如图 2-24 中曲线 1，当动作电流倍数为 8 时，衔铁右端瞬时被吸下，触点立即闭合，即构成电磁元件的速断特性，动作时间为 $0.05\sim0.1s$。曲线 1 为对应定时限动作，时限为 2s，速断动作电流倍数为 8 的特性曲线。曲线 2 为定时限动作，时限为 4s，动作电流倍数大于 10，速断部分调整螺钉拧到最大位置，即衔铁和电磁铁之间气隙达到最大时的特性曲线。速断的动作电流值可通过改变衔铁与电磁铁之间的气隙来调整，其速断动作电流范围是感应元件整定动作电流范围的 $2\sim8$ 倍。

转动蜗杆可使移动装置沿蜗杆上升或下降，改变扇形齿轮的起始位置，从而达到调节动作时限的目的。继电器中的永久磁铁是制动磁铁，起阻尼作用，铝盘转动时，切割永久磁铁磁场在铝盘中感生涡流。涡流与永久磁铁相互作用产生制动转矩，其大小与铝盘转速成正比，制动转矩可使铝盘的转速均匀。

GL 型感应型电流继电器具有反时限特性和瞬断特性，而且本身有类似信号继电器的掉牌指示信号。此外，继电器触点功率大，在组成保护装置时可不加中间继电器。

2.3.1.3　整流型 LL-10 系列反时限电流继电器

　　LL-10 系列整流型电流继电器具有反时限特性，LL-13A、LL-14A 型电流继电器的内部结构和接线如图 2-25 所示。LL-10 系列电流继电器内部有一小型电流变换器 UA，一次绕组 W1 有 7 个抽头，用以改变继电器动作电流整定值，二次绕组 W2 输出接整流滤波电路，提供直流电源供给继电器的直流逻辑回路。电流变换器的铁芯可以吸起 Z 形舌片衔铁，切换启动触点 ST。正常时由常闭触点 ST 短接电容 C_2。电阻 R_4 与稳压管 VS1、VS2 组成稳压电路，供给单结晶体管稳定的基极电压。当单结晶体管 VT1 触发时，快速继电器 KM1 动作，它的一对触点用于自保持，另一对触点用于发送信号。当 VT2 触发时，继电器 KM2 动作，接通出口继电器 KM 的线圈，由其触点去跳闸。

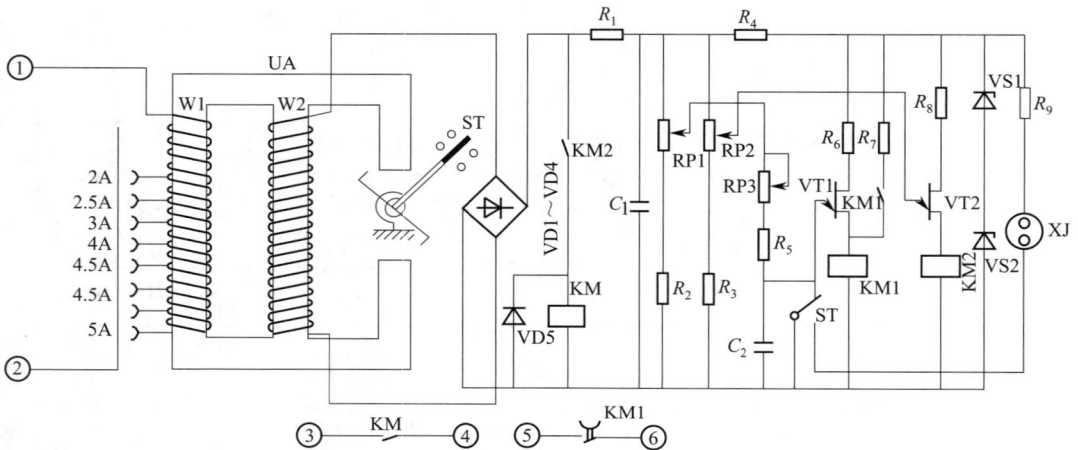

图 2-25　LL-13A、LL-14A 型电流继电器的内部结构与接线图

　　当流经变换器 UA 一次绕组的电流达到整定值时，Z 形舌片衔铁被吸动，ST 触点转换，电容 C_2 开始充电，经充电延时后，触发单结晶体管 VT1，C_2 上的充电电压达到单结晶体管分压比电压值时，充电延时取决于启动后在 RP1 上的电压降。流入继电器的电流（正比于故障电流）越大，RP1 上的电压降也越大，C_2 的充电延时就越短，这就是所谓的反时限特性。

　　如果流入继电器的电流超过速断整定值，RP2 上的电压降则达到 VT2 分压比电压值，VT2 立即导通，接通快速继电器 KM2，使 KM 得电发出跳闸脉冲。当高压断路器跳闸后，UA 一次绕组电流消失时，继电器返回原状。

2.3.1.4　数字型继电器

　　数字型继电器又称为微机继电器，是以微处理器（CPU）为核心组成的新型继电保护装置。微机保护主要由硬件部分和软件部分组成。

　　软件部分是根据保护的工作原理和动作要求，编制计算程序。微机保护的硬件和外围设备是通用的，只要计算程序不同，就可以实现不同原理的保护。而且计算机根据系统运行方式的改变能自动地改变动作的整定值，实现自适应继电保护，使保护具有更大的灵敏性。

　　微机保护具有自诊断功能，能不断地检查和诊断本身的故障并及时处理，大大提高了保护装置的可靠性，并能满足快速动作的要求。

2.3.2 阻抗继电器

阻抗继电器是距离保护装置的核心元件，它的作用是测量故障点到保护安装处之间的阻抗（距离），并与整定值比较，以确定保护是否应该动作。它主要用作测量元件，但也可作为启动元件和兼作功率方向元件。

2.3.2.1 阻抗继电器的分类

阻抗继电器按其构造原理不同可以分为电磁型、感应型、整流型、晶体管型、集成电路型和微机型；根据比较原理可以分为幅值比较式和相位比较式；根据输入量的不同可以分为单相式和多相补偿式。

单相式阻抗继电器是指输入继电器的只有一个电压 $\dot{U}_r$（可以是相电压也可以是线电压）和一个电流 $\dot{I}_r$（可以是相电流也可以是两相电流差）的阻抗继电器，输入继电器的电压与电流的比值称为继电器的测量阻抗 $\dot{Z}_r$。

测量阻抗可表示为

$$\dot{Z}_r = \frac{\dot{U}_r}{\dot{I}_r} = \frac{\dfrac{\dot{U}}{K_{TV}}}{\dfrac{\dot{I}}{K_{TA}}} = \frac{K_{TA}}{K_{TV}} \dot{Z}_K \tag{2-36}$$

式中，$\dot{U}_r$ 为保护安装处的一次电压，即母线电压；$\dot{I}_r$ 为被保护设备的一次电流；K_{TA}、K_{TV} 分别为电流互感器的电流比和电压互感器的电压比；$\dot{Z}_K$ 为一次测量阻抗。

如果保护装置整定阻抗经计算后为 Z'_{set}，则按式（2-37）计算阻抗继电器的整定阻抗

$$Z_{set} = \frac{K_{TA}}{K_{TV}} Z'_{set} \tag{2-37}$$

正常运行时，母线电压为 $\dot{U}_N$，线路负荷电流为 $\dot{I}_L$，这时阻抗继电器的测量阻抗 Z_{rL} 是负荷阻抗的二次值，即

$$Z_{rL} = \frac{K_{TA}}{K_{TV}} Z_L \tag{2-38}$$

式中，Z_L 为负荷阻抗的一次值。

由于母线电压 U_N 大于残压 U_{res}，负荷电流小于短路电流 $\dot{I}_k$，所以 $Z_{rL} \geqslant Z_{set}$，阻抗继电器不应动作。由于 Z_r 可以表示为 $Z_r = R_r + jX_r$ 的复数形式，所以可以用复数平面来分析这种元件的动作特性，并用几何图形表示它，如图 2-26（b）所示。

单相式阻抗继电器可用复数平面分析其动作特性。如图 2-26（a）中线路 BC 的保护 2，将阻抗继电器的测量阻抗画在复平面上，如图 2-26（b）所示，将线路端 B 端置于平面原点，并以线路阻抗角 φ_L 将线路 AB、BC 绘于复平面上，其长度按二次阻抗值绘制，距离Ⅰ段阻抗继电器的整定阻抗 $Z_{set2} = 0.85 Z_{BC}$，即辐角为 φ_L 的直线 BZ。

当在被保护线路上发生短路时，阻抗继电器的正向测量阻抗在第一象限的直线 BC 上变化；当在反方向非保护线路上发生短路时，继电器的测量阻抗在第三象限的直线 BA 上变化。当短路发生在线路 BZ 范围内时，阻抗继电器的测量阻抗的末端落在辐角为 φ_L 的 BZ 直线上，则阻抗继电器动作。

为了消除过渡电阻及互感器误差的影响，尽量简化继电器的接线，以便制造和调试，将

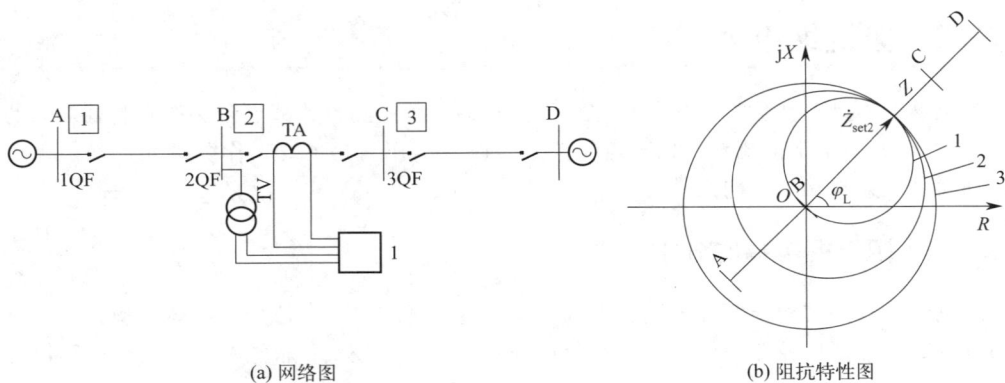

(a) 网络图 (b) 阻抗特性图

图 2-26　阻抗继电器的动作特性
1—方向阻抗继电器特性；2—偏移特性阻抗继电器特性；3—全阻抗继电器特性

阻抗继电器动作范围扩大为一个圆，如图 2-26（b）所示。圆 1 为方向阻抗继电器的动作特性圆，它是以整定阻抗 Z_{set2} 为直径的圆。圆 2 为偏移特性阻抗继电器的特性圆，它是坐标原点在圆内的偏移圆，整定阻抗 Z_{set2} 是圆直径的一部分。圆 3 是全阻抗继电器特性圆，它是以整定阻抗 Z_{set2} 为半径的圆。当测量阻抗位于圆内时，阻抗继电器动作，故圆内为动作区；当测量阻抗位于圆外时，阻抗继电器不动作，故圆外为不动作区；当测量阻抗位于圆周上时，阻抗继电器处于临界状态。阻抗继电器动作特性除了上述几种圆特性外，还有椭圆形、苹果形和四边形等特性。由于圆特性阻抗继电器易于实现、接线简单，故在高压线路上广泛应用。

2.3.2.2　阻抗继电器的构成

（1）按比较两个电气量幅值原理构成的阻抗继电器

按比较两个电气量幅值原理构成的阻抗继电器原理框图如图 2-27 所示。测量电压 $\dot{U}_r$ 和测量电流 $\dot{I}_r$ 通过电压形成回路得出阻抗继电器的用于幅值比较的两个电气量 $\dot{U}_A$ 和 $\dot{U}_B$。$\dot{U}_A$ 是动作电量，$\dot{U}_B$ 是制动电量，它们经整流、滤波后接入幅值比较回路，由执行元件输出控制跳闸。继电器的动作方程为

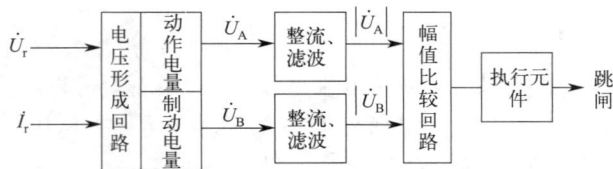

图 2-27　按比较两个电气量幅值原理构成的阻抗继电器原理框图

$$|\dot{U}_A| \geqslant |\dot{U}_B| \tag{2-39}$$

阻抗继电器动作特性的不同，取决于用于幅值比较的电气量 $\dot{U}_A$ 和 $\dot{U}_B$ 不同，相应的继电器电压形成回路也不同，但幅值比较回路和执行回路是相同的。因此，重点应放在分析各种特性时阻抗继电器的用于幅值比较的电气量和电压形成回路上。

（2）按比较两个电气量相位原理构成的阻抗继电器

按比较两个电气量相位原理构成的阻抗继电器原理框图如图 2-28 所示。

输入测量电压 $\dot{U}_r$ 和测量电流 $\dot{I}_r$ 经电压形成回路 1 获得两个相位比较电气量 $\dot{U}_C$ 和 $\dot{U}_D$，再

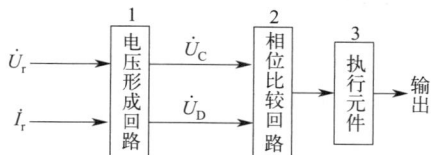

图 2-28 按比较两个电气量相位原理构成的阻抗继电器原理框图

接入相位比较回路 2，若 $\dot{U}_\text{C}$ 超前 $\dot{U}_\text{D}$ 的相位为 $\theta = \arg \dfrac{\dot{U}_\text{C}}{\dot{U}_\text{D}}$，则阻抗继电器的动作条件为

$$-90° \leqslant \arg \frac{\dot{U}_\text{C}}{\dot{U}_\text{D}} \leqslant 90° \qquad (2\text{-}40)$$

经执行元件 3 输出，构成相位比较原理的阻抗继电器。

若已知幅值比较的两个电气量 $\dot{U}_\text{A}$ 和 $\dot{U}_\text{B}$，便可以由 $\dot{U}_\text{A}$ 和 $\dot{U}_\text{B}$ 转换为相位比较的两个电气量 $\dot{U}_\text{C}$ 和 $\dot{U}_\text{D}$，根据平行四边形法则，可得

$$\begin{cases} \dot{U}_\text{C} = \dot{U}_\text{A} - \dot{U}_\text{B} \\ \dot{U}_\text{D} = \dot{U}_\text{A} + \dot{U}_\text{B} \end{cases} \qquad (2\text{-}41)$$

根据幅值比较阻抗继电器动作条件 $|\dot{U}_\text{A}| \geqslant |\dot{U}_\text{B}|$，可得出相位比较阻抗继电器的动作条件为 $\cos\varphi \geqslant 0$，且 $\theta = \arg \dfrac{\dot{U}_\text{C}}{\dot{U}_\text{D}}$，并将式（2-41）代入式（2-40），可得

$$-90° \leqslant \arg \frac{\dot{U}_\text{A} - \dot{U}_\text{B}}{\dot{U}_\text{A} + \dot{U}_\text{B}} \leqslant 90° \qquad (2\text{-}42)$$

由此可见，式（2-42）与式（2-40）等效。

2.3.2.3 利用复平面分析阻抗继电器的动作特性

（1）全阻抗继电器

全阻抗继电器的特性是以 O 点（保护装置安装地点）为圆心，以整定阻抗 Z_set 为半径所做的一个圆，如图 2-29（a）所示。当测量阻抗 Z_r 位于圆内时，继电器 KR 动作，即圆内为动作区，圆外为不动作区；当测量阻抗 Z_r 正好位于圆周上时，继电器正好动作，对应此时的阻抗称为继电器的动作阻抗 $Z_\text{op.r}$。由于测量阻抗在任何象限时，继电器都能动作，它没有方向性，故称为全阻抗继电器，继电器的动作阻抗在数值上等于整定阻抗，即 $|Z_\text{op.r}| = Z_\text{set}$。

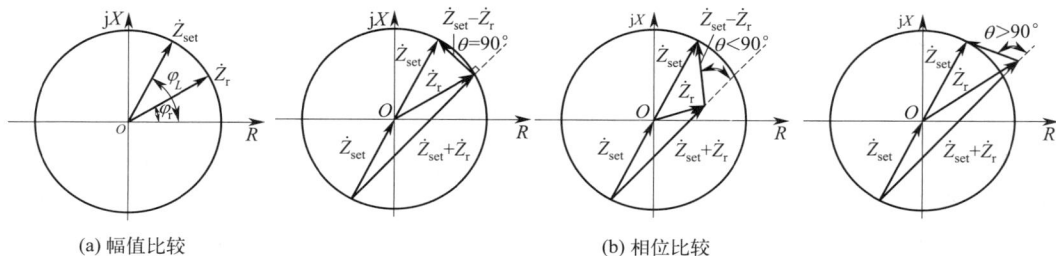

(a) 幅值比较   (b) 相位比较

图 2-29 全阻抗继电器的动作特性

全阻抗继电器的幅值比较形式的动作方程为

$$|Z_{set}|=Z_r \qquad (2\text{-}43)$$

以电流 $\dot{I}_r$ 乘以式（2-43）两边，得出全阻抗继电器的动作方程为

$$|\dot{I}_r Z_{set}| \geqslant |\dot{U}_r| \qquad (2\text{-}44)$$

根据式（2-44）可得出全阻抗继电器幅值比较的两个电气量及其电压形成回路如图 2-30（a）所示。

式（2-44）中，电压有两种形式：一种是输入的测量电流在已知整定阻抗上产生的电压降 $\dot{I}_r \dot{Z}_{set}$，这个电压降可用电抗变换器 UX 获得；另一种是加在继电器端子上的测量电压 $\dot{U}_r$，这个电压 $\dot{U}_r$ 可直接从母线电压互感器 TV 二次绕组上获得。为了便于改变动作阻抗的整定值，一般需要接入一个电压变换器 UV，如图 2-30（a）所示。

电抗变换器的二次绕组电压用 $\dot{K}_I \dot{I}_r$ 表示，电压变换器的二次绕组电压用 $\dot{K}_U \dot{U}_r$ 表示，则全阻抗继电器的动作方程可写成

$$|\dot{K}_I \dot{I}_r| = |\dot{K}_U \dot{U}_r| \qquad (2\text{-}45)$$

故电压形成回路输出的幅值比较的两个电气量为

$$\begin{cases} \dot{U}_A = \dot{K}_I \dot{I}_r \\ \dot{U}_B = \dot{K}_U \dot{U}_r \end{cases} \qquad (2\text{-}46)$$

式（2-45）两边同除以 K_U，可得

$$\left| \frac{\dot{K}_I}{\dot{K}_U} \dot{I}_r \right| \geqslant |\dot{U}_r| \qquad (2\text{-}47)$$

将式（2-47）与式（2-44）相比较，可知整定阻抗为

$$\dot{Z}_{set} = \frac{\dot{K}_I}{\dot{K}_U} \qquad (2\text{-}48)$$

由式（2-48）可知，改变整定阻抗的大小，可通过改变电抗变换器 UX 的一次绕组匝数或改变电压变换器的电压比（即改变 K_I 和 K_U 值）来实现。相位比较方式全阻抗继电器的两个电气量 $\dot{U}_C$ 和 $\dot{U}_D$ 可由幅值比较方式的两个电气量 $\dot{U}_A$ 和 $\dot{U}_B$ 转换得到。将式（2-46）代入式（2-41），可得

$$\begin{cases} \dot{U}_C = \dot{K}_I \dot{I}_r - \dot{K}_U \dot{U}_r \\ \dot{U}_D = \dot{K}_I \dot{I}_r + \dot{K}_U \dot{U}_r \end{cases} \qquad (2\text{-}49)$$

将 $\dot{Z}_r = \dfrac{\dot{U}_r}{\dot{I}_r}$ 和 $\dot{Z}_{set} = \dfrac{\dot{K}_I}{\dot{K}_U}$ 代入式（2-49），并解式（2-40）可得出全阻抗继电器的相位比较动作方程为

$$-90° \leqslant \arg \frac{\dot{Z}_{set} - \dot{Z}_r}{\dot{Z}_{set} + \dot{Z}_r} \leqslant 90° \qquad (2\text{-}50)$$

根据式（2-50）可做出全阻抗继电器的相位比较动作特性如图 2-29（b）所示。根据式（2-49），利用电抗变换器 UX 和电压变换器 UV 构成相位比较式全阻抗继电器两电气量 $\dot{U}_C$ 和 $\dot{U}_D$ 的电压形成回路如图 2-30（b）所示。

（2）方向阻抗继电器

方向阻抗继电器的特性是以整定阻抗 Z_{set} 为直径并且其圆周经过坐标原点的一个圆，如图 2-31（a）所示，圆内为动作区，圆外为不动作区。当输入继电器的测量电压 $\dot{U}_r$ 和测量电

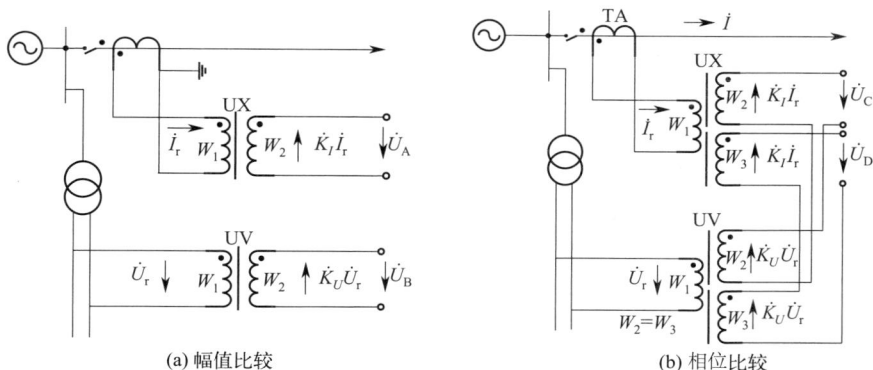

(a) 幅值比较   (b) 相位比较

图 2-30　全阻抗继电器的电压形成回路

流 $\dot{I}_r$ 之间的相位差 φ_r 为不同数值时，此种继电器的动作电阻也随之改变。当 φ_r 等于整定阻抗角时，继电器的动作阻抗最大，即 $Z_{op.r}=Z_{set}$，等于圆的直径。此时阻抗继电器的保护范围最大，工作最灵敏，这个角度称为最大灵敏角，用 $\varphi_{sen.max}$ 表示。

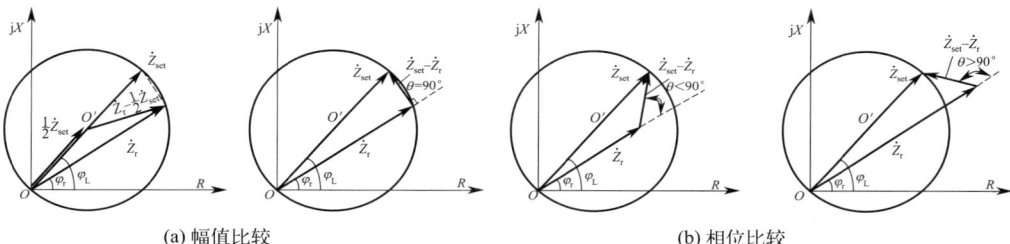

(a) 幅值比较   (b) 相位比较

图 2-31　方向阻抗继电器的动作特性

当保护范围内部故障时，$\varphi_r=\varphi_L$（线路阻抗角），调整继电器的最大灵敏角，使 $\varphi_{sen.max}=\varphi_L$，即可使继电器工作在最灵敏的状态下。

当正方向短路时，测量阻抗 $\dot{Z}_r$ 在第一象限，如果故障在保护范围内，$\dot{Z}_r$ 落在圆内，继电器动作；当反方向发生短路故障时，测量阻抗在第三象限，继电器不动作。因为这种继电器具有方向性，因此称为方向阻抗继电器。

由图 2-31(a) 可得幅值比较形式的方向阻抗继电器的动作方程为

$$\left|\frac{1}{2}\dot{Z}_{set}\right|\geqslant\left|\dot{Z}_r-\frac{1}{2}\dot{Z}_{set}\right| \tag{2-51}$$

将电流 I_r 乘以式(2-51) 两边，可得方向阻抗继电器的动作电压方程为

$$\left|\frac{1}{2}\dot{Z}_{set}\dot{I}_r\right|\geqslant\left|\dot{U}_r-\frac{1}{2}\dot{I}_r\dot{Z}_{set}\right| \tag{2-52}$$

根据式(2-52)可画出比较两电气量幅值的方向阻抗继电器的电压形成回路，如图 2-32(a) 所示。式(2-52) 中有两项 $\frac{1}{2}\dot{Z}_{set}\dot{I}_r$，故电抗变换器 UX 有三个二次绕组，其中 W_2、W_3 的匝数相等，用以获得两个电压分量 $\frac{1}{2}\dot{Z}_{set}\dot{I}_r$；第三个二次绕组 W_4 用来调整继电器的整定阻抗角。电压变换器 UV 则只采用一个二次绕组 W_2。

电抗变换器的二次绕组电压用 $\frac{1}{2}\dot{K}_I\dot{I}_r$ 表示。电压变换器的二次电压用 $\dot{K}_U\dot{U}_r$ 表示，则方

向阻抗继电器的动作方程为

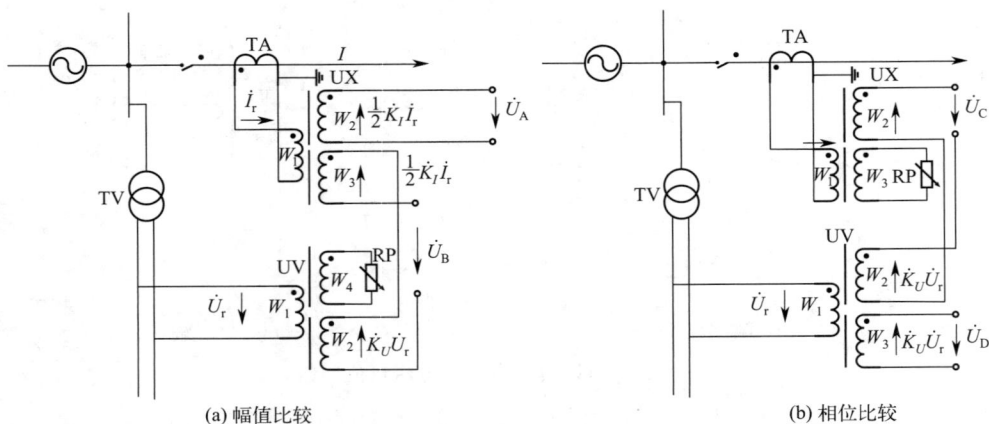

(a) 幅值比较　　　　　　　　　　　(b) 相位比较

图 2-32　方向阻抗继电器的电压形成回路

$$\left|\frac{1}{2}\dot{K}_I\dot{I}_r\right| \geqslant \left|\dot{K}_U\dot{U}_r - \frac{1}{2}\dot{K}_I\dot{I}_r\right| \tag{2-53}$$

故电压形成回路输出用于幅值比较的两个电气量为

$$\begin{cases} \dot{U}_A = \dfrac{1}{2}\dot{K}_I\dot{I}_r \\[2mm] \dot{U}_B = \dot{K}_U\dot{U}_r - \dfrac{1}{2}\dot{K}_I\dot{I}_r \end{cases} \tag{2-54}$$

将式(2-53)两边同除以 $\dot{K}_U$，则可得

$$\left|\frac{\dot{K}_I}{2\dot{K}_U}\dot{I}_r\right| \geqslant \left|\dot{U}_r - \frac{\dot{K}_I}{2\dot{K}_U}\dot{I}_r\right| \tag{2-55}$$

将式(2-55)与式(2-52)相比较，可知整定阻抗为 $\dot{Z}_{set} = \dot{K}_I/\dot{K}_U$。用相位比较方式分析方向阻抗继电器如图 2-31(b) 所示。

将式(2-54)中用于幅值比较的两个电气量 $\dot{U}_A$ 和 $\dot{U}_B$ 代入式(2-41)中，得到比较相位的两个电气量 $\dot{U}_C$ 和 $\dot{U}_D$ 如下：

$$\begin{cases} \dot{U}_C = \dot{K}_I\dot{I}_r - \dot{K}_U\dot{U}_r \\ \dot{U}_D = \dot{K}_U\dot{U}_r \end{cases} \tag{2-56}$$

将测量阻抗 $\dot{Z}_r = \dfrac{\dot{U}_r}{\dot{I}_r}$ 和整定阻抗 $\dot{Z}_{set} = \dfrac{\dot{K}_I}{\dot{K}_U}$ 代入式(2-51)中并按式(2-40)表达，可得方向阻抗继电器的动作方程为

$$-90° \leqslant \arg\frac{\dot{Z}_{set} - \dot{Z}_r}{\dot{Z}_r} \leqslant 90° \tag{2-57}$$

由式(2-57)可知，继电器动作特性反映了 $\dot{Z}_{set} - \dot{Z}_r$ 与 $\dot{Z}_r$ 之间的相位关系。如图 2-31(b) 所示，$\dot{Z}_r$ 矢端在圆周上，则测量阻抗 $\dot{Z}_r$ 与 $\dot{Z}_{set} - \dot{Z}_r$ 的相位角 $\theta = 90°$，处于临界状态；当 $\dot{Z}_r$ 矢端在圆内，则 $\dot{Z}_{set} - \dot{Z}_r$ 超前 $\dot{Z}_r$ 相位角 $\theta < 90°$，继电器动作；如 $\dot{Z}_r$ 矢端在圆外，$\dot{Z}_{set} - \dot{Z}_r$ 超前 $\dot{Z}_r$ 相位角 $\theta > 90°$，继电器不动作。由以上分析可见，方向阻抗继电器动作条件是 $-90° \leqslant \theta \leqslant 90°$，只与相位比较电气量 $\dot{U}_C$ 和 $\dot{U}_D$ 之间的相位有关，而与它们的大小无关。当

短路点在保护范围内部和外部不同位置时，此相位角 θ 的改变主要由相量 $\dot{Z}_{\mathrm{set}} - \dot{Z}_{\mathrm{r}}$ 相位的改变决定，故取 $\dot{Z}_{\mathrm{r}}$ 为参考相量，在此，相电压 $\dot{U}_{\mathrm{C}}$ 称为工作电压，$\dot{U}_{\mathrm{D}}$ 称为参考极化电压。

根据式（2-56），利用电抗变换器 UX 和电压变换器 UV 构成相位比较方式方向阻抗继电器的两个电气量 $\dot{U}_{\mathrm{C}}$ 和 $\dot{U}_{\mathrm{D}}$ 的电压形成回路原理接线如图 2-32（b）所示。电压变换器 UV 两个二次绕组 W_2 和 W_3 的匝数相等。

（3）偏移特性阻抗继电器

偏移特性阻抗继电器的特性是当正方向的整定阻抗为 $\dot{Z}$ 时，同时向反方向偏移一个 $a\dot{Z}_{\mathrm{set}}$，其中 $0 < a < 1$。继电器的动作特性如图 2-33（a）所示，圆内为动作区，圆外为不动作区。圆直径为 $|\dot{Z}_{\mathrm{set}} + a\dot{Z}_{\mathrm{set}}|$，圆心坐标为 $\dot{Z}_0 = \dfrac{1}{2}(\dot{Z}_{\mathrm{set}} - a\dot{Z}_{\mathrm{set}})$，圆半径为 $\dfrac{1}{2}|\dot{Z}_{\mathrm{set}} + a\dot{Z}_{\mathrm{set}}|$。

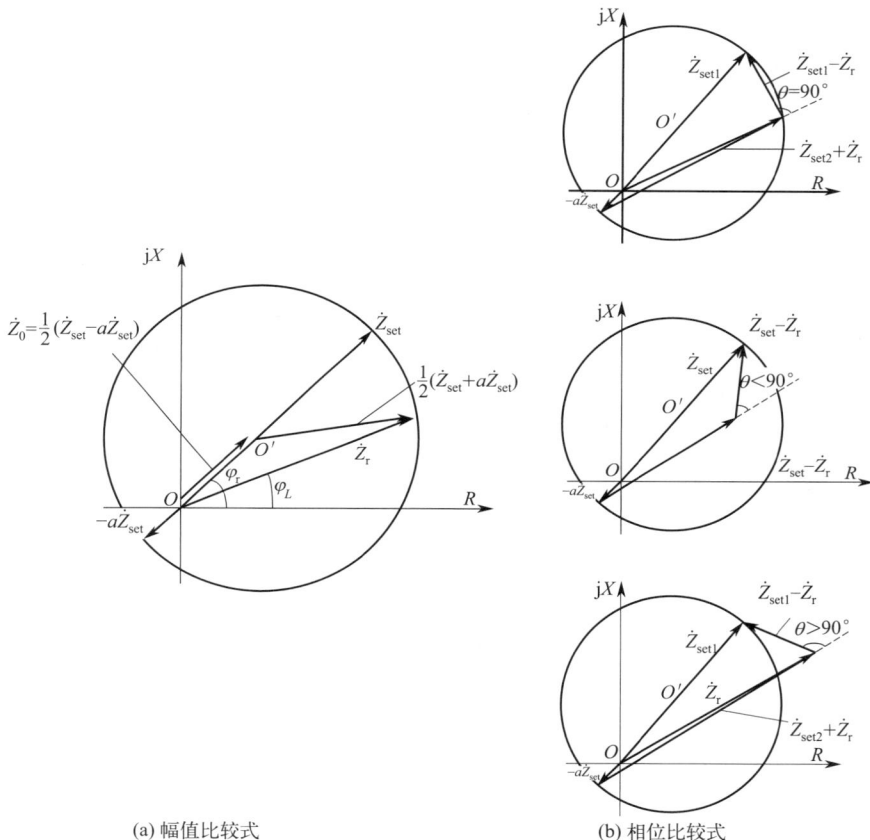

(a) 幅值比较式　　　　　　　(b) 相位比较式

图 2-33　具有偏移特性的阻抗继电器的动作特性

这种继电器的特性介于方向阻抗继电器和全阻抗继电器之间。例如，当 $a = 0$ 时，即为方向阻抗继电器；当 $a = 1$ 时，则为全阻抗继电器。其动作阻抗 $\dot{Z}_{\mathrm{op.r}}$ 既与 φ_{r} 有关，又没有完全的方向性，一般称为偏移特性阻抗继电器，在实用中取 $a = 0.1 \sim 0.2$，以便消除方向阻抗继电器的死区。幅值比较式动作阻抗方程为

$$|\dot{Z}_{\mathrm{set}} - \dot{Z}_0| \geqslant |\dot{Z}_{\mathrm{r}} - \dot{Z}_0| \tag{2-58}$$

等式两边均乘以 $\dot{I}_{\mathrm{r}}$，得出偏移特性阻抗继电器的动作方程为

$$|\dot{I}_{\mathrm{r}}(\dot{Z}_{\mathrm{set}} - \dot{Z}_0)| \geqslant |\dot{I}_{\mathrm{r}}(\dot{Z}_{\mathrm{r}} - \dot{Z}_0)| \tag{2-59}$$

或

$$\left|\dot{U}_{\mathrm{r}}-\frac{1}{2}\dot{I}_{\mathrm{r}}(1-a)\dot{Z}_{\mathrm{set}}\right|\leqslant\left|\frac{1}{2}\dot{I}_{\mathrm{r}}(1+a)\dot{Z}_{\mathrm{set}}\right| \tag{2-60}$$

将 $\dot{Z}_{\mathrm{set}}=\dfrac{\dot{K}_I}{\dot{K}_U}$ 代入式(2-60)，得

$$\left|\frac{1}{2}(1+a)\dot{K}_I\dot{I}_{\mathrm{r}}\right|\geqslant\left|\dot{K}_U\dot{U}_{\mathrm{r}}-\frac{1}{2}(1-a)\dot{K}_I\dot{I}_{\mathrm{r}}\right| \tag{2-61}$$

$$\begin{cases}\dot{U}_{\mathrm{A}}=\dfrac{1}{2}(1+a)\dot{K}_I\dot{I}_{\mathrm{r}}\\[2mm]\dot{U}_{\mathrm{B}}=\dot{K}_U\dot{U}_{\mathrm{r}}-\dfrac{1}{2}(1-a)\dot{K}_I\dot{I}_{\mathrm{r}}\end{cases} \tag{2-62}$$

根据式(2-62)做出偏移特性阻抗继电器的用于幅值比较两个电气量 $\dot{U}_{\mathrm{A}}$ 和 $\dot{U}_{\mathrm{B}}$ 及电压形成回路如图 2-34(a) 所示。

用相位比较方式分析偏移特性阻抗继电器，如图 2-33(b) 所示，将式(2-62) 中的两个电气量 $\dot{U}_{\mathrm{A}}$ 和 $\dot{U}_{\mathrm{B}}$ 代入式(2-41)，可得出相位比较偏移特性阻抗继电器的两电气量 $\dot{U}_{\mathrm{C}}$ 和 $\dot{U}_{\mathrm{D}}$ 为

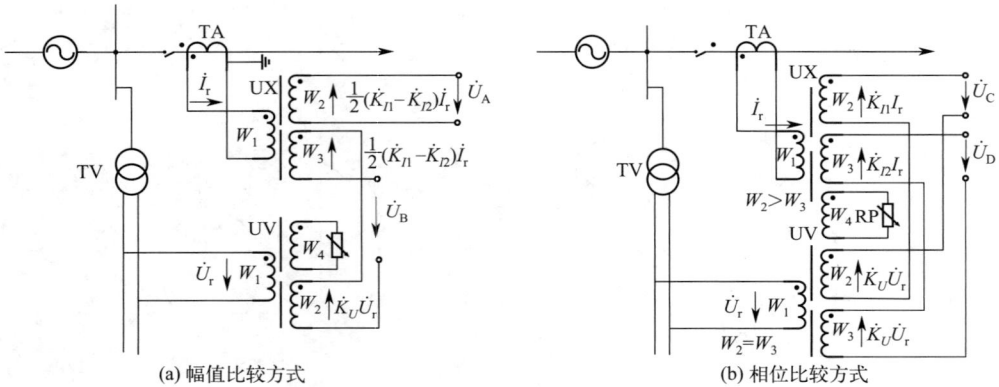

(a) 幅值比较方式 　　　　　　　　　　 (b) 相位比较方式

图 2-34　偏移特性阻抗继电器的电压形成回路

$$\begin{cases}\dot{U}_{\mathrm{C}}=\dot{K}_I\dot{I}_{\mathrm{r}}-\dot{K}_U\dot{U}_{\mathrm{r}}\\[2mm]\dot{U}_{\mathrm{D}}=a\dot{K}_I\dot{I}_{\mathrm{r}}+\dot{K}_U\dot{U}_{\mathrm{r}}\end{cases} \tag{2-63}$$

将 $\dot{Z}_{\mathrm{set}}=\dfrac{\dot{K}_I}{\dot{K}_U}$、$\dot{Z}_{\mathrm{r}}=\dfrac{\dot{U}_{\mathrm{r}}}{\dot{I}_{\mathrm{r}}}$ 代入式(2-63)，并按式(2-40) 表示，可得动作方程为

$$-90°\leqslant\arg\frac{\dot{Z}_{\mathrm{set}}-\dot{Z}_{\mathrm{r}}}{a\dot{Z}_{\mathrm{set}}+\dot{Z}_{\mathrm{r}}}\leqslant 90° \tag{2-64}$$

（4）抛球特性阻抗继电器

抛球特性阻抗继电器的动作特性如图 2-35 所示，它是圆心在第一象限的抛球圆。以 $\dot{Z}_{\mathrm{set.1}}-\dot{Z}_{\mathrm{set.2}}$ 为直径，坐标原点在圆外，动作区在圆内，圆半径为 $\dfrac{1}{2}(\dot{Z}_{\mathrm{set.1}}-\dot{Z}_{\mathrm{set.2}})$，圆心坐标为 $\dot{Z}_0=\dfrac{1}{2}(\dot{Z}_{\mathrm{set.1}}+\dot{Z}_{\mathrm{set.2}})$。幅值比较方式的阻抗动作方程为

$$\left|\frac{1}{2}(\dot{Z}_{\mathrm{set.1}}-\dot{Z}_{\mathrm{set.2}})\right|\geqslant\left|\dot{Z}_{\mathrm{r}}-\frac{1}{2}(\dot{Z}_{\mathrm{set.1}}+\dot{Z}_{\mathrm{set.2}})\right| \tag{2-65}$$

以 $\dot I_r$ 乘以式（2-65）两边得

$$\left|\frac{1}{2}(\dot Z_{set.1}-\dot Z_{set.2})\dot I_r\right| \geqslant \left|\dot U_r-\frac{1}{2}(\dot Z_{set.1}+\dot Z_{set.2})\dot I_r\right| \tag{2-66}$$

将 $\dot Z_{set.1}=\dfrac{\dot K_{I1}}{\dot K_U}$、$\dot Z_{set.2}=\dfrac{\dot K_{I2}}{\dot K_U}$ 代入式（2-66）可得

$$\left|\frac{1}{2}(\dot K_{I1}-\dot K_{I2})\dot I_r\right| \geqslant \left|\dot K_U\dot U_r-\frac{1}{2}(\dot K_{I1}+\dot K_{I2})\dot I_r\right| \tag{2-67}$$

根据式（2-67）可画出两电气量的电压形成回路，其输出的两个电气量 $\dot U_A$ 和 $\dot U_B$ 分别为

$$\dot U_A=\frac{1}{2}(\dot K_{I1}+\dot K_{I2})\dot I_r$$

$$\dot U_B=\dot K_U\dot U_r-\frac{1}{2}(\dot K_{I1}+\dot K_{I2})\dot I_r$$

（5）具有直线特性的阻抗继电器

动作特性为直线的阻抗继电器在距离保护中具有特殊用途。几种直线特性阻抗继电器的动作特性和它的幅值比较形式如下所述。

① 象限阻抗继电器。如图 2-36 所示，象限阻抗继电器的动作特性是与整定阻抗相垂直的直线，动作区在带阴影线的一侧，其幅值比较形式动作阻抗方程为

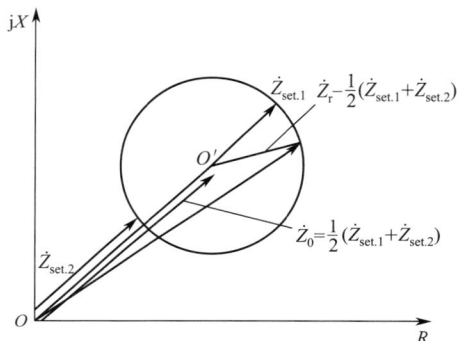

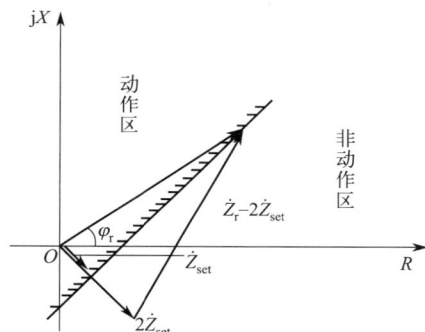

图 2-35　抛球特性阻抗继电器的动作特性　　图 2-36　象限阻抗继电器的动作特性

$$\left|\dot Z_r-2\dot Z_{set}\right| \geqslant \left|\dot Z_r\right| \tag{2-68}$$

将 $\dot Z_r=\dfrac{\dot U_r}{\dot I_r}$ 和 $\dot Z_{set}=\dfrac{\dot K_I}{\dot K_U}$ 代入式（2-68），可得

$$\left|\dot K_U\dot U_r-2\dot K_I\dot I_r\right| \geqslant \left|\dot K_U\dot U_r\right| \tag{2-69}$$

根据式（2-69）可得出象限阻抗继电器的幅值比较方式的两个电气量为

$$\begin{cases}\dot U_A=\dot K_U\dot U_r-2\dot K_I\dot I_r\\ \dot U_B=\dot K_U\dot U_r\end{cases} \tag{2-70}$$

② 功率方向阻抗继电器。功率方向阻抗继电器的动作特性如图 2-37 所示，它是通过坐标原点的一条直线，动作区在带阴影线的一侧，其动作阻抗方程为

$$\left|\dot Z_r+\dot Z_{set}\right| \geqslant \left|\dot Z_r-\dot Z_{set}\right| \tag{2-71}$$

将 $\dot Z_r=\dfrac{\dot U_r}{\dot I_r}$ 和 $\dot Z_{set}=\dfrac{\dot K_{I1}}{\dot K_{I2}}$ 代入式（2-71），可得

$$\left| \dot{K}_U \dot{U}_r + \dot{K}_I \dot{I}_r \right| \geqslant \left| \dot{K}_U \dot{U}_r - \dot{K}_I \dot{I}_r \right| \qquad (2\text{-}72)$$

根据式（2-72）可得出功率方向阻抗继电器的幅值比较方式的两个电气量为

$$\begin{cases} \dot{U}_A = \dot{K}_U \dot{U}_r + \dot{K}_I \dot{I}_r \\ \dot{U}_B = \dot{K}_U \dot{U}_r - \dot{K}_I \dot{I}_r \end{cases} \qquad (2\text{-}73)$$

③ 电抗继电器。电抗继电器的动作特性如图 2-38 所示，它是平行于 R 轴的一条直线，动作区在直线带阴影线的一侧，其动作阻抗为

$$\left| 2j\dot{X}_{set} - \dot{Z}_r \right| \geqslant \left| \dot{Z}_r \right| \qquad (2\text{-}74)$$

将 $\dot{Z}_r = \dfrac{\dot{U}_r}{\dot{I}_r}$ 和 $\dot{Z}_{set} = j\dot{X}_{set} = \dfrac{jX_k}{\dot{K}_U}$ 代入式（2-74），可得出

电抗继电器的动作电压方程为

图 2-37　功率方向阻抗继电器的动作特性

$$\left| 2j\dot{X}_k \dot{I}_r - \dot{K}_U \dot{U}_r \right| \geqslant \left| \dot{K}_U \dot{U}_r \right| \qquad (2\text{-}75)$$

根据式（2-75）可得出电抗继电器的幅值比较方式的两个电气量为

$$\begin{cases} \dot{U}_A = 2j\dot{X}_k \dot{I}_r - \dot{K}_U \dot{U}_r \\ \dot{U}_B = \dot{K}_U \dot{U}_r \end{cases} \qquad (2\text{-}76)$$

④ 电阻继电器。电阻继电器动作特性如图 2-39 所示，它是平行于 jX 轴的一条直线，动作区在带阴影线的一侧，其动作阻抗方程为

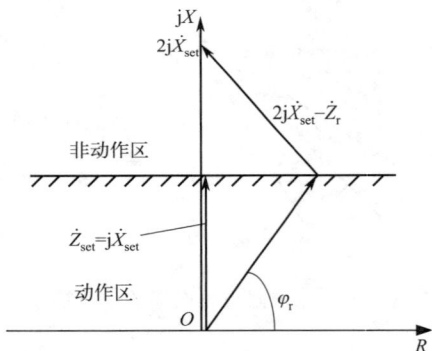

图 2-38　电抗继电器的动作特性

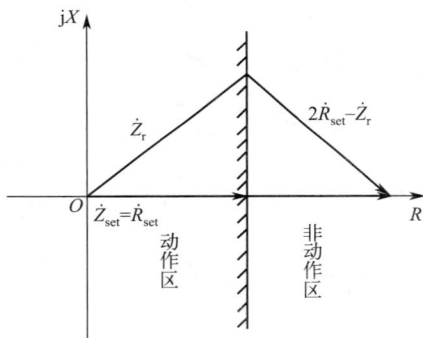

图 2-39　电阻继电器动作特性

$$\left| 2\dot{R}_{set} - \dot{Z}_r \right| \geqslant \left| \dot{Z}_r \right| \qquad (2\text{-}77)$$

将 $\dot{Z}_r = \dfrac{\dot{U}_r}{\dot{I}_r}$ 和 $\dot{R}_{set} = \dfrac{\dot{R}_K}{\dot{K}_U}$ 代入式（2-77），得出电阻继电器的动作电压方程为

$$\left| 2\dot{R}_K \dot{I}_r - \dot{K}_U \dot{U}_r \right| \geqslant \left| \dot{K}_U \dot{U}_r \right| \qquad (2\text{-}78)$$

根据式（2-78）可得出电阻继电器幅值比较方式的两个电气量为

$$\begin{cases} \dot{U}_A = 2\dot{R}_K \dot{I}_r - \dot{K}_U \dot{U}_r \\ \dot{U}_B = \dot{K}_U \dot{U}_r \end{cases} \qquad (2\text{-}79)$$

（6）多边形特性的阻抗继电器

圆特性的阻抗继电器在整定值较小时，动作特性圆也较小，区内经过渡电阻接地短路时，测量阻抗容易落在圆外，导致测量元件拒动；而当整定值较大时，动作特性圆也较大，

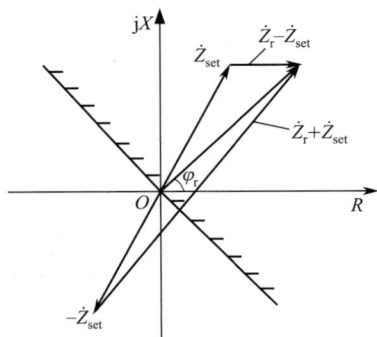

负荷阻抗有可能落在圆内导致测量元件误动。具有多边形特性的阻抗元件，可以克服这些缺点，同时能够兼顾耐受过渡电阻能力和躲负荷能力。

四边形阻抗继电器分为两类，一类带有方向性，另一类不带方向性。带方向性的四边形阻抗继电器主要用于距离保护测量元件中，不带方向性的四边形阻抗继电器主要用于保护后备段阻抗测量或启动元件中。四边形阻抗继电器具有反映故障点过渡电阻能力强、躲负荷阻抗能力好、在微机保护中容易实现的特点。

图 2-40 所示为方向性四边形阻抗继电器的动作特性。

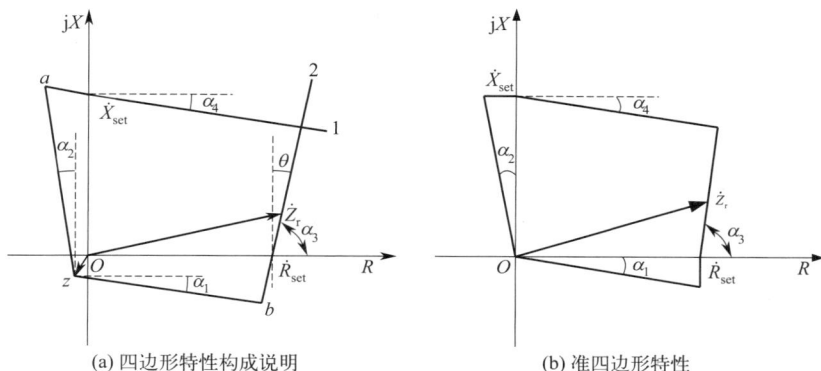

(a) 四边形特性构成说明　　　(b) 准四边形特性

图 2-40　方向性四边形阻抗继电器的动作特性

图 2-40（a）所示的四边形特性可以看作由准电抗型阻抗继电器的特性曲线 1、准电阻继电器特性曲线 2 和折线 azb 复合而成。当测量阻抗 $\dot{Z}_r$ 落在它们所包围的区域时，测量元件动作；落在该区域以外时，测量元件不动作。曲线 1 和曲线 2 的对应动作方程在前述内容中已导出，折线 azb 对应的动作方程，如果用相位比较原理实现，可由图 2-40（a）看出，该特性动作方程可表示为

$$-\alpha_1 \leqslant \arg \frac{\dot{Z}_r - \dot{Z}_{\text{set.2}}}{\dot{R}_{\text{set}}} \leqslant 90^\circ + \alpha_2 \tag{2-80}$$

当测量阻抗 $\dot{Z}_r$ 同时满足上述三条特性曲线对应的动作方程时，$\dot{Z}_r$ 一定落在四边形内，阻抗继电器动作。为了防止保护区末端经过过渡电阻短路可能出现超出保护范围的动作，α_4 取 $7^\circ \sim 10^\circ$；为了防止在双侧电源线路上经过过渡电阻短路，始端故障的附加测量阻抗比末端故障时小，所以 α_1 小于线路阻抗角，取 60°；为了保证正向出口经过过渡电阻短路时可靠动作，α_2 取 30°，但如果采取了考虑抑制负荷电流影响的措施后，α_2 可相应减小，取 15°；azb 为折线，为动作范围小于 180° 的功率方向继电器的动作特性曲线；为了保证被保护线路发生金属短路故障时可靠动作，α_3 取 $15^\circ \sim 30^\circ$。

测量式四边形阻抗继电器的特性在实际应用中是设定的。对方向性四边形特性阻抗继电器还应设置故障方向判别元件，保证正方向出口短路故障时可靠动作，反方向出口短路故障时不动作。在图 2-40（a）中，若 $Z_{\text{set.2}} = 0$，对应特性将变成没有反方向动作区域的方向性四边形特性。图 2-40（b）所示为方向性四边形阻抗继电器的动作特性，由于它已经不再是四边形特性，可以称为准四边形特性。整定参数仅有 $\dot{R}_{\text{set}}$ 和 $\dot{X}_{\text{set}}$，当继电器测量阻抗为 $\dot{Z}_r = \dot{R}_r + j\dot{X}_r$ 时，图 2-40（b）中第四象限部分的特性可表示为

$$\begin{cases} R_{\text{m}} \leqslant R_{\text{set}} \\ X^2 \geqslant -R_{\text{m}} \tan\alpha_1 \end{cases}$$

第二象限部分特性可表示为

$$\begin{cases} X_{\mathrm{m}} \leqslant X_{\mathrm{set}} \\ R_{\mathrm{r}} \geqslant -X_{\mathrm{m}} \tan\alpha_2 \end{cases}$$

第一象限部分特性可以表示为

$$\begin{cases} R_{\mathrm{m}} \leqslant R_{\mathrm{set}} + X_{\mathrm{m}} \cot\alpha_3 \\ X_{\mathrm{r}} \geqslant X_{\mathrm{set}} - R_{\mathrm{m}} \tan\alpha_4 \end{cases}$$

综合上述三式，动作特性可以表示为

$$\begin{cases} -R_{\mathrm{r}} \tan\alpha_1 \leqslant X_{\mathrm{r}} \leqslant X_{\mathrm{set}} - R_{\mathrm{r}} \tan\alpha_4 \\ -X_{\mathrm{r}} \tan\alpha_2 \leqslant R_{\mathrm{r}} \leqslant R_{\mathrm{set}} + \hat{X}_{\mathrm{r}} \cot\alpha_3 \end{cases} \qquad (2\text{-}81)$$

其中，

$$\hat{X}_{\mathrm{r}} = \begin{cases} 0, X_{\mathrm{r}} \leqslant 0 \\ X_{\mathrm{r}}, X_{\mathrm{r}} > 0 \end{cases}, \hat{R}_{\mathrm{r}} = \begin{cases} 0, R_{\mathrm{r}} \leqslant 0 \\ R_{\mathrm{r}}, R_{\mathrm{r}} > 0 \end{cases}$$

取 $\alpha_1 = \alpha_2 = 14°$，$\alpha_4 = 7.1°$，则 $\tan\alpha_1 = \tan\alpha_2 = 0.249 = \dfrac{1}{4}$，$\cot\alpha_3 = 1$，$\tan\alpha_4 = 0.1245 = \dfrac{1}{8}$，则式（2-81）可表示为

$$\begin{cases} -\dfrac{1}{4} R_{\mathrm{r}} \leqslant X_{\mathrm{r}} \leqslant X_{\mathrm{set}} - \dfrac{1}{8} R_{\mathrm{r}} \\ -\dfrac{1}{4} X_{\mathrm{r}} \leqslant R_{\mathrm{r}} \leqslant R_{\mathrm{set}} + X_{\mathrm{r}} \end{cases} \qquad (2\text{-}82)$$

式（2-82）可以方便地由微机保护实现。当用微机距离保护时，由于微机保护能够计算出测量电抗 X_{r} 和测量电阻 R_{r}，因此可以很方便地用一个圆表达式来实现任意的圆内动作特性。通用的圆特性方程为

$$(X_{\mathrm{r}} - X_0)^2 + (R_{\mathrm{r}} - R_0)^2 \leqslant r^2 \qquad (2\text{-}83)$$

式中，X_0、R_0 为圆心相量的电抗和电阻分量；r 为圆的半径。

还可以由两个相交圆特性通过构成"与""或"逻辑实现橄榄形或苹果形特性。

2.3.2.4 阻抗继电器的幅值比较回路和相位比较回路

（1）幅值比较回路

由图 2-27 可知，按幅值比较原理构成的阻抗继电器获得按幅值比较的两个电气量 $|\dot{U}_{\mathrm{A}}|$ 和 $|\dot{U}_{\mathrm{B}}|$ 后接入幅值比较回路和执行元件。

幅值比较回路由整流、滤波电路和幅值比较、执行单元构成。常用的有循环式电流比较回路和均压式比较回路两种。

① 循环式电流比较回路。循环式电流比较回路由整流桥 U1 和 U2、电阻 R_1 和 R_2、滤波电容 C_1 和 C_2 及执行元件 KP 组成。图 2-41 中，Z_1 和 Z_2 为两侧交流回路的等效阻抗。

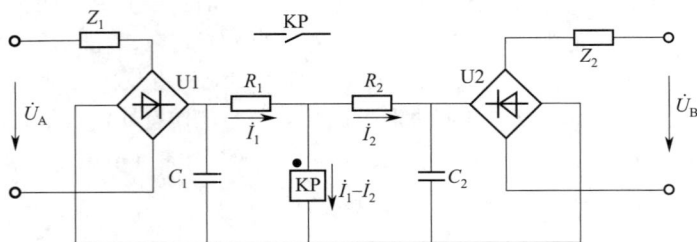

图 2-41　循环式电流比较回路接线图

动作电量$\dot{U}_A$经整流滤波后得到电流$\dot{I}_1$，制动电量$\dot{U}_B$经整流、滤波后得到电流$\dot{I}_2$，通过执行元件KP的电流为$\dot{I}_1-\dot{I}_2$，继电器的动作电流为$I_{op.r}$，则继电器动作条件为$\dot{I}_1-\dot{I}_2\geqslant I_{op.r}$，即

$$\left|\frac{0.9\dot{U}_A}{Z_1+R_1}\right|-\left|\frac{0.9\dot{U}_B}{Z_2+R_2}\right|\geqslant I_{op.r}$$

当$Z_1=Z_2$、$R_1=R_2$并满足$Z_1+R_1=Z_2+R_2=Z$时，则极化继电器的动作条件为

$$\begin{cases}|\dot{U}_A|-|\dot{U}_B|\geqslant\dfrac{ZI_{op.r}}{0.9}\\[2mm]|\dot{U}_A|-|\dot{U}_B|\geqslant\dot{U}_{op.r}\end{cases} \tag{2-84}$$

若忽略$I_{op.r}$，则式（2-84）变为$|\dot{U}_A|-|\dot{U}_B|\geqslant0$。

循环式电流比较回路接线简单，在执行元件输入端，当动作电流小时，制动侧整流桥U2中二极管正向电阻大、分流小，故有较高的灵敏性。而当动作电流大时，上述二极管又能限幅，起到保护执行元件的作用。它要求执行元件具有较高的灵敏度。为满足上述要求，幅值比较回路中目前一般采用极化继电器、晶体管型继电器或集成电路型电压比较器作为执行元件。

② 均压式比较回路。均压式比较回路的接线如图2-42所示。它由整流桥U1和U2、电阻R_1和R_2、滤波电容C_1和C_2及执行元件KP组成。图中，Z_1和Z_2是两侧回路的交流等值阻抗。执行元件输入端m、n所加电压是两电气量$\dot{U}_A$和$\dot{U}_B$整流电压的差值，所以称这种接线方式为均压式接线。动作电量$\dot{U}_A$整流、滤波后接于电阻R_1上，其电压为U_1，制动电量$\dot{U}_B$整流、滤波后接于电阻R_2上，其电压为U_2。执行元件电压为$U_{mn}=U_1-U_2$。若极化继电器动作电压为$U_{op.r}$，则继电器动作条件为

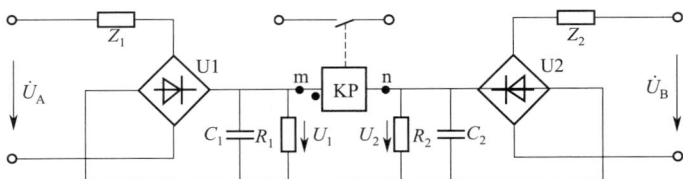

图 2-42　均压式比较回路接线图

$$U_1-U_2\geqslant U_{op.r}$$

即

$$\left|\frac{0.9\dot{U}_AR_1}{R_1+Z_1}\right|-\left|\frac{0.9\dot{U}_BR_2}{R_2+Z_2}\right|\geqslant U_{op.r} \tag{2-85}$$

当$Z_1=Z_2$、$R_1=R_2$并忽略$U_{op.r}$时，动作条件为

$$|\dot{U}_A|-|\dot{U}_B|\geqslant0 \tag{2-86}$$

（2）相位比较回路

由相位比较电压形成回路获得两个电气量$\dot{U}_C$和$\dot{U}_D$后，进入相位比较回路。相位比较回路用来鉴别$\dot{U}_C$和$\dot{U}_D$的相位。图2-43所示为单脉冲相位比较回路的原理图。它由方波形成电路1、2，微分电路3，与门4和脉冲展宽电路5组成，其动作原理及波形分析如图2-44所示。

两个比较电压$\dot{U}_C$和$\dot{U}_D$进入方波形成回路变换为u_1和u_2，u_1直接进入与门4，当方波u_1和脉冲电压同时进入与门4时，与门4有输出，输出电压u_4，经脉冲展宽电路展宽为长脉冲（大于20ms）输出，这时相位比较回路动作。若方波u_1和u_3不同时出现，如图2-44（b）

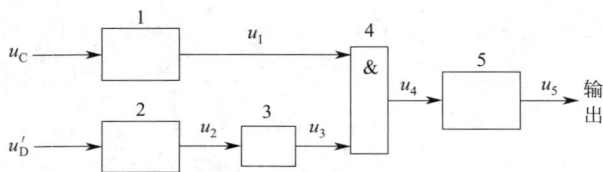

图 2-43 单脉冲相位比较回路的原理框图

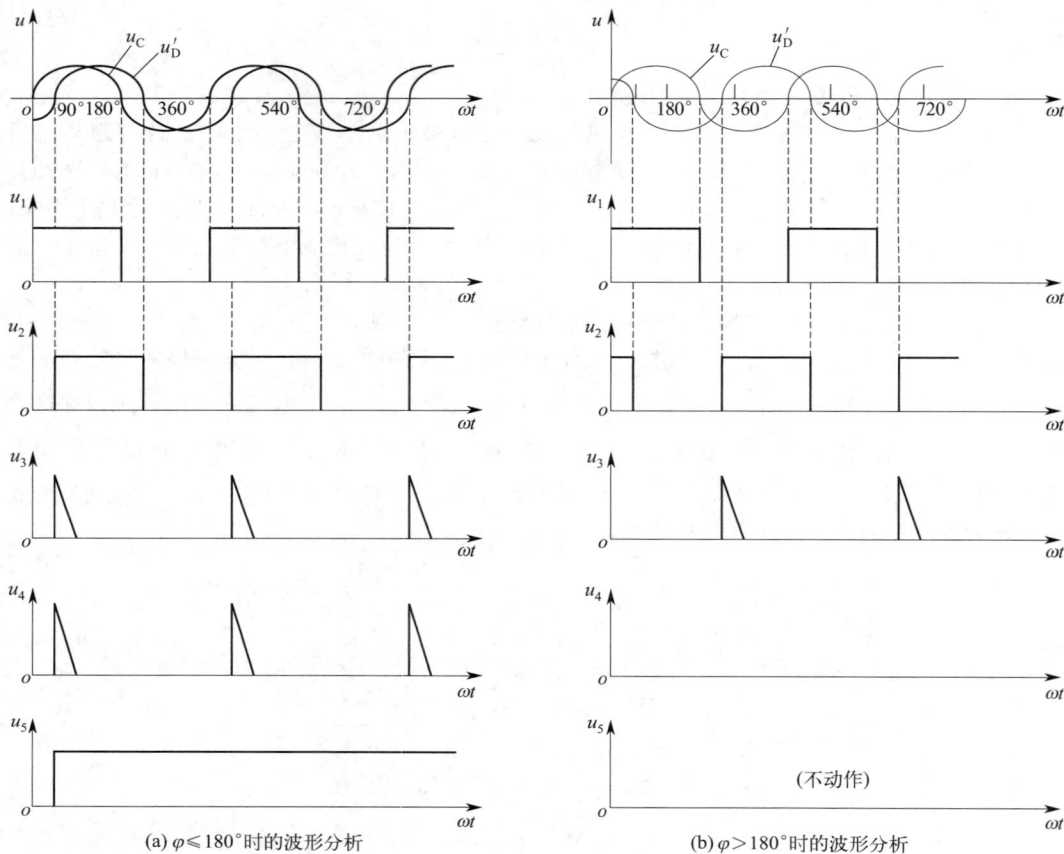

(a) $\varphi \leqslant 180°$时的波形分析   (b) $\varphi > 180°$时的波形分析

图 2-44 脉冲相位比较回路的波形分析

所示，这时与门 4 无输出，相位比较回路不动作。

由于正脉冲 u_3 是在 u_D' 波形由负变正、过零点时出现，故从上述分析中可知，u_1 和 u_3 同时出现的现象在两个电压 u_1 和 u_D' 正半周相重叠的 0°～180°范围内发生，这时相位比较回路动作，因此相位比较方程为

$$0° \leqslant \arg \frac{\dot{U}_C}{\dot{U}_D'} \leqslant 180° \tag{2-87}$$

为满足阻抗继电器的工作条件，电压 $\dot{U}_D'$ 应滞后比相电压 $\dot{U}_D$ 90°，即 $\dot{U}_D' = \dot{U}_D e^{-j90°}$，因此

$$\arg \frac{\dot{U}_C}{\dot{U}_D'} = \arg \frac{\dot{U}_C}{\dot{U}_D} + 90° \tag{2-88}$$

将式(2-88) 代入式(2-87) 中得式(2-40)。由此可见，图 2-43 中的电压 $\dot{U}_D'$ 是比相电压

$\dot{U}_{\mathrm{D}}$ 经移相 90° 后的输出电压。

脉冲比相回路的相位测量比较准确，但缺点是抗干扰能力差，故应在交流测量回路中采取抗干扰措施。

（3）四边形阻抗继电器的连续式比相回路

四边形阻抗继电器的特性如图 2-45 所示，通常由一组折线和两条直线构成，有时也可以由两组折线构成。图 2-45 中，折线 AOC 用动作范围小于 180° 的功率方向继电器来实现，直线 AB 是电阻型继电器的特性曲线，通常使其特性曲线下倾 5°～8°。直线 BC 属于电阻型继电器特性，它与 R 轴的夹角通常取 70°。可以参照下圆特性分析方法将上述三个特性的继电器组成与门输出，即可获得如图 2-45 所示的四边形特性。

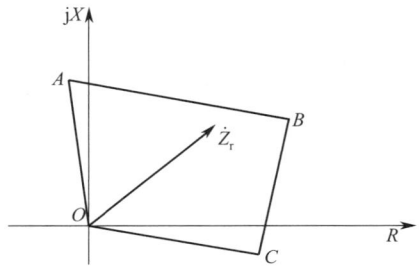

图 2-45　四边形阻抗继电器的特性

如图 2-46（a）所示，设顶点坐标由矢量 $\dot{Z}_3$ 表示，折线方向由 $\dot{Z}_1$ 和 $\dot{Z}_2$ 表示。当测量阻抗 $\dot{Z}_r$ 位于阴影所示动作范围内时，如图 2-46（b）所示，在 $\dot{Z}_1$、$\dot{Z}_2$ 和 $\dot{Z}_r - \dot{Z}_3$ 这三个矢量中，任何两个矢量之间的夹角都小于 180°。而当测量阻抗 $\dot{Z}_r$ 位于动作范围以外时，则如图 2-46（c）所示，在上述三个矢量中，总有一对相邻矢量之间的夹角大于 180°。将 $\dot{Z}_1$、$\dot{Z}_2$、$\dot{Z}_r - \dot{Z}_3$ 均以电流 $\dot{I}_r$ 乘之，然后利用连续式相位比较（比相）回路来比较如下三个电压的相位。

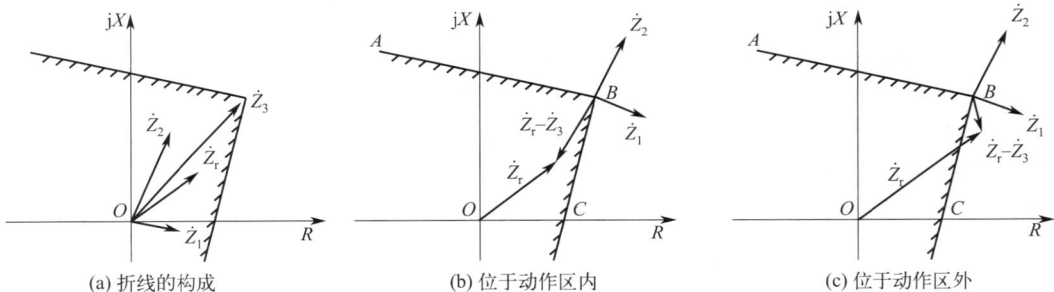

（a）折线的构成　　　（b）位于动作区内　　　（c）位于动作区外

图 2-46　两个边线折线的分析

$$\begin{cases} \dot{U}_1 = \dot{I}_r \dot{Z}_1 \\ \dot{U}_2 = \dot{I}_r \dot{Z}_2 \\ \dot{U}_3 = \dot{U}_r - \dot{I}_r \dot{Z}_3 = \dot{U}' \end{cases} \tag{2-89}$$

在上述三个电压中，当任何两个相邻电压之间的相位差均小于 180° 时动作，而大于 180° 时不动作，即可满足以上分析要求，这实质上是以 $\dot{U}_1$ 和 $\dot{U}_2$ 为基准来判别 $\dot{Z}_r - \dot{Z}_3$ 的相位变化。由于继电器中使用的 $\dot{U}_r$ 和 $\dot{I}_r$ 都是故障相的电压和电流，因此仍属于单相补偿式阻抗继电器。

连续式相位比较回路的原理框图如图 2-47 所示。

其工作原理分析如下：

① 无输入信号时三输入与非门输出高电平，但三输入或门输出为 0，因此与门输出 $U_a = 0$，$U_0 = 0$，继电器不动作。

② 当 $\dot{U}_1$、$\dot{U}_2$、$\dot{U}_3$ 之间的相位关系符合继电器启动条件时，如图 2-47 所示，在一个工频周期的任何时间内，三个电压瞬时值中至少总有一个是负的。因此，三输入与非门和三输

第 2 章　继电保护装置的基础元件

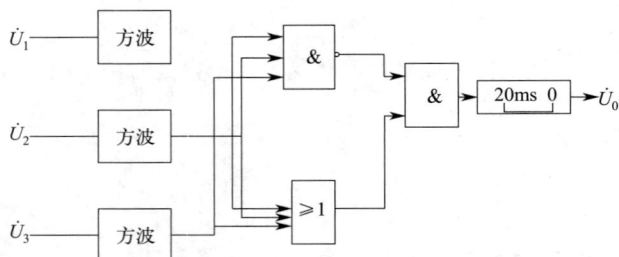

图 2-47 连续式相位比较回路的原理框图

入或门均输出高电压,经 20ms 延时后动作 $\dot{U}_0$ 输出高电平。20ms 延时回路主要是为了保证外部故障时动作的选择性。

③ 当 $\dot{U}_1$、$\dot{U}_2$、$\dot{U}_3$ 之间的相位关系不符合继电器动作条件时,如图 2-47 所示,在工频一个周期的时间里,总有一段时间是三个电压的瞬时值同时为正,也就是电压波形为负的瞬间出现了间断,在这个间断的时间里,与非门变为输出低电平,$U_a = 0$、$U_0 = 0$,继电器不动作。

④ 在正常运行时,如果继电器安装在送电侧,Z_r 反映的是一个位于第一象限的负荷阻抗,矢量关系与图 2-47 相似,继电器不动作。而如果安装在受电侧,则 Z_r 位于第三象限,始终位于折线 ABC 的范围以内,因而动作没有方向性。故构成四边形特性时,必须再增加一个具有方向性的折线 AOC,以确保继电器不误动作。上述分析同样适用于反方向故障时 Z_r 位于第三象限的情况。

2.3.2.5 阻抗继电器的精确工作电流

以上分析阻抗继电器的动作特性时,动作方程都是在理想条件下得出的,即认为执行元件(极化继电器、零指示器)灵敏性很高,晶体管和二极管正向电压降为零,因此继电器的特性只与加入继电器的电压和电流的比值(测量阻抗 Z_r)有关,而与电流大小无关。实际上考虑上述因素时,还需要考虑继电器动作时克服功率消耗所必需的电压 U_0,则方向阻抗继电器的动作方程为

$$\left| \dot{U}_{th} + \frac{1}{2}\dot{K}_I \dot{I}_r \right| - \left| \dot{U}_{th} + \left(\dot{K}_U \dot{U}_r - \frac{1}{2}\dot{K}_I \dot{I}_r \right) \right| \geq \dot{U}_0 \tag{2-90}$$

式中,$\dot{U}_0$ 为继电器动作时克服功率消耗所必须加的电压,当在最大灵敏角条件下,即 $\varphi_m = \varphi_{sen.max}$ 时,式(2-90)可写成

$$\frac{K_I}{K_U} I_r - U_r \geq \frac{U_0}{K_U} \tag{2-91}$$

以 I_r 除式(2-91)两边,并且 $Z_{set} = \dfrac{K_I}{K_U}$、$Z_r = \dfrac{U_r}{I_r}$,在临界动作条件下,测量阻抗正好等于动作阻抗,则式(2-91)可表示为

$$Z_{op.r} = Z_{set} - \frac{U_0}{K_U I_r} \tag{2-92}$$

当 $\dot{U}_r = 0$ 时,$Z_{op.r} = 0$,由式(2-92)可得出继电器的最小动作电流为

$$I_{op.min} = \frac{U_0}{K_I} \tag{2-93}$$

式(2-93)表明,阻抗元件处于临界动作时,其动作阻抗 $Z_{op.r}$ 并不等于其整定阻抗,而且测量电流 $\dot{I}_r$ 越小,则差值 ΔI 越大,如图 2-48 所示的方向阻抗继电器的 $Z_{op.r} = f(I_r)$ 曲线所示。

由图 2-48 可知,当加入继电器的电流较小时,继电器的启动阻抗将下降,使阻抗继电

继/电/保/护/原/理

器的实际保护范围缩短。这将影响到与相邻线路阻抗元件的配合，甚至引起无选择性动作。为将启动阻抗的误差限制在一定范围内，规定了精确的工作电流。

当阻抗元件在最大灵敏角 $\varphi_r = \varphi_{\text{sen. max}}$ 时，将 $Z_{\text{op. r}} = 0.9 Z_{\text{set}}$ 时所对应的最小测量电流 I_r 称为最小精确工作电流（简称为精工电流），用 $I_{\text{ac. min}}$ 表示。从图 2-48 中可以看出，阻抗元件加入的电流 I_r 越大，测量误差越小，动作阻抗越接近整定阻抗，但如果加入的 I_r 过大，可能导致阻抗元件内部电抗变换铁芯饱和，而 $Z_{\text{op. r}}$ 随电流增大而减小，因此对阻

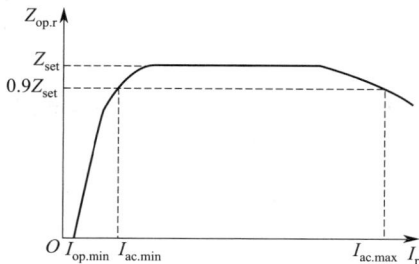

图 2-48　方向阻抗继电器动作阻抗和测量电流的关系曲线 $Z_{\text{op. r}} = f(I_r)$

抗元件测量电流最大值也要加以限制。图 2-48 中最大的精确工作电流用 $I_{\text{ac. max}}$ 表示。

由于影响精确工作电流的因素很多，因此不同特性和形式的阻抗继电器的精确工作电流各不相同。在整流型方向阻抗继电器中影响精确工作电流的主要原因是整流二极管的正向压降和极化继电器消耗的功率。

将 $Z_{\text{op. r}} = 0.9 Z_{\text{set}}$、$Z_{\text{set}} = K_I / K_U$、$I_r = I_{\text{ac. min}}$ 代入式（2-92），可得出最小精确工作电流为

$$I_{\text{ac. min}} = \frac{U_0}{0.1 K_I} \tag{2-94}$$

衡量阻抗元件的另一个性能指标是精确工作电压 U_{ac}，可用下式计算。

$$U_{\text{ac}} = I_{\text{ac. min}} Z_{\text{set}} = \frac{U_0}{0.1 K_I} \times \frac{K_I}{K_U} = \frac{U_0}{0.1 K_U} \tag{2-95}$$

由式（2-95）可知，整流型方向阻抗继电器的精确工作电压不受电抗变换器转移阻抗 K_I 大小变化的影响，是一个常数，故 U_{ac} 是衡量阻抗继电器质量的一个指标。

2.3.2.6　阻抗继电器的接线方式

（1）接线方式的基本要求

根据距离保护的工作原理，加入继电器的电压 $\dot{U}_r$ 和电流 $\dot{I}_r$ 应满足以下要求：

① 阻抗继电器的测量阻抗正比于短路点到保护安装地点之间的距离。

② 阻抗继电器的测量电压应与故障类型无关，也就是保护范围不随故障类型而变化。

类似于在功率方向继电器的接线方式中的定义，当阻抗继电器加入电压和电流为 $\dot{U}_{AB}$ 和 $\dot{I}_A - \dot{I}_B$ 时称为 0°接线，为 $\dot{U}_{AB}$ 和 $\dot{I}_A$ 时称为 +30°接线等。当采用三个继电器 KR1～KR3 分别接于三相时，常用的几种接线方式的名称及相应电压和相应电流的组合见表 2-2。

表 2-2　阻抗继电器不同接线方式时，接入电压和电流的关系

接线方式	继电器					
	KR1		KR2		KR3	
	$\dot{U}_r$	$\dot{I}_r$	$\dot{U}_r$	$\dot{I}_r$	$\dot{U}_r$	$\dot{I}_r$
0°接线	$\dot{U}_{AB}$	$\dot{I}_A - \dot{I}_B$	$\dot{U}_{BC}$	$\dot{I}_B - \dot{I}_C$	$\dot{U}_{CA}$	$\dot{I}_C - \dot{I}_A$
+30°接线	$\dot{U}_{AB}$	$\dot{I}_A$	$\dot{U}_{BC}$	$\dot{I}_B$	$\dot{U}_{CA}$	$\dot{I}_C$
−30°接线	$\dot{U}_{AB}$	$\dot{I}_B$	$\dot{U}_{BC}$	$-\dot{I}_C$	$\dot{U}_{CA}$	$-\dot{I}_A$
相电压和具有 $3K\dot{I}_0$ 补偿的相电流接线	$\dot{U}_A$	$\dot{I}_A + 3K\dot{I}_0$	$\dot{U}_B$	$\dot{I}_B + 3K\dot{I}_0$	$\dot{U}_C$	$\dot{I}_C + 3K\dot{I}_0$

注：$K = \dfrac{Z_0 - Z_1}{3Z_1}$，$Z_0$ 和 Z_1 分别为保护安装地点的母线上阻抗零序及正序分量。

（2）反映相间短路故障的阻抗继电器的接线方式

① 0°接线方式。采用线电压和两相电流差的接线方式称为0°接线方式，接入继电器的电压 $\dot{U}_r$ 和电流 $\dot{I}_r$，见表 2-3。为反映各种相间短路故障，在 AB、BC、CA 相各接入一个阻抗继电器。

表 2-3　0°接线方式接入继电器电压和电流

阻抗继电器组别	接入电压	接入电流	反映故障类型
AB	$\dot{U}_{AB}$	$\dot{I}_A - \dot{I}_B$	$k^{(3)}$、$k_{AB}^{(3)}$、$k_{AB}^{(1,1)}$
BC	$\dot{U}_{BC}$	$\dot{I}_B - \dot{I}_C$	$k^{(3)}$、$k_{BC}^{(3)}$、$k_{BC}^{(1,1)}$
CA	$\dot{U}_{CA}$	$\dot{I}_C - \dot{I}_A$	$k^{(3)}$、$k_{CA}^{(3)}$、$k_{CA}^{(1,1)}$

a. 三相短路。如图 2-49 所示，三相短路时三相是对称的，三个阻抗继电器 KR1～KR3 的工作情况相同，因此以 KR1 为例进行分析。设短路点至保护安装地点之间的距离为 l，单位为 km，线路每千米的正序阻抗为 Z_1，单位为 Ω，则保护安装地点的电压 $\dot{U}_{AB}$ 应为

$$\begin{cases} \dot{U}_r^{(3)} = \dot{U}_{AB} = \dot{U}_A - \dot{U}_B = \dot{I}_A Z_1 l - \dot{I}_B Z_1 l = (\dot{I}_A - \dot{I}_B) Z_1 l \\ \dot{I}_r^{(3)} = \dot{I}_A - \dot{I}_B \end{cases} \tag{2-96}$$

因此，三相短路时继电器 KR1 的测量阻抗为

$$Z_{r.1}^{(3)} = \frac{\dot{U}_r^{(3)}}{\dot{I}_r^{(3)}} = \frac{\dot{U}_{AB}}{\dot{I}_A - \dot{I}_B} = Z_1 l \tag{2-97}$$

在三相短路时，三个阻抗继电器测量阻抗均等于短路点至保护安装地点之间的阻抗，三个继电器均能动作。

b. 两相短路。如图 2-50 所示，以 A、B 相间短路为例，则故障环路电压 $\dot{U}_{AB}$ 为

$$\begin{cases} \dot{U}_r^{(2)} = \dot{U}_{AB} = \dot{I}_A Z_1 l - \dot{I}_B Z_1 l = (\dot{I}_A - \dot{I}_B) Z_1 l = 2\dot{I}_A Z_1 l \\ \dot{I}_A = -\dot{I}_B \\ \dot{I}_r^{(2)} = \dot{I}_A - \dot{I}_B = 2\dot{I}_A \end{cases} \tag{2-98}$$

KR1 的测量阻抗 $Z_{r.1}^{(2)} = \dfrac{\dot{U}_r^{(2)}}{\dot{I}_r^{(2)}} = \dfrac{2\dot{I}_A Z_1 l}{2\dot{I}_A} = Z_1 l$。KR1 测量阻抗和三相短路时测量阻抗相同，因此 KR1 能正确动作。

在 A、B 两相短路时，对继电器 KR2、KR3 而言，由于所加电压为非故障相间电压，数值比 $\dot{U}_{AB}$ 高，而电流又只有一个故障相的电流，数值比 $\dot{I}_A - \dot{I}_B$ 小，因此测量阻抗比 $Z_1 l$ 大，即不能正确测量保护安装地点到短路点的阻抗，所以不能动作。因此要使用三个阻抗继电器接于不同相间。

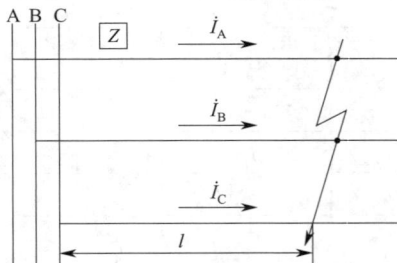

图 2-49　三相短路时测量阻抗的分析　　图 2-50　A、B 两相短路时测量阻抗的分析

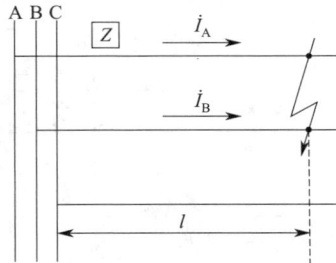

c. 中性点直接接地电网中的两相接地。如图 2-51 所示，以 A、B 两相接地故障为例，它与两相短路不同之处是地中有电流通过中性点形成回路，可把 A 相和 B 相看成两个"导线-地"的输电线路，并又互感耦合在一起，设每千米自感阻抗为 Z_L，每千米互感阻抗为 Z_M，则保护安装处故障相电压为

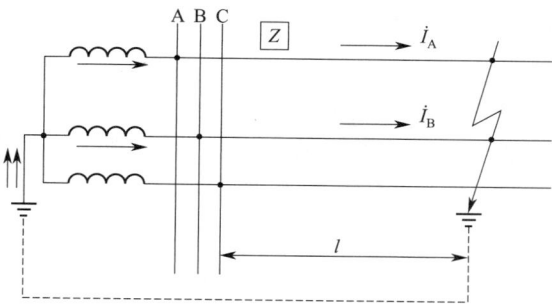

图 2-51 A、B 两相接地短路

$$\begin{cases} \dot{U}_A = \dot{I}_A Z_L l + \dot{I}_B Z_M l \\ \dot{U}_B = \dot{I}_B Z_L l + \dot{I}_A Z_M l \end{cases} \tag{2-99}$$

因此，A、B 相所接阻抗继电器 KR1 的测量阻抗为

$$Z_{r.1}^{(1,1)} = \frac{\dot{U}_A - \dot{U}_B}{\dot{I}_A - \dot{I}_B} = \frac{(\dot{I}_A - \dot{I}_B)(Z_L - Z_M)l}{\dot{I}_A - \dot{I}_B} = (Z_L - Z_M)l = Z_1 l \tag{2-100}$$

由此可见，当发生 A、B 两相接地短路时，KR1 的测量阻抗与三相短路时相同，继电器能够正确动作。

② 阻抗继电器的 30°接线方式。反映相间短路故障还可以采用线电压和相电流接线方式，这种接线方式分为 +30°和 −30°两种。

a. 正常运行时。三相阻抗继电器所处情况不同，故只分析 A、B 相阻抗继电器，接入 A、B 相阻抗继电器的电压为

$$\dot{U}_r = \dot{U}_{AB} = (\dot{I}_A - \dot{I}_B)Z_L = \sqrt{3}\,\dot{I}_A e^{j30°} Z_L \tag{2-101}$$

式中，Z_L 为每相负荷阻抗。

对于 +30°接线，$\dot{I}_r = \dot{I}_A$，其测量阻抗为

$$\dot{Z}_{r(30°)} = \sqrt{3}\,Z_L e^{j30°} \tag{2-102}$$

对于 −30°接线，$\dot{I}_r = -\dot{I}_B = \dot{I}_A e^{j60°}$，其测量阻抗为

$$\dot{Z}_{r(-30°)} = \sqrt{3}\,Z_L e^{-j30°} \tag{2-103}$$

式（2-102）和式（2-103）说明，正常运行时，测量阻抗在数值上是负荷阻抗的 $\sqrt{3}$ 倍；在相位上，+30°接线较负荷阻抗超前 30°，−30°接线较负荷阻抗滞后 30°。

b. 三相短路。三相短路与正常运行时相似，只是将负荷阻抗用短路点至保护安装地点的正序阻抗 $Z_1 l$ 代替，即

$$\begin{cases} \dot{Z}_{r(+30°)} = \sqrt{3}\,Z_L e^{j30°} \\ \dot{Z}_{r(-30°)} = \sqrt{3}\,Z_L e^{-j30°} \end{cases} \tag{2-104}$$

c. 两相短路。当 A、B 两相短路，进入 A、B 相阻抗继电器的电压为

$$\dot{U}_r = \dot{U}_{AB} = (\dot{I}_A - \dot{I}_B)Z_1 l = 2\dot{I}_A Z_1 l \tag{2-105}$$

对于 +30°接线，$\dot{I}_r = \dot{I}_A$，则

$$Z_{r(+30°)} = 2Z_1 l \tag{2-106}$$

对于 −30°接线，$\dot{I}_r = -\dot{I}_B = \dot{I}_A$，则

$$Z_{r(-30°)} = 2Z_1 l \tag{2-107}$$

由式（2-106）和式（2-107）可知，两种接线的测量阻抗等于短路点到保护安装地点的正序阻抗的两倍，测量阻抗角 φ_r 等于线路正序阻抗角 φ_L。

由上述可见，采用 30°接线方式的阻抗继电器，在线路上同一点发生不同类型的相间短

路时，不仅测量阻抗数值不同，而且相位也不同。

对于采用30°接线的全阻抗继电器，由于全阻抗继电器动作阻抗与阻抗角φ_r无关，所以在同一地点发生三相短路和两相短路时，测量阻抗不同，故其保护范围也不同，即不能准确地测量故障点距离，因此不宜作为测量元件。

对于方向阻抗继电器，若采用30°接线，当两相短路和三相短路时，有相同的保护范围。如图2-52所示，整定阻抗按距离保护l处发生两相短路时的测量阻抗来选择，即$Z_{set}=2Z_1l$。特性圆的直径为Z_{set}，则取灵敏角$\varphi_{sen.\,max}=\varphi_k$。当在$l$处发生三相短路时，阻抗继电器的测量阻抗为

$$\begin{cases} \dot{Z}_{r(+30°)} = \sqrt{3}Z_1 e^{j30°} \\ \dot{Z}_{r(-30°)} = \sqrt{3}Z_1 e^{-j30°} \end{cases} \tag{2-108}$$

$\dot{Z}_r$的末端落在特性圆上，如图2-52所示，说明采用30°接线时，方向阻抗继电器对同一点发生两相和三相短路时有相同的保护范围，因此，它可用作测量元件。

随着输电线路长度增加，阻抗元件整定阻抗必然加大，而随着线路输送功率增大，为可靠地躲过负荷阻抗，要求整定阻抗缩小。由上述分析可知，采用0°接线方式是不容易满足的。如图2-53所示，对于用作输电线路送电端距离保护的启动元件（兼作距离Ⅲ段测量元件）的方向阻抗继电器，若采用0°接线方式，则在正常情况下，其动作阻抗为$Z'_{op.r}$；但若采用−30°接线方式，其动作阻抗为$Z''_{op.r}$（此时在正常情况下测量阻抗位于第四象限），显然$Z''_{op.r}<Z'_{op.r}$，故采用−30°接线方式可较好地躲过正常运行时输送较大功率对应的较小负荷阻抗。

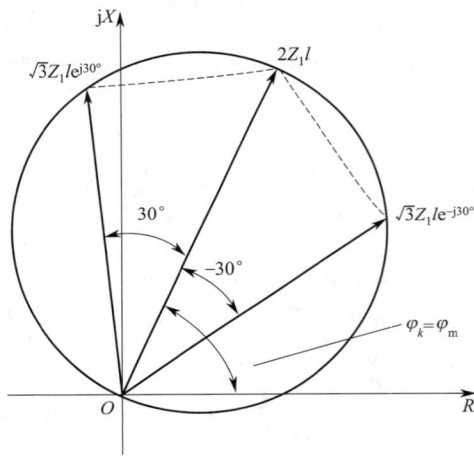

图2-52 方向阻抗继电器的动作特性

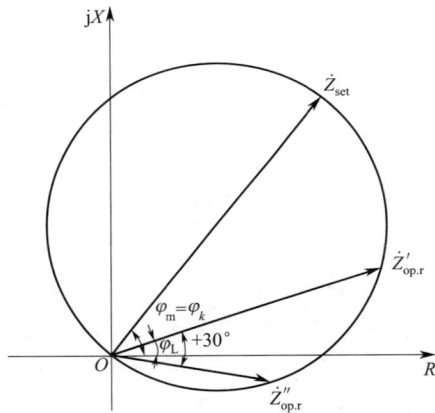

图2-53 送电端采用−30°接线与采用0°接线
在正常情况下动作阻抗的比较图

在输电线路受电端，采用30°接线，可具有同样的作用。如图2-54所示，若采用0°接线方式，负荷阻抗$\dot{Z}_L$位于第二象限，而采用+30°接线方式，则$Z_L e^{j30°}$必然落在圆周外。因此，在受电端采用30°接线提高了正常时躲过负荷阻抗的能力。

由以上分析可知，30°接线方式的阻抗继电器一般不适用于作为测量元件而适用于作为启动元件，在送电端宜采用−30°接线方式，在受电端宜采用+30°接线方式。

2.3.2.7 反映接地故障的阻抗继电器的接线方式

在中性点直接接地电网中，当采用零序电流不能满足要求时，一般考虑采用接地距离保护。接地距离保护继电器的接入电压和电流见表2-4，接线方式如图2-55所示。

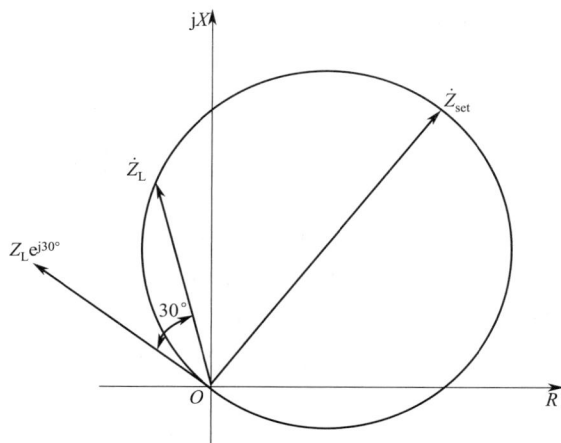

图 2-54　受电端采用＋30°接线时阻抗继电器
具有躲开负荷阻抗的能力的说明图

表 2-4　反映接地故障的阻抗继电器接入电压和电流

相别	接入电压	接入电流	反映故障类型
A	$\dot{U}_A$	$\dot{I}_A + 3K\dot{I}_0$	$k_A^{(1)}$、$k_{AB}^{(1,1)}$
B	$\dot{U}_B$	$\dot{I}_B + 3K\dot{I}_0$	$k_{AC}^{(1,1)}$
C	$\dot{U}_C$	$\dot{I}_C + 3K\dot{I}_0$	$k_B^{(1)}$、$k_{BC}^{(1,1)}$、$k_{AB}^{(1,1)}$

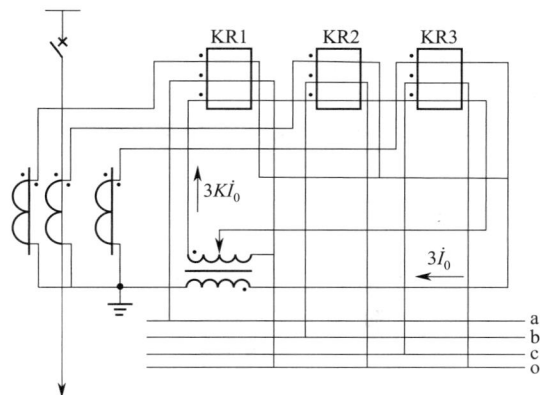

图 2-55　反映接地故障的阻抗继电器的接线方式

本章小结

　　在电力系统中，继电保护装置的准确性和可靠性对于保障系统的安全稳定运行至关重要。本章通过对继电保护装置的基础元件进行深入分析，为读者提供了一个全面的理解框架。互感器作为连接一次回路和二次回路的桥梁，其性能直接影响到保护装置的响应。电流互感器和电压互感器的设计要求高精度和高安全性，而输入变换器进一步优化了互感器的性能。电流互感器的误差分析和接线方式的选择对于提高保护的准确性和选择性至关重要。

　　电压互感器的准确度等级和误差限值标准对于确保电压测量的准确性同样重要。电磁式和电容式电压互感器各有其特点和应用场景，选择合适的类型对于电力系统的稳定运行至关重要。

变换器在继电器的电压形成回路中扮演着重要的角色，它们不仅能够实现电压的转换，还能够进行必要的移相操作。这些变换器的设计和应用对于提高继电器的性能及使其适应不同负荷条件具有重要意义。

继电器作为继电保护装置中的关键设备，其类型多样，功能各异。电磁型继电器以其简单、可靠的特性在电力系统中得到广泛应用。感应型电流继电器和整流型电流继电器则分别提供了反时限特性和快速动作能力。数字型继电器代表了继电保护技术的发展趋势，其自诊断和自适应功能大大提高了保护装置的可靠性和灵活性。

阻抗继电器作为距离保护的核心，其精确的工作电流和接线方式的选择对于保护的准确性和选择性有着决定性影响。本章对阻抗继电器的分类、构成原理、动作特性及接线方式进行了全面介绍，为读者在实际中应用其提供了宝贵的指导。

总之，本章内容为理解继电保护装置的基础设备提供了坚实的理论基础，对于电力系统工程师和相关专业的学生来说，是学习和掌握继电保护技术的重要资源。通过对这些基础设备的深入了解，可以更好地设计和维护电力系统的保护装置，确保电力系统的安全稳定运行。

<<<< 思考题与习题 >>>>

2-1　互感器在电力系统中扮演着怎样的角色？请解释电流互感器和电压互感器的主要功能及其在电力系统中的重要性。

2-2　描述电流互感器的基本误差，并解释电流误差和角度误差对继电保护装置准确性的影响。

2-3　电流互感器的10％误差曲线有何作用？请说明在确定电流互感器最大允许负荷阻抗时，如何利用这一曲线。

2-4　解释电流互感器的极性及其在继电保护中的重要性。如果极性接错，将会导致哪些潜在的问题？

2-5　电压互感器的准确度等级是如何定义的？请根据表2-1中的信息，讨论不同准确度等级下电压互感器的误差限值。

2-6　讨论电磁式电压互感器和电容式电压互感器的工作原理及其在电力系统中的应用场景。

2-7　阐述变换器在继电保护中的作用。请举例说明电压变换器（UV）、电流变换器（UA）和电抗变换器（UX）在实际应用中的具体作用。

2-8　继电器在电力系统中的主要作用是什么？请描述电磁型、感应型、整流型、晶体管型、集成电路型和数字型继电器的特点及其应用。

2-9　阻抗继电器在距离保护中如何实现其功能？请解释阻抗继电器的分类、构成原理和动作特性。

2-10　设计一个简单的电力系统模型，并说明如何利用互感器和变换器来实现对该系统的保护。

第3章

▶微型计算机继电保护◀

本章主要内容

微机继电保护（全称微型计算机继电保护）是一种基于可编程数字电路和实时数字信号处理技术的电力系统继电保护，也称为微机保护或数字式继电保护。20世纪60年代末，有人提出了使用小型计算机实现继电保护的设想，标志着微机继电保护的产生。到了20世纪70年代中后期，国外已有少数微机继电保护样机开始在电力系统中试运行。

进入20世纪90年代，随着微处理器和计算机网络的快速发展，微机继电保护在硬件集成度、运算速度、存储容量等方面有了质的飞跃，整体性能得到显著提升。这使微机继电保护不仅朝着智能化、网络化和信息化方向发展，而且在实际应用中表现出了更高的可靠性和性能。

微机保护的发展不仅提升了继电保护的性能和可靠性，还推动了发电厂和变电站自动化的发展。随着技术的不断进步和应用，微机继电保护将继续发挥重要的作用，为电力系统的安全稳定运行提供更加可靠的技术支持。

3.1 微机继电保护的硬件构成原理

微机保护装置的结构如图3-1所示，由数据采集系统、数据处理系统、开关量输入/输出系统、外部通信接口和电源构成。

（1）数据采集系统

数据采集系统是微机继电保护装置的重要组成部分，主要负责模拟量的输入和转换。在模拟量输入通道中，主要输入的是电流和电压信号。由于电流和电压信号是随时间变化的连续信号，而计算机只能接收数字信号，因此需要一个转换器将这种模拟信号转换为数字信号。这个过程称为模拟到数字的转换，即模/数转换。数据采集系统中的电压形成回路和模/数转换模块共同完成这一转换任务，确保输入的模拟量能够被准确地转换为数字量。

（2）数据处理系统

数据处理系统也称为CPU主系统，是微机继电保护装置的核心部分。它包括微处理器、存储器、定时器及并/串行接口等关键部件。微处理器是数据处理系统的核心，它执行存放

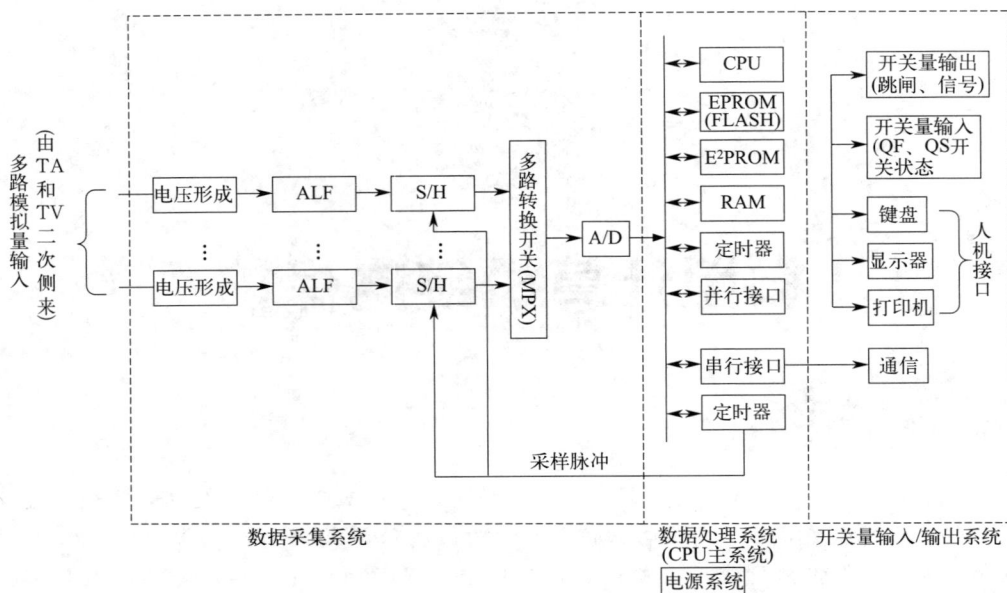

图 3-1　微机保护装置硬件系统原理框图

在程序存储器中的保护程序。这些程序负责对由数据采集系统输入到随机存取存储器中的数据进行详细的分析和处理，从而实现各种继电保护功能。数据处理系统的设计直接影响微机继电保护装置的性能和可靠性。

（3）开关量输入/输出系统

开关量输入/输出系统是微机继电保护装置与外部设备进行交互的关键部分。它通过输出的数字量实现对断路器等设备的控制。该系统由若干并行接口、光电耦合器件及中间继电器等组成，能够实现各种保护出口跳闸、信号报警、外部触点输入及人机对话等功能。通过开关量输入/输出系统，微机继电保护装置能够与外部设备进行准确、可靠的交互，确保电力系统的正常运行。

（4）外部通信接口

外部通信接口是微机继电保护装置与其他设备进行信息交换的通道。它包括通信接口电路和接口，可实现多机通信或联网功能。通过外部通信接口，微机继电保护装置能够与调度中心、其他保护装置或控制设备进行数据交换和信息共享，提高电力系统的自动化水平和运行效率。

（5）电源

电源是微机继电保护装置正常运行时的能源供给部分。它将 220V 或 110V 的电压转换成提供给微处理器、数字电路、模/数转换芯片及继电器的弱电电压，如 $\pm 5V$、$\pm 12V$、$\pm 24V$ 等。稳定的能源供给是确保微机继电保护装置正常运行的关键因素之一。

3.1.1　模拟数据采集系统

数据采集系统是微机继电保护装置中的核心部分，其主要功能是采集被保护设备的电流互感器和电压互感器输出的模拟量，并进行适当的预处理，最终将这些量转换为所需要的数字量。为了实现这一功能，数据采集系统包含多个关键部分。如隔离和电压形成回路用于确保信号的准确传输，并防止干扰信号对采集信号的影响。低通滤波器则用于滤除信号中的高频噪声，使信号更加纯净。多路转换开关则用于选择所需要的信号通道，保证多个信号能够被准确采集。模/数转换部分则是将模拟信号转换为数字信号的关键部分。根据模/数转换原理的不同，微机保护装置中模拟量输入回路有两种方式。一种是采用逐次逼近型模/数转换器（ADC）转换方式，其工作原理是通过对模拟信号的逐次逼近，逐渐减小误差，最终得到所需要的数字信号。这种方式具有较高的转换精度和较快的转换速度，因此在微机保护装置中得到了广泛应用。另一种是电压频率变换（VFC）（间接型 A/D 转换器）转换方式，其工作原理是将模拟信号转换为相应的频率信号，然后通过计数器等电路将频率信号转换为数字信号。这种方式适用于对模拟信号进行高速采样的应用场景，如高频保护等。

这两种转换方式各有优缺点，选择哪种方式取决于具体的应用需求。在微机保护装置中，数据采集系统的设计直接影响到保护装置的性能和可靠性，因此需要对各个部分进行详细的设计和优化。两种转换方式如图 3-2 所示。

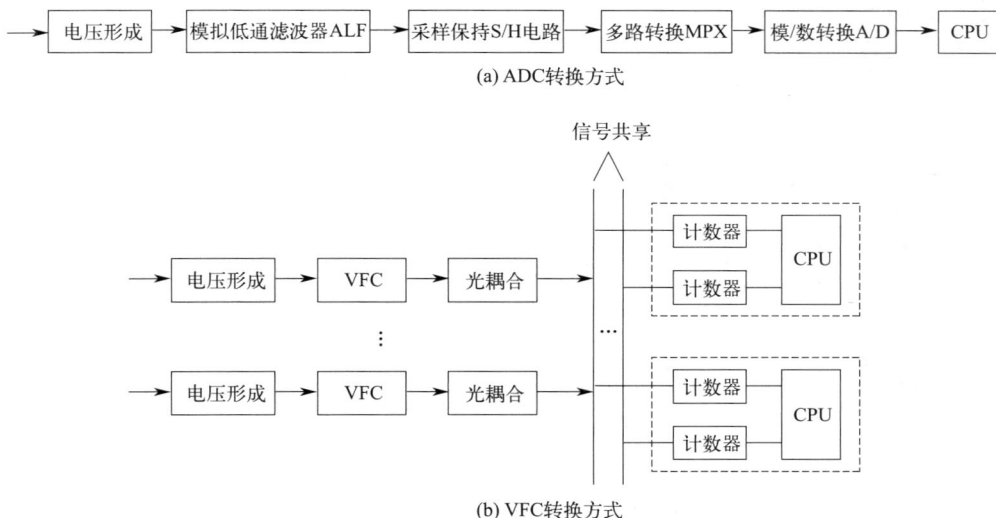

(a) ADC转换方式

(b) VFC转换方式

图 3-2　模拟量输入回路框图

微机保护装置在电力系统中发挥着至关重要的作用，它需要从被保护的电力设备和线路的互感器上获取电流和电压信息，以监测和保护系统的正常运行。然而，这些互感器二次侧的信号的幅值的变化范围往往超过了微机系统所能直接承受的水平，因此，在将这些信号传输给微机系统之前，需要进行适当的变换和处理。为了实现这一目标，通常采用电量变换器来降低和转换互感器二次侧信号的幅值，使其满足微机系统输入电压范围的要求。这个电压范围通常为 $\pm5V$ 或 $\pm10V$，这是微机系统能够准确处理信号的电压范围。

目前，常用的电量变换器有电流变换器、电压变换器和电抗变换器。这些变换器的作用是将互感器二次侧的高电压、大电流信号转换为微机系统所需的低电压、小电流信号。通过应用这些变换器，微机保护装置能够更加准确地获取电力设备和线路的运行状态，并及时采取相应的保护措施，以确保电力系统的安全稳定运行。

值得一提的是，为了提高微机保护装置的可靠性和稳定性，还需要采取一系列的抗干扰措施。例如，可以采用屏蔽、接地、滤波等技术来减小外部干扰对信号的影响，以及在程序中采用数字滤波、数字逻辑等算法来进一步处理和优化信号，以提高微机保护装置的准确性和可靠性。

3.1.1.1 电压形成回路

交流电流变换是微机保护装置的一项关键技术，其目的是将一次侧的电流信号转换为适合微机保护装置处理的电压信号。为了实现这一目标，通常采用电流变换器（UA），并在其二次侧并联电阻以获取微机保护装置硬件电路所需要的电压信号。这种变换器的核心是铁芯，只要铁芯不饱和，变换器的二次电流及并联电阻上的电压波形就能够保持与一次电流波形同相，从而做到不失真变换。然而，值得注意的是，电流变换器在非周期分量的作用下容易饱和，这会导致其线性度变差，动态范围也会相应减小。为了解决这一问题，通常在变换器一次与二次绕组之间设置接地的屏蔽线圈，以防止来自高压系统的电磁干扰。

另外，电抗变换器（UX）也是一种常用的变换器。它的优点在于线性范围大，铁芯不易饱和，而且具有移相作用。这种变换器能够抑制低频分量，放大高频分量，因此，其二次电压波形在暂态时会发生畸变。

电流变换器、电压变换器和电抗变换器的工作原理在第 2 章已经进行了详细的探讨。其输入变换及电压形成回路的原理在图 3-3 中进行了直观的展示，在此不再赘述。

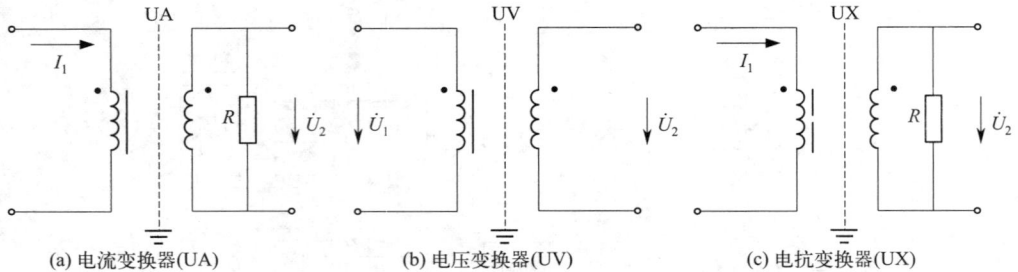

(a) 电流变换器(UA)　　　(b) 电压变换器(UV)　　　(c) 电抗变换器(UX)

图 3-3　输入变换及电压形成回路原理图

3.1.1.2　采样保持（S/H）电路和模拟低通滤波器（ALF）

（1）采样保持（S/H）电路

采样保持电路在微机保护装置中扮演着至关重要的角色。其主要功能是在极短的时间内测量模拟输入量在某时刻的瞬时值，并在模/数转换器进行转换的期间内保持输出不变，将随时间连续变化的电气量离散化，为后续的数字处理提供准确的数据。

采样保持电路的工作原理可以用图 3-4 来形象地说明。模拟量连续加于采样器的输入端，而采样器由采样脉冲控制，使其周期性地短时开放，输出离散脉冲。采样脉冲的宽度为 T_c，采样周期为 T_s。在采样脉冲作用的时间内，输入的模拟量会被快速地测量并存储，然后采样器关闭，保持输出不变，直到下一个采样脉冲的到来。这样，输出的离散信号就代表了在采样时刻的模拟量值。

值得注意的是，这种采样方法只适用于单个变量的采样，或者允许各输入信号依次

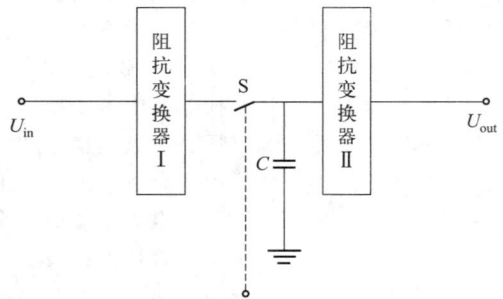

图 3-4　采样保持电路的工作原理图

送到共用的模/数转换器中。共用模/数转换器主要是考虑到转换器的价格较高，而且完成一个转换过程需要一定的时间。对于不断变化的模拟信号，如果不采取相应的措施，就可能引起转换误差。因此，微机保护通常采用采样保持电路来解决这一问题。

采样保持电路的结构比较简单，由一个电子模拟开关 S、电容 C 和两个阻抗变换器构成。开关 S 受逻辑输入端电平的控制。当逻辑输入端为高电平时，开关 S 处于"闭合"状态，此时电路进入采样状态。电容 C 会迅速充电或放电到采样时刻的电压值。为了保证电容 C 有足够的充电和放电时间，开关 S 的闭合时间需要得到精确的控制。为了缩短采样时间，电路中还采用了阻抗变换器 I。它在输入端呈现出高阻抗，而在输出端呈现出低阻抗，这使电容 C 上的电压能够迅速地跟踪 U_{in} 的值。当开关 S 打开时，电容 C 上会保持开关打开瞬时的电压，此时电路进入保持状态。为了提高保持能力，电路中还应用了阻抗变换器 II。它对电容 C 呈现高阻抗，而输出阻抗较低，从而增强了带负荷的能力。通过这样的设计和工作原理，采样保持电路能够为微机保护装置提供准确、可靠的模拟量数据，确保保护装置能够正常、稳定地工作。

（2）模拟低通滤波器（ALF）

在电力系统发生故障时，故障瞬间的电压或电流中一般含有各种高频分量，而目前的微机保护原理大部分是反映工频分量的，同时任何实际的变换器所能达到的最高采样频率总是有限的。由奈奎斯特采样定理可知，如果被采样的信号为有限带宽连续信号，其所含的最高频率成分为 f_{max}，则采样频率 f_s 应不小于 $2 f_{max}$（$f_s \geqslant 2 f_{max}$），原来的信号波形就可以恢复而不会畸变，否则将产生频率混叠现象，使原来的信号波形发生畸变。

为了防止频率混叠，微机保护系统的采样频率必须高达 4kHz，这对微机中央处理单元（CPU）的处理速度提出了较高的要求，因为数据采集系统是以采样频率向 CPU 输入数据的，而 CPU 必须在两次采样间隔时间 T_s（采样周期 $T_s = 1/f_s$）内处理完对一组采样值必须进行的操作及运算，否则 CPU 将跟不上时钟节拍而无法正常工作。故 f_s 越高，则要求 CPU 的处理速度越快。如果在故障电压或电流等模拟量进入采样保持器之前，用一个模拟低通滤波器（ALF）将高频分量滤掉，仅使低频分量通过，就可以降低采样频率 f_s，从而降低对微机硬件系统的要求。采样频率通常按照保护原理所用信号频率的 4～10 倍来选择。例如，常用采样频率为 $f_s = 600Hz$（$N = 12$），$f_s = 800Hz$（$N = 16$），$f_s = 1000Hz$（$N = 20$），$f_s = 1200Hz$（$N = 24$）等，其中，N 为采样频率相对于基波频率的倍数，$N = f_s/f_1 = T_1/T_s$，称为每基频周期采样点数。

前置模拟低通滤波器通常分为两大类：一类是由 RLC 元件构成的无源滤波器；另一类是由集成运算放大器与 RC 元件构成的有源滤波器。

① 无源滤波器。无源滤波器的原理电路及幅频特性如图 3-5 所示，是由电阻、电容串联构成的滤波电路。

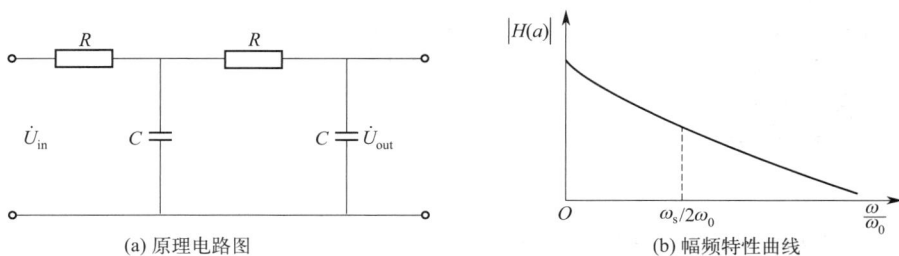

(a) 原理电路图　　　　(b) 幅频特性曲线

图 3-5　无源滤波器的原理电路及幅频特性

② 有源滤波器。图 3-6(a) 所示为有源滤波器的原理电路。这种滤波器是由 RC 网络与运算放大器构成的，具有良好的滤波性能，而且阶数越高，它的频率响应就越具有平坦的通带和陡峭的过滤带，但会增加装置的复杂性和时延，故滤波器阶数不宜过高。

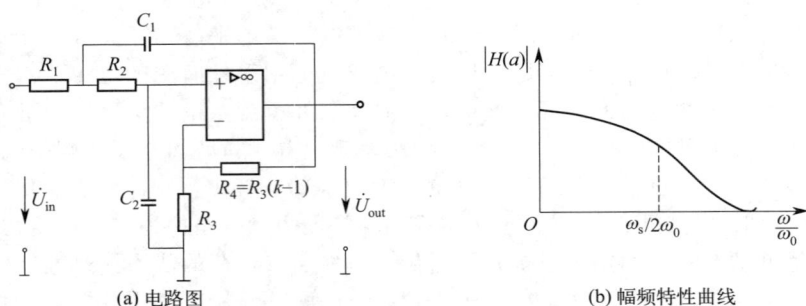

(a) 电路图　　(b) 幅频特性曲线

图 3-6　有源滤波器的原理电路及幅频特性

3.1.1.3　模拟量多路转换开关（MPX）

保护装置在进行模拟量采样时，通常需要对多个模拟量进行同时采样，以确保能够准确获取各个电气量之间的相位关系，并保持相位关系在采样后的一致性。为了实现这一目标，在硬件中为每个模拟量设置了一套电压形成回路、低通滤波（ALF）回路及采样保持（S/H）回路。这样做的目的是确保每个模拟量都能够得到准确的预处理，为后续的模/数转换提供高质量的输入信号。然而，考虑到模/数转换器（A/D 转换器）的价格较高，为了降低整个保护装置的成本，设计时采用了多路采样的方法。这种方法的特点是多个通道共用一个 A/D 转换器，通过多路转换开关实现通道的快速切换。这样，多个模拟量就可以按照一定的顺序依次进行采样，而每个通道都能够获得独立的模/数转换处理。通过多路采样和多个通道共用 A/D 转换器的方式，不仅有效地降低了装置的成本，还保证了采样结果的准确性和可靠性。这种设计方法在保护装置中得到了广泛应用，为电力系统的稳定运行提供有力支持。

常用的多路转换开关包括选择接通路数的二进制译码电路和由它控制的各路电子开关，它们被集成在一块芯片中。图 3-7 为常用 16 路多路转换开关芯片 AD7506 的内部电路组成图。它有 A0～A3 四根路数选择线，CPU 通过并行接口芯片或其他硬件电路给 A0～A3 赋以不同的二进制码，选通 S1～S16 中相应的一路电子开关 S_i，将被选中的某一路模拟量送入公共的输出端供给 A/D 转换器。EN 为芯片选择线，只有该端接入高电平时，MPX 才处于工作状态，否则无论 A0～A3 处于什么状态，S1～S16 均处于断开状态。设置 EN 是为了将多块芯片并联使用以扩充多路转换开关的路数。

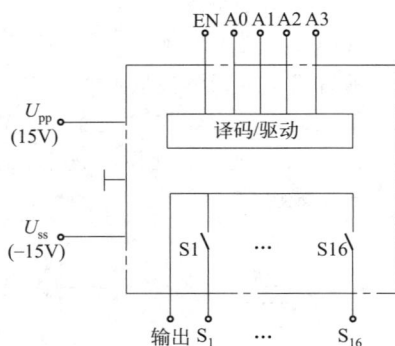

图 3-7　多路转换开关原理图

3.1.1.4　模/数（A/D）转换器

模拟量转换为数字量的硬件芯片被称为模/数转换器，简称为 A/D 转换器。在微机继电保护装置中，A/D 转换器扮演着至关重要的角色，它能够将采集到的模拟信号转换为数字信号，以便于后续的处理和分析。A/D 转换器可以看作是一种译码电路，它将输入的模拟量 U_A 与模拟参考量 U_R 进行比较，再通过译码电路将比较结果转换成数字量（D）输出。在理想情况下，A/D 转换器的输入和输出关系可以用以下数学公式表示。

$$D = \frac{U_A}{U_R} \tag{3-1}$$

式中，D 为小于 1 的数，可用二进制表示为

$$D = B_1 2^{-1} + B_2 2^{-2} + \cdots + B_n 2^{-n} \tag{3-2}$$

式中，B_1 为最高位（MSB），B_n 为最低位（LSB），$B_1 \sim B_n$ 均为二进制码，其值可能是 "1" 或 "0"。如上公式又可以写为

$$U_A \approx U_R (B_1 2^{-1} + B_2 2^{-2} + \cdots + B_n 2^{-n}) \tag{3-3}$$

式（3-3）即为 A/D 转换器中模拟信号的量化表达式。

由于编码电路位数总是有限的，而实际的模拟信号的量化表式可能为任意值，因此对连续的模拟信号用有限长位数的二进制数表示时，不可避免地要舍去最低位（LSB）的更小的数，从而引入一定的误差。显然，A/D 转换器译码的位数越多，即数值分得越细，量化误差就越小，或称分辨率就越高。量化误差为 $q = \frac{1}{2^n} U_R$，分辨率为 FSR/2^n（FSR 为满量程电压）。例如，一个满量程电压为 10V 的 12 位 A/D 转换器能够分辨模拟信号输入电压变化的最小值为 2.44mV。A/D 转换器分辨率的高低取决于其位数的多少。用转换器的位数 n 来间接代表分辨率。模/数转换器总体上可以分成两种类型：一种是直接型 A/D 转换器；另一种是间接型 A/D 转换器。在直接型 A/D 转换器中，输入的模拟电压离散值被直接转换成数字代码，不经过任何中间变换；而在间接型 A/D 转换器（如 VFC 型）中，首先把输入的模拟电压转换成某种中间变量（如频率），然后再把这个中间变量转换成数字代码输出。

A/D 转换器还可分为比较式和积分式。下面对两种常用的转换器的原理进行简单说明。

（1）逐位比较式 A/D 转换器

比较式有逐位比较式和并联比较式。以下介绍逐位比较式 A/D 转换器的工作原理。

① 数/模转换器（DAC 或 D/A 转换器）。

由于逐位比较式 A/D 转换器要用到 D/A 转换器，因此先介绍 D/A 转换器。D/A 转换器的作用是将数字量 D 经解码电路变成模拟量后输出。图 3-8 为一个四位 D/A 转换器的原理图。

图 3-8 中，电子开关 $S_0 \sim S_3$ 分别受四位数字量 $B_4 \sim B_1$ 控制。当某一位 B 为 "0" 时，则对应开关 S 向右（接地）；而某一位 B 为 "1" 时，则 S 会向左接通运算放大器 A 的反相输入端（虚地）。流向运算放大器反相端的总电流 I_Σ 反映了四位输入数字量的大小，它经过总反馈电阻 R_F 变换成电压 U_{out} 输出。由于运算放大器 A 的正端接参考地，所以其负端为 "虚地"，运算放大器 A 的反相输入端电位实际上是地电位，因此不论图中各开关合向哪一侧，对电阻网络中的电流分配（$I_1 \sim I_4$）都不会产生影响。

从图 3-8 中的 $-U_R$、a、b、c 四点分别向右看，网络等值电阻都是 R，因而 a 点的电位必定是 $1/2 U_R$，b 点的电位为 $1/4 U_R$，c 点的电位为 $1/8 U_R$。相应的电流分别为 $I_1 = U_R/(2R)$，$I_2 = 1/2 I_1$，$I_3 = 1/4 I_1$，$I_4 = 1/8 I_1$。

各电流之间的相位关系正是二进制数每一位数之间的关系，因而图 3-8 中总电流 I_Σ 必然正比于数字量 D，即

$$\begin{aligned} I_\Sigma &= B_1 I_1 + B_2 I_2 + B_3 I_3 + B_4 I_4 \\ &= B_1 I_1 + B_2 \frac{1}{2} I_1 + B_3 \frac{1}{4} I_1 + B_4 \frac{1}{8} I_1 \end{aligned}$$

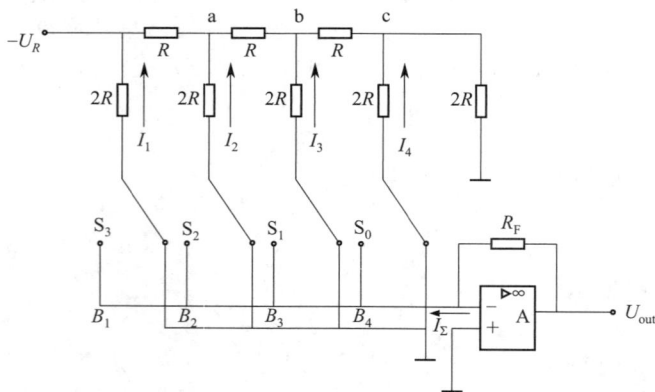

图 3-8　四位 D/A 转换器的原理图

$$= (B_1 2^0 + B_2 2^{-1} + B_3 2^{-2} + B_4 2^{-3}) \frac{U_R}{2R}$$

$$= (B_1 2^{-1} + B_2 2^{-2} + B_3 2^{-3} + B_4 2^{-4}) \frac{U_R}{R}$$

$$= D \frac{U_R}{R}$$

输出电压为

$$U_{\text{out}} = I_\Sigma R_F = \frac{U_R R_F}{R} D \qquad (3\text{-}4)$$

可见，输出的模拟电压 U_{out} 与输入的数字量 D 成正比，比例系数为 $\frac{U_R R_F}{R}$。

② 逐位比较式 A/D 转换器的工作原理。图 3-9 所示为 A/D 转换器的原理框图，其工作原理如下：由控制器首先在数码设定器中设置一个数码，并经 D/A 转换器转换为模拟量 U_{out}，使之与模拟量输入电压 U_A 比较。如果 $U_{\text{out}} > U_A$，则重新设定极小的数码，转换成较小电压 U_{out} 再与 U_A 作比较；如果 $U_{\text{out}} < U_A$，则保留设置的数码，并再附加一个较小的数码，使总数码转换成 U_{out} 再与 U_A 进行比较，并根据比较结果重复上述过程，直到 U_{out} 与 U_A 接近到误差小于所允许的设定数码中可改变的最小值，则数码设定器此时的数码总值即为转换结果。逐位比较逼近的步骤通常采用二分搜索法。二分搜索法是一种最快的逼近方法，n 位 A/D 转换器只要比较 n 次即可，比较次数与输入模拟量大小无关。如图 3-10 所示，逐位比较过程如下。

第一步，转换器启动最高位（MSB）设为"1"，即数码 100，D/A 转换器将此数码转换为 U_{out}，若 $U_{\text{out}} > U_A$，则去掉"1"而置"0"，接着将第二位置"1"，即数据为 010；若 $U_{\text{out}} < U_A$，则保留"1"，接着第二位置"1"，即数码为 110。

第二步，D/A 转换器将第一步得到的数码转换成 U_{out} 并与 U_A 作比较，若 $U_{\text{out}} > U_A$，则去掉该位"1"而将其置"0"；若 $U_{\text{out}} < U_A$，则保留该位"1"，依次类推，直至最低位（LSB）。

（2）VFC 型 A/D 转换器

间接型（VFC 型）A/D 转换器的作用也是实现对交流输入变换器输出的模拟量进行数字量的转化。为方便多 CPU 的数据共享，免去多 CPU 共享必须采用的十分复杂的接口电路，可以选用 VFC 型 A/D 转换器，各路采样并行工作，不再需要采样保持器。

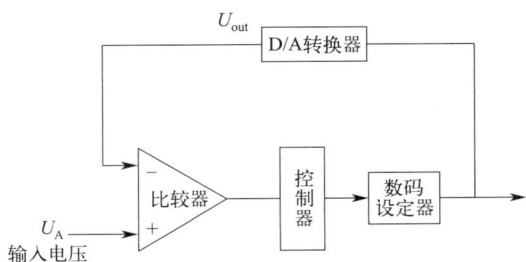

图 3-9 逐位比较式 A/D 转换器的原理框图

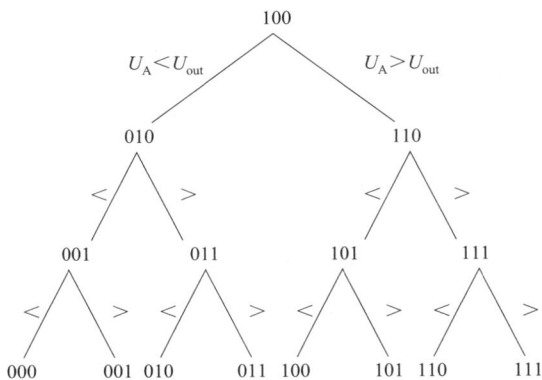

图 3-10 三位 A/D 转换器的二分搜索法示意图

　　VFC 型 A/D 转换器的输出电压的频率与输入电压呈线性关系，经计数器计数后，送入总线供 CPU 使用。各路计数器均安装在各 CPU 模块上，各 CPU 使用的计数器是并行工作的，这样处理提高了数字测量的精度和分辨率。其工作方式如图 3-11 所示。

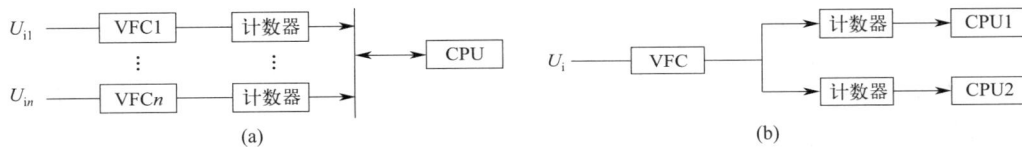

图 3-11 VFC 型 A/D 转换器的工作方式

　　典型的电荷平衡式 VFC 器件的内部电路如图 3-12 所示。这种转换器的工作原理是产生频率正比于输入电压的脉冲序列，然后在固定时间内对脉冲序列计数，除计数器和定时器外，该电路可看作一个振荡频率受输入电压 U_{in} 控制的多谐振荡器。图中，A1 为运算放大器，A1 与 R_1、C 共同构成一个积分器，A2 为零电压比较器。

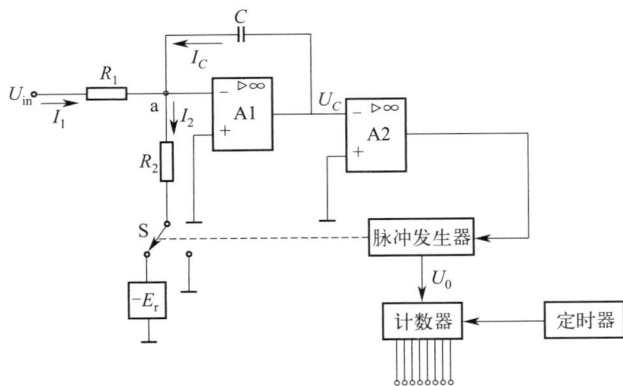

图 3-12 VFC 型 A/D 转换器电路结构图

　　在进行 VFC 器件电路设计时，要求 $I_{inmax} < I_2 = \dfrac{E_r}{R_2}$，即 $U_{inmax} < \dfrac{R_1}{R_2} E_r$，其中，$U_{inmax}$、$I_{inmax}$ 为允许输入的最大电压、电流值；E_r 为基准电压；R_1 为输入电阻；R_2 为 a 点至 E_r 之间的电阻。

当积分器输出电压 U_C 下降至零时，零电压比较器发生跳变，触发脉冲发生器，使其产生一个宽度为 T_0 的脉冲，在 T_0 期间，模拟开关 S 接向负参考电压 $-E_r$。由于电路设计为 $\frac{E_r}{R_2} > \frac{U_{in}}{R_1}$，因此，在 T_0 期间积分器一般以反充电为主，使 U_C 上升到某一电压值，T_0 结束后，只有正的输入电压 U_{in} 的作用使积分器充电，输出电压 U_C 沿负斜线下降。当 U_C 下降至零时，比较器翻转，再次触发脉冲发生器，产生一个宽度为 T_0 的脉冲，再次反充电，如此反复振荡不止，其波形如图 3-13 所示。

经过数学分析，可得到输出电压的振荡频率与输入电压的关系为

$$f = \frac{1}{T} = \frac{R_2}{R_1 T_0 E_r} U_{in} = K_V U_{in} \tag{3-5}$$

U_C 变化周期与 VFC 输出端 U_0 的周期一致，且 R_1、R_2、E_r、T_0 均为常数，说明转换系数 K_V 为常数，即 VFC 输出信号 U_0 的频率 f 与输入电压 U_{in} 成正比。

这样，只要测量 VFC 输出端方波脉冲的频率，就可以反映输入电压的大小，通过计数器统计脉冲的"个数"，计数器输出的是数字量 D，便于计算机读取。在一个采样间隔 T_s 内对计数器计数结果进行读数，相当于在这个间隔时间内对脉冲"个数"进行求值计算，可等效为积分。

$$D = \int_t^{t+T_s} f \, dt = K_V \int_t^{t+T_s} U_{in} \, dt \tag{3-6}$$

这说明，VFC 型 A/D 转换器的输出值与输入信号的积分成正比，且比例系数为常数。由积分关系可知，VFC 器件构成的数据采集系统具有低通滤波的效果，如图 3-14 所示，因此，不需要另设低通滤波器来克服混频现象。

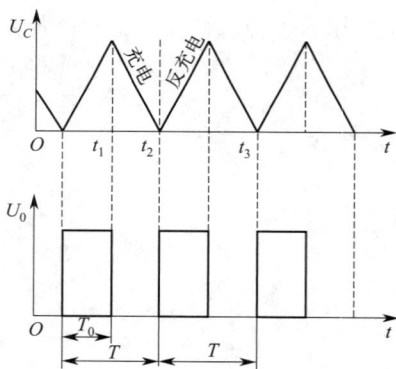

图 3-13　VFC 电路波形图

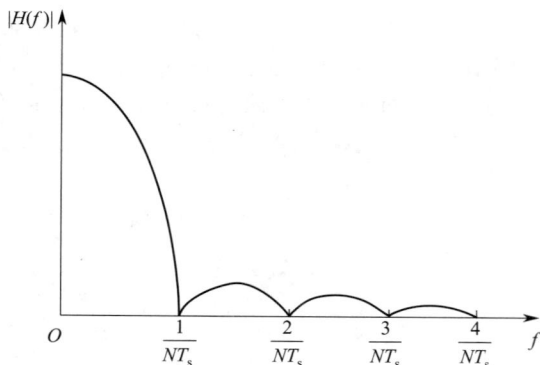

图 3-14　VFC 的幅频特性

VFC 型数据采集系统特点如下。

① 普通 A/D 转换器是对瞬时值进行转换，而 VFC 型 A/D 转换器是对输入信号进行连续积分。因此，VFC 型 A/D 转换器具有低通滤波效果，同时可大大抑制噪声。

② 抗干扰能力强。

③ 位数可调。

④ 与微型机的接口简单。

⑤ 可实现多机共享。

⑥ 易于实现同时采样。

⑦ 不适用于高频信号采集。

VFC 型数据采集系统的分辨率取决于芯片输出的最高频率 f_{max} 和计算间隔时间 NT_s，即 $D_k = f_{max} NT_s$。若 $T_s = 5/3\text{ms}$，$f_{max} = 5000\text{kHz}$，当 $N = 2$ 时，$D_k = 16666.67$，相当于常规 10 位 A/D 芯片（不考虑信号极性）。

VFC 型数据采集系统本身具有抑制高频信号的作用。VFC 的最高频率不能太高，易受到集成电路技术的限制。

3.1.2 开关量输入/输出电路

（1）开关量输入电路

微机保护装置的开关量输入，即触点状态（接通或断开）的输入可以分为以下两大类。

① 安装在装置面板上的触点。这类触点也叫作低电平（5V）开关量输入，包括在安装调试装置或运行中定期检查装置时用的键盘触点，以及切换装置工作方式用的转换开关等。装在装置面板上的触点可以直接接至微机的并行接口，如图 3-15 所示。在初始化时规定，图中可编程并行接口的 PA0 为输入方式，则微机通过软件查询，可实时了解图 3-15 中外部触点 S1 的状态。S1 闭合，PA0=0；S1 断开，PA0=1。图中，4.7kΩ 电阻称为上拉电阻，作用是保证 S1 断开时，PA0 被拉到"1"电平。

② 从装置外部经过端子排引入装置的触点。例如，运行人员在不打开装置外盖的情况下在运行中进行切换的各种压板、转换开关，以及其他保护装置和操作继电器的接点等。

需要注意的是，高电平开关量输入必须要装设光电隔离，将带有电磁干扰的外部接线回路限制在微机电路之外，实现两侧隔离。如图 3-16 所示，当 S2 断开时，光敏晶体管截止；S2 闭合时，光敏晶体管饱和导通。因此，晶体管的导通和截止完全反映了外部触点 S2 的状态。图 3-16 中采用两个电阻的目的是防止一个电阻击穿后引起更多器件损坏。

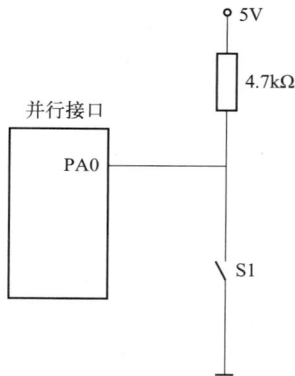

图 3-15 装置面板上的触点

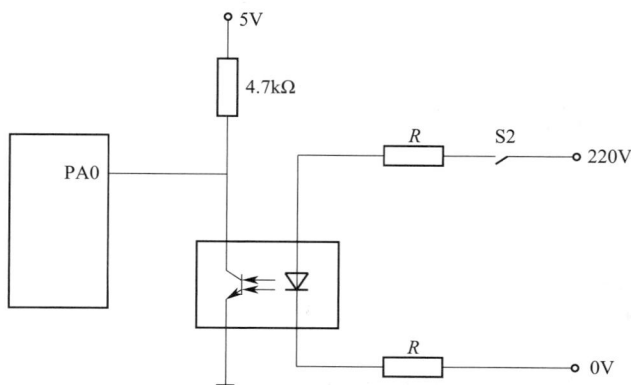

图 3-16 装置外部触点与微机接口连接图

对于某些必须立即得到处理的外部触点，如果采用软件查询方式会带来延时，则可以将光敏晶体管的集电极直接接至中断申请端子。

（2）开关量输出电路

开关量输出主要包括保护的跳闸信号及本地和中央信号等。一般采用并行的输出口来控制有触点继电器（干簧管或密封中间继电器）的方法，但为了提高抗干扰能力，最好采用一级光隔离，如图 3-17 所示。

只要并行接口的 PB0 输出为"0"，PB1 输出为"1"，便可以"命令"与非门 D2 输出低电平，光敏晶体管导通，继电器 K 被吸合。

在初始化和需要继电器 K 返回时，应使 PB0 输出为"1"，PB1 输出为"0"。设置反相器 D1 及与非门 D2 而不是将发光二极管直接同并行接口相连，一方面是因为并行接口带负载能力有限，不足以驱动发光二极管；另一方面是因为采用与非门后要满足两个条件才能使 K 动作，增加了抗干扰能力。

最后应注意，图中的 PB0 经过反相器，而 PB1 不经过反相器，这样连接可防止拉合直流电源的过程中继电器 K 的短时误动作。在拉合直流电源的过程中，当 5V 电源处在中间某个临界电压值时，可能由于逻辑电路的工作紊乱而造成保护误动作，特别是保护装置的电源往往接有大量的电容器，因此，拉合直流电源时，无论是 5V 电源还是驱动继电器 K 用的电源，都可能相当缓慢地上升或下降，从而完全可能来得及使继电器 K 的触点短时闭合。采用图 3-17 中所示的连接方式后，因考虑了 PB0 和 PB1 在电源拉合过程中只可能同时变号的特性，使两项相反条件互相制约，能可靠地防止误动作。

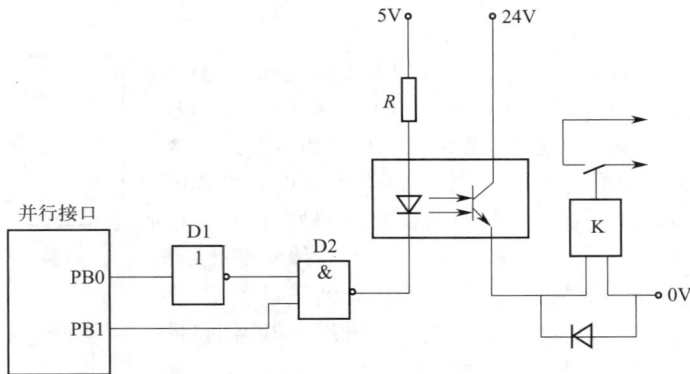

图 3-17　装置开关输出回路的接线图

3.2　数字滤波器设计

在微机继电保护的算法中所用的数据均是将输入的模拟量进行数字化处理后的采样值。数字滤波器是数字处理环节的重要部分。对于满足采样定理的诸多低频信号，经采样转换后其成分很复杂，一般需要设计相应的数字滤波器滤除不需要的各种分量，从而提取频率成分有用的采样信号。

相对于模拟滤波器，数字滤波器具有可靠性高、不存在匹配电阻问题、可灵活调整滤波器性能、可多个量分时复用同一滤波器等优点。

数字滤波可用硬件和软件两种方式实现，而硬件和软件方式又均有多种不同的实现方法。

硬件方式可用多片单一功能逻辑芯片实现，也可用一片低功耗、高密度的可编程逻辑芯片（CPLD）实现。

软件滤波依据不同的运算结构可分成递归滤波、非递归滤波、全零点滤波、窄带滤波等多种数字滤波方法。

3.2.1 数字滤波器的两种数学描述

由自动控制理论可知，凡是能反映原因和结果关系的装置或运算都可称为系统。滤波器是为完成特定滤波任务而设计的系统，因此可以用图 3-18 系统框图来表示，$x(t)$ 是系统的输入量，$y(t)$ 是系统的输出量，箭头代表信号的流动方向，因此一个连续时间系统的输入量 $x(t)$、系统的输出量 $y(t)$ 及系统结构之间的关系可用高阶微分方程来描

图 3-18　系统框图

述。相对于此，在时间上离散的数字脉冲信号系统中，输入、输出序列之间的运算关系可以用差分方程进行描述。

3.2.1.1 差分方程

差分方程用于描述数字脉冲信号系统的输入、输出序列之间的运算关系。所谓在时间上离散的数字脉冲信号系统（简称数字信号系统），就是在一个系统中只要有一处以上的信号为数字信号，该系统就叫作数字信号系统。

图 3-19 为离散时间系统和连续时间系统框图，对于系统框图中的连续时间部分的传递函数的拉普拉斯反变换为

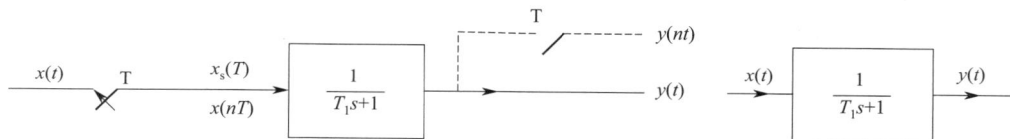
图 3-19　离散时间系统和连续时间系统框图

$$L^{-1}\left(\frac{1}{T_1 s+1}\right)=\frac{1}{T_1}\mathrm{e}^{-\frac{t}{T_1}}=g(t) \tag{3-7}$$

式中，$s=\mathrm{j}\omega$，从物理意义上讲，$g(t)$ 是系统连续部分的单位冲激响应函数。利用卷积定理并对 $y(t)$ 取一阶导数可导出

$$\frac{\mathrm{d}\left[y(t)\right]}{\mathrm{d}t}+\left(\frac{1}{T_1}\right)y(t)=x(t) \tag{3-8}$$

对于离散时间系统，用卷积定理可导出

$$y(nT)-\mathrm{e}^{-\frac{T}{T_1}}y\left[(n-1)T\right]=\left(\frac{1}{T_1}\right)x(nT) \tag{3-9}$$

这就是离散时间系统输入脉冲序列 $x(nT)$、输出脉冲序列 $y(nT)$ 与系统结构参数 $g(t)$ 之间的差分方程式，T 为采样周期，T_1 为系统时间常数。

对于此例，由于系统结构并不复杂，故求出的单位冲激响应函数 $g(t)$ 较为简单，因而较容易地求出了系统的差分方程式。但对于复杂的高阶系统，由于其单位冲激响应函数 $g(t)$ 更为复杂，求差分方程时可能会遇到一定的困难。此例只是给出了求解离散时间系统差分方程的一种可行方法。

对于高阶系统，若其输入脉冲序列为 $x(kT)$、输出脉冲序列为 $y(kT)$，它们与系统结构参数之间的差分方程可用下述方程来描述。

为了书写方便，在以后对采样时刻 kT 的标号用 k 表示，即将 $x(kT)$ 表示成 $x(k)$，将 $y(kT)$ 表示成 $y(k)$，因此高阶系统的差分方程可表达为

$$y(k) + a_1 y(k-1) + a_2 y(k-2) + \cdots + a_n y(k-n)$$
$$= b_0 x(k) + b_1 x(k-1) + b_2 x(k-2) + \cdots + b_m x(k-m) \tag{3-10}$$

3.2.1.2 脉冲传递函数

（1）定义

线性连续时间系统中，当初始条件为零时，系统输出信号 $y(t)$ 与输入信号 $x(t)$ 的拉普拉斯变换的比值定义为系统的传递函数，用 $G(s) = Y(s)/X(s)$ 来表示。在离散时间系统中也可以用同样的方式来定义：在零初始条件下，系统输出脉冲序列的 z 变换 $Y(z)$ 与输入脉冲序列的 z 变换 $X(z)$ 的比值定义为系统的脉冲传递函数 $H(z)$，即

$$H(z) = \frac{Y(z)}{X(z)} \tag{3-11}$$

（2）已知滤波系统的框图，求取系统脉冲传递函数

脉冲传递函数 $H(z)$ 可分为开环脉冲传递函数和闭环脉冲传递函数，若控制器或系统的输入信号中不包含控制器输出量的信息，则称该系统为开环数字控制系统，其传递函数为开环脉冲传递函数；反之，若输入信号中含有输出量的相关信息，则称该系统为闭环数字控制系统，其传递函数为闭环脉冲传递函数。它们的求取方法也与连续时间控制系统的传递函数 $G(s)$ 的求取方法相似。

（3）开环脉冲传递函数的求取

开环脉冲传递函数根据控制系统结构的不同又可分为如下两种形式。

串联环节间无采样开关，其结构如图 3-20 所示。其开环脉冲传递函数为

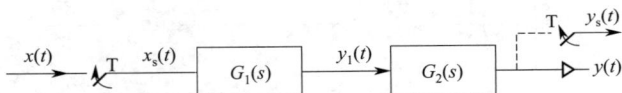

图 3-20　串联环节间无采样开关的结构

$$H(z) = \frac{y(z)}{x(z)} = Z\left[G_1(s) G_2(s) \right] = G_1 G_2(z) \tag{3-12}$$

串联环节间有采样开关，其结构如图 3-21 所示。其开环脉冲传递函数为

$$H(z) = \left[\frac{y_1(z)}{x(z)} \right] \left[\frac{y(z)}{y_1(z)} \right] = G_1(z) G_2(z) \tag{3-13}$$

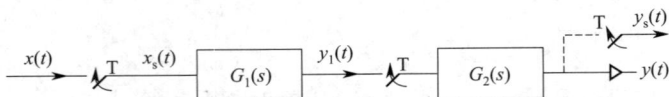

图 3-21　串联环节间有采样开关的结构

（4）闭环脉冲传递函数的求取

在闭环的各通路中，采样开关在不同的位置时，数字控制系统闭环脉冲传递函数 $H_c(z)$ 的表达式是不同的。系统连续部分无扰动输入时的闭环脉冲传递函数为 $H_c(z)$。该闭环系统的框图如图 3-22 所示。

因为

$$E(z) = X(z) - B(z) \tag{3-14}$$

而

$$B(z) = GH(z)E(z) \qquad (3\text{-}15)$$

所以

$$E(z) = \frac{X(z)}{1 + GH(z)} \qquad (3\text{-}16)$$

而

$$y(z) = G(z)E(z) \qquad (3\text{-}17)$$

所以

$$y(z) = \frac{G(z)X(z)}{1 + GH(z)} \qquad (3\text{-}18)$$

图 3-22 无扰动输入的闭环系统图

故该采样闭环系统的脉冲传递函数为

$$H_c(z) = \frac{Y(z)}{X(z)} = \frac{G(z)}{1 + GH(z)} \qquad (3\text{-}19)$$

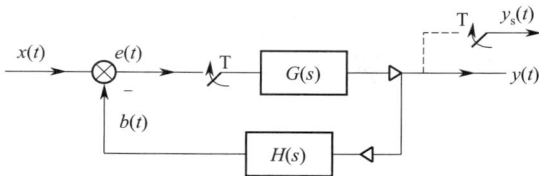

3.2.1.3 差分方程与脉冲传递函数间的关系

差分方程与脉冲传递函数之间存在着密切的关系。根据 z 变换及逆 z 变换的性质，二者可以相互转换。在系统初始条件为零的情况下，对差分方程求 z 变换，可以通过 z 变换和逆 z 变换，将差分方程与脉冲传递函数进行相互转换。因此，差分方程与脉冲传递函数是一一对应的关系。

3.2.2 用脉冲传递函数的零点和极点配置法设计数字滤波器

脉冲传递函数 $H(z)$ 中分子多项式方程为零的根，称为脉冲传递函数的零点；$H(z)$ 中分母多项式方程为零的根，称为脉冲传递函数的极点。

（1）零点和极点的配置方法

为了确保数字滤波器算法对应的差分方程中各系数都是实数，要求数字滤波器的脉冲传递函数 $H(z)$ 的零点和极点必须以共轭的形式成对地出现；同时，从保证数字滤波器的稳定性考虑，要求脉冲传递函数极点的幅值必须小于 1，即极点必须位于 Z 平面的稳定单位圆内。对于零点的幅值的选择，虽然不受稳定性的限制，但是从提高滤波效果来看，则要求将零点设置在单位圆上，即零点幅值等于 1。

数字滤波器脉冲传递函数 $H(z)$ 的零点、极点配置方法及其滤波效果如下所述。

① 如果在 Z 平面的单位圆上，当 $f = f_1$ 时，设置一对共轭复零点，那么数字滤波器的频率特性就会在 $f = f_1$ 点出现零传输，数字滤波器对输入信号中频率 f_1 的分量具有滤除作用。

例如，要求数字滤波器滤除输入信号中的第 k 次谐波分量时，则应该在 Z 平面上设置零点 $z = r e^{\pm \frac{j2\pi k}{N}}$ [$r > 0$，N 为基波每周期的采样点数，$N = 1/(f/T)$，$k = f_i/f_1$，T 为采样周期，f_i 为谐波频率，f_1 为基波频率]。当该点是一个复数时，为了使数字滤波器的时域差分方程中的系数都是实数，零点的配置应该为一对共轭复数，因此在脉冲传递函数中的对应因子应设置为

$$H_k(z) = (1 - r e^{\frac{j2\pi k}{N}} z^{-1})(1 - r e^{-\frac{j2\pi k}{N}} z^{-1})$$

$$= 1 - 2r\cos\left(\frac{2\pi k}{N}\right)z^{-1} + r^2 z^{-2} \qquad (3\text{-}20)$$

若需要完全滤除第 k 次谐波，可令 $r = 1$，即在 Z 平面的单位圆上选取共轭复零点。当

零点位于正实轴上时，有 $k=0$，对应的脉冲传递函数因子为

$$H_k(z) = 1 - z^{-1} \tag{3-21}$$

当零点位于负实轴时，对应的脉冲传递函数因子为

$$H_k(z) = 1 + z^{-1} \tag{3-22}$$

② 如果在 Z 平面的单位圆内，在极点 $d = re^{\pm j2\pi f_2 T}$ 处配置一对共轭复极点，那么数字滤波器的频率特性就会在 $f = f_2$ 点出现峰值，而且 r 越接近 1，峰值就越尖锐。数字滤波器对输入信号中频率为 f_2 的分量具有提取、放大的作用。

$H(z)$ 中的极点配制方法与零点配置类似，如果要提取输入信号中的第 k 次谐波分量，那么对应的两个共轭极点的位置配置应为

$$d_1 = re^{\frac{j2\pi k}{N}}, d_2 = re^{-\frac{j2\pi k}{N}} \tag{3-23}$$

在数字滤波器脉冲传递函数中的因子是

$$H_k(z) = \left[(1 - re^{\frac{j2\pi k}{N}}z^{-1})(1 - re^{-\frac{j2\pi k}{N}}z^{-1})\right]^{-1}$$
$$= \left[1 - 2r\cos(2\pi k/N)z^{-1} + r^2 z^{-2}\right]^{-1} \tag{3-24}$$

同时，为了保证数字滤波器工作的稳定性，r 的取值小于 1。综上所述，用脉冲传递函数零点和极点的配置来设计数字滤波器的方法，实质上是根据实际工程的需要，提出所要滤除或提取的谐波频率 kf_1 来选择数字滤波器脉冲传递函数 $H(z)$ 的零点和极点，根据 $re^{\pm j2\pi f_1 T}$ 来构造数字滤波器脉冲传递函数 $H(z)$ 中的因子表达式，然后利用脉冲传递函数 $H(z)$ 与对应的时域差分方程间的转换关系来实现满足滤波要求的数字滤波算法。这里的 f_1 为基波频率。

（2）全零点数字滤波器

在数字滤波器的脉冲传递函数 $H(x)$ 中，只含有零点而没有极点的滤波器称为全零点数字滤波器。它实质上是一种非递归型数字滤波器。

设采样频率是输入信号基波分量频率的 N 倍，且 N 是偶数。现在要求滤除 $K = m$ 以外的整数次谐波。为了满足滤波要求，数字滤波器的零点应选为 Z 平面单位圆上的一些点（$r = 1$），那么全零点数字滤波器的脉冲传递函数应选为各零点因子脉冲传递函数之积，即

$$H(z) = A(1 - z^{-1})\prod\left[1 - 2\cos\left(\frac{2\pi k}{N}\right)z^{-1} + z^{-2}\right] \tag{3-25}$$
$$k = 1, 2, \cdots, \frac{N}{2} - 1, k \neq m$$

式中，A 为放大系数，依实际情况而定。频率特性的幅频特性表达式为

$$H(z) = A\left|\sin(2\pi fT)\right|\prod\left[\left|2\cos(2\pi fT) - \cos\left(\frac{2\pi k}{N}\right)\right|\right] \tag{3-26}$$
$$k = 1, 2, \cdots, \frac{N}{2} - 1, k \neq m$$

从上式可知，在 $f = 0$，f_1，$2f_1$，$\cdots$，$\frac{Nf_1}{2}$，而且 $f \neq mf_1$ 时，幅频特性的幅值等于零，故符合所提出的滤波要求。

例如，设每周波采样 12 点，即 $N = 12$，现要求保留一个基波，完全滤除直流和其他整数次谐波分量（假设最高次谐波为 5），则数字滤波器的脉冲传递函数为

$$H(z) = A(1 - z^{-1})\prod\left[1 - 2\cos\left(\frac{2\pi k}{N}\right)z^{-1} + z^{-2}\right] \quad (k = 2, 3, 4, 5)$$
$$= A(1 - z^{-1})[1 - 2\cos(\pi/3)z^{-1} + z^{-2}]$$

$$\times \left[1-2\cos\left(\frac{\pi}{2}\right)z^{-1}+z^{-2}\right]\left[1-2\cos\left(\frac{2\pi}{3}\right)z^{-1}+z^{-2}\right]$$

$$\times \left[1-2\cos\left(\frac{5\pi}{6}\right)z^{-1}+z^{-2}\right](1+z^{-1}) \tag{3-27}$$

将式（3-27）完全展开后得出关于 z 的一个多项式表达式，再根据数字滤波器的时域差分方程与其脉冲传递函数 $H(z)$ 之间的对应关系，可求出满足要求的数字滤波器的差分方程，即滤波的时域算法。

有一些滤波器的脉冲传递函数是相同的，它们是关于 $k=6$ 次谐波滤除因子对称的。同时也说明了同一个数字滤波器可以滤除两种不同频率的谐波信号。

在实际工程中，当需要同时滤除第 k 次和第 $k+1$ 次谐波信号时，可以将第 k 次和第 $k+1$ 次谐波滤波器的脉冲传递函数相乘，就可以得到所要设计的数字滤波器的脉冲传递函数

$$H(z)=H_k(z)H_{k+1}(z) \tag{3-28}$$

全零点数字滤波器的作用是滤除输入信号中某一个或某些谐波分量而保留有用成分。当要滤除的谐波分量的个数较多时，滤波器所用到的采样数据的数量也相应地增加，使滤波器的响应时间也增加。在全零点数字滤波器输入信号中，当仅含有直流分量、基波分量和有限个基波频率整数倍频的谐波分量时，采用这种方法提取基波分量或某一个基波频率整数倍频的谐波分量非常实用。

（3）狭窄带通滤波器

全零点数字滤波器能够完全消除在输入信号中不需要的基波频率各整数倍频的谐波分量，而保留其中有用的频率信号。但是，一旦在数字滤波器输入信号中出现了无法预知的非整数倍频的谐波分量，数字滤波器的输出信号中将存在无用的该基波频率非整数倍频的谐波分量。因此，为了抑制这类无用的基波频率非整数倍频的谐波分量，除了考虑必要的零点数字滤波器之外，还需要在所要提取的基频或基波频率某一整数倍频处设置一个极点滤波器，以此来提高所需要的基频或基波频率某一整数倍频谐波分量在数字滤波器的输出量中所占的比例。

狭窄带通滤波器就是按滤波器频率特性的幅频特性来定义的。如果在数字滤波器所要提取的第 k 次谐波信号频率处设置一个极点滤波器，此极点选择为

$$d=re^{j2\pi kf_1T}$$

当 r 值接近 1 时，就可以得到很窄的通带和比较陡峭的过渡带，故称其为狭窄带通滤波器。

假设在基波频率处设计一个狭窄带通滤波器。首先，极点必须以共轭的形式成对地出现，且幅值 r 小于 1，即极点在 Z 平面的单位圆内。设对基频分量的周期采样点数为 N，即采样频率 $f_s=Nf_1$，采样周期为 $T=1/(Nf_1)$，则有

$$d_1=re^{\frac{j2\pi}{N}},d_2=re^{\frac{j2\pi}{N}}$$

那么，此极点对应的脉冲传递函数因子为

$$H_1(z)=(1-d_1z^{-1})(1-d_2z^{-1})$$
$$=1-2r\cos(2\pi/N)z^{-1}+r^2z^{-2} \tag{3-29}$$

如果要求完全滤除直流分量和第 $N/2$ 次谐波分量，提取基频分量时，滤波器的脉冲传递函数为

$$H(z)=H_0(z)H_{\frac{N}{2}}(z)H_1(z)^{-1}$$
$$=(1-z^{-1})(1+z^{-1})\left[1-2r\cos(2\pi/N)z^{-1}+r^2z^{-2}\right]^{-1} \tag{3-30}$$

利用滤波器的两种表述方式间的转换关系可将上式写成 $H(z)$ 的差分方程

$$y(n) = x(n) - x(n-2) + 2r\cos\left(\frac{2\pi}{N}\right)y(n-1) - r^2 y(n-2) \tag{3-31}$$

频率特性表达式为

$$H(z)H(e^{jr\pi/T}) = (1-z^{-1})(1+z^{-1})\left[1 - 2r\cos(2\pi/N)z^{-1} + r^2 z^{-2}\right]^{-1} \tag{3-32}$$

定性地绘制出幅频特性 r 值和 f_s 之间的关系曲线，如图 3-23 所示。

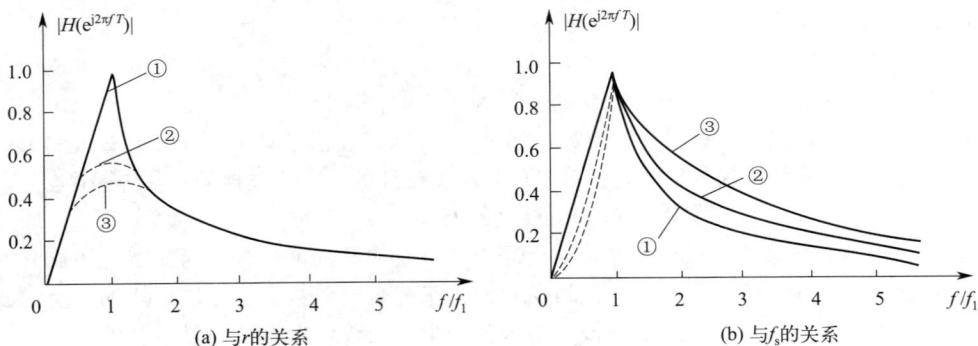

图 3-23　狭窄带通滤波器幅频特性与 r 的取值及采样频率 f_s 间的关系

在图 3-23(a) 中，曲线①对应 r_1，曲线②对应 r_2，曲线③对应 r_3，且有 $r_1 > r_2 > r_3$；r 取值越大，越接近 1 时，数字滤波器幅频特性值越大，但此时滤波器的输出达到稳态值所需要的响应时间也就越长。可见 r 的取值对滤波器的性能和时域响应时间的影响较大。

在图 3-23(b) 中，曲线①对应 f_{s1}，曲线②对应 f_{s2}，曲线③对应 f_{s3}，且有 $f_{s1} > f_{s2} > f_{s3}$。从图中可以看出，采样频率 f_s 在达到一定值之后，对幅频特性曲线的影响不是很大。

3.2.3　数字滤波器的主要性能指标

（1）频域性能指标

通过连续时间系统滤波器的单位冲激响应 $g(t)$ 进行采样并对采样信号进行 z 变换得到 $H(z)$，然后对 $H(z)$ 表达式中的 z 用 $z = e^{j\omega T}$ 表示就得到数字滤波器的频率特性表达式

$$H(f) = H(z) = H(e^{j\omega T}) = |H(e^{j\omega T})|e^{j\varphi(\omega T)} \tag{3-33}$$

式中，T 为采样周期；$\omega = 2\pi f$ 是角频率；$|H(e^{j\omega T})|$ 称为幅频特性；$\varphi(\omega T)$ 称为相频特性。

通过频率特性的物理意义可知，幅频特性是数字滤波器对输入电气量中不同频率分量幅值的放大倍数；相频特性则是数字滤波器对不同频率的输入信号分量相角的移动量。数字滤波器对于不同频率的输入信号分量幅值的放大倍数和相位移动角度虽然不同，但是对于输入信号的某一谐波频率分量而言，不论是电压量还是电流量，幅值的放大倍数和相位移动角度是相同的。这说明在某一频率下，数字滤波器的输出量并未改变其输入电压和电流的幅值之比和相角之差。

（2）响应时间

数字滤波器在输入信号的作用下，其输出响应需要经历一个暂态过程才能完成一个稳态的输出，这个暂态过程所需要的时间称为数字滤波器的响应时间。数字滤波器的响应时间表现为其对输入信号的一种延时特性。响应时间通常用 T_D 来表示。

（3）时间窗

在实际工作中，实时的数字滤波器通常是在每次采样后的采样间隔期间完成一次运算并

输出一个采样值。那么，在每一次运算时需要用到输入信号的最早采样值时刻和最晚采样值时刻，两者之间的时间跨度称为数字滤波器的时间窗，用 T_w 来表示。

（4）数据窗

数字滤波器每完成一次运算，输出一个采样值，所需要的输入信号采样值的个数，称为数字滤波器的数据窗。

为了减小输入信号采样值的个数，输入信号结合当前采样时刻数字滤波器的输出值一起运算，这就是递归型数字滤波器的原理，这样在一定程度上能够减少数字滤波器的响应时间。

（5）计算量

数字滤波器的计算量主要是指数字滤波器完成一次运算所用到的乘法和除法的次数。

3.3 微型计算机继电保护的基本算法

微机保护算法的任务是寻找有效的计算机数字运算方法，使运算在满足工程精度要求的情况下尽可能简便、快捷地得到目标结果。

针对电力系统不同电力设备和不同故障类型，存在不同的微机保护算法，如正弦函数模型算法、周期函数模型算法、微分方程算法、随机函数模型算法、突变量算法和故障分量及算法等。在这些算法中，一类是利用采样值计算出有关的电流及电压的幅值、相角、功率等基本电参数，然后根据不同保护原理、动作判据实现保护功能；另一类则是直接将电量基本参数运算与动作判据结合考虑，而不必先计算电压和电流幅值、辐角等基本参数，这类算法一般称作继电器式算法，如阻抗方向算法、解微分方程算法等。

3.3.1 周期函数模型算法

正弦函数模型算法要求输入信号为纯正弦信号。电力系统出现故障时，输入继电保护装置的信号往往存在较多的非正弦成分，虽不能视为正弦模型，但可以近似看作周期性变化函数（一般衰减的非周期分量比例较小），将其作为周期函数模型进行处理。

周期函数模型算法有傅里叶算法（以下简称傅氏算法）和沃尔什函数算法等，下面仅就常用的傅氏算法进行介绍。

（1）全周波傅氏算法的基本原理

周期函数 $x(t)$ 可以用傅氏级数的形式来表示，即可将周期函数傅氏分解成直流分量基波及整数倍谐波分量之和的形式，即

$$x(t) = \sum [a_n \sin(n\omega_1 t) + b_n \cos(n\omega_1 t)], n = 0, 1, 2, \cdots \qquad (3-34)$$

式中，ω_1 为基波角频率，$\omega_1 = 2\pi f_1$，$f_1 = 50\,\text{Hz}$；a_n 为 n 次谐波正弦项幅值（系数）；b_n 为 n 次谐波余弦项幅值（系数）。

根据正交函数的定义，积分方程 $X(t) = \dfrac{2}{T}\displaystyle\int_{-\frac{T}{2}}^{\frac{T}{2}} x(t)y(t)\,\mathrm{d}t$ 中如果待分析的时变函数 $x(t)$ 可以分解为一个级数，且级数各项都同属于正交函数，则 X 的结果是 $x(t)$ 中与样品函数 $y(t)$ 相同分量的模值。由正弦交流在复平面的相量表示很容易导出 $x(t)$ 的 n 次倍频分量的实部和虚部

$$\begin{cases} X_R = \dfrac{2}{T} \displaystyle\int_{-\frac{T}{2}}^{\frac{T}{2}} x(t)\cos(n\omega_1 t)\mathrm{d}t = \dfrac{2}{T}\int_0^T x(t)\sin(n\omega_1 t)\mathrm{d}t \\[3mm] X_1 = \dfrac{2}{T} \displaystyle\int_{-\frac{T}{2}}^{\frac{T}{2}} x(t)\sin(n\omega_1 t)\mathrm{d}t = \dfrac{2}{T}\int_0^T x(t)\cos(n\omega_1 t)\mathrm{d}t \end{cases} \tag{3-35}$$

同时还可导出

$$\begin{cases} a_n = X_R = \dfrac{2}{T}\displaystyle\int_0^T x(t)\sin(n\omega_1 t)\mathrm{d}t \\[3mm] b_n = X_1 = \dfrac{2}{T}\displaystyle\int_0^T x(t)\cos(n\omega_1 t)\mathrm{d}t \end{cases} \tag{3-36}$$

式中，T 表示函数 $x(t)$ 的 n 次谐波的周期。

若令 X_n 和 θ_n 为 $X(t)$ 的 n 次谐波分量（含基波和直流）的幅值和辐角，则

$$x(t) = a_n\sin(\omega_n t) + b_n\cos(\omega_n t) = X_n\sin(\omega_n t + \theta_n)$$
$$X_n^2 = a_n^2 + b_n^2, \theta_n = \arctan(b_n/a_n) \tag{3-37}$$

由积分过程可知，傅氏算法本身具有滤波作用，它可以从 $x(t)$ 的采样值中提取某次谐波而抑制其他成分，结果是直接得到某次谐波的幅值和辐角。这与数字滤波得到某次谐波的采样值是有区别的。全周波傅氏算法兼具了滤波和计算基本电气量的过程，是一种比较好的算法，但其数据窗至少需要一个周期的采样值，仍显得速度不够快。因此，提出了下面的改进算法，即半周波傅氏算法。

（2）半周波傅氏算法的基本原理

根据全周波傅氏算法的推导过程，同样可以确定半周波傅氏算法中周期函数 $x(t)$ 各次谐波正弦项幅值和余弦项幅值的表达式为

$$\begin{cases} a_n = \left(\dfrac{4}{T}\right)\displaystyle\int_0^{\frac{T}{2}} 2x(t)\sin(n\omega_1 t)\mathrm{d}t \\[3mm] \hspace{5cm} n = 1,3,5,\cdots \\[2mm] b_n = \left(\dfrac{4}{T}\right)\displaystyle\int_0^{\frac{T}{2}} x(t)\cos(n\omega_1 t)\mathrm{d}t \end{cases} \tag{3-38}$$

式中，T 为周期函数 $x(t)$ 的 n 次谐波的周期；n 为周期函数 $x(t)$ 中基波及基波的奇数倍高次谐波。这里的 n 为奇数，是因为半周期傅氏算法不能滤除基波的偶数倍谐波分量。因此，半周波傅氏算法只适用于 $x(t)$ 中只含有基波和基波奇数倍高次谐波的情况。

$x(t)$ 的某奇数次谐波的幅值 X_n 和辐角 θ_n 可由下式确定：

$$X_n = \sqrt{a_n^2 + b_n^2}, \theta_n = \arctan\left(\dfrac{b_n}{a_n}\right) \tag{3-39}$$

它和全周波傅氏算法有相同的形式，只是 a_n、b_n 的数值不同。

（3）傅氏算法的数字化表述

根据周期函数 $x(t)$ 的正弦项幅值 a_n、余弦项幅值 b_n 的表达式，用计算机计算 $x(t)$ 中各次谐波分量幅值和辐角的步骤如下：

① 对 $x(t)$ 进行周期采样，得到 $x(t)$ 的采样值 $x(1)$，$x(2)$，$\cdots$，$x(N)$，其中 N 为每周期的采样点数。

② 用梯形法或矩形法对 $x(t)$ 的正弦项、余弦项幅值表达式进行数字化处理。如果采用矩形法计算积分，则可得到全周波和半周波两种傅氏算法的算式。

全周波傅氏算法时为

$$a_n = (2/N)\sum X(k)\sin(2kn\pi/N), k = 1,2,\cdots,N$$
$$b_n = (2/N)\sum X(k)\cos(2kn\pi/N), k = 1,2,\cdots,N \tag{3-40}$$

半周波傅氏算法时为

$$a_n = (4/N) \sum X(k) \sin(2kn\pi/N), k = 1, 2, \cdots, N/2$$

$$b_n = (4/N) \sum X(k) \cos(2kn\pi/N), k = 1, 2, \cdots, N/2$$

(3-41)

式中，$X(k)$ 表示在 $t = kT$ 采样时刻时周期函数的采样值，T 为采样周期；N 表示周期函数在一周内的采样点数；k 表示采样点序号；a_n 表示第 n 次谐波分量正弦项幅值；b_n 表示第 n 次谐波分量余弦项幅值；n 表示 $x(t)$ 中谐波分量的次数。

③ 由 a_n、b_n 求出 n 次谐波幅值 X_n 和辐角 θ_n 等基本电气参数。

可以证明，傅氏算法的各次谐波幅值与 $x(t)$ 周期函数的采样区间无关，即无论采用哪个区间 $(t_1, t_1 + T)$ 的采样值，算出的幅值结果都不变，但初相角会随采样区间的不同而变化。如果电压和电流同时采样，它们之间的相角差不会随采样区间的不同而发生变化，即不会影响 $x(t)$ 某次谐波的幅值、功率、测量阻抗和相角等电气参数。

由于傅氏算法是采用 $x(t)$ 的周期采样值与滤波系数的乘积累加运算代替积分运算，如果采样频率与 $x(t)$ 谐波频率严格同步，其计算结果没有误差。在实际工程中，采用采样频率跟踪被采样信号频率进行同步采样的技术，可以达到减少误差、提高精度的目的。

傅氏算法以其精度高、反应时间快而具有实用意义，在继电保护中得到了广泛应用。

傅氏算法的缺点是对衰减的非周期分量不能起到滤波作用，在实际应用中还应考虑采取相应措施对 $x(t)$ 中衰减的非周期分量进行抑制。

（4）递推傅氏算法

前述全周波和半周波傅氏算法使用的是实时数据窗，其计算量大。例如，用全周波傅氏算法计算一个交流量的基波幅值，需要进行 $2N + 2$ 次乘法和 $2N + 1$ 次加法，N 为基波一周内的采样点数。在系统故障判据计算中，要求计算量小，计算时间短，能快速得到目标判据。递推傅氏算法可以较好地解决这一问题。

全周波傅氏算法中，若用 t 时刻的数据窗数据进行计算，用 $t + \Delta T$ 时刻的数据窗数据进行下一次计算（其中采样间隔 $\Delta T = T/N$，T 为工频周期，N 为工频周期内的采样点数），每次计算均向波形前进方向移动一个采样数据而形成新的实数据窗。这种移动数据窗全周波傅氏算法的 t 时刻数据窗与 $t + \Delta T$ 时刻数据窗的数据，有 $N - 1$ 个数据都是相同的。若用最新一点的采样值代替上次计算中最早一点的采样值，然后将上次计算结果加上两者不同的部分，即可得到新数据窗的计算结果，以此类推。这一方法就是递推傅氏算法。

假设正弦交流信号为 $x(t)$，对 $x(t)$ 采样得到的数据窗内的采样数据序列可表示为：

第一次计算数据窗的采样数据：

$$x_0, x_1, x_2, \cdots, x_{N-1}$$

第二次计算数据窗的采样数据：

$$x_1, x_2, x_3, \cdots, x_N$$

第三次计算数据窗的采样数据：

$$x_2, x_3, x_4, \cdots, x_{N+1}$$

若设 $x(t)$ 的某一瞬时相量为 $\overline{X}$，前一次的计算相量为 $\overline{X}_{(\text{old})}$，间隔一个采样点后的计算相量为 $\overline{X}_{(\text{new})}$，则相量的关系为

$$\overline{X}_{(\text{old})} = \overline{X} e^{j\varphi}$$

$$\overline{X}_{(\text{new})} = \overline{X} e^{j\left(\varphi + \frac{2\pi}{N}\right)} = \overline{X}_{(\text{old})} e^{j\frac{2\pi}{N}}$$

式中，φ 为 $\overline{X}_{(\text{old})}$ 相对于 $\overline{X}$ 的相角。

一般而言，对于 k 次数据窗，应有

$$\overline{X}_{(k)} = \overline{X}_{(k-1)} e^{j\frac{2\pi}{N}} \tag{3-42}$$

由此可得全周波递推傅氏算法的表达式，$x(t)$ 的基波实部 X_R、虚部 X_I 和模 X_k 分别为

$$X_R = X_{R(k-1)} + \frac{2}{N}(x_k - x_{(k-N)}) \sin\left[\frac{2\pi}{N}(k-1)\right] \tag{3-43}$$

$$X_I = X_{I(k-1)} + \frac{2}{N}(x_k - x_{(k-N)}) \cos\left[\frac{2\pi}{N}(k-1)\right] \tag{3-44}$$

$$X_k = \sqrt{X_R^2 + X_I^2} \tag{3-45}$$

同理还可以导出半周波递推傅氏算法的表达式。

（5）对称分量傅氏算法

电力系统中的故障，大多数是三相不对称的，如两相短路和接地短路等。在分析三相不对称系统时广泛采用对称分量法，即将不对称系统相量分解成三个对称的正序、负序和零序分量，然后用分析研究对称系统的方法来分析研究不对称系统。一个不对称系统等于对应的三个对称的序分量系统的叠加。在继电保护中，根据不对称故障会出现零序、负序分量的特点，以序分量为判据检测电力系统故障非常有效，因此，较多地采用该原理。

设电力系统三相基波电量为 X_a、X_b、X_c，将其分解成三个对称分量的零序、正序、负序，分别为 X_0、X_1、X_2，它们之间有如下关系

$$\begin{cases} X_0 = \dfrac{1}{3}(X_a + X_b + X_c) \\[2mm] X_1 = \dfrac{1}{3}(X_a + \alpha X_b + \alpha^2 X_c) \\[2mm] X_2 = \dfrac{1}{3}(X_a + \alpha^2 X_b + \alpha X_c) \end{cases} \tag{3-46}$$

式中，$\alpha = e^{j\frac{2\pi}{3}} \approx -0.5 + j0.866$，$\alpha$ 又称为旋转因子，$\alpha^2 = e^{-j\frac{2\pi}{3}} \approx -0.5 - j0.866$。

式（3-46）为三相稳态基波对称分量表达式。在电力系统故障过程中三相正弦可能含有多次谐波和非周期分量，因此不能简单地用该式进行基波的序分量计算，可直接采用对称分量傅氏算法进行计算。下面介绍对称分量的全周波傅氏算法。

设 $x(t)$ 的采样值为 $x_k = x(k\Delta T)$，$\Delta T = T/N$ 为采样间隔时间，T 为工频周期，$k = 0, 1, 2, \cdots, N-1$，则有 $x(t)$ 幅值 X 的复数形式表达式为

$$X = \frac{2}{N} \sum_{k=0}^{N-1} x_k e^{-j\frac{2\pi}{N}k} = \frac{2}{N} \sum_{k=0}^{N-1} x_k W_k \tag{3-47}$$

式中，$W_k = e^{-j\frac{2\pi}{N}k} = \cos\frac{2\pi k}{N} - j\sin\frac{2\pi k}{N}$，因此有

$$\alpha X = \frac{2}{N} \sum_{k=0}^{N-1} x_k e^{-j\frac{2\pi}{N}k} \cdot e^{j\frac{2\pi}{3}} = \frac{2}{N} \sum_{k=0}^{N-1} x_k \cdot e^{j\frac{2\pi}{3}} \cdot W_k \tag{3-48}$$

$$\alpha^2 X = \frac{2}{N} \sum_{k=0}^{N-1} x_k e^{-j\frac{2\pi}{N}k} \cdot e^{-j\frac{2\pi}{3}} = \frac{2}{N} \sum_{k=0}^{N-1} x_k \cdot e^{-j\frac{2\pi}{3}} \cdot W_k \tag{3-49}$$

然后，将 X，αX，$\alpha^2 X$ 代入式（3-46）即可得到三个对称分量零序、正序和负序。

例如，当 $N = 12$ 时，则有

$$W_k = e^{-j\frac{\pi}{6}k}$$

而

$$X = \sum_{k=0}^{11} X_k W_k$$

$$\alpha X = \frac{1}{6} \sum_{k=0}^{11} x_k e^{-j\frac{\pi}{6}(k-4)} = \frac{1}{6} \sum_{k=0}^{11} x_k W_{k-4}$$

$$\alpha^2 X = \frac{1}{6} \sum_{k=0}^{11} x_k e^{-j\frac{\pi}{6}(k+4)} = \frac{1}{6} \sum_{k=0}^{11} x_k W_{k+4}$$

式中

$$W_{k-4} = e^{-j\frac{\pi}{6}(k-4)}, W_{k+4} = e^{-j\frac{\pi}{6}(k+4)}$$

因此，零序分量、正序分量和负序分量的表达式分别为

$$X_0 = \frac{1}{18} \sum_{k=0}^{11} X_k W_k (x_{ak} + x_{bk} + x_{ck})$$

$$X_1 = \frac{11}{18} \sum_{k=0}^{11} X_k (W_k x_{ak} + W_{k-4} x_{bk} + W_{k+4} x_{ck})$$

$$X_2 = \frac{1}{18} \sum_{k=0}^{11} X_k (W_k x_{ak} + W_{k+4} x_{bk} + W_{k-4} x_{ck})$$

另外，如果在其他保护元件中用全周波傅氏算法已求出各相电量的实部和虚部，则可直接利用这些结果求取序分量的实部和虚部。由式（2-42）可得零序分量、正序分量和负序分量。

$$\begin{cases} X_{0R} = \dfrac{1}{3}(X_{aR} + X_{bR} + X_{cR}) \\ X_{0I} = \dfrac{1}{3}(X_{aI} + X_{bI} + X_{cI}) \\ X_0 = \sqrt{X_{0R}^2 + X_{0I}^2} \end{cases}$$

$$\begin{cases} X_{1R} = \dfrac{1}{3}[X_{aR} + (-0.5X_{bR} + 0.866X_{bR}) + (-0.5X_{cR} - 0.866X_{cR})] \\ X_{1I} = \dfrac{1}{3}[X_{aI} + (-0.5X_{bI} + 0.866X_{bI}) + (-0.5X_{cI} - 0.866X_{cI})] \\ X_1 = \sqrt{X_{1R}^2 + X_{1I}^2} \end{cases}$$

$$\begin{cases} X_{2R} = \dfrac{1}{3}[X_{aR} + (-0.5X_{bR} - 0.866X_{bR}) + (-0.5X_{cR} + 0.866X_{cR})] \\ X_{2I} = \dfrac{1}{3}[X_{aI} + (-0.5X_{bI} - 0.866X_{bI}) + (-0.5X_{cI} + 0.866X_{cI})] \\ X_2 = \sqrt{X_{2R}^2 + X_{2I}^2} \end{cases}$$

3.3.2　自适应突变量算法

当前的微机保护特别是高压线路保护中常采用突变量作为被保护对象是否发生故障的先行判据，当突变量元件动作后，说明保护区内可能发生了故障，马上转入故障判别程序，若确诊为故障，则输出跳闸或报警信号。此外，突变量元件还广泛应用于操作电源闭锁、保护定值切换、振荡闭锁和故障选相等场合。因此，要求突变量启动判据必须具有极高灵敏性，以免遗漏某些轻微故障而造成严重后果；同时在保证灵敏性的前提下应尽可能减少误动。为保证在各种故障情况下保护均能灵敏启动，可采用电压、电流、负序和零序等不同的突变量或它们的各种组合等多种形式。

由于微机保护装置的循环寄存区具有一定的数据记忆容量，为实现突变量计算提供了方便。由图 3-24 可知，当电力系统正常运行时，负荷电流基本稳定，即使有些变化，也不会在很短的时间内突然发生大的变化。令 t 时刻计算的突变量为

$$\Delta I(t)=\left|i(t)-i(t-T)\right| \tag{3-50}$$

式中，$i(t)$ 为 t 时刻的电流采样值；T 为工频周期（20ms）；$i(t-T)$ 为 $i(t)$ 前一个周期对应时刻的采样值。由于 $i(t)$ 和 $i(t-T)$ 很接近，因此 $\Delta I(t)$ 近似等于零。但如果系统发生故障时短路电流突然增大，显然此时 $\Delta I(t)$ 等于 t 时刻短路后总的电流减去故障前的负荷电流，必然有较大的值，而且仅在短路故障发生后的第一个周期内存在，即 $\Delta I(t)$ 的输出在故障后会持续一个周波的时间。

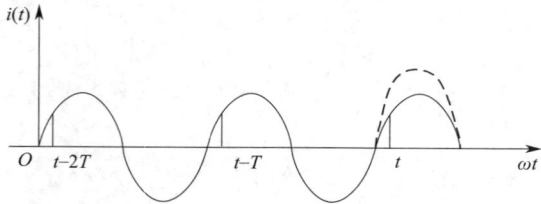

图 3-24　突变量元件原理图

在电网频率发生波动而不再是标准 50Hz，特别是负荷电流波动很大时，可能会产生大的不平衡电流而使 $\Delta I(t)$ 误动。为此，电流突变量 $\Delta I(t)$ 应按下式计算

$$\Delta I(t)=\left|i(t)-2i(t-T)+i(t-2T)\right| \tag{3-51}$$

以尽可能地减少不平衡电流的影响。

（1）自适应工频电流突变量启动元件

① 相电流突变量启动元件及动作方程为

$$\Delta I_{\Phi \mathrm{qd}}(t)=\Delta I_{\Phi}(t)-I_{\Phi \mathrm{qd}}-1.25\Delta I_{\Phi T}(t)>0 \tag{3-52}$$

式中，下标 Φ 指 A、B、C 三相；$I_{\Phi \mathrm{qd}}$ 为突变量固定门槛初值，一般取 $0.2I_\mathrm{N}$，I_N 为线路额定电流（由人机界面输入），开机后可根据线路参数和正常运行参数实现自适应调整，以保证重负荷时长线路末端短路有足够的灵敏度。

相电流突变量由式(3-50) 可得

$$\Delta I_{\Phi}(t)=\left|i_{\Phi}(t)-2i_{\Phi}(t-T)+i_{\Phi}(t-2T)\right| \tag{3-53}$$

为了有效消除正常运行时的负荷电流波动造成的对判据的影响，专门设置了自适应门槛

$$\Delta I_{\Phi T}(t)=\left|i_{\Phi}(t-T)-2i_{\Phi}(t-2T)+i_{\Phi}(t-3T)\right| \tag{3-54}$$

式中，$i_{\Phi}(t-T)$ 为 t 时刻前一工频 T 时刻的采样瞬时相量值；$i_{\Phi}(t-2T)$ 为 t 时刻前两个工频 T 时刻的采样瞬时相量值；$i_{\Phi}(t-3T)$ 为 t 时刻前三个工频 T 时刻的采样瞬时相量值。

② 相电流差突变量启动元件 $\Delta I_{\Phi \Phi \mathrm{qd}}$ 及动作方程。按以上思路可得自适应工频相电流差突变量启动元件，动作方程为

$$\Delta I_{\Phi \Phi \mathrm{qd}}(t)=\Delta I_{\Phi \Phi}(t)-I_{\Phi \Phi \mathrm{qd}}-1.25\Delta I_{\Phi \Phi T}(t)>0 \tag{3-55}$$

式中，下标 $\Phi \Phi$ 表示相电流差，即 $\Phi \Phi=\mathrm{AB,BC,CD}$，如 $i_{\mathrm{AB}}=i_\mathrm{A}-i_\mathrm{B}$。

其余参数求取方法与相电流突变量启动元件类似，将相电流变为相电流差即可。

（2）电压突变量启动元件

类似电流突变量启动元件，还有相电压突变量和相电压差突变量启动元件，动作方程分别为

$$\Delta U_{\Phi \mathrm{qd}}(t)=\Delta U_{\Phi}(t)-U_{\Phi \mathrm{qd}}-1.2\Delta U_{\Phi T}(t)>0 \tag{3-56}$$

$$\Delta U_{\Phi\Phi qd}(t) = \Delta U_{\Phi\Phi}(t) - U_{\Phi\Phi qd} - 1.2\Delta U_{\Phi\Phi T}(t) > 0 \tag{3-57}$$

式中，$\Delta U_{\Phi}(t)$ 为相电压突变量；$U_{\Phi qd}$ 为突变量固定门槛初值，一般取（$0.1 \sim 0.3$）$U_{\Phi N}$，$U_{\Phi N}$ 为线路额定相电压（由人机界面输入）；$\Delta U_{\Phi\Phi}(t)$ 为相电压差突变量；$U_{\Phi\Phi qd}$ 为突变量固定门槛初值，一般取（$0.1 \sim 0.3$）$U_{\Phi\Phi N}$，$U_{\Phi\Phi N}$ 为线路额定相电压差（由人机界面输入）。

其余参数求取方法与自适应工频电流突变量启动元件类似。

（3）零序电流突变量启动元件

零序电流来自零序电流互感器时，零序电流突变量启动元件动作方程为

$$\Delta I_{0qd}(t) = \Delta 3I_0(t) - I_{0qd} - 1.25\Delta 3I_{0T}(t) > 0 \tag{3-58}$$

式中，$\Delta 3I_0(t)$ 为零序电流突变量；$I_{0qd}(t)$ 为零序电流启动固定门槛值，取 $0.1I_N$，I_N 为线路额定电流（由人机界面输入）。

$\Delta 3I_{0T}(t)$ 为自适应门槛，按下式求得

$$\Delta 3I_{0T}(t) = \left| 3i_0(t-T) - 2 \times 3i_0(t-2T) + 3i_0(t-3T) \right|$$

即正常运行时的零序不平衡电流。其中：

$3i_0(t-T)$ 为 t 时刻前一个工频周期 T 对应时刻的采样零序电流瞬时相量值；

$3i_0(t-2T)$ 为 t 时刻前两个工频周期 $2T$ 对应时刻的采样零序电流瞬时相量值；

$3i_0(t-3T)$ 为 t 时刻前三个工频周期 $3T$ 对应时刻的采样零序电流瞬时相量值。

$\Delta 3I_0(t)$ 为 t 时刻突变量的计算值，按下式计算

$$\Delta 3I_0(t) = \left| 3i_0(t) - 2 \times 3i_0(t-T) + 3i_0(t-2T) \right|$$

式中，$3i_0(t)$ 为本次采样瞬时相量值；$3i_0(t-T)$ 为前一个周期同一时刻采样瞬时相量值；$3i_0(t-2T)$ 为前两个周期同一时刻采样瞬时相量值；T 为工频周期（20ms）。

（4）零序电压突变量启动元件

零序电压来自零序电压互感器时，零序电压突变量启动元件动作方程为

$$\Delta 3U_{0qd}(t) = \Delta 3U_0(t) - U_{0qd} - 1.25\Delta 3U_{0T}(t) > 0$$

式中，$\Delta 3U_0(t)$ 为零序电压突变量；U_{0qd} 为零序电压启动固定门槛，一般取 $0.1U_N$，U_N 为线路额定线电压（由人机界面输入）。

其余参数求取方法与自适应零序电流突变量启动元件类似。

负序突变量算法类似于零序突变量算法。

（5）短数据窗突变量元件

为了有效避免系统振荡，可采用短数据窗算法获得突变量元件，即用采样间隔为 $T/2$ 的两个采样值相加与前一相加值之差，具体表示为

$$\Delta I_{\Phi\Phi}(t) = \left\| i_{\Phi\Phi}(t) + i_{\Phi\Phi}\left(t-\frac{T}{2}\right) \right| - \left| i_{\Phi\Phi}\left(t-\frac{T}{2}\right) + i_{\Phi\Phi}(t-T) \right\| \tag{3-59}$$

式中参数含义同上。

3.3.3 故障分量及算法

（1）故障分量的基本概念

故障分量即仅当电力系统发生故障时才产生的电气量，是一个不含负荷分量的电气量，如零序分量、负序分量等都是故障分量家族的成员。故障分量同样具有暂态和稳态之分。

电力系统发生短路故障时，可将短路电流、电压各分解为两部分：一部分为故障前负荷状态下的电流、电压；另一部分为故障产生的分量（即故障分量）。两者可用近似线性叠加的方法处理。

如图 3-25（a）所示的短路状态可分解为图 3-25（b）和图 3-25（c）所示状态。由于反映工频故障分量的继电器不受负荷状态的影响，因此，可只考虑图 3-25(c) 的故障分量。

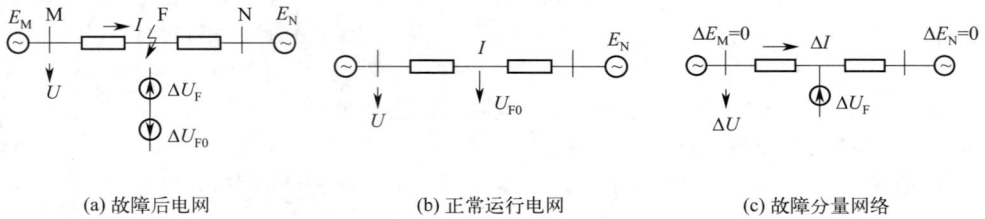

(a) 故障后电网　　　　　　(b) 正常运行电网　　　　　　(c) 故障分量网络

图 3-25　短路系统故障分量叠加原理图

故障分量网络与故障前电源、负荷电流等正常运行参数无关，可表示为以故障产生前瞬间故障点电压的负值为电动势激励下的无源网络，此时在保护安装处感受到的附加电流和电压（ΔI，ΔU）就是故障分量电流和电压。

（2）故障分量提取算法

故障分量的提取算法主要有消除非故障分量法和故障特征检出法。

① 消除非故障分量法。快速保护可直接用故障时的检测量减去故障产生前瞬间的检测量得到故障分量，对非快速保护则还应考虑自动装置的实时调节作用的影响。

例如，瞬态故障分量电流的近似计算可以按式（3-50）或式（3-58）进行，也就是说故障分量的计算方法可以与突变量算法相同，但故障分量和突变量的物理含义是不同的，应该注意。式（3-58）作为避免系统振荡影响提出的短数据窗故障分量算式，两式中的所有符号含义也不变。

② 故障特征检出法。根据网络结构、故障类型等不同，系统故障分量特征也不同的特点来提取故障分量。例如，大电流接地系统发生接地故障时会产生零序电流分量，发生不对称故障时会产生负序分量以及它们的综合故障分量等。由正序故障分量和负序故障分量组合而成的综合故障分量可以表示为

$$\Delta U_{12} = \Delta U_1 + \Delta U_2 , \Delta I_{12} = \Delta I_1 + \Delta I_2$$

式中，下标 1 表示正序；2 表示负序。正、负序分量的算法同前所述。

（3）故障分量的特点

① 故障分量的附加网络由故障前故障点电压的负值和电动势为零的原网络组成。

② 故障分量与负荷电量无关，但仍然受运行方式影响。

③ 故障点故障分量电压最大，中性点故障分量电压为零，因此故障分量方向元件可消除母线附近相间故障的死区。

④ 故障分量电压与电流间的相位关系由保护安装处至反方向侧系统中性点间的阻抗决定，不受电动势和保护安装处到短路点间阻抗及过渡电阻的影响。

3.3.4　采样频率跟踪的自适应算法

当采用异步采样时，由于系统信号频率发生变化而采样频率保持不变，傅氏算法、滤波算法的基础被破坏，计算结果会存在较大偏差，这是不希望出现的。用硬件方法实现采样频率自动跟踪会增加成本。采用软件实现采样频率跟踪的自适应算法能起到事半功倍的效果，一种简单、实用的算法如下所述。

如图 3-26 所示，设在周期正弦函数过零点前后取采样点 i_1、i_2 和取下一个周波过零点前后的相邻两个采样点 i_1'、i_2'，由于采样频率一般较高，过零点前后正弦函数非常接近直

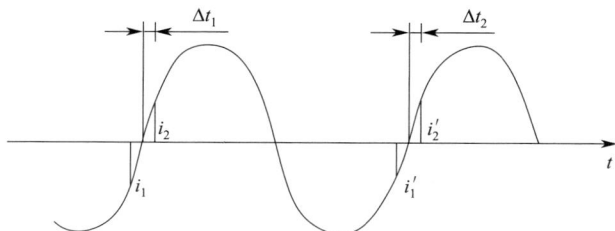

图 3-26 采样频率跟踪方法原理图

线，因此做线性处理

$$\Delta t_1 = \frac{i_2}{i_2 - i_1} T_{s1} \ , \Delta t_2 = \frac{i'_2}{i'_2 - i'_1} T_{s2} \tag{3-60}$$

在 i_1 点之前采样周期为 T_{s1}，在 i_2 点之后的一个工频周期内采样周期为 T_{s2}。

当一个工频周期恰好与采样周期 kT_s 同步时（k 为一个工频周期内的采样点数），$\Delta t_1 = \Delta t_2$。若 $\Delta t_1 < \Delta t_2$，意味着采样周期 kT_s 大于工频周期，应减小采样周期，其减小值为

$$\Delta t = \frac{\Delta t_2 - \Delta t_1}{T_1} \tag{3-61}$$

式中，T_1 为工频信号周期。

反之，若 $\Delta t_1 > \Delta t_2$ 意味着采样周期 kT_s 小于工频周期，应加大采样周期，其值为

$$\Delta t = \frac{\Delta t_1 - \Delta t_2}{T_1} \tag{3-62}$$

本 章 小 结

本章深入剖析了微型计算机继电保护的硬件构成、数字滤波器设计及基本算法，为理解微机保护在电力系统中的应用奠定了坚实的理论基础。

首先，本章介绍了微机保护的硬件构成原理，包括模拟数据采集系统和开关量输入/输出电路等，这些是微机保护装置准确捕捉电力系统状态变化的关键。通过对模拟信号进行采集和处理，微机保护能够实时监测电力系统的运行状态，为后续的保护决策提供数据支持。其次，本章详细阐述了数字滤波器的设计，包括两种数学描述方法和用脉冲传递函数的零点和极点配置法。数字滤波器的主要性能指标也被讨论，以确保滤波器能够有效地从噪声中提取有用信号，提高信号处理的准确性。最后，本章介绍了微型计算机继电保护的基本算法，如周期函数模型算法、自适应突变量算法、故障分量及算法和采样频率跟踪的自适应算法。这些算法是微机保护装置进行故障检测和诊断的核心，使保护装置能够快速响应各种复杂的电力系统故障情况。

通过本章的学习，能够全面理解微机保护的工作原理和实现技术，掌握其在电力系统中的应用方法，为进一步的专业学习和研究打下基础。同时，本章内容也为电力系统工程师在实际工作中设计和维护微机保护装置提供了理论指导。

<<<< 思考题与习题 >>>>

3-1 微机保护的硬件构成主要包括哪些部分？请简述各部分的功能和它们在微机保护系统中的作用。

3-2 在微机保护系统中，模拟数据采集系统扮演着怎样的角色？请描述模拟数据采集系统的工作原理及其重要性。

3-3 数字滤波器在微机保护中有何作用？请解释数字滤波器的两种数学描述，并讨论它们在实际应用中的优缺点。

3-4 请阐述用脉冲传递函数的零点和极点配置法设计数字滤波器的过程，并解释数字滤波器主要性能指标对系统性能的影响。

3-5 微机保护中的基本算法有哪些？请至少描述两种算法的工作原理，并讨论它们在故障检测和保护动作中的应用。

3-6 简述微型计算机继电保护基本算法中的周期函数模型算法，并说明其在电力系统保护中的应用场景。

3-7 在微机保护中，自适应突变量算法相较于传统算法有何优势？请讨论该算法在故障检测中的实现方式及其重要性。

3-8 故障分量及算法在微机保护中扮演了什么角色？请解释故障分量的概念，并讨论如何利用故障分量进行故障检测和定位。

3-9 采样频率跟踪的自适应算法在微机保护中如何实现？请描述该算法的工作原理及其如何提高保护系统的性能。

3-10 设计一个基于微机保护的电力系统故障检测方案。请说明在你的设计方案中，如何利用微机保护的基本算法来提高故障检测的速度和准确性。

第 4 章

▶ 电网的电流保护 ◀

本章主要内容

　　电网的电流保护主要包括过电流保护和方向电流保护两种方式，通过这两种方式，确保电网的安全、稳定运行。过电流保护通过设定电流阈值实现快速响应，而方向电流保护通过增加方向性判断提高保护的选择性。

4.1　单侧电源网络相间短路的电流保护

4.1.1　单侧电源网络相间短路时电流量值特征

　　目前我国运行中的电网，采用较多的电压等级有 500kV、330kV、220kV、110kV、66kV、35kV、10kV、6kV 和 380/220V，750kV 的电网正在建设中。110kV 及以上电压等级的电网主要承担输电任务，形成多电源环网，采用中性点直接接地方式。其主保护一般由纵联保护负责，全线路上任意点故障都能快速切除。110kV 以下电压等级的电网主要承担供、配电任务，发生单相接地后为保证继续供电，采用中性点非直接接地的方式；为了便于继电保护的整定配合和运行管理，通常采用双电源互为备用，正常时单侧电源供电的运行方式。其主保护一般由阶段式动作特性的电流保护承担。

　　对于图 4-1(a) 所示的单侧电源供电的网络，正常运行时，各条线路中流过所提供的负荷电流，越是靠近电源侧的线路，流过的电流越大。负荷电流的大小取决于用户负荷接入的多少，当用户负荷同时接入时，形成最大负荷电流。负荷电流与供电电压之间的相位角就是通常所说的功率因数角，一般小于 30°。各条线路中流过的最大负荷电流幅值如图 4-1 中折线 1 所示。

　　由"电力系统分析"课程知识可知，当供电网络中任意点发生三相和两相短路时，流过短路点与电源间线路的短路电流包括短路工频周期分量、暂态高频分量和衰减直流分量。短路工频周期分量近似计算式为

$$I_k = \frac{E_\varphi}{Z_\Sigma} = k_\varphi \frac{E_\varphi}{Z_s + Z_k} \tag{4-1}$$

　　式中，E_φ 为系统等效电源的相电动势；Z_k 为短路点至保护安装处之间的阻抗；Z_s 为

保护安装处到系统等效电源之间的阻抗；k_φ 为短路类型系数，三相短路取 1，两相短路取 $\frac{\sqrt{3}}{2}$。

随着整个电力系统开机方式、保护安装处到电源之间电网的网络拓扑方式、负荷水平的变化，E_φ 和 Z_s 都会变化，从而造成短路电流的变化。随着短路点距离保护安装处远近的变化和短路类型的不同，Z_s 和 Z_k 的值不同，短路电流也不同。总可以找到这样的系统运行方式，使在相同地点发生相同类型的短路时流过保护安装处的电流最大，对继电保护而言称为系统最大运行方式，对应的系统等值阻抗最小，$Z_s = Z_{smin}$。也可以找到这样的系统运行方式，使在相同地点发生相同类型的短路时流过保护安装处的电流最小，对继电保护而言称为系统最小运行方式，对应的系统等值阻抗最大，$Z_s = Z_{smax}$。取系统最大运行方式下三相短路和系统最小运行方式下两相短路，经计算后绘出流经保护安装处的短路电流随短路点距离保护安装处远近变化的两条曲线，如图 4-1 中曲线 3、2 所示。在系统所有的运行方式下，在相同地点发生不同类型的短路时流过保护安装处的电流都介于这两个短路电流值之间。

比较折线 1 与曲线 2、3 可以发现，在保护范围内短路电流的幅值总是大于负荷电流的幅值，而且要大很多。正常运行状态与短路状态间的差别明显，利用流过保护安装处电流的幅值的大小来区分运行状态，实现保护，简单可靠、方便易行。流过保护安装处的短路电流的大小与以下因素紧密相关：

① 电力系统运行方式（Z_s）的变化；

② 电力系统正常运行状态（E_φ）的变化；

③ 不同的短路类型（k_φ）；

④ 随着短路点距等值电源的距离变化，短路电流连续变化，距离越远，电流越小，并且在本线路末端和下级线路出口，短路电流没有差别。

以上特点都是在构成完善的电流保护时必须考虑的问题。

4.1.2　电流速断保护

（1）工作原理

对于反应短路电流幅值增大而瞬时动作的电流保护，称为电流速断保护。为了保证其选择性，一般只能保护线路的一部分。以图 4-1 所示的网络接线为例，假定在每条线路上均装有电流速断保护，当线路 A-B 发生故障时，希望保护 2 能瞬时动作，而当线路 B-C 故障时，希望保护 1 能瞬时动作，它们的保护范围最好能达到本线路全长的 100%。但是这种目标能否实现，需要作具体分析。

以保护 2 为例，当相邻线路 B-C 的始端（习惯上又称为出口处）k2 点短路时，按照选择性的要求，速断保护 2 不应该动作，因为该处的故障应由速断保护 1 动作切除。而当本线路末端 k1 点短路时，则应由速断保护 2 瞬时动作切除故障。但实际上，k1 点和 k2 点短路时，从保护 2 和保护 1 安装处流过的电流的数值几乎是一样的。因此，k1 点短路时速断保护 2 能动作，而 k2 点短路时其又不动作的要求就不可能同时得到满足。同样地，保护 1 也无法区别 k3 点和 k4 点的短路。

为解决这个矛盾可以采用两种办法。一种办法是优先保证动作的选择性，即从保护装置启动参数的整定上保证下一条线路出口处短路时不启动，在继电保护技术中，这又称为按躲开下一条线路出口处短路的条件整定。另一种办法是在个别情况下，当快速切除故障是首要条件时，就采用无选择性的速断保护，而以自动重合闸来纠正这种无选择性动作。以下只介绍有选择性的电流速断保护。

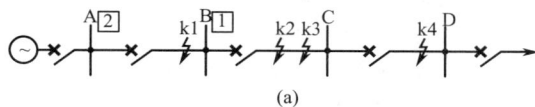

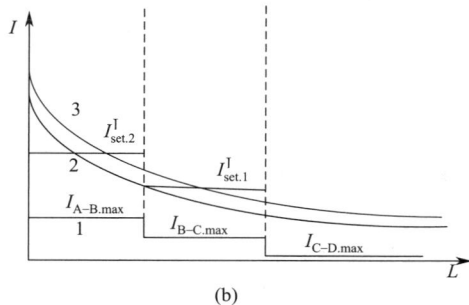

图 4-1 电流曲线

对反应于电流升高而动作的电流速断保护而言，能使该保护装置启动的最小电流值称为保护装置的整定电流，以 I_{set} 表示，显然必须当实际的短路电流 $I_k \geqslant I_{set}$ 时，保护装置才能动作。保护装置的整定电流 I_{set} 是用电力系统一次侧的参数表示的。它所代表的意义：当被保护线路的一次侧电流达到这个数值时，安装在该处的保护装置就能够动作。以保护 2 为例，为保证动作的选择性，保护装置的启动电流 $I_{set.2}^{I}$ 必须大于下一条线路出口处短路时可能的最大短路电流，从而造成在本线路末端短路时保护不能启动。保护不能启动的范围随着运行方式、故障类型的变化而变化。在各种运行方式下发生各种短路，保护都能动作切除故障的短路点位置的最小范围称为最小的保护范围。例如，保护 2 的最小的保护范围为图 4-1 中直线 $I_{set.2}^{I}$ 与曲线 2 的交点前面的部分。

（2）电流速断保护的整定计算原则

① 动作电流的整定。为了保证电流速断保护动作的选择性，对保护 1 来讲，其整定的动作电流 $I_{set.1}^{I}$ 必须大于 k4 点短路时可能出现的最大短路电流，即大于在最大运行方式下变电所 C 母线上三相短路时的电流 $I_{k.C.max}$

$$I_{set.1}^{I} > I_{k.C.max} = \frac{E_{\varphi}}{Z_{s.min} + Z_{BC}} \tag{4-2}$$

动作电流为

$$I_{set.1}^{I} = K_{rel}^{I} I_{k.C.max} \tag{4-3}$$

引入可靠系数 $K_{rel}^{I} = 1.2 \sim 1.3$ 是考虑非周期分量的影响、实际的短路电流可能大于计算值、保护装置的实际动作值可能小于整定值和一定的裕度等因素。

对保护 2 来讲，按照同样的原则，其启动电流应整定得大于变电所 B 母线上短路时的最大短路电流 $I_{k.B.max}$，即

$$I_{set.2}^{I} = K_{rel}^{I} I_{k.B.max} \tag{4-4}$$

计算出保护的一次动作电流后，还需要求出继电器的二次动作电流

$$I_{op}^{I} = \frac{I_{set}^{I}}{n_{TA}} K_{con} \tag{4-5}$$

式中，n_{TA} 为电流互感器的变比（变压比）；K_{con} 为电流互感器的接线系数，其值与电流互感器的接线方式有关，当电流互感器的二次侧为三相星形或两相星形接线时，其值为 1，当二次侧为三角形接线时，其值为 $\sqrt{3}$。

速断保护的动作时间取决于继电器本身固有的动作时间，一般小于 10ms。考虑到躲过

线路中避雷器的放电时间为 $40 \sim 60 \mathrm{ms}$，一般加装一个动作时间为 $60 \sim 80 \mathrm{ms}$ 的保护出口中间继电器，一方面提供延时，另一方面扩大触点的容量和数量。

② 保护范围的校验。在已知保护的动作电流后，大于一次动作电流的短路电流对应的短路点区域，就是保护范围。保护范围随着运行方式、故障类型的变化而变化，最小的保护范围在系统最小运行方式下两相短路时出现。一般情况下，应按这种运行方式和故障类型来校验保护的最小范围，要求大于被保护线路全长的 $15\% \sim 20\%$。保护的最小范围计算式为

$$I_{\text{set}}^{\text{I}} = I_{\text{k. L. min}} = \frac{\sqrt{3}}{2} \times \frac{E_\varphi}{Z_{\text{s. max}} + Z_1 L_{\min}} \tag{4-6}$$

式中，$L_{\min}$ 为电流速断保护的最小保护范围（长度）；Z_1 为线路单位长度的正序阻抗。

（3）电流速断保护的构成

电流速断保护的单相原理接线如图 4-2 所示。过电流继电器接于电流互感器 TA 的二次侧，当流过它的电流大于它的动作电流 I_{op}^{I} 时，比较环节 KA 有输出。在某些特殊情况下需要闭锁跳闸回路，设置闭锁环节。闭锁环节在保护不需要闭锁时输出为 1，在保护需要闭锁时输出为 0。当比较环节 KA 有输出并且不被闭锁时，与门有输出，发出跳闸命令的同时，启动信号回路的信号继电器 KS。

（4）电流速断保护的主要优点、缺点

电流速断保护的优点是简单可靠、动作迅速，因而获得了广泛的应用；缺点是不可能保护线路的全长，并且保护范围直接受到运行方式变化的影响。

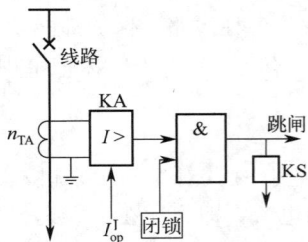

图 4-2 电流速断保护的单相原理接线

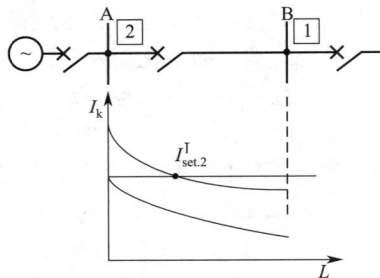

图 4-3 运行方式变化对电流速断保护范围的影响

当系统运行方式变化很大，或者被保证线路的长度很短时，速断保护就可能没有保护范围，因而不能采用。例如，图 4-3 所示为系统运行方式变化很大的情况，当保护 2 电流速断保护按最大运行方式下保护选择性的条件整定后，在最小运行方式下就没有保护范围。如图 4-4 所示为被保护线路长短不同的情况，当线路较长时，其始端和末端短路电流的差别较大，

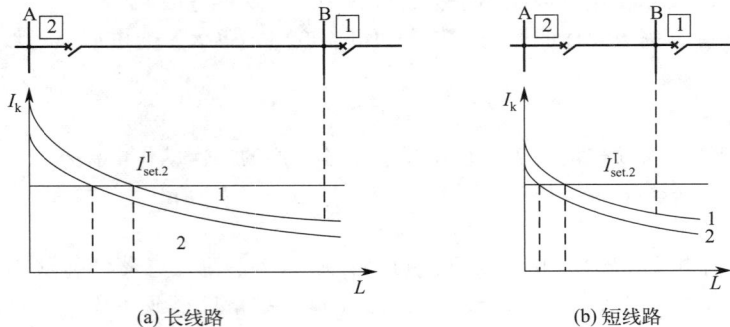

(a) 长线路

(b) 短线路

图 4-4 被保护线路长短不同时，对电流速断保护的影响

因而短路电流曲线变化比较急促，保护范围较大，如图 4-4（a）所示；而当线路短时，由于短路电流曲线变化平缓，速断保护的整定值在考虑了可靠系数后，其保护范围将很小甚至等于零，如图 4-4（b）所示。

但在个别情况下，有选择性的电流速断保护也可以保护线路的全长。例如，当电网的终端线路上采用线路-变压器组的接线方式时，如图 4-5 所示，由于线路和变压器可以看成一个设备，因此速断保护可以按照躲开变压器低压侧线路出口处 k1 点的短路来整定。由于变压器的阻抗一般较大，因此 k1 点的短路电流大大减小，这样整定之后，电流速断保护就可以保护线路 A-B 的全长，并能保护变压器的一部分。

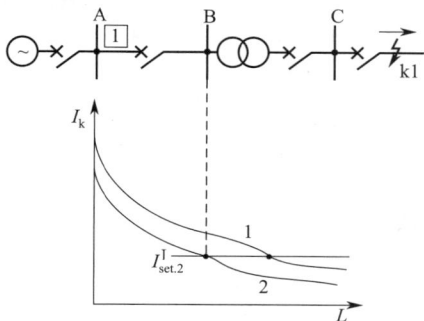

图 4-5　用于线路-变压器组的电流速断保护

4.1.3　限时电流速断保护

（1）工作原理

由于有选择性的电流速断保护不能保护本线路的全长，因此可以考虑增加一段带时限动作的保护，用来切除本线路上速断保护范围以外的故障，同时也能作为速断保护的后备，这就是限时电流速断保护。

对限时电流速断保护的要求：首先是在任何情况下能保护本线路的全长，并且具有足够的灵敏性；其次是在满足上述要求的前提下，力求具有最小的动作时限；最后是在下级线路短路时，保证下级保护优先切除故障，满足选择性要求。

如图 4-6 所示系统保护 2，由于要求限时电流速断保护必须保护线路的全长，因此它的保护范围必然要延伸到下级线路中，这样当下级线路出口处发生短路时，它就会启动。在这种情况下，为了保证动作的选择性，必须使保护的动作带有一定的时限，此时限的大小与其延伸的范围有关。为了使这一时限尽量缩短，照例都是首先考虑使它的保护范围不超过下级线路速断保护的范围，而动作时限则比下级线路的速断保护高出一个时间阶梯，此时间阶梯以 Δt 表示。如果与下级线路的速断保护配合后，在本线路末端短路灵敏性不足，则此限时电流速断保护与下级线路的限时电流速断保护配合，动作时限比

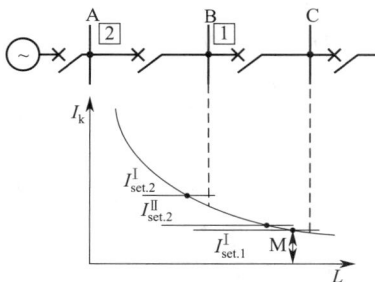

图 4-6　限时电流速断动作特性的分析

下级的限时电流速断保护高出一个时间阶梯。通过上下级保护间保护定值与动作时间的配合，使全线路的故障都可以在一个 Δt（少数与限时电流速断保护配合时为两个 Δt）内切除。

（2）限时电流速断保护的整定

① 启动电流的整定。设图 4-6 所示系统保护 1 装有限时电流速断，其启动电流按式（4-3）计算后为 $I_{\text{set.1}}^{\text{I}}$，它与短路电流变化曲线的交点 M 前面部分即为保护 1 限时电流速断的保护范围，当在此点发生短路时，短路电流即为 $I_{\text{set.1}}^{\text{I}}$，速断保护刚好能动作。根据以上分析，保护 2 的限时电流速断范围不应超出保护 1 的限时电流速断范围。因此在单侧电源供电的情况下，它的启动电流应该整定为

$$I_{\text{set.2}}^{\text{II}} \geqslant I_{\text{set.1}}^{\text{I}} \tag{4-7}$$

在式(4-7)中能否选取两个电流相等呢？如果选取相等，就意味着保护 2 限时电流速断的保护范围正好和保护 1 限时电流速断的保护范围相重合。这在理想情况下是可以的，但在实践中是不允许的。因为保护 2 和保护 1 安装在不同的地点，使用不同的电流互感器和继电器，它们之间的特性很难完全一致。如果正好遇到保护 1 的限时电流速断出现负误差，其保护范围比计算值缩小，而保护 2 的限时电流速断是正误差，其保护范围比计算值增大，当计算的保护范围末端短路时，就会出现保护 1 的限时电流速断已不能动作，而保护 2 的限时电流速断仍然会启动的情况。为了避免这种情况的发生，就不能采用两个电流相等的整定方法，而必须采用

$$I_{\text{set.2}}^{\text{II}} > I_{\text{set.1}}^{\text{I}} \tag{4-8}$$

引入可靠性配合系数 $K_{\text{rel}}^{\text{II}}$，一般取为 1.1～1.2，则

$$I_{\text{set.2}}^{\text{II}} = K_{\text{rel}}^{\text{II}} I_{\text{set.1}}^{\text{I}} \tag{4-9}$$

② 动作时限的选择。限时电流速断的动作时限 t_2^{II} 应选择得比下级线路速断保护的动作时限 t_1^{I} 高出一个时间阶梯 Δt，即

$$t_2^{\text{II}} = t_1^{\text{I}} + \Delta t \tag{4-10}$$

从尽快切除故障的观点来看，Δt 应越小越好，但是为了保证两个保护之间动作的选择性，其值又不能选择得太小。现以线路 B-C 上发生故障时，保护 2 与保护 1 的配合关系为例（图 4-7），说明确定 Δt 的原则。

① 应包括故障线路断路器 QF 的跳闸时间、灭弧时间（即从跳闸线圈带电的瞬时算起，直到电弧熄灭的瞬时为止），因为在这一段时间里，故障电流并未消失，保护 2 仍处于启动状态。

② 应包括故障线路保护 1 中时间继电器的实际动作时间比整定时间大的正误差（当保护 1 为速断保护时，保护装置中不用时间继电器，即可不考虑这一影响）。

③ 应包括保护 2 中时间继电器可能比预定时间提早动作的负误差。

④ 应包括保护 2 中的测量元件（电流继电器）在外部故障切除后，由于惯性的影响而不能立即返回的延时。

⑤ 考虑一定的裕度。

对于通常采用的断路器和间接作用于断路器的二次式继电器而言，Δt 的数值在 0.3～0.5s 之间，通常多取为 0.5s。

按照上述原则整定的时限特性如图 4-7(b) 所示。由图 4-7(b) 可知，在保护 1 电流速断的范围以内的故障，将以 t_1^{I} 计的时间切除，此时保护 2 的电流速断虽然可能启动，但由于 t_2^{II} 较 t_1^{I} 大一个 Δt，保护 1 电流速断动作切除故障后，保护 2 返回，因而从时间上保证了选择性。又如当故障发生在保护 2 电流速断的范围以内时，则将以 t_2^{I} 计的时间切除，而当故障发生在电流速断的范围以外同时又在线路 A-B 以内时，则将以 t_2^{II} 计的时间切除。

由此可见，当线路上装设了电流速断保护和限时电流速断保护以后，它们联合工作就可以保证全线路范围内的故障都能够在 0.5s 的时间内予以切除，在一般情况下都能够满足速动性的要求。具有这种快速切除全线路各种故障能力的保护称为该线路的"主保护"。

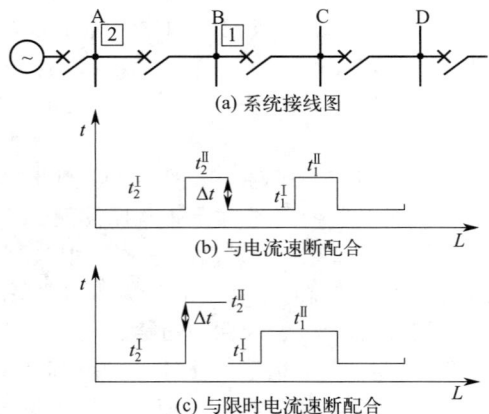

(a) 系统接线图

(b) 与电流速断配合

(c) 与限时电流速断配合

图 4-7 限时电流速断动作时限的配合关系

（3）保护装置灵敏性的校验

为了能够保护本线路的全长，限时电流速断保护必须工作在在系统最小运行方式下，线路末端发生两相短路时，要具有足够的反应能力，这个能力通常用灵敏系数 K_{sen} 来衡量。对反应于数值上升而动作的过量保护装置，灵敏系数的含义是

$$K_{sen} = \frac{保护范围内发生金属性短路时故障参数的计算值}{保护装置的动作参数值} \tag{4-11}$$

式中，故障参数（如电流、电压等）的计算值应根据实际情况合理采用最不利于保护动作的系统运行方式和故障类型来选定，但不必考虑可能性很小的特殊情况。

对保护 2 的限时电流速断而言，应采取系统最小运行方式下线路 A-B 末端发生两相短路时的短路电流作为故障参数的计算值。设此电流为 $I_{k.B.min}$，代入式（4-11），则灵敏系数为

$$K_{sen} = \frac{I_{k.B.min}}{I_{set.2}^{II}} \tag{4-12}$$

为了保证在线路末端短路时，保护装置一定能够动作，要求 $K_{sen} \geqslant 1.5$。

要求灵敏系数大于 1 的原因是考虑可能会出现一些不利于保护启动的因素，而在实际应用中存在这些因素时，为使保护仍然能够动作，显然必须留有一定的裕度。不利于保护启动的因素如下：

① 故障点一般不是金属性短路，而是存在过渡电阻，它将使短路电流减小，因而不利于保护装置动作；

② 实际的短路电流由于计算误差或其他原因而小于计算值；

③ 保护装置所使用的电流互感器，在短路电流通过的情况下，一般具有负误差，因此实际流入保护装置的电流小于按额定变比折合的数值；

④ 保护装置中的继电器的实际启动数值可能具有正误差；

⑤ 考虑一定的裕度。

当灵敏系数不能满足要求时，那就意味着将来真正发生内部故障时，由于上述不利因素的影响，保护可能启动不了，最终达不到保护线路全长的目的，这是不允许的。为了解决这个问题，通常考虑降低限时电流速断的整定值，使之与下级线路的限时电流速断相配合，这样其动作时限就应该选择得比下级线路限时电流速断的时限再高一个 Δt，此时限时电流速断的动作时限为 $1 \sim 1.2s$。按照这个原则整定的时限特性如图 4-7（c）所示，此时

$$t_2^{II} = t_1^{II} + \Delta t \tag{4-13}$$

（4）限时电流速断保护的单相原理接线

限时电流速断保护的单相原理接线如图 4-8 所示。它与电流速断保护接线（图 4-2）的主要区别是增加了时间继电器 KT，这样当电流继电器 KA 启动后，还必须经过时间继电器 KT 的延时（t_2^{II}）才能动作于跳闸。而如果在 t_2^{II} 以前故障已经切除，则电流继电器 KA 立即返回，整个保护随即复归原状，而不会形成误动作。

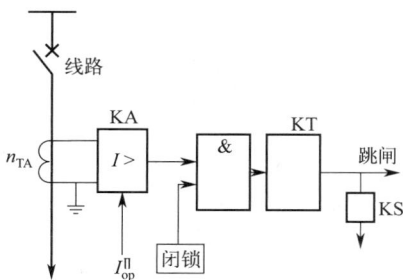

图 4-8　限时电流速断保护的
单相原理接线

4.1.4　定时限过电流保护

作为下级线路主保护拒动和断路器拒动时的远后备保护，同时作为本线路主保护拒动时的近后备保护，也作为过负荷时的保护，一般采用过电流保护。过电流保护通常是指其启动

电流按照躲开最大负荷电流来整定的保护，当电流值超过最大负荷电流值时启动。过电流保护有两种：一种是保护启动后出口动作时间是固定的整定时间，称为定时限过电流保护；另一种是保护启动后出口动作时间与过电流的倍数相关，电流越大，出口动作越快，称为反时限过电流保护。过电流保护在正常运行时不启动，而在电网发生故障时，能反应于电流的增大而动作。在一般情况下，它不仅能够保护本线路的全长，而且能保护相邻线路的全长，可以起到远后备保护的作用。

（1）工作原理和启动电流计算

为保证在正常情况下各条线路上的过电流保护绝对不动作，显然保护装置的启动电流必须大于该线路的最大负荷电流 $I_{L.max}$；同时还必须考虑在外部故障切除后的电压恢复，负荷自启动电流作用下，保护装置必须能够返回，其返回电流应大于负荷自启动电流。一般考虑后一种情况时，对应的启动电流大于前一种情况，往往根据保证可靠返回而决定启动电流。例如，在图 4-9 所示的系统接线中，当 k2 点短路时，短路电流将通过保护 5、4、3、2，这些保护都要启动，但是按照选择性的要求应由保护 2 动作切除故障，然后保护 3、4、5 由于电流已经减小而立即返回原位。

实际上当 k2 点故障切除后，流经保护 3、4、5 的电流仍然是继续运行的负荷电流。还必须考虑到由于短路时电压降低，变电所 A、B、C 母线上所接负荷的电动机被制动。因此，在故障切除后电压恢复时，电动机要有一个自启动的过程。电动机的自启动电流要大于它正常工作的电流。引入一个自启动系数 K_{ss} 来表示自启动时最大电流 $I_{ss.max}$ 与正常运行时最大负荷电流 $I_{L.max}$ 之比，即

$$I_{ss.max} = K_{ss} I_{L.max} \tag{4-14}$$

保护 3、4、5 在各自启动电流的作用下必须立即返回。为此应使保护装置的返回电流（一次值）I'_{re} 大于 $I_{ss.max}$。引入可靠系数 $K^{Ⅲ}_{rel}$，则

$$I'_{re} = K^{Ⅲ}_{rel} I_{ss.max} = K^{Ⅲ}_{rel} K_{ss} I_{L.max} \tag{4-15}$$

由于保护装置的启动和返回是通过过电流继电器实现的，因此继电器返回电流与启动电流之间的关系也就代表着保护装置返回电流与启动电流之间的关系。引入继电器返回系数 K_{re}，则保护装置的启动电流为

$$I^{Ⅲ}_{set} = \frac{1}{K_{re}} I'_{re} = \frac{K^{Ⅲ}_{rel} K_{ss}}{K_{re}} I_{L.max} \tag{4-16}$$

式中，$K^{Ⅲ}_{rel}$ 为可靠系数，一般采用 1.15~1.25；K_{ss} 为自启动系数，数值大于 1，应由网络具体接线和负荷性质确定；K_{re} 为过电流继电器的返回系数，一般采用 0.85~0.95。

由这一关系可知，K_{re} 越小，保护装置的启动电流越大，因而其灵敏性越差，这是不利的。这就是为什么要求过电流继电器应有较大的返回系数。

（2）按选择性的要求整定过电流保护的动作时限

如图 4-9 所示，假定在每个电力设备上均装有过电流保护，各保护的启动电流均按照躲开被保护设备上各自的最大负荷电流来整定。例如，当 k1 点短路时，保护 1~5 在短路电流的作用下都可能启动，为满足选择性要求，应该只有保护 1 动作切除故障，而保护 2~5 在故障切除后应立即返回。这个要求只有依靠使各保护装置带有不同的时限来满足。

保护 1 位于电力系统的最末端，只要电动机内部故障，它就可以瞬时动作予以切除，$t^{Ⅲ}_1$ 即为保护装置本身的固有动作时间。对保护 2 来讲，为了保证 k1 点短路时动作的选择性，则应整定其动作时限 $t^{Ⅲ}_2 > t^{Ⅲ}_1$。引入时间阶梯 Δt，则保护 2 的动作时限为

$$t^{Ⅲ}_2 = t^{Ⅲ}_1 + \Delta t \tag{4-17}$$

以此类推，保护 3、4、5 的动作时限均应比相邻各设备保护的动作时限高出至少一个

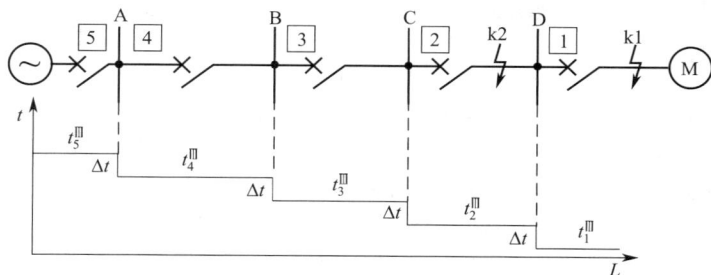

图 4-9　单侧电源放射形网络中过电流保护动作时限选择说明

Δt，只有这样才能充分保证动作的选择性。例如，在图 4-10 所示的电力系统中，对保护 4 而言应同时满足

$$t_4^{\text{III}} = \max\{t_1^{\text{III}} + \Delta t, t_2^{\text{III}} + \Delta t, t_3^{\text{III}} + \Delta t\} \quad (4\text{-}18)$$

式中，t_1^{III} 为保护 1（电动机保护）的动作时间；t_2^{III} 为保护 2（变压器保护）的动作时间；t_3^{III} 为保护 3（线路 B-C 保护）的动作时间。

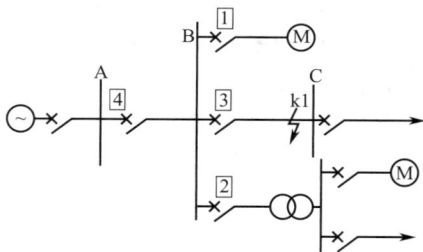

图 4-10　选择过电流保护
网络接线图

这种保护动作时限经整定计算确定后，即由专门的时间元件予以保证，其动作时限与短路电流的大小无关，因此称为定时限过电流保护。实现保护的单相式原理接线与图 4-8 相同。

（3）过电流保护灵敏系数的校验

过电流保护灵敏系数的校验仍采用式(4-11)。当过电流保护作为本线路的主保护时，应采用最小运行方式下本线路末端两相短路时的电流进行校验，要求 $K_{\text{sen}} \geqslant 1.3 \sim 1.5$；当作为相邻线路的后备保护时，则应采用最小运行方式下相邻线路末端两相短路时的电流进行校验，此时要求 $K_{\text{sen}} \geqslant 1.2$。

此外，在各个过电流保护之间，还必须要求灵敏系数互相配合，即对同一故障点而言，要求越靠近故障点的保护应具有越大的灵敏系数。例如，在图 4-9 所示的网络中，当 k1 点短路时，应要求各保护的灵敏系数之间具有下列关系

$$K_{\text{sen.1}} > K_{\text{sen.2}} > K_{\text{sen.3}} > K_{\text{sen.4}} > K_{\text{sen.5}} \quad (4\text{-}19)$$

在单侧电源网络中，由于越靠近电源端时负荷电流越大，从而保护装置的定值越大，而发生故障后，各保护装置均流过同一个短路电流，因此上述灵敏系数应相互配合的要求自然是能够满足的，而在有其他原理的保护配合时，则应当注意予以保证。

在后备保护之间，只有当灵敏系数和动作时限都互相配合时，才能切实保证动作的选择性，这一点在复杂网络的保护中尤其应该注意。以上要求同样适用于后续讲述的零序电流 III 段保护和距离 III 段保护。

4.1.5　阶段式电流保护的配合及应用

电流速断保护、限时电流速断保护和过电流保护都是反应于电流升高而动作的保护。它们之间的区别主要在于按照不同的原则来选择启动电流。电流速断保护是按照躲开本线路末端的最大短路电流来整定；限时电流速断保护是按照躲开下级各相邻设备电流速断保护的最大动作范围来整定；而过电流保护则是按照躲开本设备最大负荷电流来整定。

由于电流速断不能保护线路全长，限时电流速断又不能作为相邻设备的后备保护，因此为保证迅速且有选择性地切除故障，常常将电流速断保护、限时电流速断保护和过电流保护组合在一起，构成阶段式电流保护。具体应用时，可以只采用电流速断保护加过电流保护，或限时电流速断保护加过电流保护，也可以三者同时采用。现以图 4-11 所示的网络接线为例予以说明。在电网最末端的用户电动机或其他受电设备上，保护 1 采用瞬时动作的过电流保护即可满足要求，其启动电流按躲开电动机启动时的最大电流整定，与电网中其他保护的整定值和时限都没有配合关系。在电网的倒数第二级上，保护 2 应首先考虑采用 0.5s 动作的过电流保护；如果在电网线路 C-D 上的故障没有提出瞬时切除的要求，则保护 2 只装设一个 0.5s 动作的过电流保护也是完全允许的；而如果要求线路 C-D 上的故障必须快速切除，则可增设一个电流速断保护，此时保护 2 就是电流速断保护加过电流保护的两段式保护。继续分析保护 3，其过电流保护由于要和保护 2 配合，因此动作时限要整定为 $1\sim1.2s$，一般在这种情况下，需要考虑增设电流速断保护或同时装设电流速断保护和限时电流速断保护，此时保护 3 可能是两段式保护也可能是三段式保护。越靠近电源端，过电流保护的动作时限越长，因此，一般需要装设三段式保护。

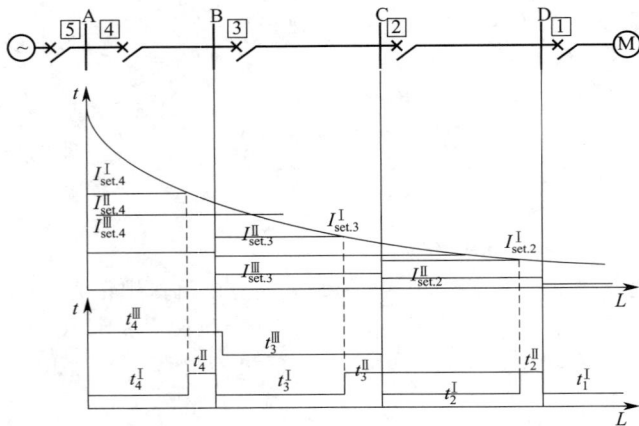

图 4-11　阶段式电流保护的配合和实际动作时间的示意图

具有上述配合关系的保护装置配置情况，以及各点短路时实际切除故障的时间相应地表示在图 4-11 上。由图可见，当全系统任意一点发生短路时，如果不发生保护或断路器拒绝动作的情况，则故障都可以在 0.5s 以内予以切除。

具有电流速断保护、限时电流速断保护和过电流保护的单相原理框图如图 4-12 所示。电流速断部分由电流元件 KA^I 和信号元件 KS^I 组成；限时电流速断部分由电流元件 KA^{II}、时间元件 KT^{II} 和信号元件 KS^{II} 组成；过电流部分则由电流元件 KA^{III}、时间元件 KT^{III} 和信号元件 KS^{III} 组成。由于三段的启动电流和动作时间整定得均不相同，因此必须分别使用三个串联的电流元件和两个不同时限的时间元件，而信号元件分别用以发出 I、II、III 段动作的信号。

由 I 段、II 段或 III 段组成的阶段式电流保护，其主要的优点是简单、可靠，并且在一般情况下也能够满足快速切除故障的要求，因此在电网中特别是在 35kV 及以下较低电压的网络中获得广泛的应用。阶段式电流保护的缺点是它直接受电网的接线及电力系统运行方式的变化的影响。例如，整定值必须按系统最大运行方式来选择，而灵敏性必须用系统最小运行方式来校验，这就使它不能满足灵敏系数或保护范围的要求。

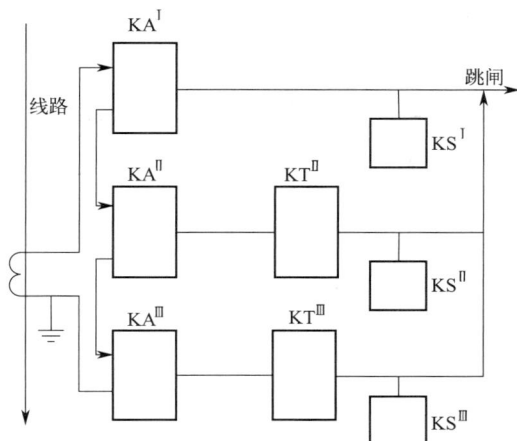

图 4-12　具有三段式电流保护的单相原理框图

4.1.6　反时限动作特性的电流保护

在阶段式动作特性的电流保护中，继电器动作具有继电特性，当流入过电流继电器中的电流大于整定的动作电流时，过电流继电器的触点瞬时闭合。为了有选择性地、快速地切除靠近电源侧的短路，必须使用多个过电流继电器和时间继电器组成三段式保护回路，使用的继电器较多，且短路点越靠近电源，过电流保护段动作时间越长。为克服上述缺点，可以采用动作时间与流过继电器的电流的大小有关的继电器，利用继电器的反时限动作特性构成反时限过电流保护，当电流大时，保护的动作时限短，而电流小时，保护的动作时限长。

（1）反时限动作特性

反时限过电流继电器的时限特性如图 4-13 所示。为了获得这一特性，在保护装置中广泛采用了带有转动圆盘的感应型继电器和由静态电路、数值计算元件等构成的反时限过电流继电器。此时电流元件和时间元件的职能由同一个继电器来完成，在一定程度上它具有如图 4-12 所示的三段式电流保护的功能，即近处故障时动作时限短，而远处故障时动作时限自动加长，可以同时满足速动性和选择性要求。

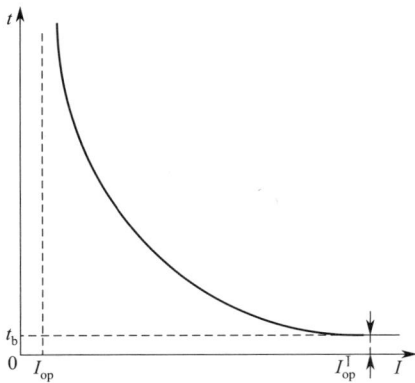

图 4-13　反时限过电流继电器时限特性

对于图 4-13 所示的常规反时限动作特性，一般用启动电流 I_{op}、瞬时动作电流 I_{op}^{I}（瞬时动作触点闭合时间 t_b）和反时限动作特性曲线 $t = f(L)$ 来描述。常用的反时限过电流继电器的动作特性方程为

$$t = \frac{0.14K}{(I/I_{op})^{0.02} - 1} \tag{4-20}$$

当流过继电器的电流小于启动电流 I_{op} 时，继电器不启动。当电流大于瞬时动作电流时，继电器以最小动作时间动作。当电流在以上两者之间时，电流继电器启动后，延时触点的闭合时间与电流倍数（流过继电器的电流 I 与启动电流 I_{op} 之比）有关。K 为时间整定系数，选择不同的 K 值，可以获得不同的动作时间曲线，K 值越大，动作时间越长。

（2）反时限过电流保护的整定配合

① 反时限动作特性上下级间的配合。反时限过电流保护装置的启动电流仍应按照式（4-16）躲过最大负荷电流的原则进行整定。同时为了保证各保护之间动作的选择性，其动作时限也应该逐级配合确定。图 4-14（b）为最大运行方式下短路电流的分布曲线，假设在每条线路始端（k1、k2、k3、k4 点，也称配合点）短路时的最大短路电流分别为 $I_{k1.max}$、$I_{k2.max}$、$I_{k3.max}$ 和 $I_{k4.max}$，则在此电流的作用下，各线路自身保护装置的动作时限均应为最小。为了在各线路保护装置之间保证动作的选择性，各保护可按下列步骤进行整定。

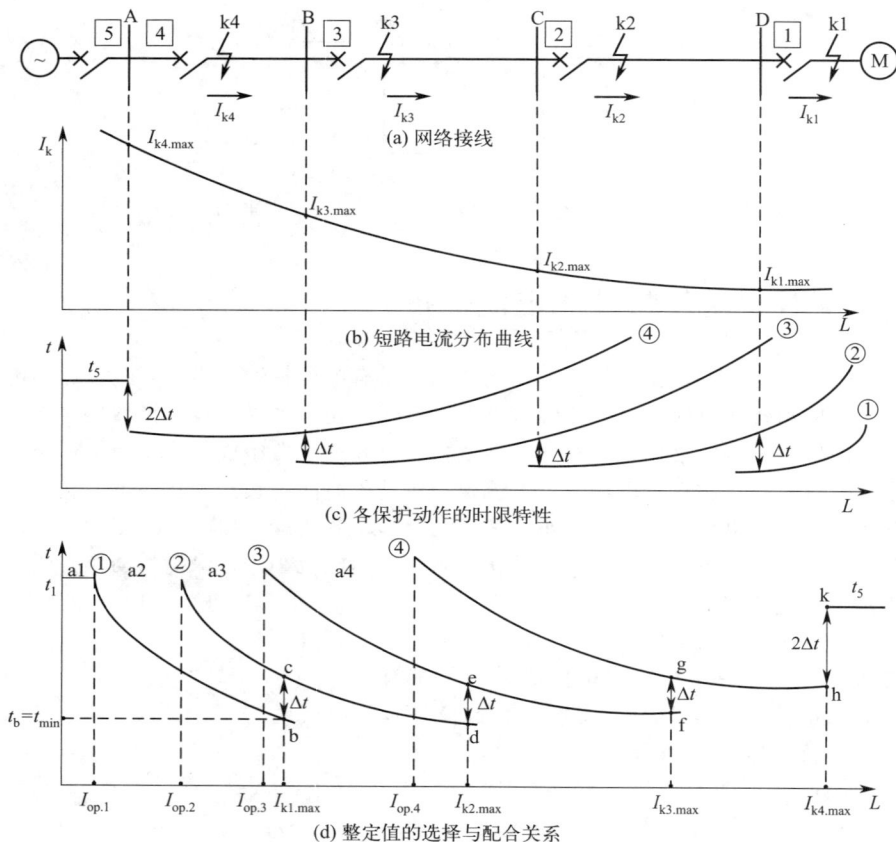

图 4-14 反时限过电流保护的整定和配合

首先从距电源最远的保护 1 开始，其启动电流按式（4-16）整定为 $I_{op.1}$，其动作时间为 t_1，可以确定 a1 点。当 k1 点短路时，在 $I_{k1.max}$ 的作用下，保护 1 的动作时限可整定为继电器的固有动作时间 t_b，从而确定 b 点。这样保护 1 的时限特性曲线（或 K 值）即可根据以上两个条件确定，使之通过 a1 和 b 两点，如图 4-14（d）中的曲线①。此特性曲线可以根据继电器制造厂提供的曲线簇或通过实验来进行选择。

再来整定保护 2，其启动电流仍按式（4-16）整定为 $I_{op.2}$，确定 a2 点的坐标；当 k1 点短路时（保护 1、2 的配合点），为保证动作的选择性，就必须选择当电流为 $I_{k1.max}$ 时，保护 2 的动作时限比保护 1 高出一个时间阶梯 Δt，即 $t_c = t_b + \Delta t$，因此保护 2 的时限特性曲线应通过 c 点。在继电器的特性曲线簇中选取一条适当的曲线，使之通过 a2 和 c 两点，如图 4-14（d）中的曲线②，该曲线即为保护 2 的特性曲线。这样选择之后，当被保护线路始端 k2 点短路时，在短路电流 $I_{k2.max}$ 的作用下，其动作时间为 t_d，此时间小于 t_c，因此能较快地切除近处的故障。这是反时限保护的最大优点。

对于保护 3 的整定，可采用类似以上的原则进行，即按式（4-16）算出其启动电流 $I_{op.3}$ 后确定特性曲线的 a3 点，然后按照在 k2 点短路时与保护 2 相配合的原则，选取当电流为 $I_{k2.max}$ 时的动作时间为 $t_e = t_d + \Delta t$，即确定了特性曲线的 e 点，则图 4-14（d）中的曲线③，当被保护线路始端 k3 短路时，其动作时间为 t_f，小于 t_e。同理可以整定保护 4，得出图 4-14（d）中的曲线④。

显然，在以上的整定计算中，以保证配合点的动作时间配合使任意点短路时动作时间取得了配合，这是以不同地点的继电器都具有式（4-20）表达的特性曲线来保证的。当上下级保护使用不同类型的动作特性曲线簇时，还应保证在特性曲线上任意点的配合。

② 反时限过电流保护与电源侧定时限过电流保护的配合。对于安装在电源侧的保护 5，一般采用定时限过电流保护作为后备保护，其动作时间应与保护 4 的反时限特性配合。作为远后备保护，在 k3 点短路时，保护 5 的动作时间应比保护 4 延迟 Δt，在保护 4 的动作特性曲线上查出对应 k3 点短路时的动作时间，保护 5 的动作时间比它大 Δt，或者比在 k4 点短路时保护 4 的动作时间大 $2\Delta t$。

③ 反时限过电流继电器电流速断段的整定。反时限过电流继电器带有独立整定的电流速断段，当达到其整定的动作电流时，其出口触点瞬时闭合。整定原则仍是躲开下级母线的最大短路电流，与式（4-3）完全相同。

将以上整定结果转化为各保护装置动作时限 $t = f(L)$ 的时限特性，即如图 4-14（c）所示。它明显地表示出了当不同地点短路时，各保护装置的实际动作时间。由该图也可以看出，在保护范围内任意点短路时，各保护之间的选择性都是可以得到保证的。

对比定时限保护和反时限保护两种保护的时限特性［见图 4-11 和图 4-14（c）］可知，其基本整定原则相同，但反时限保护可使靠近电源的故障具有较小的切除时间。反时限保护的缺点是整定配合比较复杂，以及当系统在最小运行方式下短路时，其动作时限可能较长。因此，它主要用于单侧电源供电的终端线路和较小容量的电动机，作为主保护和后备保护使用。

4.1.7 电流保护的接线方式

上述的电流保护原理是以单相为例。实际的电力系统是三相系统，是否需要每相都装设单相式保护才能保护任意相别的相间短路，有何优缺点，需要分析后决定。

电流保护的接线方式是指保护中的电流继电器与电流互感器之间的连接方式。针对相间短路的电流保护，根据电流互感器的安装条件，目前广泛采用的是三相星形接线和两相星形接线两种接线方式。

三相星形接线方式的原理接线如图 4-15 所示。它是将三个电流互感器和三个电流继电器分别按相连接在一起，互感器和继电器均接成星形，在中性线上流回的电流为 $\dot{I}_a + \dot{I}_b + \dot{I}_c$，正常时此电流约为零，在发生接地短路时则为三倍零序电流 $3\dot{I}_0$；三个继电器的启动跳闸回路是并联连接的，相当于"或"回路，其中任一输出均可动作于跳闸或启动时间继电器。由于在每相上均装有电流继电器，因此，它可以反映各种相间短路和中性点直接接地系统中的单相接地短路。

两相星形接线方式的原理接线如图 4-16 所示。它将装设在 A、C 相上的两个电流互感器与两个电流继电器分别按相连接在一起。它和三相星形接线的主要区别在于 B 相上不装设电流互感器和相应的继电器，因此不能反映 B 相中所流过的电流。这种接线方式的中性线的流回电流是 $\dot{I}_a + \dot{I}_c$。

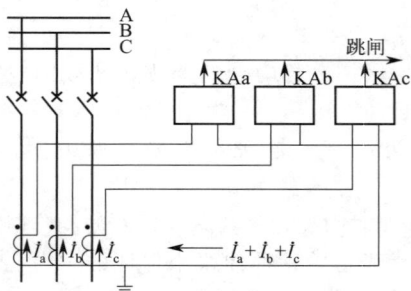

图 4-15　三相星形接线方式的原理接线图　　　　图 4-16　两相星形接线方式的原理接线图

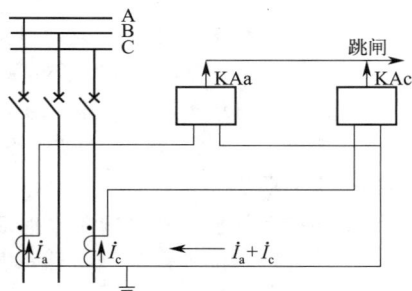

当采用以上两种接线方式时，流入继电器的电流就是互感器的二次电流 I_2，设电流互感器的变比为 $n_{TA} = \dfrac{I_1}{I_2}$，则 $I_2 = \dfrac{I_1}{n_{TA}}$。因此，当保护装置的一次启动电流整定为 I_{set} 时，则反映到继电器上的启动电流为

$$I_{op} = \frac{I_{set}}{n_{TA}} \tag{4-21}$$

4.2　双侧电源网络相间短路的方向性电流保护

4.2.1　双侧电源网络相间短路时的功率方向

三段式电流保护是仅利用相间短路后电流幅值增大的特征来区分故障与正常运行状态的，以动作电流的大小和动作时限的长短配合来保证有选择性地切除故障。这种原理在多电源网络中使用时常遇到困难。例如，在图 4-17 所示的双侧电源网络接线中，由于两侧都有电源，为了合上和断开线路，在每条线路的两侧均需装设断路器和保护装置。

当图 4-17(a) 中的 k1 点发生短路时，应由保护 2、6 动作跳开断路器切除故障，不会造成停电，这正是双端供电的优点。单靠电流幅值大小能否保证保护 5、1 不误动作呢？假如在 A-B 线路上短路时流过保护 5 的短路电流小于在 B-C 线路上短路时流过的电流，则为了对 A-B 线路起保护作用，保护 5 的整定电流必然小于 B-C 线路上短路时的短路电流，从而在 B-C 线路短路时误动。同理分析，当 C-D 线路上短路时流过保护 1 的短路电流小于 B-C 线路短路时流过的短路电流，在 B-C 线路上短路时也会造成保护 1 的误动。假定保护的正方向是由母线指向线路，分析可能误动的情况，结果证明都是在保护的反方向短路时出现。

图 4-17(a) 中的 k1 点发生短路时流过线路的短路功率（一般指短路时母线电压与线路电流相乘所得到的感性功率）的方向，是从电源经由线路流向短路点，与保护 2、3、4 和保护 6、7、8 的正方向一致。分析 k2 点和其他任意点的短路，都有相同的特征，即短路功率的流动方向正是保护应该动作的方向，并且短路点两侧的保护只需要按照单电源的配合方式整定配合即可满足选择性要求。保护中如果加装一个可以判别短路功率流动方向的元件，并且当功率方向由母线流向线路（正方向）时才动作，且与电流保护共同工作，便可以快速、有选择性地切除故障，称为方向性电流保护。方向性电流保护既利用了电流的幅值特征，又利用了功率方向的特征。

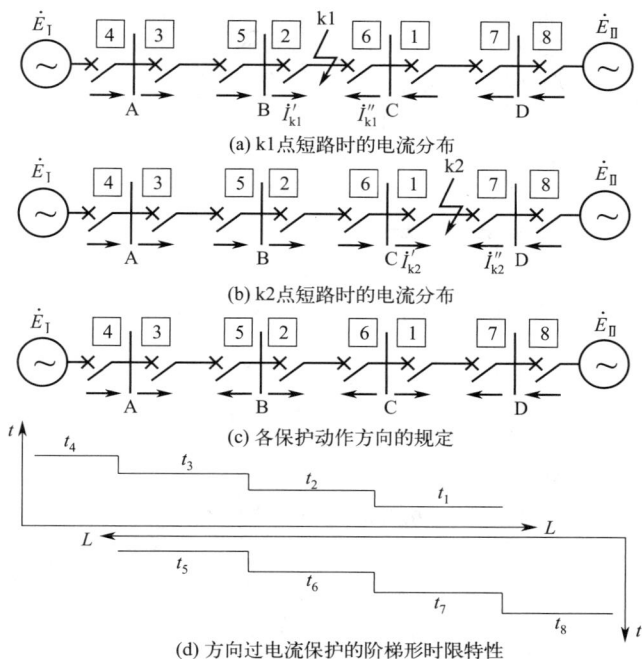

(a) k1点短路时的电流分布

(b) k2点短路时的电流分布

(c) 各保护动作方向的规定

(d) 方向过电流保护的阶梯形时限特性

图4-17　双侧电源网络及其保护动作方向的规定分析

4.2.2　方向性电流保护的基本原理

在图4-17所示的双侧电源网络接线中，如果电源 $\dot{E}_{\mathrm{II}}$ 不存在，则发生短路时，保护1、2、3、4的动作情况与由电源 $\dot{E}_{\mathrm{I}}$ 单独供电时一样，它们之间的选择性是能够保证的。如果电源 $\dot{E}_{\mathrm{I}}$ 不存在，则保护5、6、7、8的动作情况与电源 $\dot{E}_{\mathrm{II}}$ 单独供电时一样，此时它们之间也同样能够保证动作的选择性。

通过以上分析可知，当两个电源同时存在时，在每个保护上加装功率方向元件（方向元件），该元件只在功率方向为由母线流向线路时动作，而当功率方向为由线路流向母线时不动作，从而使继电器的动作具有一定的方向性。按照这个要求配置的功率方向元件及规定的动作方向如图4-17(c) 所示。

当在双侧电源网络中的电流保护上装设方向元件后，就可以把保护拆开看成是两个单侧电源网络的保护，其中保护1～4反应于电源 $\dot{E}_{\mathrm{I}}$ 供给的短路电流而动作，保护5～8反应于电源 $\dot{E}_{\mathrm{II}}$ 供给的电流而动作，两组方向保护之间不要求有配合关系，这样4.1节所讲的三段式电流保护的工作原理和整定计算原则就可以继续应用了。例如，在图4-17(d) 中示出了方向过电流保护的阶梯形时限特性，它与图4-14所示的选择原则是相同的。由此可见，方向性电流保护的主要特点就是在原有电流保护的基础上增加一个功率方向元件，以保证在反方向故障时将保护闭锁使其不致误动作。

具有方向性的过电流保护的单相原理接线如图4-18所示，主要由方向元件 KW、电流元件 KA 和时间元件 KT 组成。由图可见，方向元件和电流元件必须都动作以后，才能启动时间元件，再经过预定的延时后动作于跳闸。

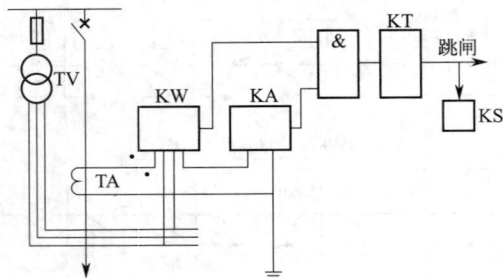

图 4-18 方向过电流保护的单向原理接线图

4.2.3 功率方向元件

（1）对功率方向元件的要求

如果规定流过保护的电流给定正方向是从母线指向线路，在图 4-19（a）所示的网络接线中，对保护 1 而言，当正方向 k1 点三相短路时，流过保护 1 的电流 $\dot{I}_r$ 即短路电流 $\dot{I}_{k1}$，滞后于该母线电压 $\dot{U}$ 一个相角 φ_{k1}（φ_{k1} 为从母线至 k1 点之间的线路阻抗角），$0° < \varphi_{k1} < 90°$，如图 4-19（b）所示。当反方向 k2 点短路时，通过保护 1 的短路电流是由电源 $\dot{E}_{II}$ 供给的，此时流过保护 1 的电流是 $-\dot{I}_{k2}$，滞后于母线电压 $\dot{U}$ 的相角是 $180° + \varphi_{k2}$（φ_{k2} 为从该母线至 k2 点之间的线路阻抗角），$180° < (180° + \varphi_{k2}) < 270°$，如图 4-19（c）所示。如以母线电压 $\dot{U}$ 作为参考相量，并设 $\varphi_{k1} = \varphi_{k2} = \varphi_k$，则流过保护安装处的电流 $\dot{I}_r$ 在以上两种短路情况下相位相差 180°。

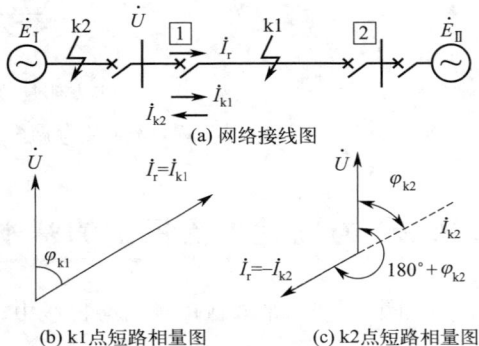

(a) 网络接线图

(b) k1点短路相量图　　(c) k2点短路相量图

图 4-19　方向元件工作原理的分析

因此，利用判别短路功率的方向或短路后电流、电压之间的相位关系，就可以判别发生故障的方向。用以判别功率方向或测定电流、电压间相位角的元件（继电器）称为功率方向元件（功率方向继电器）。由于它主要反应于加在继电器的电流和电压之间的相位变化而工作，因此用相位比较方式来实现最为简单。

对继电保护中功率方向元件的基本要求是：

① 应具有明确的方向性，即在正方向发生各种故障（包括故障点有过渡电阻的情况）时能可靠动作，而在反方向发生故障时可靠不动作；

② 正方向发生故障时有足够的灵敏度。

（2）功率方向元件（功率方向继电器)的动作特性

如果按电工技术中测量功率的概念，对 A 相的功率方向元件加电压 $\dot{U}_r$（如 $\dot{U}_A$）和电流 $\dot{I}_r$（如 $\dot{I}_A$），则当正方向短路 ［图 4-19（b)]时，元件中电压、电流之间的相角为

$$\varphi_{rA} = \arg \frac{\dot{U}_A}{\dot{I}_{k1A}} = \varphi_{k1} \tag{4-22}$$

反方向短路 ［图 4-19（c）］ 时，为

$$\varphi_{rA} = \arg \frac{\dot{U}_A}{-\dot{I}_{k2A}} = 180° + \varphi_{k2} \qquad (4\text{-}23)$$

式中，符号 arg 表示相量 $\dfrac{\dot{U}_A}{\dot{I}_{k1A}}$ 的辐角，亦即分子的相量超前于分母相量的角度。

如果取 $\varphi_k = 60°$，画出的相量关系如图 4-20 所示。

一般的功率方向继电器，当输入电压和电流的幅值不变时，其输出（转矩或电压）值随两者相位差的大小而改变，为了在最常见的短路情况下使方向元件动作最灵敏，采用上述接线的功率方向元件应作成最大灵敏角 $\varphi_{sen} = \varphi_k = 60°$。又为了保证当短路点有过渡电阻、线路阻抗角 φ_k 在 $0° \sim 90°$ 范围内变化情况下正方向故障时继电器都能可靠动作，功率方向元件动作的角度应该有一个范围。考虑实现的方便性，这个范围通常取为 $\varphi_{sen} \pm 90°$。此动作特性在复数平面上是一条直线，如图 4-21(a) 所示。其动作方程可表示为

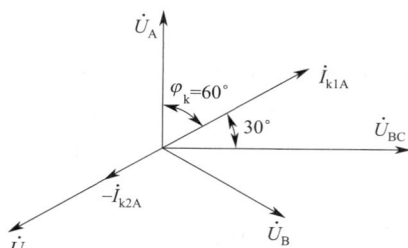

图 4-20　三相短路 $\varphi_k = 60°$ 时的相量图

$$90° > \arg \frac{\dot{U}_r e^{-j\varphi_{sen}}}{\dot{I}_r} > -90° \qquad (4\text{-}24)$$

或

$$\varphi_{sen} + 90° > \arg \frac{\dot{U}_r}{\dot{I}_r} > \varphi_{sen} - 90° \qquad (4\text{-}25)$$

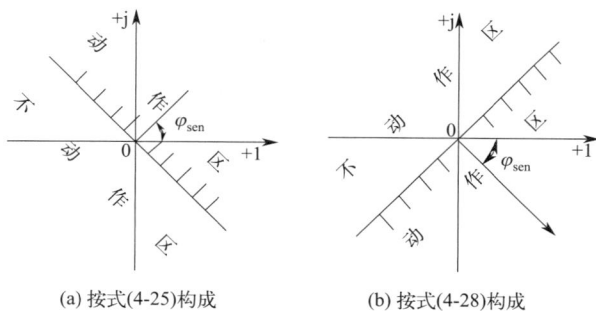

(a) 按式(4-25)构成　　　　　　(b) 按式(4-28)构成

图 4-21　功率方向元件的动作特性

（阴影部分表示动作区）

当选取 $\varphi_{sen} = \varphi_k = 60°$ 时，其动作区如图 4-21(a) 所示。如用 φ_r 表示 $\dot{U}_r$ 超前于 $\dot{I}_r$ 的角度，并用功率的形式表示，则式(4-24) 可写成

$$U_r I_r \cos(\varphi_r - \varphi_{sen}) > 0 \qquad (4\text{-}26)$$

采用这种特性和接线的功率方向元件时，在其正方向出口附近短路接地，若故障相对地的电压很低，功率方向元件不能动作，称为"电压死区"。为了减小和消除电压死区，在实际应用中广泛采用非故障的相间电压作为接入功率方向元件的电压参考相量，用以判别故障相电流的相位。例如，对 A 相的功率方向元件加入电流 $\dot{I}_A$ 和电压 $\dot{U}_{BC}$，此时 $\varphi_{rA} = \arg(\dot{U}_{BC}/\dot{I}_A)$，当正方向短路时 $\varphi_{rA} = \varphi_k - 90° = -30°$，反方向短路时 $\varphi_{rA} = 150°$，相量关系示于图 4-20 中。在这种情况下，功率方向元件的最大灵敏角设计为 $\varphi_{sen} = \varphi_k - 90° = -30°$，动作特性

如图 4-21(b) 所示，动作方程为

$$90° > \arg \frac{\dot{U}_r e^{j(90°-\varphi_k)}}{\dot{I}_r} > -90° \tag{4-27}$$

习惯上采用 $90°-\varphi_k = \alpha$，α 称为功率方向继电器的内角，则式(4-27) 可变为

$$90° - \alpha > \arg \frac{\dot{U}_r}{\dot{I}_r} > -90° - \alpha \tag{4-28}$$

如用功率的形式表示，则为

$$U_r I_r \cos(\varphi_r + \alpha) > 0 \tag{4-29}$$

对 A 相的功率方向继电器而言，可具体表示为

$$U_{BC} \cos(\varphi_r + \alpha) > 0 \tag{4-30}$$

除正方向出口附近发生三相短路时，$\dot{U}_{BC} \approx 0$，继电器具有很小的电压死区以外，其他任何包含 A 相的不对称短路，I_A 的电流很大，U_{BC} 的电压很高，因此继电器不仅没有死区，而且动作灵敏度很高。为了减小和消除三相短路时的死区，可以采用电压记忆回路并尽量提高继电器动作时的灵敏度。

（3）功率方向元件的构成框图

功率方向元件的作用是比较加在元件上的电压与电流的相位，并在满足一定关系时动作。其实现方法有相位比较法和幅值比较法，其实现手段有感应型、集成电路型和数字型等，按式(4-27) 用相位比较法构成的集成电路型功率方向元件的框图如图 4-22 所示。

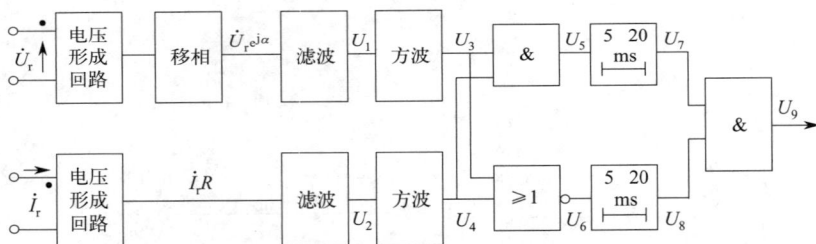

图 4-22　功率方向元件框图

加在继电器上的电压 $\dot{U}_r$ 和电流 $\dot{I}_r$ 经电压形成回路后，变换成适合运算放大器的电压，并与电压互感器、电流互感器的二次回路相隔离；然后使 $\dot{U}_r$ 移相 α 角，以获得参考相量 $\dot{U}_r e^{j\alpha}$。$\dot{U}_r e^{j\alpha}$ 与 $\dot{I}_r R$ 均经过 50Hz 带通滤波器，以消除短路暂态过程中非周期分量和各种谐波分量的影响，而后形成方波；方波形成回路通常采用开环运算放大器构成，具有很高的灵敏度，其负半周期输出经二极管检波后，变为 0V 信号，由与门、或非门、延时 5ms、展宽 20ms 等器件组成的相位比较回路可对两个方波进行相位比较，当满足式(4-27) 的条件后，即输出高电平信号，表示继电器动作。

目前广泛采用的相位比较法之一是通过测量两个电压瞬时值同时为正（或同时为负，以下同）的持续时间来进行相位比较。例如，当 $\dot{U}_r e^{j\alpha}$ 与 $\dot{I}_r R$ 同相位时，其瞬时值同时为正的时间等于工频的半个周期，对 50Hz 而言，即为 10ms。当两者之间的相位差小于 90°时，其瞬时值同时为正的时间必然大于 5ms；而当上述两个电压的相位差大于 90°时，其瞬时值同时为正的时间小于 5ms。因此，比较 $\dot{U}_r e^{j\alpha}$ 与 $\dot{I}_r R$ 的相位差，用测量这两个电压瞬时值同时为正的时间来实现。

在图 4-22 中，两个方波输入入与门后的输出电压 U_5 能反映瞬时值同时为正的时间，而输入或非门后的输出电压 U_6 则能反映瞬时值同时为负的时间，因此这个电路可以同时进行正、负半周的比相。当 U_5 为高电平的持续时间大于 5ms 时，U_7 为高电平。由于与门每隔 20ms 输出一个高电平，是一个间断的信号，故必须予以展宽即经 20ms 的展宽回路才能变为长信号输出。同理，当 U_6 电压为高电平的持续时间大于 5ms，经 20ms 展宽后，U_8 为高电平长信号。在图 4-22 中，采用正、负半周比相、与门输出的方式，U_7 和 U_8 必须同时为高电平才能使 U_9 为高电平，表示继电器动作，提高了可靠性。但这种同时比较正、负半周波形的方式动作速度较慢，最快的动作时间为 10ms。在有些情况下，当要求继电器快速动作时，则可以采用正、负半周比相、或门输出的方式，此时可将 U_9 改为或门输出，当 U_7、U_8 任一个为高电平后，就可使 U_9 为高电平，其最快的动作时间为 5ms。

功率方向元件的电压死区问题：为了进行相位比较，只有获得 $\dot{U}_r e^{j\alpha}$、$\dot{I}_r R$ 信号的最小动作电压和电流，才能形成方波并使比相环节正常工作。短路时电流很大而电压可能很小，当短路点靠近母线时，电压可能小于最小动作电压（形成方波所需要的电压），这就是电压死区。显然，在设计制造方向元件时，死区越小越好。

功率方向元件的"潜动"问题：所谓潜动，是指在只加电流信号或只加电压信号的情况下，继电器就能够动作的现象。发生潜动的最大危害是在反方向出口处发生三相短路时，$U_r \approx 0$，而 $\dot{I}_r$ 很大，功率方向元件本应将保护装置闭锁，如果此时出现了潜动，就可能使保护装置失去方向性而误动作。就集成电路型功率方向元件而言，造成潜动的原因主要是形成方波的开环运算放大器的零点漂移。所有的功率方向元件都必须采取措施，可靠地防止潜动的发生。

4.2.4　相间短路功率方向元件的接线方式

由于功率方向元件的主要任务是判断短路功率的方向，因此对其接线方式提出如下要求：

① 正方向任何类型的短路故障都能动作，而当反方向故障时不动作；

② 故障后输入继电器的电流 $\dot{I}_r$ 和电压 $\dot{U}_r$ 应尽可能地大，并尽可能使 φ_k 接近最大灵敏角 φ_{sen}，以便消除和减小方向元件的死区。

为了满足以上要求，功率方向继电器广泛采用的是 90°接线方式。所谓 90°接线方式，是指在三相对称的情况下，当 $\cos\varphi = 1$ 时，输入继电器的电流（如 $\dot{I}_A$）和电压（$\dot{U}_A$）的相位相差 90°。这个定义仅是为了称呼方便，无物理意义。

图 4-23 即为采用 90°接线方式时，将三个继电器分别接于 $\dot{I}_A$、$\dot{U}_{BC}$、$\dot{I}_B$、$\dot{U}_{CA}$ 和 $\dot{I}_C$、$\dot{U}_{AB}$，并且与对应相的过电流继电器按相连接而构成的三相式方向过电流保护的原理接线图。在此顺便指出，功率方向继电器接线时必须注意继电器电流线圈和电压线圈的极性问题，如果有一个线圈的极性接错，就会出现正方向短路时拒绝动作，而反方向短路时误动作的现象，从而造成严重事故。

现对 90°接线方式下，线路上发生各种故障时的动作情况分别进行讨论。

（1）正方向发生三相短路

正方向发生三相短路时的相量图如图 4-24 所示，$\dot{U}_A$、$\dot{U}_B$、$\dot{U}_C$ 表示保护安装位置的母线电压，$\dot{I}_A$、$\dot{I}_B$、$\dot{I}_C$ 为三相的短路电流，电流滞后对应相电压的角度为线路阻抗角 φ_k。

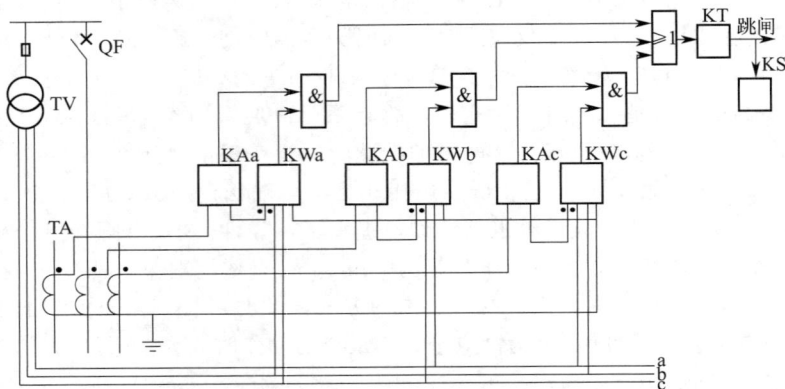

图 4-23 功率方向继电器采用 90°接线时，三相式方向过电流保护的原理接线图

由于三相对称，三个方向继电器工作情况完全一样，故可只取 A 相继电器进行分析。由图 4-24 可知，$\dot{I}_{rA}=\dot{I}_A$，$\dot{U}_{rA}=\dot{U}_{BC}$，$\varphi_{rA}=\varphi_k-90°$，电流是超前于电压的。根据式（4-30），A 相继电器的动作条件应为

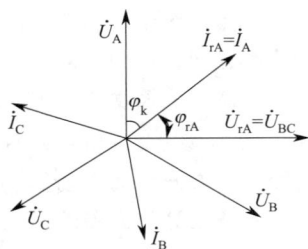

图 4-24 90°接线方式下正方向
发生三相短路时的相量图

$$U_{BC}I_A\cos(\varphi_k-90°+\alpha)>0 \qquad (4-31)$$

为使继电器工作于最灵敏的条件下，则应使 $\cos(\varphi_k-90°+\alpha)=1$，即要求 $\varphi_k+\alpha=90°$。一般而言，电力系统任何电缆或架空线的阻抗角（包括含有过渡电阻短路的情况）都位于 $0°<\varphi_k<90°$ 之间，为使方向继电器在任何 φ_k 的情况下均能动作，就必须要求式（4-31）始终大于 0，为此应选择 $0°<\alpha<90°$ 才能满足要求。

（2）正方向发生两相短路

图 4-25 所示的 B、C 两相短路的系统接线存在以下两种极端情况。

① 短路点位于保护安装位置附近，短路阻抗 $Z_k\ll Z_s$（保护安装处到电源中性点间的系统阻抗），极限时取 $Z_k=0$，此时的相量图如图 4-26 所示，短路电流 $\dot{I}_B$ 由电动势 $\dot{E}_{BC}$ 产生，$\dot{I}_B$ 滞后 $\dot{E}_{BC}$ 的角度为 φ_k，电流 $\dot{I}_C=-\dot{I}_B$，短路点（即保护安装处）的电压为

$$\begin{cases} \dot{U}_A=\dot{U}_{kA}=\dot{E}_A \\ \dot{U}_B=\dot{U}_{kB}=-\dfrac{1}{2}\dot{E}_A \\ \dot{U}_C=\dot{U}_{kC}=-\dfrac{1}{2}\dot{E}_A \end{cases} \qquad (4-32)$$

此时，对于 A 相继电器，线路为非故障相，当忽略负荷电流时，$I_A\approx0$，因此继电器不动作。

对于 B 相继电器，$\dot{I}_{rB}=\dot{I}_B$，$\dot{U}_{rB}=\dot{U}_{CA}$，$\varphi_{rB}=\varphi_k-90°$，则动作条件应为

$$U_{CA}I_B\cos(\varphi_k-90°+\alpha)>0 \qquad (4-33)$$

对于 C 相继电器，$\dot{I}_{rC}=\dot{I}_C$，$\dot{U}_{rC}=\dot{U}_{AB}$，$\varphi_{rC}=\varphi_k-90°$，则动作条件应为

$$U_{AB}I_C\cos(\varphi_k-90°+\alpha)>0 \qquad (4-34)$$

式（4-33）、式（4-34）与式（4-31）相同，因此与三相短路时的分析相同，为了在 $0°<\varphi_k<90°$ 的范围内使继电器均能动作，也需要选择 $0°<\alpha<90°$。

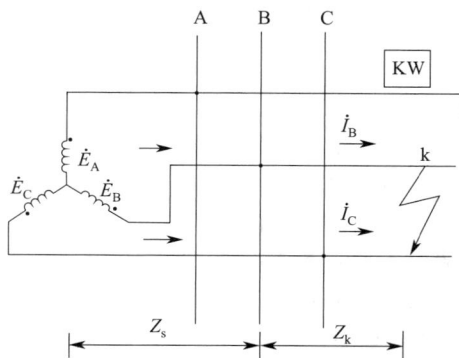

图 4-25 B、C 两相短路的系统接线图

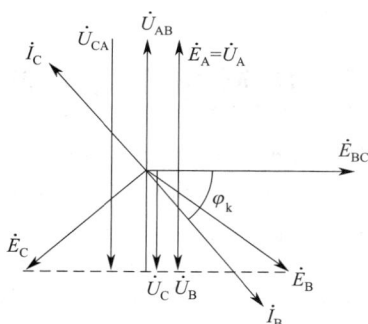

图 4-26 保护安装处出口处 B、C
两相短路时的相量图

② 短路点远离保护安装位置，且系统容量很大，此时 $Z_k \gg Z_s$，极限时取 $Z_s = 0$，则相量图如图 4-27 所示，电流 $\dot{I}_B$ 仍由电动势 $\dot{E}_{BC}$ 产生，并滞后 $\dot{E}_{BC}$ 一个角度 φ_k，保护安装处的电压为

$$\begin{cases} \dot{U}_A = \dot{E}_A \\ \dot{U}_B = \dot{U}_{kB} + \dot{I}_B Z_k \approx \dot{E}_B \\ \dot{U}_C = \dot{U}_{kC} + \dot{I}_C Z_k \approx \dot{E}_C \end{cases} \quad (4\text{-}35)$$

对于 B 相继电器，由于电压 $\dot{U}_{CA} \approx \dot{E}_{CA}$，较出口短路时相位滞后了 $30°$，因此，$\varphi_{rB} = -(90° + 30° - \varphi_k) = \varphi_k - 120°$，则动作条件应为

$$U_{CA} I_B \cos(\varphi_k - 120° + \alpha) > 0 \quad (4\text{-}36)$$

因此，当 $0° < \varphi_k < 90°$ 时，继电器能够动作的条件为 $30° < \alpha < 120°$。

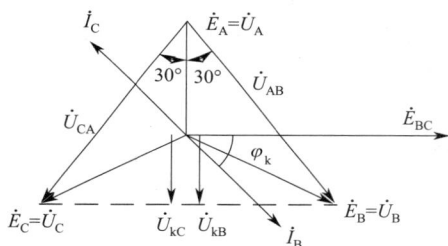

图 4-27 远离保护安装地点
B、C 两相短路的相量图

对于 C 相继电器，由于电压 $\dot{U}_{AB} \approx \dot{E}_{AB}$，较出口处短路时超前了 $30°$，因此，$\varphi_{rC} = -(90° - 30° - \varphi_k) = \varphi_k - 60°$，则动作条件应为

$$U_{AB} I_C \cos(\varphi_k - 60° + \alpha) > 0 \quad (4\text{-}37)$$

因此，当 φ_k 在 $0° \sim 90°$ 之间变化时，继电器能够动作的条件为 $-30° < \alpha < 60°$。

综合以上两种极限情况可得出，在正方向任何位置发生两相短路时，B 相继电器能够动作的条件为 $30° < \alpha < 90°$，C 相继电器能够动作的条件为 $0° < \alpha < 60°$。同理分析 A、B 和 C、A 两相短路时，也可以得出相应的结论。

由三相和各种两相短路的分析得出，当 $0° < \varphi_k < 90°$ 时，使功率方向继电器在一切故障情况下都能动作的条件应为

$$30° < \alpha < 60° \quad (4\text{-}38)$$

应该指出，以上的讨论只是继电器在各种情况下可能动作的条件，确定了内角的范围，内角的值在此范围内根据动作最灵敏条件来确定。为了减小死区范围，继电器动作最灵敏条件应根据三相短路时使 $\cos(\varphi_r + \alpha) = 1$ 来确定，因此，对某一已经确定了阻抗角的送电线路而言，应采用 $\alpha = 90° - \varphi_k$，以便短路时获得最大的灵敏角。

由以上分析可知，$90°$ 接线方式的主要优点：第一，对各种两相短路都没有死区，因为继电器输入的是非故障的相间电压，其值很高；第二，选择继电器的内角 $\alpha = 90° - \varphi_k$ 后，对线路上发生的各种故障都能保证动作的方向性。

最后顺便指出，在正常运行情况下，位于线路送电侧的功率方向继电器，在负荷电流的作用下，一般处于动作状态，其触点是闭合的。

4.2.5 方向性电流保护的应用特点

由以上分析可知，在具有两个以上电源的网络中，在线路两侧的保护上必须加装功率方向元件，组成方向性保护才有可能保证各保护之间动作的选择性。但当在继电保护中应用方向元件后，将使接线复杂、投资增加，同时保护安装位置附近正方向发生三相短路时，由于母线电压降低至零，方向元件失去判别的依据，从而导致整套保护装置拒动，方向保护存在动作的"死区"。在方向性电流保护应用时，如果能用电流整定值保证选择性，就可以不装设方向元件。什么情况下可以取消方向元件，需要由具体电力系统的整定计算确定。另外，由于有多个电源存在，在断路点与电源之间的线路上流过的短路电流大小可能不同，上下级保护的整定值配合会出现新的问题。

（1）电流速断保护可以取消方向元件的情况

电流速断保护的保护范围本来就短，若在系统最小运行方式下发生三相短路，再除去方向继电器的动作死区，电流速断保护能够切除故障的范围就更小了，甚至没有保护范围。因此，在电流速断保护中能用电流整定值保证选择性的，尽量不装设方向元件；对于线路两端的保护，能在一端保护上装设方向元件后满足选择性要求的，不在两端保护中装设方向元件。

图 4-28 所示为双侧电源网络中线路上各点短路时双侧电源供给短路点短路电流的分布曲线。其中，曲线①为由电源 $\dot{E}_\mathrm{I}$ 通过线路供给短路点电流的分布曲线，曲线②为由 $\dot{E}_\mathrm{II}$ 通过线路供给短路点电流的分布曲线，由于两端电源容量不同，因此电流的大小也不同。

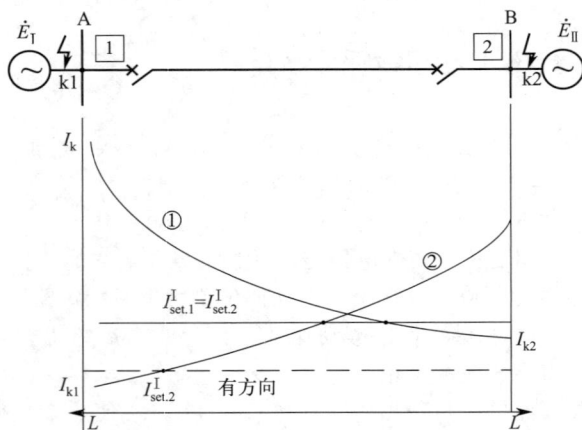

图 4-28 双侧电源线路上电流速断保护的整定

对应用于双侧电源线路中的电流速断保护，当任一侧区外相邻线路出口处如图 4-28 中的 k1 点和 k2 点短路时，短路电流 I_k1 和 I_k2 要同时流过两侧的保护 1、2，此时按照选择性的要求，两个保护均不应动作，因而两个保护的启动电流都应按躲开较大的一个短路电流进行整定，例如当 $I_\mathrm{k2.max} > I_\mathrm{k1.max}$ 时，则应取

$$I_\mathrm{set.1}^\mathrm{I} = I_\mathrm{set.2}^\mathrm{I} = K_\mathrm{rel}^\mathrm{I} I_\mathrm{k2.max} \tag{4-39}$$

这样整定的结果虽然保证了选择性，但使位于小电源侧保护 2 的保护范围缩小。两端电源容量的差别越大，对保护 2 的保护范围的影响就越大。

为了增大小电源侧保护的保护范围，需要在保护 2 处装设方向元件，使其只有在电流从母线流向被保护线路时才动作，这样保护 2 的启动电流就可以按照躲开正方向 k1 点短路来整定，应取

$$I_{\text{set.2}}^{\text{I}} = K_{\text{rel}}^{\text{I}} I_{\text{k1. max}} \tag{4-40}$$

如图 4-28 中的虚线所示，其保护范围较前增加了很多。

必须指出，在上述情况下，保护 1 处无须装设方向元件，因为它从整定值上已经能够可靠地躲开反方向短路时流过保护的最大短路电流 $I_{\text{k1. max}}$。

（2）限时电流速断保护整定时分支电路的影响

双侧电源网络中的限时电流速断保护，其基本的整定原则仍应与下一级电流速断保护相配合，但需要考虑保护安装位置与短路点之间的电源或线路（统称为分支电路）的影响。对此可归纳为如下两种典型的情况。

① 助增电流的影响。如图 4-29 所示，当在 k 点短路时，故障线路中的短路电流 $\dot{I}_{\text{B-C}}$ 由两个电源供给，其值为 $\dot{I}_{\text{B-C}} = \dot{I}_{\text{A-B}} + \dot{I}'_{\text{AB}}$，大于 $\dot{I}_{\text{A-B}}$。通常称 A′ 为分支电源，这种分支电源使故障线路电流增大的现象称为助增。有助增电流时的短路电流分布曲线示于图 4-29 中。此时，保护 1 电流速断的整定值仍按躲开相邻线路出口短路整定为 $I_{\text{set.1}}^{\text{I}}$，其保护范围末端位于 M 点，该点为保护的配合点。保护 2 限时电流速断的动作电流应大于在 M 点短路时流过保护 2 的短路电流 $I_{\text{A-B.M}}$，因此保护 2 限时电流速断的整定值应为

$$I_{\text{set.2}}^{\text{II}} = K_{\text{rel}}^{\text{II}} I_{\text{A-B. M}} \tag{4-41}$$

流过保护 2 的短路电流 $I_{\text{A-B.M}}$ 小于流过保护 1 电流速断的动作电流 $I_{\text{set.1}}^{\text{I}} = I_{\text{B-C.M}}$。如何在已知下级电流速断的整定值的情况下，求得上级限时电流速断的整定值呢？引入分支系数 K_{b}，定义为

$$K_{\text{b}} = \frac{\text{故障线路流过的短路电流}}{\text{前一级保护所在线路上流过的短路电流}} \tag{4-42}$$

在图 4-29 中，整定配合点 M 处的分支系数为

$$K_{\text{b}} = \frac{I_{\text{B-C. M}}}{I_{\text{A-B. M}}} = \frac{I_{\text{set.1}}^{\text{I}}}{I_{\text{A-B. M}}} \tag{4-43}$$

代入式（4-41），则得

$$I_{\text{set.2}}^{\text{II}} = \frac{K_{\text{rel}}^{\text{II}}}{K_{\text{b}}} I_{\text{set.1}}^{\text{I}} \tag{4-44}$$

与单侧电源线路的整定式（4-9）相比，在分母上多了一个大于 1 的分支系数。

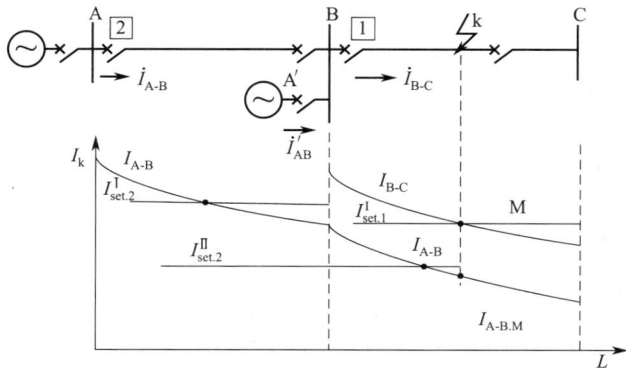

图 4-29 有助增电流时，限时电流速断保护的整定

② 外汲电流的影响。如图 4-30 所示，分支电路为一并联的线路，此时故障线路中的电流 $\dot{I}'_{\text{B-C}}$ 将小于 $I_{\text{A-B}}$，其关系为 $\dot{I}_{\text{A-B}} = \dot{I}'_{\text{B-C}} + \dot{I}''_{\text{B-C}}$，这种使故障线路中电流减小的现象称为外汲。此时分支系数 $K_{\text{b}} < 1$，短路电流的分布曲线画于图 4-30 中。

有外汲电流影响时，分析方法同有助增电流的情况，限时电流速断的启动电流仍应按式（4-44）整定。

当变电所 B 母线上既有电源又有并联的线路时，其分支系数可能大于 1，也可能小于 1，此时应根据实际可能的运行方式确保选择性，选取分支系数的最小值进行整定计算。对单侧电源供电的单回线路，$K_{\text{b}} = 1$ 是一种特殊情况。

图 4-30　有外汲电流时，限时电流
速断保护的整定

（3）过电流保护装设方向元件的一般方法

过电流保护中，反方向短路一般很难躲开电流整定值，而主要取决于动作时限的大小。以图 4-17 中的保护 6 为例，如果其电流保护的动作时限 $t_6 \geqslant t_1 + \Delta t$，其中 t_1 为保护 1 过电流保护的时限，则保护 6 就可以不装设方向元件，因为当反方向线路 C-D 上有短路时，它能以较长的时限来保证动作的选择性。但在这种情况下，保护 1 必须装设方向元件，否则当线路 B-C 上有短路时，由于 $t_1 < t_6$，它将先于保护 6 动作（误动作）。由以上分析还可以看出，当 $t_1 = t_6$ 时，保护 1、6 都需要装设方向元件。当一条母线上有多条电源线路时，除动作时限最长的一个过电流保护不需要装设方向元件外，其余都要装设方向元件。

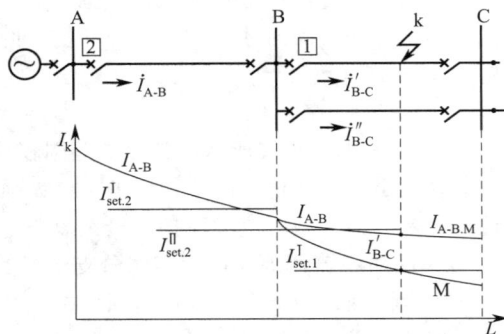

4.3　中性点直接接地系统中接地短路保护

4.3.1　接地短路时零序电压、电流和功率的分布

电流保护和方向性电流保护的原理利用了正常运行状态与短路状态下在相电流幅值、功率方向方面的差异。除此之外，正常运行状态的电力系统是三相对称的，其零序、负序电流和电压理论上为零；多数的短路故障是三相不对称的，其零序、负序电流和电压会很大；利用故障的不对称性也可以找到正常与故障间的差别，并且这种差别是零与很大值的比较，差异更为明显。利用三相对称性的变化特征，可以构成反映序分量原理的各种保护。

当中性点直接接地系统（又称大接地电流系统）发生接地短路时，将出现很大的零序电压和电流，利用零序电压、电流来构成接地短路的保护具有显著的优点，被广泛应用于 110kV 及以上电压等级的电网中。

在电力系统中发生接地短路时，如图 4-31（a）所示，可以利用对称分量方法将电流和电压分解为正序、负序、零序分量，并利用复合序网来表示它们之间的关系。短路计算的零序等效网络如图 4-31（b）所示。零序电流是由在故障点施加的零序电压 $\dot{U}_{\text{k0}}$ 产生的，它经过线路、接地变压器的接地支路（中性点接地）构成回路。零序电流的规定方向，仍然采用由母线流向线路为正，而对于零序电压的方向，规定线路高于大地的电压为正。由上述等效网络可知，零序分量的参数具有如下特点。

（1）零序电压

零序电源在故障点时，故障点的零序电压最高，系统中距离故障点越远，零序电压越低。电压高低还取决于测量点到大地间阻抗的大小。零序电压的分布如图 4-31（c）所示。在电力系统运行方式变化时，如果输电线路和中性点接地变压器位置、数目不变，则零序阻抗和零序等效网络是不变的。而此时，系统的正序阻抗和负序阻抗随着运行方式的变化而变化，正、负序阻抗的变化将引起故障点处 $\dot{U}_{k1}$、$\dot{U}_{k2}$、$\dot{U}_{k0}$ 三序电压之间分配的改变，因而间接影响零序分量的大小。

（2）零序电流

零序电流是由零序电压 $\dot{U}_{k0}$ 产生的，由故障点经由线路流向大地。当忽略回路的电阻时，由按照规定的正方向画出的零序电流、电压的相量图 [图 4-31（d）] 可知，流过故障点两侧线路保护的电流 $\dot{I}_0'$ 和 $\dot{I}_0''$ 将超前 $\dot{U}_{k0}$ 90°；而当计及回路电阻时，如取零序阻抗角为 $\varphi_{k0}=80°$，则相量图如图 4-31（e）所示，$\dot{I}_0'$ 和 $\dot{I}_0''$ 将超前 $\dot{U}_{k0}$ 100°。

零序电流的分布，主要决定于输电线路的零序阻抗和中性点接地变压器的零序阻抗，而与电源的数目和位置无关。例如，在图 4-31（a）中，当变压器 T2 的中性点不接地时，则 $\dot{I}_0''=0$。

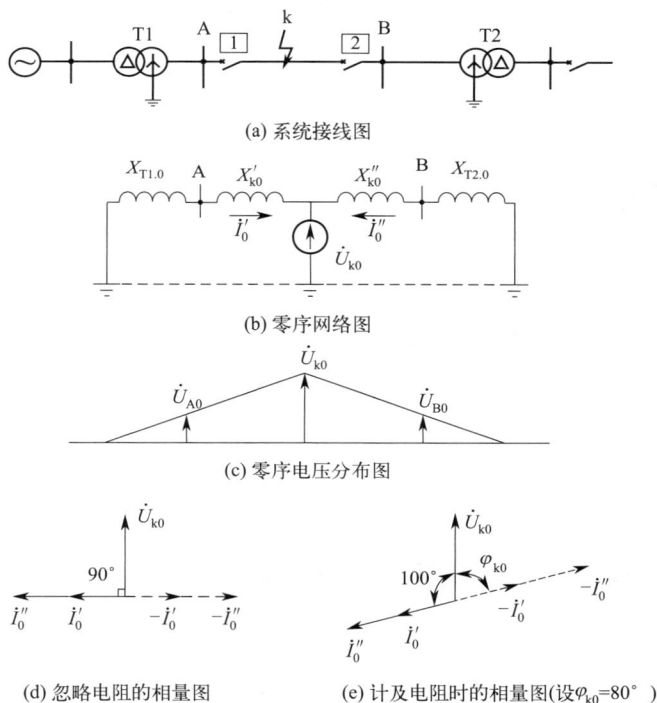

(a) 系统接线图

(b) 零序网络图

(c) 零序电压分布图

(d) 忽略电阻的相量图　　　(e) 计及电阻时的相量图(设 $\varphi_{k0}=80°$)

图 4-31　接地短路时的零序等效网络

（3）零序功率及电压、电流相位关系

对于发生故障的线路，两端零序功率方向与正序功率方向相反。零序功率方向实际上都是由线路流向母线的。

从任一保护安装处的零序电压和电流之间的关系看，如保护 1，由于 A 母线上的零序电压 $\dot{U}_{A0}$ 实际上是从该点到零序网络中性点之间的零序阻抗上的电压降，因此可表示为

$$\dot{U}_{A0} = (-\dot{I}'_0) Z_{T1.0} \tag{4-45}$$

式中，$Z_{T1.0}$ 为变压器 T1 的零序阻抗。

该处零序电流和零序电压之间的相位差也将由 $Z_{T1.0}$ 的阻抗角决定，而与被保护线路的零序阻抗及故障点的位置无关。

利用零序电流和零序电压的幅值以及它们的相位关系，即可实现接地短路的零序电流和方向保护。

4.3.2 零序电压、电流过滤器

（1）零序电压过滤器

为了获得零序电压，通常采用如图 4-32（a）所示的三个单相式电压互感器或如图 4-32（b）所示的三相五柱式电压互感器，其一次绕组接成星形并将中性点接地，其二次绕组接成开口三角形，这样从 m、n 端子得到的输出电压为

$$\dot{U}_{mn} = \dot{U}_a + \dot{U}_b + \dot{U}_c = 3\dot{U}_0 \tag{4-46}$$

在集成电路式保护和数字式保护中，由电压形成回路获得三个相电压后，利用加法器将三个相电压相加［图 4-32（c）］，也可以从保护装置内部获得零序电压。此外，当发电机的中性点经电压互感器（或消弧线圈）接地时，如图 4-32（d）所示，从它的二次绕组中也能够获得零序电压。

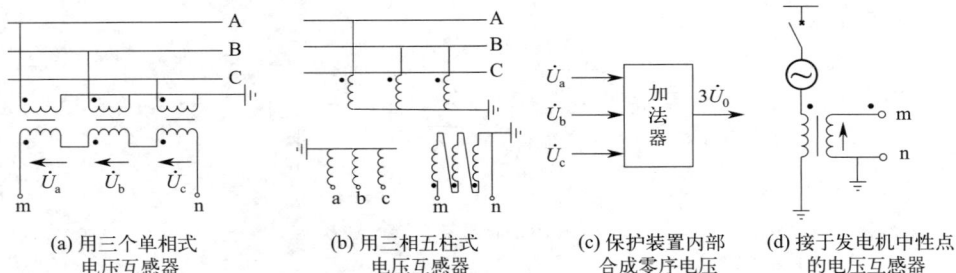

（a）用三个单相式　　　（b）用三相五柱式　　　（c）保护装置内部　　　（d）接于发电机中性点
电压互感器　　　　　　电压互感器　　　　　　合成零序电压　　　　　的电压互感器

图 4-32　获得零序电压的接线图

实际上，在正常运行和电网相间短路时，由于电压互感器的误差及三相系统对地不完全平衡，在开口三角形侧也可能有数值不大的电压输出，此电压称为不平衡电压，以 $\dot{U}_{unb}$ 表示。此外，当系统中存在三次谐波分量时，一般三相中的三次谐波电压是同相位的，在零序电压过滤器的输出端也有三次谐波电压输出。对反应于零序电压而动作的保护装置，应该考虑躲开它们的影响。

（2）零序电流过滤器

为了获得零序电流，通常采用三相电流互感器按图 4-33（a）接线，此时流入继电器回路中的电流为

$$\dot{I}_r = \dot{I}_a + \dot{I}_b + \dot{I}_c = 3\dot{I}_0 \tag{4-47}$$

电流互感器采用三相星形接线方式，在中性线上流过的电流就是 $3\dot{I}_0$。因此，在实际使用中，零序电流过滤器并不需要采用专门的一组电流互感器，而是接在相间保护用的电流互感器的中性线上就可以了。在电子式和数字式保护装置中，也可以在形成三个相电流的回路中将电流相量相加获得零序电流。

零序电流过滤器也会产生不平衡电流，图 4-34 所示为一个电流互感器的等效电路，考

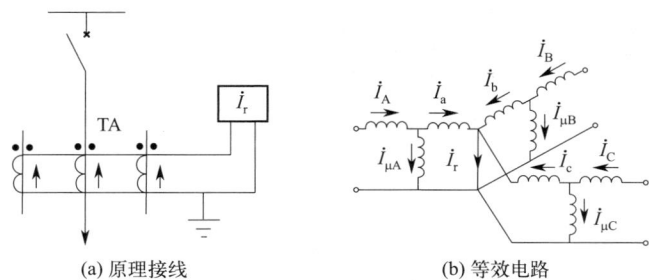

(a) 原理接线　　　　　(b) 等效电路

图 4-33　零序电流过滤器

虑励磁电流 $\dot{I}_\mu$ 的影响后，二次电流和一次电流的关系应为

$$\dot{I}_2 = \frac{1}{n_{\mathrm{TA}}}(\dot{I}_1 - \dot{I}_\mu) \tag{4-48}$$

因此，零序电流过滤器的等效电路可用图 4-33（b）来表示，此时流入继电器的电流为

$$\begin{aligned}
\dot{I}_r &= \dot{I}_a + \dot{I}_b + \dot{I}_c \\
&= \frac{1}{n_{\mathrm{TA}}}[(\dot{I}_A - \dot{I}_{\mu A}) + (\dot{I}_B - \dot{I}_{\mu B}) + (\dot{I}_C - \dot{I}_{\mu C})] \\
&= \frac{1}{n_{\mathrm{TA}}}(\dot{I}_A + \dot{I}_B + \dot{I}_C) - \frac{1}{n_{\mathrm{TA}}}(\dot{I}_{\mu A} + \dot{I}_{\mu B} + \dot{I}_{\mu C}) \tag{4-49}
\end{aligned}$$

在正常运行和一切不伴随有接地的相间短路时，三个电流互感器一次侧电流的相量和必然为零，因此流入继电器中的电流为

$$\dot{I}_r = \frac{1}{n_{\mathrm{TA}}}(\dot{I}_{\mu A} + \dot{I}_{\mu B} + \dot{I}_{\mu C}) = \dot{I}_{\mathrm{unb}} \tag{4-50}$$

式中，$\dot{I}_{\mathrm{unb}}$ 称为零序电流过滤器的不平衡电流，它是由于三个互感器励磁电流不相等而产生的。而励磁电流的不相等，则是由于铁芯的磁化曲线不完全相同以及制造过程中的某些差别而引起的，从而造成电流互感器的稳态误差。当发生相间短路时，电流互感器一次侧流过的电流最大并且包含非周期分量，因此不平衡电流也达到最大值，用 $\dot{I}_{\mathrm{unb.\,max}}$ 表示。

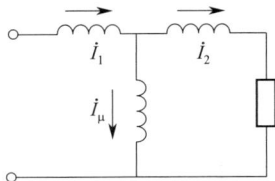

图 4-34　电流互感器的等效电路

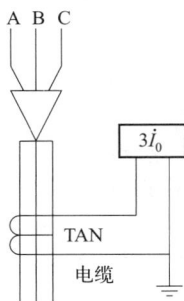

图 4-35　零序电流互感器接线示意图

此外，对于采用电缆引出的输电线路，还广泛地采用了零序电流互感器以获得 $3\dot{I}_0$，如图 4-35 所示。此电流互感器就套在三相电缆的外面，互感器的一次电流是 $\dot{I}_A + \dot{I}_B + \dot{I}_C$，只有当一次侧有零序电流时，在互感器的二次侧才有相应的 $3\dot{I}_0$ 输出，故称它为零序电流互感器。零序电流互感器和零序电流过滤器相比，主要的优点是没有不平衡电流，同时接线也更简单。

4.3.3 零序电流Ⅰ段（速断）保护

在发生单相或两相接地短路时，也可以求出零序电流 $3\dot{I}_0$ 随线路长度 L 变化的关系曲线，然后利用相似相间短路电流保护的原则进行保护的整定计算。零序电流速断保护的整定原则如下所述。

① 躲开下级线路出口处单相或两相接地短路时可能出现的最大零序电流 $3I_{0.\max}$，引入可靠系数 $K_{\mathrm{rel}}^{\mathrm{I}}$（一般取为 1.2~1.3），即

$$I_{\mathrm{set}}^{\mathrm{I}} = K_{\mathrm{rel}}^{\mathrm{I}} \times 3I_{0.\max} \tag{4-51}$$

② 躲开断路器三相触点不同期合闸时出现的最大零序电流 $3I_{0.\mathrm{unb}}$，引入可靠系数 $K_{\mathrm{rel}}^{\mathrm{I}}$，即

$$I_{\mathrm{set}}^{\mathrm{I}} = K_{\mathrm{rel}}^{\mathrm{I}} \times 3I_{0.\mathrm{unb}} \tag{4-52}$$

如果保护装置的动作时间大于断路器三相不同期合闸的时间，则可以不考虑这一条件。

整定值应选取以上两者中的较大者，但在有些情况下，如果按照条件②整定，将使启动电流过大而使保护范围缩小，也可以采用在手动合闸及三相自动合闸时，使零序电流Ⅰ段保护带有一个小的延时（约 0.1s），以躲开断路器三相不同期合闸的时间，这样在整定时就无须考虑条件②了。

③ 当线路上采用单相自动重合闸时，按能躲开在非全相运行状态下发生系统振荡时，所出现的最大零序电流整定。

若按整定原则③整定，其整定值较大，正常情况下发生接地故障时，保护范围将会缩小，不能充分发挥零序电流Ⅰ段保护的作用。因此，为了解决这个矛盾，通常是设置两个零序电流Ⅰ段保护。一个是按条件①或②整定（由于其整定值较小，保护范围较大，因此称为灵敏Ⅰ段），它的主要任务是对全相运行状态下的接地故障起保护作用，具有较大的保护范围；而当单相重合闸启动时，为防止误动作，则将其自动闭锁，待恢复全相运行时才重新投入。另一个零序电流Ⅰ段保护按条件③整定（称为不灵敏Ⅰ段），用于在单相重合闸过程中，其他两相又发生接地故障时的保护。当然，不灵敏Ⅰ段也能反映全相运行状态下的接地故障，只是其保护范围较灵敏Ⅰ段小。

4.3.4 零序电流Ⅱ段保护

零序电流Ⅱ段保护的工作原理与相间短路限时电流速断保护原理一样，其启动电流首先考虑与下级线路的零序电流速断保护范围的末端 M 点相配合，并带有高出一个 Δt 的时限，以保证动作的选择性。

当两个保护之间的变电所母线上接有中性点接地的变压器 [图 4-36(a)] 时，由于这一分支电路的影响，将使零序电流的分布发生变化，此时的零序等效网络如图 4-36(b) 所示，零序电流的变化曲线如图 4-36(c) 所示。当线路 B-C 上发生接地短路时，流过保护 1、2 的零序电流分别为 $\dot{I}_{k0.B-C}$ 和 $\dot{I}_{k0.A-B}$，两者之差就是从变压器 T2 中性点流回的电流 $\dot{I}_{k0.T2}$。显然，这种情况与图 4-29 所示的有助增电流的情况相同，引入零序电流的分支系数 $K_{0.b}$ 之后，零序Ⅱ段的启动电流应整定为

$$I_{\mathrm{set.2}}^{\mathrm{II}} = \frac{K_{\mathrm{rel}}^{\mathrm{II}}}{K_{0.b}} I_{\mathrm{set.1}}^{\mathrm{I}} \tag{4-53}$$

当变压器 T2 切除或中性点改为不接地运行时，则该支路从零序等效网络中断开，此时

继/电/保/护/原/理

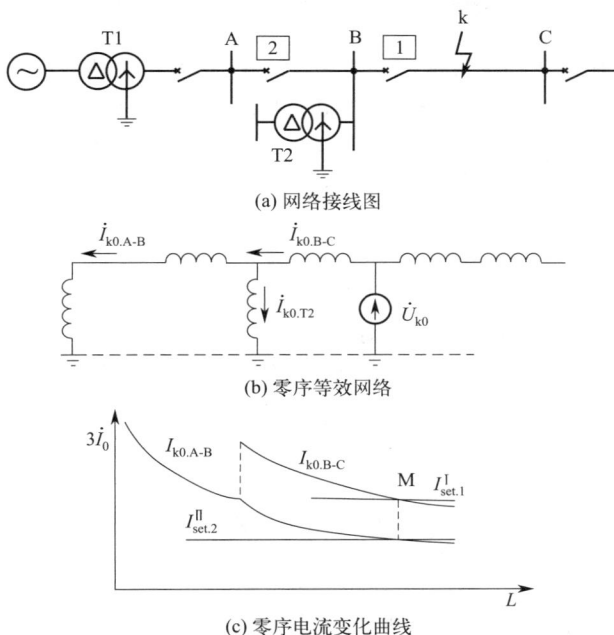

(a) 网络接线图

(b) 零序等效网络

(c) 零序电流变化曲线

图 4-36 有分支电路时零序电流 Ⅱ 段保护动作特性的分析

$K_{0.b} = 1$。

零序电流 Ⅱ 段保护的灵敏系数，应按照本线路末端接地短路时的最小零序电流来校验，并应满足 $K_{re} \geqslant 1.5$ 的要求。当由于下级线路比较短或运行方式变化比较大，而不能满足对灵敏系数的要求时，除考虑与下级线路的零序电流 Ⅱ 段保护配合外，还可以考虑采用下列方式解决。

① 用两个灵敏度不同的零序电流 Ⅱ 段保护。保留 0.5s 的零序电流 Ⅱ 段保护，快速切除正常运行方式和最大运行方式下线路上所发生的接地故障；同时再增加一个与下级线路零序电流 Ⅱ 段保护配合的 Ⅱ 段保护，它能保证在各种运行方式下线路上发生短路时，保护装置具有足够的灵敏系数。

② 从电网接线的全局考虑，改用接地距离保护。

4.3.5 零序电流Ⅲ段保护

零序电流Ⅲ段保护的作用相当于相间短路的过电流保护，在一般情况下是作为后备保护使用的，但在中性点直接接地系统中的终端线路上，它也可以作为主保护使用。

在零序过电流保护中，对继电器的启动电流，原则上是按照躲开在下级线路出口处相间短路时出现的最大不平衡电流 $I_{unb.\,max}$ 来整定，引入可靠系数 K_{rel}，即为

$$I_{set} = K_{rel} I_{unb.\,max} \tag{4-54}$$

同时，还必须要求各保护之间在灵敏系数上要互相配合，满足式(4-19)的要求。当满足灵敏系数配合的要求时，对零序过电流保护的整定计算，必须按逐级配合的原则来考虑。具体来说，就是本保护零序电流Ⅲ段的保护范围不能超出相邻线路的零序电流Ⅲ段保护的保护范围。当两个保护之间具有分支电路时，参照图 4-36 的分析，保护装置的启动电流应整定为

$$I_{\text{set.2}} = \frac{K_{\text{rel}}}{K_{0.\,b}} I_{\text{set.1}} \tag{4-55}$$

式中，K_{rel} 为可靠系数，一般取为 $1.1\sim1.2$；$K_{0.\,b}$ 为在相邻线路的零序电流Ⅲ段保护范围末端发生接地短路时，故障线路中零序电流与流过本保护的零序电流之比。

保护装置的灵敏系数，当作为相邻元件的后备保护时，应按照相邻元件末端接地短路时，流过本保护的最小零序电流（应考虑图 4-36 所示的分支电路使电流减小的影响）来校验。

按上述原则整定的零序过电流保护，其启动电流一般很小（在二次侧为 $2\sim3$A）。因此，在本电压等级网络中发生接地短路时，它都可能启动，这时，为了保证保护的选择性，各保护的动作时限也应按照图 4-11 所示的原则来确定。如图 4-37 所示的网络接线中，安装在受端变压器 T1 上的零序过电流保护 4 可以是瞬时动作的，因为在 Yd 接线变压器低压侧的任何故障都不能在高压侧引起零序电流，因此无须考虑保护 1~3 的配合关系。按照选择性的要求，保护 5 应比保护 4 高出一个时间阶段，保护 6 又应比保护 5 高出一个时间阶段等。

为了便于比较，在图 4-37 中也绘出了相间短路过电流保护的动作时限，它是从保护 1 开始逐级配合的。由此可见，在同一线路上的零序过电流保护与相间短路的过电流保护相比，将具有较小的时限，这也是它的一个优点。

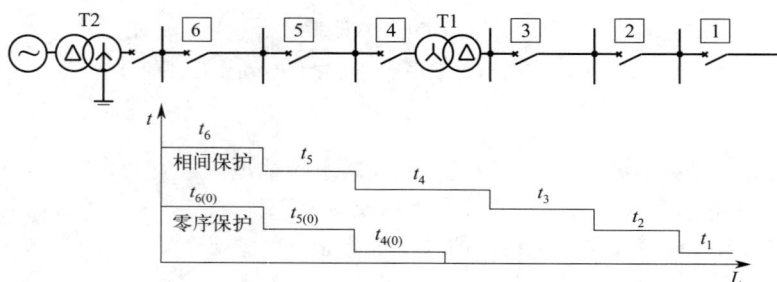

图 4-37　零序过电流保护的时限特性

运行经验表明，在 $220\sim500$kV 的输电线路上发生单相接地故障时，往往会有较大的过渡电阻存在，当导线对位于其下面的树木等放电时，接地过渡电阻可能达到 $100\sim300\Omega$。此时通过保护的零序电流很小，上述零序电流保护均难以动作。为了能够在这种情况下切除故障，可考虑采用零序反时限过电流保护，继电器的启动电流可按照躲开正常运行情况下出现的不平衡电流 I_{unb} 进行整定。

4.3.6　方向性零序电流保护

（1）方向性零序电流保护原理

在双侧或多侧电源的网络中，电源处变压器的中性点一般至少有一台要接地。由于零序电流的实际流向是由故障点流向各个中性点接地的变压器，因此在变压器接地数目比较多的复杂网络中，就需要考虑零序电流保护动作的方向性问题。

图 4-38(a) 所示的网络，两侧电源处的变压器中性点均直接接地，这样当 k1 点短路时，其零序等效网络和零序电流分布如图 4-38(b) 所示，按照选择性的要求，应该由保护 1、2 动作切除故障，但是零序电流 i''_{0k1} 流过保护 3 时，就可能引起它的误动作；同样当 k2 点短路时，其零序等效网络和零序电流分布如图 4-38(c) 所示，零序电流 i'_{0k2} 又可能使保护 2 误动作。必须在零序电流保护中增加功率方向元件，利用正方向和反方向故障时零序功率方向

的差别，来闭锁可能误动作的保护，才能保证动作的选择性。

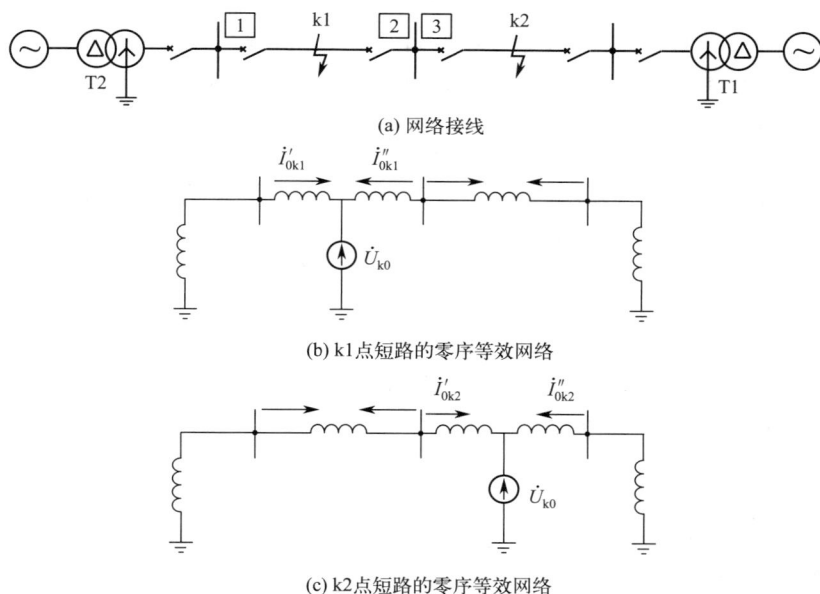

(a) 网络接线

(b) k1 点短路的零序等效网络

(c) k2 点短路的零序等效网络

图 4-38　零序方向保护工作原理的分析

（2）零序功率方向元件

零序功率方向元件输入零序电压 $3\dot{U}_0$ 和零序电流 $3\dot{I}_0$，反应于零序功率的方向变化而动作，其工作原理与实现方法同前述的功率方向元件。需要注意的是，当保护范围内部故障时，按规定的电流、电压正方向，$3\dot{I}_0$ 超前于 $3\dot{U}_0 95°\sim110°$（对应于保护安装位置背后的零序阻抗角为 $70°\sim85°$ 的情况），$\varphi_{sen}=-110°\sim-95°$，继电器此时应正确动作，并应工作在最灵敏的条件下。

由于越靠近故障点，零序电压越高，因此零序功率方向元件没有电压死区。相反地，当故障点距离保护安装地点较远时，由于保护安装处的零序电压较低，零序电流较小，必须校验方向元件在这种情况下的灵敏系数。例如，当零序保护作为相邻元件的后备保护时，即当相邻元件末端短路时，利用在本保护安装处的最小零序电流、电压或功率（经电流、电压互感器转换到二次侧的数值）与功率方向继电器的最小启动电流、电压或启动功率之比来计算灵敏系数，并要求 $K_{sen}\geq1.5$。

4.3.7　对零序电流保护的评价

在中性点直接接地的高压电网中，由于零序电流保护简单、经济、可靠，作为辅助保护和后备保护获得广泛应用。它与相电流保护相比具有独特的优点，例如：

① 相间短路的过电流保护按照大于负荷电流整定，继电器的启动电流一般为 $5\sim7A$，而零序过电流保护按照躲开不平衡电流的原则整定，其值一般为 $2\sim3A$，由于发生单相接地短路时，故障相的电流与零序电流 $3I_0$ 相等，因此零序过电流保护的灵敏度高。此外，由图 4-37 可知，零序过电流保护的动作时限也较相间保护时短。尤其是对于双侧电源供电的线路，当线路内部靠近任一侧发生接地短路时，本侧零序电流Ⅰ段保护动作跳闸后，对侧零序电流增大可使对侧零序电流Ⅰ段保护也相继动作跳闸，因而使总的故障切除时间更短。

② 相间短路的电流速断保护和限时电流速断保护受系统运行方式变化的影响很大，而零序电流保护受系统运行方式变化的影响要小得多。此外，由于线路零序阻抗远较正序阻抗大，$X_0 = (2 \sim 3.5)X_1$，故线路始端与末端短路时，零序电流变化显著，曲线较陡，因此零序电流Ⅰ段保护的保护范围较大，也较稳定，零序电流Ⅱ段保护的灵敏系数易于满足要求。

③ 当系统中发生某些不正常运行状态如系统振荡、短时过负荷等时，三相是对称的，相间短路的电流保护均受它们的影响而可能误动作，因而需要采取必要的措施予以防止，而零序电流保护则不受它们的影响。

④ 方向性零序保护没有电压死区，较后续章节介绍的距离保护，实现起来简单、可靠，在110kV及以上的高压和超高压电网中，单相接地故障约占全部故障的70%～90%，其他的故障也往往是由单相接地故障发展起来的，零序保护就为绝大部分的故障情况提供了保护，具有显著的优越性。从我国电力系统的实际运行经验中，也充分证明了这一点。

零序电流保护的不足如下所述：

① 对于运行方式变化很大或接地点变化很大的电网，保护往往不能满足系统运行所提出的要求；

② 随着单相重合闸的广泛应用，在重合闸动作的过程中将出现非全相运行状态，再考虑系统两侧的发电机发生摇摆，可能出现较大的零序电流，因而影响零序电流保护的正确工作，此时应从整定计算上予以考虑，或者在单相重合闸动作过程中使之短时退出运行；

③ 当采用自耦变压器连接两个不同电压等级的电网（如110kV和220kV电网）时，任一电网中的接地短路将在另一网络中产生零序电流，使零序保护的整定配合复杂化，并将增大零序电流Ⅲ段保护的动作时间。

4.4 中性点非直接接地电网单相接地保护

中性点不接地、中性点经消弧线圈接地、中性点经电阻接地等系统，统称为中性点非直接接地系统。在中性点非直接接地系统（又称小接地电流系统）中发生单相接地时，由于故障点电流很小，而且三相之间的线电压仍然保持对称，对负荷的供电没有影响，因此，在一般情况下都允许再继续运行 $1 \sim 2h$。在此期间，其他两相的对地电压要升高 $\sqrt{3}$ 倍，为了防止故障进一步扩大造成两点或多点接地短路，就应及时发出信号，以便运行人员查找发生接地的线路，采取措施予以消除。这也是采用中性点非直接接地系统的主要优点。

因此，在单相接地时，一般只要求继电保护能选出发生接地的线路并及时发出信号而不必跳闸；但当单相接地对人身和设备的安全造成危险时，则应动作于跳闸。能完成这种任务的保护装置有时被称作"接地选线装置"。

4.4.1 中性点不接地系统单相接地故障的特点

图4-39所示的最简单网络接线中，电源和负荷的中性点均不接地。在正常运行情况下，三相对地有相同的电容 C_0。在相电压的作用下，每相都有一超前于相电压90°的电容电流流入地中，而三相电容电流之和等于零。假设A相发生单相接地，在接地点处A相对地电压为零，对地电容被短接，电容电流为零，而其他两相的对地电压升高 $\sqrt{3}$ 倍，对地电容电流

也相应增大$\sqrt{3}$倍，相量关系如图 4-40 所示。

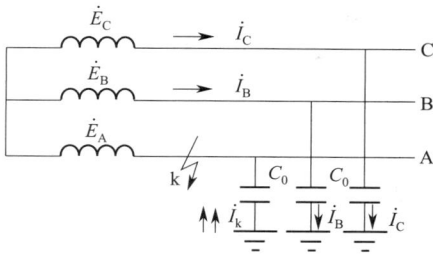

图 4-39　最简单网络接线示意图

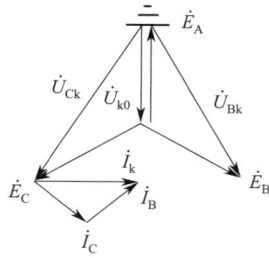

图 4-40　A 相接地时的相量图

由于线电压仍然三相对称，负荷电流三相对称，相对于故障前没有变化，下面只分析对地关系的变化。在 A 相接地后，忽略负荷电流和电容电流在线路阻抗上产生的电压降，在故障点处各相对地的电压为

$$\begin{cases} \dot{U}_{Ak}=0 \\ \dot{U}_{Bk}=\dot{E}_B-\dot{E}_A=\sqrt{3}\,\dot{E}_A\mathrm{e}^{\mathrm{j}150°} \\ \dot{U}_{Ck}=\dot{E}_C-\dot{E}_A=\sqrt{3}\,\dot{E}_A\mathrm{e}^{\mathrm{j}150°} \end{cases} \tag{4-56}$$

故障点 k 的零序电压为

$$\dot{U}_{k0}=\frac{1}{3}(\dot{U}_{Ak}+\dot{U}_{Bk}+\dot{U}_{Ck})=-\dot{E}_A \tag{4-57}$$

在故障处非故障相中产生的电容电流流向故障点

$$\begin{cases} \dot{I}_B=\dot{U}_{Bk}\mathrm{j}\omega C_0 \\ \dot{I}_C=\dot{U}_{Ck}\mathrm{j}\omega C_0 \end{cases} \tag{4-58}$$

其有效值为 $I_B=I_C=\sqrt{3}U_\varphi\omega C_0$，其中 U_φ 为相电压有效值。

因为全系统 A 相对地的电压均等于零，因而各设备 A 相对地的电容电流也等于零，此时从故障处 A 相接地点流过的电流是全系统非故障相电容电流之和，即 $\dot{I}_k=\dot{I}_B+\dot{I}_C$。由图 4-40 可知，其有效值为 $I_k=3U_\varphi\omega C_0$，是正常运行时单相电容电流的 3 倍。

当网络中有发电机 G 和多条线路存在（图 4-41）时，每台发电机和每条线路对地均有电容存在，以 C_{0G}、$C_{0\text{I}}$、$C_{0\text{II}}$ 等集中电容来表示，当线路 II A 相接地后，其电容电流分布用"→"表示。在非故障的线路 I 上，A 相电流为零，B 相和 C 相中有本身的电容电流，因此线路始端的零序电流为

$$3\dot{I}_{0\text{I}}=\dot{I}_{B\text{I}}+\dot{I}_{C\text{I}} \tag{4-59}$$

参照图 4-40 所示的关系，其有效值为

$$3I_{0\text{I}}=3U_\varphi\omega C_{0\text{I}} \tag{4-60}$$

非故障线路特点：非故障线路中的零序电流为线路 I 本身的电容电流，电容性无功功率的方向为由母线流向线路。

当电网中的线路很多时，上述结论可适用于每一条非故障的线路。

在发电机 G 上，首先有它本身的 B 相和 C 相的对地电容电流 $\dot{I}_{BG}$ 和 $\dot{I}_{CG}$；但是，由于它还是产生其他电容电流的电源，因此，在 A 相要流回从故障点流出的全部电容电流，而在 B 相和 C 相流出各线路上同名相的对地电容电流。此时流过发电机出线端的零序电流仍为三

相电流之和。由图 4-39 可知，各线路的电容电流由于从 A 相流入后又分别从 B 相和 C 相流出了，因此相加后互相抵消，从而只剩下发电机本身的电容电流，故

$$3\dot{I}_{0G} = \dot{I}_{BG} + \dot{I}_{CG} \tag{4-61}$$

其有效值为 $3I_{0G} = 3U_{\varphi}\omega C_{0G}$，即零序电流为发电机本身的电容电流，其电容性无功功率的方向是由母线流向发电机，这个特点与非故障线路是一样的。

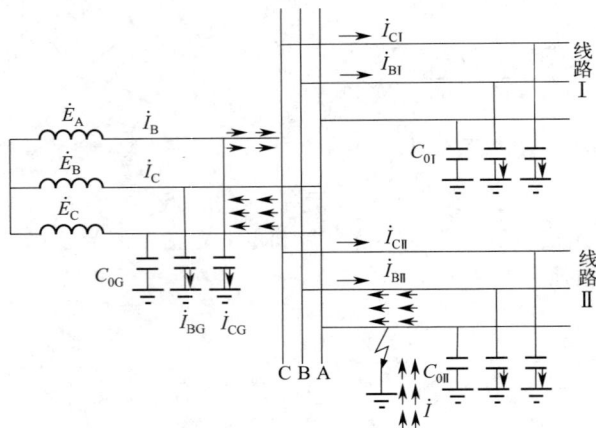

图 4-41　单相接地时，用三相系统表示的电容电流分布图

对于发生故障的线路 II，在 B 相和 C 相上流有它本身的电容电流 $\dot{I}_{BII}$ 和 $\dot{I}_{CII}$，此外，在接地点要流回全系统 B 相和 C 相对地电容电流总和，其值为

$$\dot{I}_k = (\dot{I}_{BI} + \dot{I}_{CI}) + (\dot{I}_{BII} + \dot{I}_{CII}) + (\dot{I}_{BG} + \dot{I}_{CG}) \tag{4-62}$$

有效值为

$$I_k = 3U_{\varphi}\omega(C_{0I} + C_{0II} + C_{0G}) = 3U_{\varphi}\omega C_{0\Sigma} \tag{4-63}$$

式中，$C_{0\Sigma}$ 为全系统每相对地电容的总和。

此电流要从 A 相流回去，因此，从 A 相流出的电流可表示为 $\dot{I}_{AII} = -\dot{I}_k$，这样在线路 II 始端所流过的零序电流为

$$3\dot{I}_{0II} = \dot{I}_{AII} + \dot{I}_{BII} + \dot{I}_{CII} = -(\dot{I}_{BI} + \dot{I}_{CI} + \dot{I}_{BG} + \dot{I}_{CG}) \tag{4-64}$$

有效值为

$$3I_{0II} = 3U_{\varphi}\dot{\omega}(C_{0\Sigma} - C_{0II}) \tag{4-65}$$

故障线路的特点：故障线路中的零序电流，其数值等于全系统非故障元件对地电容电流的总和（但不包括故障线路本身），其电容性无功功率的方向为由线路流向母线，恰好与非故障线路上的相反。

根据上述分析结果，可以作出单相接地时的零序等效网络[图 4-42(a)]，在接地点有一个零序电压 $\dot{U}_{k0}$，而零序电流的回路是通过各个元件的对地电容构成，由于输电线路的零序电阻远小于电容，其相量关系如图 4-42(b) 所示（图中 $\dot{I}'_0$ 表示线路 II 本身的零序电容电流），这与直接接地电网是完全不同的。利用图 4-42 所示的零序等效网络，对计算零序电流的大小和分布是十分方便的。

总结以上分析的结果，可以得出中性点不接地系统发生单相接地后零序分量分布的特点如下：

① 零序网络由同级电压网络中元件对地的等值电容构成通路，与中性点直接接地系统

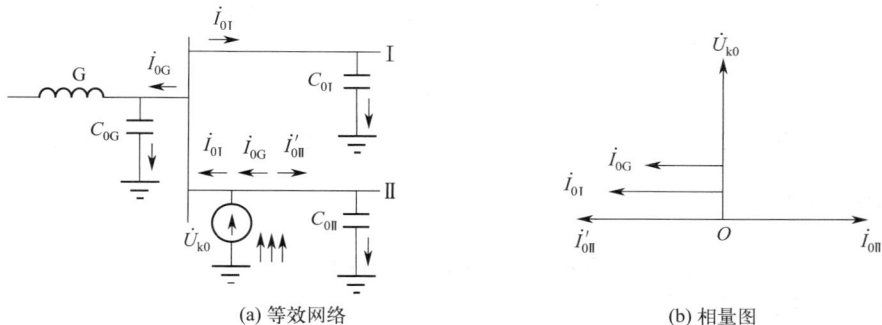

(a) 等效网络　　　　　　　　　(b) 相量图

图 4-42　单相接地时的零序等效网络及相量图

由接地的中性点构成通路有极大的区别，网络的零序阻抗很大。

② 在发生单相接地时，相当于在故障点产生了一个与故障相故障前相电压大小相等、方向相反的零序电压，从而全系统都将出现零序电压。

③ 在非故障元件中流过的零序电流，其数值等于本身的对地电容电流；电容性无功功率的实际方向为由母线流向线路。

④ 在故障元件中流过的零序电流，其数值为全系统非故障元件对地电容电流的总和；电容性无功功率的实际方向为由线路流向母线。

4.4.2　中性点经消弧线圈接地系统中单相接地故障的特点

根据以上分析，当中性点不接地系统中发生单相接地时，在接地点要流过全系统的对地电容电流，如果此电流比较大，就会在接地点燃起电弧，引起弧光过电压，从而使非故障相的对地电压进一步升高，造成绝缘损坏，形成两点或多点接地短路，引起停电事故。特别是当环境中有可燃气体时，接地点的电弧有可能引起爆炸。为了解决这个问题，通常在中性点接入一个电感线圈，如图 4-43 所示。当单相接地时，在接地点就有一个电感分量的电流流过，此电流和原系统中的电容电流相抵消，可以减少流经故障点的电流，熄灭电弧。因此，称它为消弧线圈。

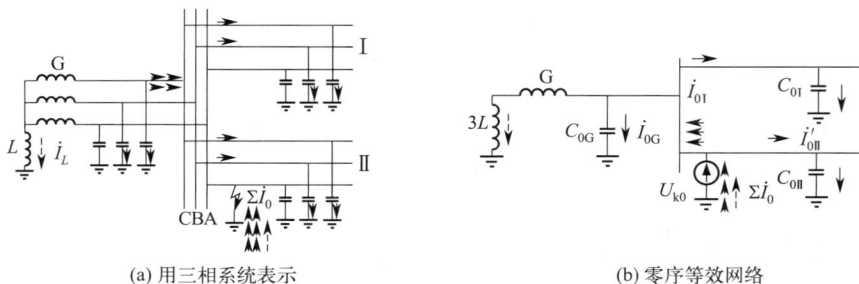

(a) 用三相系统表示　　　　　　　　　(b) 零序等效网络

图 4-43　消弧线圈接地电网中单相接地时的电流分布

在各级电压网络中，当全系统的电容电流超过下列数值时应装设消弧线圈：3～6kV 电网为 30A，10kV 电网为 20A，22～66kV 电网为 10A。

（1）单相接地的稳态特点

当采用消弧线圈后，单相接地时的电流分布将发生重大的变化。假如在图 4-43（a）所示网络中，在电源的中性点接入了消弧线圈，当线路 II 的 A 相接地以后，电容电流的大小和分布与不接消弧线圈时是一样的，不同之处是在接地点处又增加了一个电感分量的电流 $\dot{I}_L$，因此，从接地点流回的总电流为

$$\dot{I}_k = \dot{I}_L + \dot{I}_{C_\Sigma} \tag{4-66}$$

式中，$\dot{I}_{C_\Sigma}$ 为全系统的对地电容电流；$\dot{I}_L$ 为消弧线圈的电流，用 L 表示它的电感，则 $\dot{I}_L = \dfrac{-\dot{E}_A}{\mathrm{j}\omega L}$。

由于 $\dot{I}_{C_\Sigma}$ 和 $\dot{I}_L$ 的相位大约相差 $180°$，因此 $\dot{I}_k$ 将因消弧线圈的补偿而减小。相似地，可以画出它的零序等效网络，如图 4-43（b）所示。

根据对电容电流补偿程度的不同，消弧线圈可以有完全补偿、欠补偿及过补偿三种补偿方式。

① 完全补偿。完全补偿就是使 $I_L = I_{C_\Sigma}$，接地点的电流近似为 0。从消除故障点的电弧、避免出现弧光过电压的角度来看，这种补偿方式是最好的；但是从实际运行来看，又存在着严重的缺点。因为完全补偿时，$\omega L = \dfrac{1}{3\omega C_\Sigma}$，这正是电感 L 和三相对地电容 $3C_\Sigma$ 产生 50Hz 交流串联谐振的条件。这种情况下，如果正常运行时电源中性点与地之间有电压偏移，就会产生串联谐振，线路上将产生很高的谐振过电压。实际上，架空线路三相的对地电容不完全相等，正常运行时电源中性点与地之间就会产生电压偏移，根据电路分析的知识，应用戴维南定理，当 L 断开时中性点的电压为

$$\dot{U}_0 = \frac{\dot{E}_A \times \mathrm{j}\omega C_A + \dot{E}_B \times \mathrm{j}\omega C_B + \dot{E}_C \times \mathrm{j}\omega C_C}{\mathrm{j}\omega C_A + \mathrm{j}\omega C_B + \mathrm{j}\omega C_C} + \frac{\dot{E}_A C_A + \dot{E}_B C_B + \dot{E}_C C_C}{C_A + C_B + C_C} \tag{4-67}$$

式中，$\dot{E}_A$、$\dot{E}_B$、$\dot{E}_C$ 分别为三相电源电动势；C_A、C_B、C_C 分别为三相对地电容。

此外，因断路器合闸三相触点不同而闭合时，也将短时出现一个数值更大的零序电压分量。

在上述两种情况下出现的零序电压都是串联在 $3L$ 和 C_Σ 之间的，其零序等效网络如图 4-44 所示。此电压将在串联谐振回路中产生很大的电压降，从而使电源中性点对地电压严重升高。这是不允许的，因此在实际中不能采用这种方式。

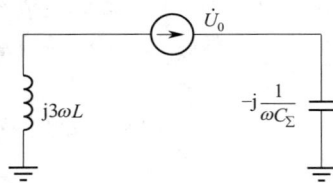

图 4-44　产生串联谐振的零序等效网络

② 欠补偿。欠补偿就是使 $I_L < I_{C_\Sigma}$，补偿后的接地点电流仍然是容性的。采用这种方式时，仍然不能避免上述问题的发生，因为当系统运行方式变化时，如某个元件被切除或因发生故障而跳闸，电容电流就会减小，这时很可能出现因 I_L 和 I_{C_Σ} 两个电流相等而引起的过电压。因此，欠补偿方式一般也是不采用的。

③ 过补偿。过补偿就是使 $I_L > I_{C_\Sigma}$，补偿后的残余电流是感性的。这种方法不可能发生串联谐振的过电压问题，因此，在实际中获得了广泛的应用。I_L 大于 I_{C_Σ} 的程度用过补偿度 P 来表示，其关系为

$$P = \frac{I_L - I_{C_\Sigma}}{I_{C_\Sigma}} \times 100\% \tag{4-68}$$

一般选择过补偿度 $P = 5\% \sim 10\%$，而不大于 10%。

总结以上分析的结果，可以得出如下结论：当采用过补偿方式时，流经故障线路的零序电流是流过消弧线圈的零序电流与非故障元件零序电流之差，而电容性无功功率的实际方向

仍然是由母线流向线路（电感性无功功率的实际方向是由线路流向母线），和非故障线路的方向一样。因此，在这种情况下，首先无法利用功率方向的差别来判别故障线路；其次由于过补偿度不大，因此也很难像中性点不接地系统那样，利用零序电流大小的不同来找出故障线路。

（2）单相接地过渡过程的特点

以上所讨论的都是在稳态情况下电容电流的分布，其值较小，难以识别故障线路；当采用过补偿方式时，也无法利用功率方向的差别来判别故障线路。当发生单相接地故障时，接地电容电流的暂态分量可能较其稳态值大几倍到几十倍，可否利用暂态过程的特点实现故障选线，是近年来正在研究的课题。

当电力系统发生单相接地后，故障相对地电压降低，非故障相对地电压升高，因此，可以将暂态电容电流看成如下两个电流之和（图 4-45）。

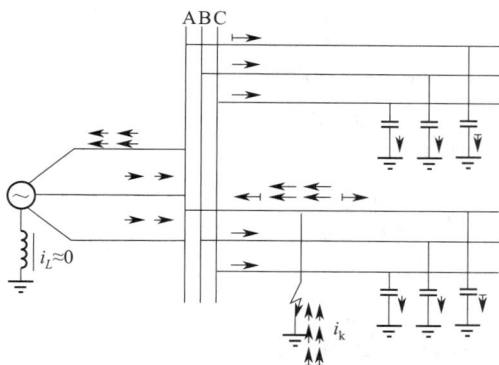

图 4-45　单相接地暂态电流的分布

① 由于故障相电压突然降低而引起的故障相电容放电电流在图 4-45 中以 ⊢→ 表示，它通过母线流向故障点。放电电流衰减很快，其振荡频率高达数千赫，振荡频率主要取决于电网中线路的参数（R 和 L 的数值）、故障点的位置及过渡电阻的数值。

② 由于非故障相电压突然升高而引起的非故障相充电电容电流在图 4-45 中以 → 表示，它流过电源、故障点形成回路。由于整个流通回路的电感较大，因此，充电电流衰减较慢，振荡频率也较低（仅为数百赫）。故障点暂态电容电流的波形如图 4-46 所示。

一般来说，多数故障是因为绝缘损坏，故障发生在相电压接近最大值的瞬间，因此，故障相放电电容电流较非故障相充电电容电流大很多。在同一电力系统中，不论中性点是绝缘还是经消弧线圈接地，在相电压接近最大值的瞬时，其过渡过程是相似的。

在过渡过程中，接地电容电流分量的估算可以利用图 4-47 等效网络来进行。图中表示了网络的分布参数 R、L 和 C，以及消弧线圈的集中电感 L_k，由于 $L_k \gg L$，因此实际上它不影响电容电流分量的计算，因而可以忽略。决定回路自由振荡衰减的电阻 R 应为接地电流沿途的总电阻值，包括导线的电阻、大地的电阻及故障点的过渡电阻。

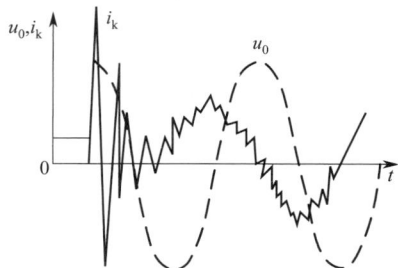

图 4-46　接地故障暂态电流波形图

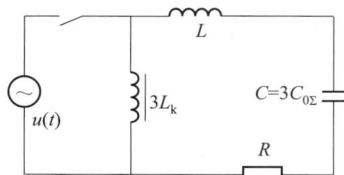

图 4-47　分析过渡过程的等效网络

在忽略 L_k 以后，对暂态电容电流的分析实际上是对 R、L、C 串联回路突然接通零序电压 $u(t) = U_m \cos(\omega t)$ 后的过渡过程的分析。根据电路分析的知识可知，此时流经故障点的电流的变化形式主要取决于网络参数 R、L、C 的关系，当 $R < 2\sqrt{\dfrac{L}{C}}$ 时，电流的过渡过程具有周期衰减的特性；而当 $R > 2\sqrt{\dfrac{L}{C}}$ 时，则电流经非周期衰减而趋于稳态值。

对于架空线路，由于 L 较大，C 较小，其 $R < 2\sqrt{\dfrac{L}{C}}$，因此故障点电流具有迅速衰减的特点，根据分析和测量可知，自由振荡频率一般在 $300\sim1500\mathrm{Hz}$ 的范围内。对于电缆线路，由于 L 很小、C 很大，因此其过渡过程与架空线路相比，所经历的实际暂态过程极为短促，而且具有较高的自由振荡频率，一般在 $1500\sim3000\mathrm{Hz}$ 之间。

如果故障发生在相电压瞬时值为零附近（如外界机械原因引起的单相接地），则电容电流的暂态分量值很小。因此，过渡过程中，电容电流的最大值与发生接地瞬时故障时相电压的瞬时值有关。

4.4.3 零序电压保护

在中性点非直接接地系统中，只要本级电压网络中发生单相接地故障，在同一电压等级的所有发电厂和变电所的母线上，都将出现数值较高的零序电压。利用这一特点，在发电厂和变电所的母线上，一般装设网络单相接地的监视装置，它利用接地后出现的零序电压信号带延时动作，表明本级电压网络中出现了单相接地。为此，可将过电压继电器接于电压互感器二次侧形成开口三角形的绕组，如图 4-48 所示。这种方法给出的信号是没有选择性的，要想发现故障在哪条线路上，还需要由运行人员依次短时断开每条线路，并将断开的线路再投入。当断开某条线路时，零序电压的信号消失，即表明故障是在该线路上。

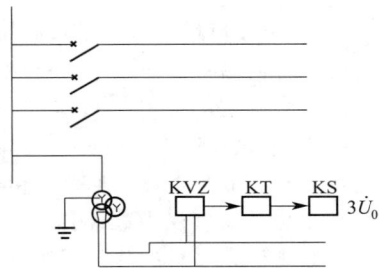

图 4-48　网络单相接地的信号装置原理接线图

4.4.4 零序电流和零序功率方向保护

（1）零序电流保护

零序电流保护利用故障线路零序电流较非故障线路大的特点来实现有选择性地发出信号或动作于跳闸。根据网络的具体结构和对电容电流的补偿情况，有时可以使用，有时难以使用。

这种保护一般使用在有条件安装零序电流互感器的线路（如电缆线路或经电缆引出的架空线路）上；当单相接地电流较大，足以克服零序电流过滤器中的不平衡电流的影响时，保护装置也可以装设于三个电流互感器构成的零序回路中。

根据对图 4-41 的分析，当某一线路上发生单相接地时，非故障线路上的零序电流为本身的电容电流，因此，为了保证动作的选择性，保护装置的动作电流 I_{set} 应大于本线路的电容电流，即

$$I_{\mathrm{set}} = K_{\mathrm{rel}} 3 U_{\varphi} \omega C_0 \tag{4-69}$$

式中，C_0 为被保护线路每相的对地电容。

按式（4-69）整定后，还需要校验在本线路上发生单相接地故障时的灵敏系数。由于流经故障线路的零序电流为全网络中非故障线路电容电流的总和，因此灵敏系数为

$$K_{sen} = \frac{3U_\varphi \omega (C_\Sigma - C_0)}{K_{rel} 3U_\varphi \omega C_0} = \frac{C_\Sigma - C_0}{K_{rel} C_0} \tag{4-70}$$

式中，C_Σ 为同一电压等级网络中各元件每相对地电容之和。

校验时应采用系统最小运行方式时的电容电流，也就是 C_Σ 最小时的电容值。由式（4-70）可知，当全网络的电容电流越大，或者被保护线路的电容电流越小时，零序电流保护的灵敏系数就越容易满足要求。

（2）零序功率方向保护

利用故障线路与非故障线路零序功率方向不同的特点来实现有选择性的保护，动作于信号或跳闸。这种保护在中性点经消弧线圈接地且采用过补偿工作方式时，难以适用。

由于中性点非直接接地系统中发生单相接地时，流过故障和非故障线路的电流变化仅为对地电容电流的变化，其值都较小，特别是当系统中性点经消弧线圈接地，且采用过补偿方式工作时，利用工频分量的变化难以区分故障线路与非故障线路。直到目前为止，对于中性点非直接接地系统，还没有一种原理完善、动作可靠、实现简单的保护。随着对供电可靠性要求的提高，停电检修时间的缩短，城市配电网环网供电和大量采用电缆，对迅速、有选择性地选出单相接地线路的要求日益紧迫，因而对中性点非直接接地系统单相接地保护的研究仍然是一个重要的课题。

本章小结

本章探讨了电网电流保护的工作原理和实现方法，为电力系统的安全运行提供了关键技术支撑。本章内容围绕单侧电源网络和双侧电源网络的相间短路电流保护展开，详细介绍了电流速断保护、限时电流速断保护、定时限过电流保护及阶段式电流保护的配合与应用。

首先，本章介绍了单侧电源网络相间短路时电流的特征，以及电流速断保护的工作原理。通过对比不同的保护方式，如限时电流速断保护和定时限过电流保护，强调了选择性、速动性和灵敏性在电力系统保护中的重要性。

其次，本章深入讨论了阶段式电流保护的策略，包括电流速断保护、限时电流速断保护和反时限特性的电流保护。这些保护方式的配合使用，确保了电力系统在不同故障条件下的可靠性和有效性。

再次，本章还涵盖了双侧电源网络相间短路的方向性电流保护，包括功率方向元件的接线方式和应用特点，为理解复杂电网中的保护逻辑提供了理论基础。

本章还特别提到了中性点直接接地系统中的接地短路保护，包括零序电压、电流过滤器的设计和零序电流保护的不同段的工作原理，以及对零序电流保护的评价，指出了其在实际应用中的优势和局限性。

最后，本章讨论了中性点非直接接地电网单相接地保护，包括中性点不接地系统和中性点经消弧线圈接地系统中单相接地故障的特点，以及零序电压保护和零序电流及功率方向保护的方法。

通过本章的学习，读者能够掌握电网电流保护的基本概念、工作原理和实现方法，以及如何根据不同电力系统的结构和运行条件选择合适的保护策略。这对于电力系统工程师设计、评估和优化电力系统保护方案具有重要的指导意义。

<<<< 思考题与习题 >>>>

4-1　简述单侧电源网络相间短路时电流保护的作用，并解释电流速断保护和限时电流速断保护之间的区别。

4-2　在设计电网电流保护时，如何利用电流速断保护和限时电流速断保护的特性来实现对电网故障的快速响应？

4-3　说明定时限过电流保护的工作原理，并讨论其在电力系统中的应用及其重要性。

4-4　描述阶段式电流保护的配合及应用，并解释为什么这种保护方式能够提高电网的可靠性。

4-5　阐述反时限特性电流保护的工作原理，并讨论其在电力系统故障检测中的优势和局限性。

4-6　电流保护的接线方式有哪些？请分别说明它们的优缺点及适用场景。

4-7　在双侧电源网络相间短路的情况下，功率方向元件如何帮助实现方向性电流保护？请解释其基本原理和应用特点。

4-8　讨论中性点直接接地系统中接地短路保护的重要性，并说明零序电压、电流过滤器的工作原理。

4-9　解释零序电流Ⅰ段（速断）保护的设置目的，并讨论其在电力系统故障响应中的作用。

4-10　设计一个简单的电力系统模型，并说明如何通过电流保护策略来保护该系统免受相间短路故障的影响。

第 5 章

电网的距离保护

　　本章介绍电网距离保护的基本原理与构成，各种特性的阻抗继电器及其接线形式，距离保护的整定计算方法，以及影响距离保护正确工作的因素及采取的措施等内容。

5.1 距离保护基本原理

5.1.1 距离保护的基本原理

　　距离保护是反应于保护安装处至故障点之间的距离，并根据该距离的远近来确定动作时限的保护装置。保护装置测量到的距离越近，保护动作时限越短；反之，保护装置测量到的距离越远，则保护动作时限越长。与电网电流保护相比，距离保护不受电网接线方式和系统运行方式的影响，能够更好地满足选择性、快速性和灵敏性要求，其保护性能也更加完善，在 35kV 及以上复杂网络中得到广泛的应用。

　　测量保护安装处至故障点之间的距离，实际上是测量保护安装处至故障点之间的阻抗。保护安装处的电压 $\dot{U}_{\mathrm{m}}$ 称为保护的测量电压，流经该线路的电流 $\dot{I}_{\mathrm{m}}$ 称为保护的测量电流，两者之比称为保护的测量阻抗 $\dot{Z}_{\mathrm{m}}$，即

$$\dot{Z}_{\mathrm{m}} = \frac{\dot{U}_{\mathrm{m}}}{\dot{I}_{\mathrm{m}}} \tag{5-1}$$

　　如图 5-1 所示，当 k 点发生短路时，流过线路的短路电流为 $\dot{I}_{\mathrm{k}}$，母线 A、B 的残压分别为

$$\dot{U}_{\mathrm{A}} = \dot{I}_{\mathrm{k}} \dot{Z}_1$$

$$\dot{U}_{\mathrm{B}} = \dot{I}_{\mathrm{k}} \dot{Z}_2$$

则保护 1、2 所测得的电压和电流之比为

$$\dot{Z}_{\mathrm{m1}} = \frac{\dot{U}_{\mathrm{m1}}}{\dot{I}_{\mathrm{m1}}} = \frac{\dot{U}_{\mathrm{A}}}{\dot{I}_{\mathrm{k}}} = \dot{Z}_1 = Z_1 l_1$$

$$\dot{Z}_{m2} = \frac{\dot{U}_{m2}}{\dot{I}_{m2}} = \frac{\dot{U}_B}{\dot{I}_k} = \dot{Z}_2 = Z_1 l_2$$

式中，Z_1 为线路单位长度的正序阻抗；l_1、l_2 分别为保护 1、2 安装处至故障点之间的距离。可见，测量阻抗反映了保护安装处至短路点的距离。将测量阻抗与保护的整定阻抗进行比较，当测量阻抗大于整定阻抗时，保护不动作；当测量阻抗小于整定阻抗时，保护动作。

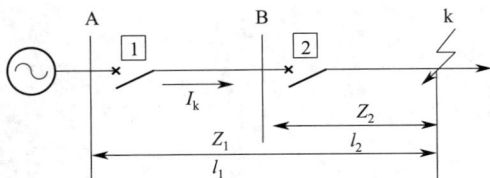

图 5-1　距离保护原理图

5.1.2　距离保护的时限特性

保护装置的动作时限是距离（阻抗）的函数，即

$$t = f(Z_1 l) \tag{5-2}$$

称为距离保护的时限特性。式中，l 为保护安装处至故障点之间的距离。

如图 5-1 所示，当 k 点发生短路时，保护 2 距离短路点近，保护 1 距离短路点远，所以根据选择性要求，保护 2 的动作时间应该比保护 1 的动作时间短。这种选择性的配合可以通过选择合适的整定值和动作时限来实现。

距离保护一般采用具有三段动作范围的阶梯形时限特性，如图 5-2 所示，分别称为距离保护的 I、II、III 段。如对图 5-2 中的保护 1 来说，其三段延时分别为 t_1^{I}、t_1^{II}、t_1^{III}。

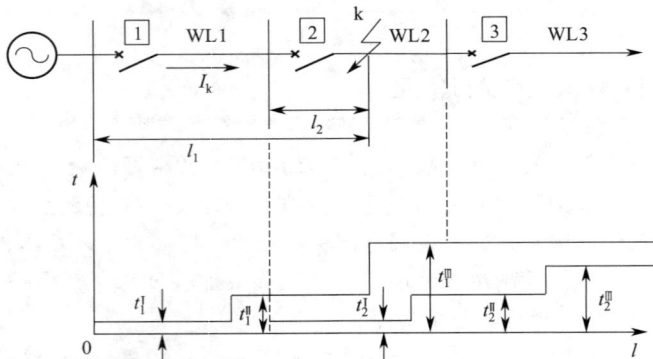

图 5-2　距离保护的时限特性

距离保护 1 的第 I 段是瞬时动作的，动作时限 t_1^{I} 为保护装置的固有动作时间，其保护范围一般为线路全长的 $80\% \sim 85\%$。第 II 段保护范围为被保护线路的全长及下一级线路的 $30\% \sim 40\%$，其动作时限要与下一级线路保护的第 I 段相互配合，为了满足选择性，保护 1 的第 II 段动作时间 t_1^{II} 应比保护 2 的第 I 段动作时间 t_2^{I} 多一个 Δt，即

$$t_1^{II} = t_2^{I} + \Delta t \tag{5-3}$$

距离保护第 I 段与第 II 段联合工作构成本线路的主保护。为了作为相邻线路的距离保护和断路器拒动的远后备保护，同时也作为本线路距离保护第 I、II 段的近后备保护，还应该装设距离保护第 III 段。

距离保护第 III 段的动作阻抗应按躲开正常运行时的最小负荷阻抗来整定，而动作时限按阶梯原则逐级整定，其动作时限应比对应下一级相邻线路距离保护第 III 段动作时限的最大者增加一个 Δt，即

$$t_1^{\text{III}} = t_{2.\max}^{\text{III}} + \Delta t \qquad (5\text{-}4)$$

5.1.3 距离保护的构成

距离保护一般由启动元件、测量元件、时间元件、电压回路断线闭锁元件、振荡闭锁元件、逻辑和出口等几部分组成。三段式距离保护的单相原理框图如图 5-3 所示。

（1）启动元件

启动元件用来判别系统是否发生故障。要求其在远后备保护范围内发生故障时，灵敏地瞬间启动整套保护。在模拟式距离保护中，大多采用反映负序电流、零序电流或负序与零序复合电流判断原理。在数字式距离保护中，启动元件由软件实时检测电流突变量或零序电流变化量来实现。

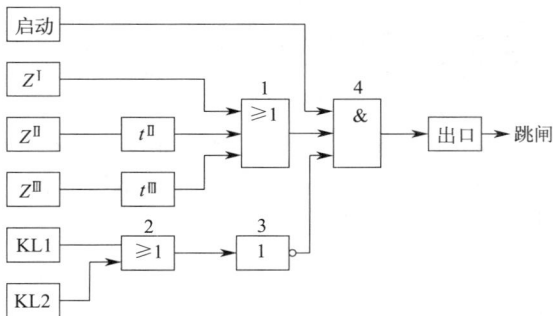

图 5-3　三段式距离保护的单相原理框图

（2）测量元件

测量元件是距离保护的核心。要求其在系统故障时，能够快速、准确地测定出故障方向和距离，并与预先设定的保护范围相比较，然后判断故障处于哪一段保护范围。在传统的模拟式距离保护中，实现故障距离测量和比较的元件称为阻抗元件或阻抗继电器。在图 5-3 中，一般 Z^{I} 和 Z^{II} 采用方向阻抗继电器，Z^{III} 采用偏移阻抗继电器。在数字式距离保护中，故障距离的测量和比较功能是由软件算法实现的，也可以把实现这些算法的软件模块称为"测量元件""阻抗元件"或"阻抗继电器"。

（3）时间元件

时间元件的主要作用是按照故障点到保护安装处距离的远近，根据预定的时限特性确定动作的时限，以满足保护的选择性。在图 5-3 中的时间元件 t^{II} 和 t^{III}，模拟式距离保护一般采用时间继电器来实现，在数字式距离保护中一般采用计数器来实现。

（4）电压回路断线闭锁元件

电压回路断线会造成保护测量电压消失，可能使距离保护的测量元件出现误判。因此，电压回路断线时应该将距离保护闭锁。如图 5-3 所示，当发生电压互感器二次侧断线时，可通过 TV 二次回路断线闭锁元件 KL1 经或门 2 再经非门 3 实现保护闭锁。

（5）振荡闭锁元件

电力系统发生振荡时电压、电流幅值的周期性变化，有可能导致距离保护误动。因此，要求保护装置能够准确地判别出系统振荡，并将保护闭锁。如图 5-3 所示，电力系统振荡时，可通过振荡闭锁元件 KL2 经或门 2 再经非门 3 实现保护闭锁。

（6）逻辑和出口

逻辑部分用来实现距离保护各个部分之间的逻辑配合，以及三段式距离保护中各段之间的时限配合。出口部分包括跳闸出口和信号出口，在保护动作时接通跳闸回路并发出相应的信号。

如图 5-3 所示，当发生正向故障时，启动元件动作。如果故障发生在第 I 段范围内，阻抗继电器 Z^{I}、Z^{II} 和 Z^{III} 均动作，由无时限的保护第 I 段 Z^{I} 的输出信号经或门 1 并与启动元件的输出信号经与门 4 瞬时作用于出口回路，动作于跳闸，然后各元件复位。如果故障发生在第 I 段范围外和第 II 段范围内，阻抗继电器 Z^{II} 和 Z^{III} 均动作，随即分别启动时间元件

t^{II}和t^{III}，由于$t^{II} < t^{III}$，带时限的保护第II段Z^{II}的输出信号通过时间元件t^{II}经或门1并与启动元件的输出信号经与门4作用于出口回路，动作于跳闸，然后各元件复位。如果故障发生在第III段范围内，只有阻抗继电器Z^{III}动作，随即启动时间元件t^{III}，假定在t^{III}延时之内故障未被其他保护切除，Z^{III}的输出信号通过时间元件t^{III}经或门1并与启动元件的输出信号经与门4作用于出口回路，动作于跳闸，起到后备保护的作用。

5.2 阻抗继电器

阻抗继电器是距离保护的测量元件，用于测量保护安装处至故障点之间的阻抗，该阻抗称为测量阻抗，将测量阻抗与整定阻抗进行比较，以判断故障所处的区域，所以阻抗继电器是距离保护装置的核心部分。

测量阻抗$\dot{Z}_m$为输入阻抗继电器的测量电压$\dot{U}_m$与测量电流$\dot{I}_m$的比值，$\dot{Z}_m$的阻抗角就是$\dot{U}_m$和$\dot{I}_m$的相位角φ_m。

$$\dot{Z}_m = \frac{\dot{U}_m}{\dot{I}_m} = |\dot{Z}_m| \angle \varphi_m = R_m + jX_m \tag{5-5}$$

整定阻抗$\dot{Z}_{set}$用来界定保护范围，一般取为保护安装处到保护范围末端的线路阻抗。

测量阻抗$\dot{Z}_m$和整定阻抗$\dot{Z}_{set}$都表现为复数形式，由于故障点位置、故障类型及互感器误差等因素，测量阻抗$\dot{Z}_m$和整定阻抗$\dot{Z}_{set}$不一定同向，所以要在复平面上一定的区域内比较Z_m和Z_{set}的大小以判断故障所处的区域。在特定的区域内，如果$Z_m < Z_{set}$，说明故障在保护范围内；如果$Z_m > Z_{set}$，说明故障在保护范围外。一般将这个复平面上的特定区域的形状称为阻抗继电器的动作特性，常见的动作特性有圆特性、直线特性、苹果形特性、橄榄形特性及四边形特性等。将描述阻抗继电器动作特性的数学方程称为动作方程。动作方程分为幅值比较和相位比较两种方式。

5.2.1 圆特性阻抗继电器

圆特性阻抗继电器包括全阻抗继电器、方向阻抗继电器和偏移特性阻抗继电器等。

（1）全阻抗继电器

全阻抗继电器的特性是以保护安装处o点为圆心，以整定阻抗$\dot{Z}_{set}$为半径所作的一个圆，如图5-4所示。当测量阻抗$\dot{Z}_m$处于圆内时，继电器动作，当测量阻抗$\dot{Z}_m$处于圆外时，继电器不动作，即圆内为动作区，圆外为不动作区。当测量阻抗$\dot{Z}_m$位于圆周上时，继电器刚好动作，此时对应的阻抗称为继电器的动作阻抗$\dot{Z}_{act}$，显然，$|\dot{Z}_{act}| = |\dot{Z}_{set}|$。由于测量阻抗在圆内的任何象限继电器都能动作，所以全阻抗继电器不具有方向性。

① 全阻抗继电器的幅值比较式动作特性如图5-4（a）所示，动作方程为

$$|\dot{Z}_m| \leqslant |\dot{Z}_{set}| \tag{5-6}$$

式（5-6）两端同乘以测量电流$\dot{I}_m$，动作方程变为

$$|\dot{U}_m| \leqslant |\dot{I}_m \dot{Z}_{set}| \tag{5-7}$$

② 全阻抗继电器的相位比较式动作特性如图5-4（b）所示。$\dot{Z}_m$位于圆周上且滞后于$\dot{Z}_{set}$

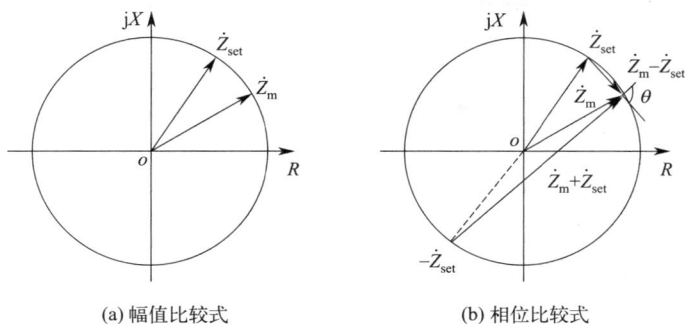

(a) 幅值比较式　　　　　(b) 相位比较式

图 5-4　全阻抗继电器的动作特性

时，矢量 $\dot{Z}_m + \dot{Z}_{set}$ 超前 $\dot{Z}_m - \dot{Z}_{set}$ 的角度 $\theta = 90°$；$\dot{Z}_m$ 位于圆周上且超前于 $\dot{Z}_{set}$ 时，矢量 $\dot{Z}_m + \dot{Z}_{set}$ 超前 $\dot{Z}_m - \dot{Z}_{set}$ 的角度 $\theta = 270°$；$\dot{Z}_m$ 位于圆内时，$270° \geqslant \theta \geqslant 90°$。相位比较式动作方程为

$$270° \geqslant \arg \frac{\dot{Z}_m + \dot{Z}_{set}}{\dot{Z}_m - \dot{Z}_{set}} \geqslant 90° \tag{5-8}$$

将两个矢量均乘以测量电流 $\dot{I}_m$，电压相位比较式动作方程为

$$270° \geqslant \arg \frac{\dot{U}_m + \dot{I}_m \dot{Z}_{set}}{\dot{U}_m - \dot{I}_m \dot{Z}_{set}} \geqslant 90° \tag{5-9}$$

全阻抗继电器的动作特性在各个方向上动作阻抗都相同，在正方向或反方向故障时具有相同的保护区，可以应用于单侧电源系统。若应用于多侧电源系统，应与方向元件配合使用。

（2）方向阻抗继电器

方向阻抗继电器的特性是以整定阻抗 $\dot{Z}_{set}$ 为直径并通过保护安装处 o 的一个圆，如图 5-5 所示，圆内为动作区，圆外为不动作区。当输入阻抗继电器的测量电压 $\dot{U}_m$ 和测量电流 $\dot{I}_m$ 之间的相位角 φ 改变时，方向阻抗继电器的启动阻抗 $\dot{Z}_{act}$ 也将随之改变。当 φ 等于 $\dot{Z}_{set}$ 的阻抗角时，阻抗继电器的启动阻抗正好等于圆的直径，达到最大，即 $\dot{Z}_{act} = \dot{Z}_{set}$。此时，继电器的保护范围最大、工作最灵敏，因此，这个角度称为阻抗继电器的最大灵敏角 $\varphi_{sen.\,max}$。

当正方向发生短路且在保护范围内时，测量阻抗 $\dot{Z}_m$ 位于第一象限且在圆内，继电器动作。此时，φ 等于被保护线路的阻抗角 φ_k，为使阻抗继电器工作在最灵敏条件下，需调整阻抗继电器的最大灵敏角 $\varphi_{sen.\,max} = \varphi_k$。

当反方向发生短路时，测量阻抗 $\dot{Z}_m$ 位于第三象限，阻抗继电器不动作。

因此，这种继电器具有方向性，所以称之为方向阻抗继电器。

① 方向阻抗继电器的幅值比较式动作特性如图 5-5(a) 所示，动作方程为

$$\left| \dot{Z}_m - \frac{1}{2} \dot{Z}_{set} \right| \leqslant \left| \frac{1}{2} \dot{Z}_{set} \right| \tag{5-10}$$

式(5-10)两端同乘以测量电流 $\dot{I}_m$，动作方程变为

$$\left| \dot{U}_m - \frac{1}{2} \dot{I}_m \dot{Z}_{set} \right| \leqslant \left| \frac{1}{2} \dot{I}_m \dot{Z}_{set} \right| \tag{5-11}$$

② 方向阻抗继电器的相位比较式动作特性如图 5-5(b) 所示。$\dot{Z}_m$ 位于圆周上且滞后于

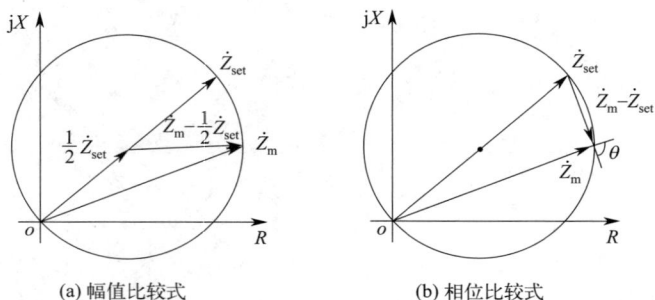

(a) 幅值比较式　　　　　　　　　　(b) 相位比较式

图 5-5　方向阻抗继电器的动作特性

$\dot{Z}_{set}$ 时，阻抗 $\dot{Z}_m$ 超前 $\dot{Z}_m - \dot{Z}_{set}$ 的角度 $\theta = 90°$；$\dot{Z}_m$ 位于圆周上且超前于 $\dot{Z}_{set}$ 时，$\dot{Z}_m$ 超前 $\dot{Z}_m -$
$\dot{Z}_{set}$ 的角度 $\theta = 270°$；$\dot{Z}_m$ 位于圆内时，$270° \geqslant \theta \geqslant 90°$。相位比较式动作方程为

$$270° \geqslant \arg \frac{\dot{Z}_m}{\dot{Z}_m - \dot{Z}_{set}} \geqslant 90° \tag{5-12}$$

将两个矢量均乘以测量电流 $\dot{I}_m$，电压相位比较式动作方程为

$$270° \geqslant \arg \frac{\dot{U}_m}{\dot{U}_m - \dot{I}_m \dot{Z}_{set}} \geqslant 90° \tag{5-13}$$

方向阻抗继电器一般用于距离保护的主保护（Ⅰ段和Ⅱ段）中。

（3）偏移特性阻抗继电器

偏移特性阻抗继电器的特性是将方向阻抗继电器的特性向第三象限偏移，即正方向的整定阻抗为 $\dot{Z}_{set}$ 时，向反方向偏移一个 $\alpha \dot{Z}_{set}$，$0 < \alpha < 1$。偏移特性阻抗继电器的动作特性如图 5-6 所示，圆的直径为 $|(1+\alpha)\dot{Z}_{set}|$，原点 o 至圆心的矢量 $\dot{Z}_0 = \frac{1}{2}(\dot{Z}_{set} - \alpha \dot{Z}_{set})$，圆的半径为 $|\dot{Z}_{set} - \dot{Z}_0| = \frac{1}{2}|\dot{Z}_{set} + \alpha \dot{Z}_{set}|$。圆内为动作区，圆外为不动作区。

如图 5-6（a）所示，当 $\alpha = 0$ 时，继电器特性表现为方向阻抗继电器；当 $\alpha = 1$ 时，继电器特性表现为全阻抗继电器。所以偏移特性阻抗继电器的动作特性介于方向阻抗继电器和全阻抗继电器之间。实际应用中，通常取 $\alpha = 0.1 \sim 0.2$，用以消除因保护安装处发生短路时电压等于零而形成的方向阻抗继电器的死区。

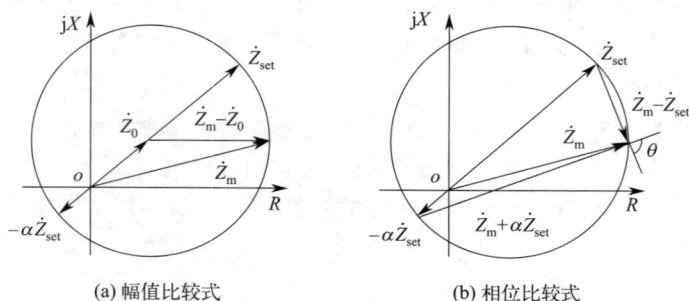

(a) 幅值比较式　　　　　　　　　　(b) 相位比较式

图 5-6　偏移阻抗继电器的动作特性

① 偏移特性阻抗继电器的幅值比较式动作特性如图 5-6（a）所示，动作方程为

$$|\dot{Z}_m - \dot{Z}_0| \leqslant |\dot{Z}_{set} - \dot{Z}_0| \tag{5-14}$$

式（5-14）两端乘以测量电流 $\dot{I}_{\mathrm{m}}$，动作方程变为

$$|\dot{U}_{\mathrm{m}}-\dot{I}_{\mathrm{m}}\dot{Z}_0| \leqslant |\dot{I}_{\mathrm{m}}(\dot{Z}_{\mathrm{set}}-\dot{Z}_0)| \tag{5-15}$$

② 偏移特性阻抗继电器的相位比较式动作特性如图 5-6（b）所示。$\dot{Z}_{\mathrm{m}}$ 位于圆周上且滞后于 $\dot{Z}_{\mathrm{set}}$ 时，阻抗 $\dot{Z}_{\mathrm{m}}+\alpha\dot{Z}_{\mathrm{set}}$ 超前 $\dot{Z}_{\mathrm{m}}-\dot{Z}_{\mathrm{set}}$ 的角度 $\theta=90°$；$\dot{Z}_{\mathrm{m}}$ 位于圆周上且超前于 $\dot{Z}_{\mathrm{set}}$ 时，$\dot{Z}_{\mathrm{m}}+\alpha\dot{Z}_{\mathrm{set}}$ 超前 $\dot{Z}_{\mathrm{m}}-\dot{Z}_{\mathrm{set}}$ 的角度 $\theta=270°$；$\dot{Z}_{\mathrm{m}}$ 位于圆内时，$270°\geqslant\theta\geqslant90°$。相位比较式动作方程为

$$270°\geqslant\arg\frac{\dot{Z}_{\mathrm{m}}+\alpha\dot{Z}_{\mathrm{set}}}{\dot{Z}_{\mathrm{m}}-\dot{Z}_{\mathrm{set}}}\geqslant90° \tag{5-16}$$

将两个矢量均乘以测量电流 $\dot{I}_{\mathrm{m}}$，电压相位比较式动作方程为

$$270°\geqslant\arg\frac{\dot{I}_{\mathrm{m}}(\dot{Z}_{\mathrm{m}}+\alpha\dot{Z}_{\mathrm{set}})}{\dot{U}_{\mathrm{m}}-\dot{I}_{\mathrm{m}}\dot{Z}_{\mathrm{set}}}\geqslant90° \tag{5-17}$$

5.2.2　直线特性阻抗继电器

直线特性阻抗继电器的动作特性为一直线，如图 5-7 所示。整定阻抗 $\dot{Z}_{\mathrm{set}}$ 为由原点 o 至动作特性直线的垂线，动作特性直线的左侧为动作区，右侧为不动作区。

直线特性阻抗继电器的幅值比较式动作特性如图 5-7（a）所示，动作方程为

$$|\dot{Z}_{\mathrm{m}}| \leqslant |2\dot{Z}_{\mathrm{set}}-\dot{Z}_{\mathrm{m}}| \tag{5-18}$$

式（5-18）两端同乘以测量电流 $\dot{I}_{\mathrm{m}}$，动作方程变为电压比较式

$$|\dot{U}_{\mathrm{m}}| \leqslant |2\dot{I}_{\mathrm{m}}\dot{Z}_{\mathrm{set}}-\dot{U}_{\mathrm{m}}| \tag{5-19}$$

直线特性阻抗继电器的相位比较式动作特性如图 5-7（b）所示。$\dot{Z}_{\mathrm{set}}$ 超前于 $\dot{Z}_{\mathrm{m}}-\dot{Z}_{\mathrm{set}}$ 的角度为 $270°\geqslant\theta\geqslant90°$，相位比较动作方程为

$$270°\geqslant\arg\frac{\dot{Z}_{\mathrm{set}}}{\dot{Z}_{\mathrm{m}}-\dot{Z}_{\mathrm{set}}}\geqslant90° \tag{5-20}$$

将两个矢量均乘以测量电流 $\dot{I}_{\mathrm{m}}$，电压相位比较式动作方程为

$$270°\geqslant\arg\frac{\dot{I}_{\mathrm{m}}\dot{Z}_{\mathrm{set}}}{\dot{U}_{\mathrm{m}}-\dot{I}_{\mathrm{m}}\dot{Z}_{\mathrm{set}}}\geqslant90° \tag{5-21}$$

根据动作特性直线在阻抗复平面上位置和方向的不同，直线特性阻抗继电器可分为电抗型阻抗继电器、电阻型阻抗继电器和功率方向继电器等。

（1）电抗型阻抗继电器

电抗型阻抗继电器的动作特性是一条平行于 R 轴且与 R 轴距离为 X_{set} 的直线，直线下方为动作区，上方为不动作区，如图 5-8（a）所示。只要测量阻抗 $\dot{Z}_{\mathrm{m}}$ 的电抗部分小于 X_{set}，继电器就可以动作，与电阻部分的大小无关，因而电抗型阻抗继电器具有很强的耐过渡电阻能力。但是由于其不具有方向性，且在负荷阻抗下也能动作，所以通常不单独使用。

（2）电阻型阻抗继电器

电阻型阻抗继电器的动作特性是一条平行于 jX 轴且与 jX 轴距离为 R_{set} 的直线，直线左侧为动作区，右侧为不动作区，如图 5-8（b）所示。只要测量阻抗 $\dot{Z}_{\mathrm{m}}$ 的电阻部分小于 R_{set}，继电器就可以动作，与电抗部分的大小无关。

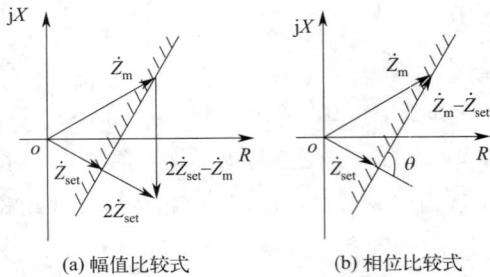

(a) 幅值比较式　　　　(b) 相位比较式

图 5-7　直线特性阻抗继电器的动作特性

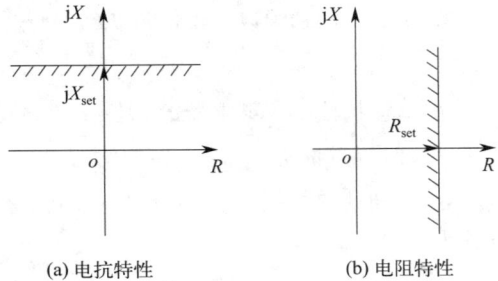

(a) 电抗特性　　　　(b) 电阻特性

图 5-8　具有电抗和电阻特性的阻抗继电器

（3）功率方向继电器

功率方向继电器的动作特性可以看作方向阻抗继电器的一个特例，即当整定阻抗 $\dot{Z}_{set}$ 趋于无限大时，原来的特性圆就趋于和直径 $\dot{Z}_{set}$（图 5-5）垂直的一条圆的切线 AA'，即通过坐标原点的一条直线，带阴影的一侧为动作区，如图 5-9 所示。两者的区别：对于功率方向继电器，只要是正方向的短路（电压和电流的比值对应一个位于第 I 象限的阻抗），无论测量阻抗数值是多少，继电器都能够启动；而方向阻抗继电器需要满足正方向短路和测量阻抗小于一定数值两个条件才能够启动。

功率方向继电器幅值比较动作特性如图 5-9(a) 所示，在最大灵敏角的方向上任取两个矢量 $\dot{Z}_0$ 和 $-\dot{Z}_0$，当测量阻抗 $\dot{Z}_m$ 位于特性直线 AA' 以上时，$|\dot{Z}_m-\dot{Z}_0|$ 恒小于 $|\dot{Z}_m+\dot{Z}_0|$；当 $\dot{Z}_m$ 位于直线上时，两者相等。因此，功率方向继电器幅值比较式动作方程为

$$|\dot{Z}_m-\dot{Z}_0|\leqslant|\dot{Z}_m+\dot{Z}_0| \tag{5-22}$$

式(5-22) 两端同乘以测量电流 $\dot{I}_m$，动作方程变为两个电压幅值的比较

$$|\dot{U}_m-\dot{I}_m\dot{Z}_0|\leqslant|\dot{U}_m+\dot{I}_m\dot{Z}_0| \tag{5-23}$$

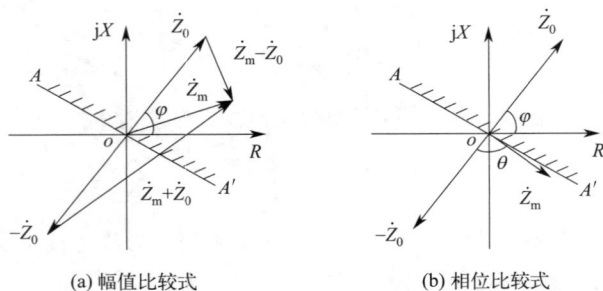

(a) 幅值比较式　　　　(b) 相位比较式

图 5-9　功率方向继电器的动作特性

相位比较式动作特性如图 5-9(b) 所示，只要矢量 $\dot{Z}_m$ 和 $-\dot{Z}_0$ 之间的角度为 $270°\geqslant\theta\geqslant90°$，继电器就能够动作。相位比较式的动作方程为

$$270°\geqslant\arg\frac{\dot{Z}_m}{-\dot{Z}_0}\geqslant90° \tag{5-24}$$

将两个矢量均乘以测量电流 $\dot{I}_m$，电压相位比较式动作方程为

$$270°\geqslant\arg\frac{\dot{U}_m}{-\dot{I}_m\dot{Z}_0}\geqslant90° \tag{5-25}$$

5.2.3 橄榄形和苹果形特性阻抗继电器

如果功率方向阻抗继电器的动作范围小于180°，如其相位比较式动作方程为

$$240° \geqslant \arg \frac{\dot{Z}_m}{\dot{Z}_m - \dot{Z}_{set}} \geqslant 120° \tag{5-26}$$

则阻抗继电器的特性变成橄榄形特性，特性由两个圆周角等于120°的圆弧构成，如图5-10（a）所示。

如果功率方向阻抗继电器的动作范围大于180°，如其相位比较式动作方程为

$$300° \geqslant \arg \frac{\dot{Z}_m}{\dot{Z}_m - \dot{Z}_{set}} \geqslant 60° \tag{5-27}$$

则阻抗继电器的特性变成苹果形特性，特性由两个圆周角等于60°的圆弧构成，如图5-10（b）所示。

与圆特性阻抗继电器相比，橄榄形特性阻抗继电器耐受过负荷能力较强，耐受过电阻能力较差；而苹果形特性阻抗继电器耐受过负荷能力较弱，耐受过电阻能力较强。

5.2.4 多边形特性阻抗继电器

多边形特性阻抗继电器在复平面上可以呈现多种形状的动作特性，多边形内为动作区，多边形外为不动作区，其特性曲线一般由一组折线和两条直线构成，或者由两组折线构成，如图5-11所示。

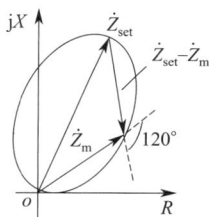
(a) 橄榄形

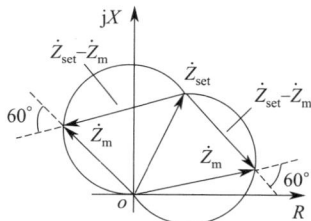
(b) 苹果形

图5-10 橄榄形和苹果形动作特性

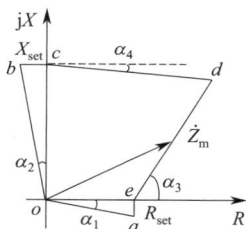

图5-11 多边形动作特性

图5-11中多边形的折线 aob 为动作范围小于180°的功率方向继电器特性，一般取 $\alpha_1 = \alpha_2 = 14°$；直线 cd 为电抗型阻抗继电器特性，角度 α_4 一般取7°～10°，以防止被保护线路末端因过渡电阻短路可能出现的误动；直线 de 为电阻型阻抗继电器特性，角度 α_3 一般取70°。将上述几种特性的继电器组成"与门"输出，可实现多边形特性阻抗继电器特性。

多边形特性阻抗继电器因其特性中电阻型阻抗继电器特性（de 线）可按承受较大过渡电阻或躲开最小负荷阻抗的要求灵活整定，所以广泛应用于微机距离保护装置中。

5.2.5 幅值比较式和相位比较式的互换关系

圆特性和直线特性阻抗继电器的动作方程既能够表示成幅值比较式，又能够表示成相位比较式。实际上，两者之间可以相互转换。

设幅值比较的两个电压以 $\dot{A}$ 和 $\dot{B}$ 表示，动作条件为 $|\dot{A}| \leqslant |\dot{B}|$，相位比较的两个电压以 $\dot{C}$ 和 $\dot{D}$ 表示，动作条件为 $270° \geqslant \arg \dfrac{\dot{C}}{\dot{D}} \geqslant 90°$，则它们之间的关系为

$$\dot{C} = \dot{A} + \dot{B} \tag{5-28}$$

$$\dot{D} = \dot{A} - \dot{B} \tag{5-29}$$

$$\dot{A} = \frac{1}{2}(\dot{C} + \dot{D}) \tag{5-30}$$

$$\dot{B} = \frac{1}{2}(\dot{C} - \dot{D}) \tag{5-31}$$

由式(5-28)～式(5-31)可知，已知 $\dot{A}$ 和 $\dot{B}$ 时，可以求出 $\dot{C}$ 和 $\dot{D}$，反之亦然，如图 5-12 所示。可见，幅值比较式和相位比较式之间具有互换性。

阻抗继电器幅值比较式和相位比较式动作方程之间的相互转换要求电压 $\dot{A}$、$\dot{B}$、$\dot{C}$ 和 $\dot{D}$ 为同一频率的正弦交流量，不适用于分析短路暂态过程中出现非周期分量的情况。

5.2.6　阻抗继电器的精确工作电流

在理想条件下进行阻抗继电器动作特性分析时，其动作特性只与加入继电器的测量阻抗，即电压和电流的比值有关，而与电流的大小无关。实际上，当加入阻抗继电器的电流较小时，继电器的启动阻抗将下降。例如，方向阻抗继电器动作阻抗与测量电流的关系如图 5-13 所示，这样将使阻抗继电器的保护范围缩短，可能会进一步影响与下一相邻线路保护装置的配合，造成无选择性动作。为了克服这个问题，规定了精确工作电流这一指标。

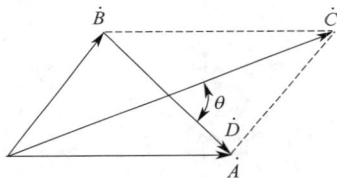

图 5-12　幅值比较式与相位比较式之间的关系

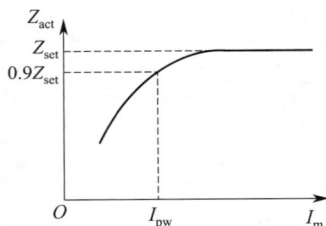

图 5-13　方向阻抗继电器动作
阻抗与测量电流的关系

将阻抗继电器在灵敏角 $\varphi = \varphi_{\text{sen.max}}$、动作阻抗 $Z_{\text{act}} = 0.9 Z_{\text{set}}$ 时对应的最小测量电流称为精确工作电流 I_{pw}。如图 5-13 所示，阻抗继电器精确工作电流对应的测量阻抗比整定阻抗缩小了 10%，这样，只要阻抗继电器的测量电流高于精确工作电流，就可以保证动作阻抗的误差在 10% 以内。

5.3　阻抗继电器的接线方式

根据距离保护的工作原理，输入保护的测量电压 $\dot{U}_{\text{m}}$ 和测量电流 $\dot{I}_{\text{m}}$ 应满足以下要求：
① 继电器的测量阻抗正比于短路点到保护安装处之间的距离；

② 继电器的测量阻抗应与故障类型无关，即保护范围不受故障类型的影响。

阻抗继电器的接线方式是指输入继电器的测量电压 $\dot{U}_{\mathrm{m}}$ 和测量电流 $\dot{I}_{\mathrm{m}}$ 的相别。按照测量电压 $\dot{U}_{\mathrm{m}}$ 和测量电流 $\dot{I}_{\mathrm{m}}$ 的相位关系，阻抗继电器的接线方式可分为 0°接线、30°接线、−30°接线等，见表 5-1。实际应用中，距离保护在应对相间短路和接地短路时，广泛采用的接线方式有相间距离保护 0°接线和接地距离保护接线。

表 5-1   不同接线方式时阻抗继电器测量电压和测量电流的关系

接线方式	继电器					
	K1		K2		K3	
	$\dot{U}_{\mathrm{m}}$	$\dot{I}_{\mathrm{m}}$	$\dot{U}_{\mathrm{m}}$	$\dot{I}_{\mathrm{m}}$	$\dot{U}_{\mathrm{m}}$	$\dot{I}_{\mathrm{m}}$
0°接线	$\dot{U}_{\mathrm{AB}}$	$\dot{I}_{\mathrm{A}}-\dot{I}_{\mathrm{B}}$	$\dot{U}_{\mathrm{BC}}$	$\dot{I}_{\mathrm{B}}-\dot{I}_{\mathrm{C}}$	$\dot{U}_{\mathrm{CA}}$	$\dot{I}_{\mathrm{C}}-\dot{I}_{\mathrm{A}}$
30°接线	$\dot{U}_{\mathrm{AB}}$	$\dot{I}_{\mathrm{A}}$	$\dot{U}_{\mathrm{BC}}$	$\dot{I}_{\mathrm{B}}$	$\dot{U}_{\mathrm{CA}}$	$\dot{I}_{\mathrm{C}}$
−30°接线	$\dot{U}_{\mathrm{AB}}$	$-\dot{I}_{\mathrm{B}}$	$\dot{U}_{\mathrm{BC}}$	$-\dot{I}_{\mathrm{C}}$	$\dot{U}_{\mathrm{CA}}$	$-\dot{I}_{\mathrm{A}}$
接地距离保护接线	$\dot{U}_{\mathrm{A}}$	$\dot{I}_{\mathrm{A}}+K\times3\dot{I}_{0}$	$\dot{U}_{\mathrm{B}}$	$\dot{I}_{\mathrm{B}}+K\times3\dot{I}_{0}$	$\dot{U}_{\mathrm{C}}$	$\dot{I}_{\mathrm{C}}+K\times3\dot{I}_{0}$

5.3.1　相间距离保护 0°接线方式

（1）三相短路

如图 5-14 所示，三相短路时，三个阻抗元件 K1～K3 的工作情况完全相同，因此，可以以阻抗继电器 K1 为例进行分析。设短路点至保护安装处之间的距离为 l，线路的单位正序阻抗为 z_1，则保护安装处的电压 $\dot{U}_{\mathrm{AB}}$ 为

$$\dot{U}_{\mathrm{AB}}=\dot{U}_{\mathrm{A}}-\dot{U}_{\mathrm{B}}=\dot{I}_{\mathrm{A}}z_1l-\dot{I}_{\mathrm{B}}z_1l=(\dot{I}_{\mathrm{A}}-\dot{I}_{\mathrm{B}})z_1l \tag{5-32}$$

三相短路时，阻抗继电器 K1 的测量阻抗 $\dot{Z}_{\mathrm{K1}}^{(3)}$ 为

$$\dot{Z}_{\mathrm{K1}}^{(3)}=\frac{\dot{U}_{\mathrm{AB}}}{\dot{I}_{\mathrm{A}}-\dot{I}_{\mathrm{B}}}=z_1l \tag{5-33}$$

由此可见，三相短路时三个阻抗元件的测量阻抗均等于短路点到保护安装处之间的阻抗，三个阻抗元件均能正确动作。

（2）两相短路

如图 5-15 所示，设 A-B 两相相间短路，则保护安装处的测量电压为

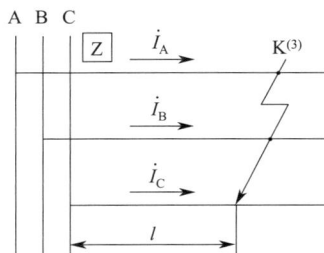

图 5-14　三相短路时测量阻抗的分析图　　　图 5-15　A-B 两相短路时测量阻抗的分析

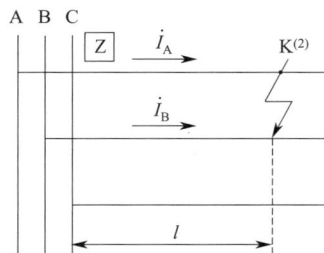

$$\dot{U}_{\mathrm{AB}}=\dot{U}_{\mathrm{A}}-\dot{U}_{\mathrm{B}}=\dot{I}_{\mathrm{A}}z_1l-\dot{I}_{\mathrm{B}}z_1l=(\dot{I}_{\mathrm{A}}-\dot{I}_{\mathrm{B}})z_1l \tag{5-34}$$

此时，阻抗继电器 K1 的测量阻抗 $Z_{\mathrm{K1}}^{(2)}$ 为

$$\dot{Z}_{K1}^{(2)} = \frac{\dot{U}_{AB}}{\dot{I}_A - \dot{I}_B} = z_1 l \qquad (5-35)$$

与三相短路时的测量阻抗相同，因此，K1 能正确动作。

在 A-B 两相短路的情况下，阻抗继电器 K2 和 K3 所加电压为非故障相间的电压，其数值高于 $\dot{U}_{AB}$，而电流只是其中一相的故障电流，数值低于 $\dot{I}_A - \dot{I}_B$，因此，其测量阻抗必然大于 K1 的测量阻抗 $\dot{Z}_{K1}^{(2)}$，所以继电器不会启动。

由此可见，在 A-B 两相短路时，只有继电器 K1 能准确地测量短路阻抗而动作。同理，B-C 和 C-A 两相短路时，相应地，分别只有 K2 和 K3 能够准确地测量短路阻抗而动作。

（3）中性点直接接地系统中的两相接地短路

如图 5-16 所示，以 A-B 两相接地短路为例，由于有接地电流存在，则 $\dot{I}_A \neq -\dot{I}_B$。这样可以把"A 相-地"和"B 相-地"看作存在耦合关系的两个回路。保护安装处的测量电压 $\dot{U}_A$ 和 $\dot{U}_B$ 分别为

$$\dot{U}_A = \dot{I}_A z_S l + \dot{I}_B z_M l \qquad (5-36)$$

$$\dot{U}_B = \dot{I}_B z_S l + \dot{I}_A z_M l \qquad (5-37)$$

式中，z_S 和 z_M 分别为输电线路单位长度的自阻抗和互阻抗。

图 5-16　A-B 两相接地短路时测量阻抗的分析

阻抗继电器 K1 的测量阻抗 $\dot{Z}_{K1}^{(1,1)}$ 为

$$\dot{Z}_{K1}^{(1,1)} = \frac{\dot{U}_{AB}}{\dot{I}_A - \dot{I}_B} = \frac{(\dot{I}_A - \dot{I}_B)(z_S - z_M)l}{\dot{I}_A - \dot{I}_B} = z_1 l \qquad (5-38)$$

由此可见，当发生 A-B 两相接地短路时，继电器 K1 的测量阻抗与三相短路时相同，保护能够正确动作；由于在测量电压和电流中含有非故障相的电压和电流，继电器 K2 和 K3 的测量阻抗较大，故一般不会动作。

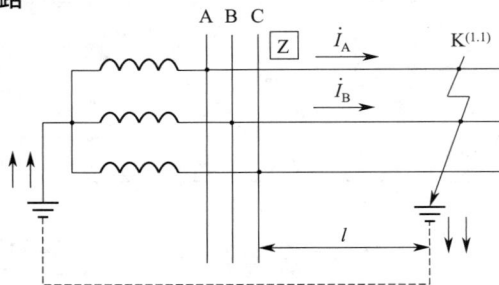

5.3.2　接地距离保护的接线方式

在中性点直接接地系统中，当零序电流保护不能满足速动性和灵敏性的要求时，一般考虑采用接地距离保护来正确反映电网中的单相接地短路。

假设短路点到保护安装处的距离为 l，被保护线路单位长度的正序、负序、零序阻抗分别为 z_1、z_2 和 z_0，一般认为 $z_1 = z_2$。按照对称分量法，保护安装处的母线电压 $\dot{U}_A$、故障点的电压 $\dot{U}_{kA}$ 和电流 $\dot{I}_A$ 可分解为

$$\dot{U}_A = \dot{U}_{A1} + \dot{U}_{A2} + \dot{U}_{A0} \qquad (5-39)$$

$$\dot{I}_A = \dot{I}_1 + \dot{I}_2 + \dot{I}_0 \qquad (5-40)$$

$$\dot{U}_{kA} = \dot{U}_{k1} + \dot{U}_{k2} + \dot{U}_{k0} \qquad (5-41)$$

根据单相接地短路的复合序网可以求出保护安装处 A 相电压

$$\begin{aligned} \dot{U}_A &= \dot{U}_{k1} + \dot{I}_1 z_1 l + \dot{U}_{k2} + \dot{I}_2 z_1 l + \dot{U}_{k0} + \dot{I}_0 z_0 l \\ &= \dot{U}_{kA} + \left[(\dot{I}_1 + \dot{I}_2 + \dot{I}_0) + 3\dot{I}_0 \frac{z_0 - z_1}{3z_1} \right] z_1 l \end{aligned} \qquad (5-42)$$

所以，保护安装处母线的三相电压可表示为

$$\dot{U}_A = \dot{U}_{kA} + (\dot{I}_A + 3K\dot{I}_0)z_1 l \tag{5-43}$$

$$\dot{U}_B = \dot{U}_{kB} + (\dot{I}_B + 3K\dot{I}_0)z_1 l \tag{5-44}$$

$$\dot{U}_C = \dot{U}_{kC} + (\dot{I}_C + 3K\dot{I}_0)z_1 l \tag{5-45}$$

式(5-43)~式(5-45)中，$K = \dfrac{z_0 - z_1}{3z_1}$ 为零序电流补偿系数。

（1）单相接地短路

设 A 相发生金属性接地短路，$\dot{U}_{kA} = 0$。因此，由式(5-43) 可知继电器 K1 的测量阻抗为

$$\dot{Z}_{K1}^{(1)} = \frac{\dot{U}_A}{\dot{I}_A + 3K\dot{I}_0} = z_1 l \tag{5-46}$$

可见，$\dot{Z}_{K1}^{(1)}$ 能正确地测量从短路点到保护安装处之间的阻抗，并与相间短路的阻抗继电器所测量的阻抗值相同，继电器能够正确动作。而 B 相和 C 相的测量阻抗与负荷阻抗差别不大，一般不会动作。

（2）两相接地短路

设 A-B 两相接地短路，$\dot{U}_{kA} = \dot{U}_{kB} = 0$，由式(5-43) 和式(5-44) 可知继电器 K1 和 K2 的测量阻抗分别为

$$\dot{Z}_{K1}^{(1,1)} = \frac{\dot{U}_A}{\dot{I}_A + 3K\dot{I}_0} = z_1 l \tag{5-47}$$

$$\dot{Z}_{K2}^{(1,1)} = \frac{\dot{U}_B}{\dot{I}_B + 3K\dot{I}_0} = z_1 l \tag{5-48}$$

可见，继电器 K1 和 K2 均能正确动作；继电器 K3 一般不会动作。

（3）三相接地短路

三相对称性接地短路时，故障点的各相电压均为零，即 $\dot{U}_{kA} = \dot{U}_{kB} = \dot{U}_{kC} = 0$，测量阻抗同样是 $z_1 l$，所以三相的阻抗继电器 K1 、K2 和 K3 均能正确动作。

5.4　距离保护的整定计算

因为距离保护一般采用具有阶梯时限特性的三段式配置方式，所以其整定计算就是根据被保护线路的运行情况，计算出距离 I 段、Ⅱ 段和 Ⅲ 段测量元件的整定阻抗，Ⅱ 段和 Ⅲ 段的动作时限需要进行灵敏度校验。在距离保护的整定计算中，假设保护安装处到短路点的距离与线路阻抗成正比并且保护具有方向性。

5.4.1　距离保护 I 段整定计算

（1）动作值的整定

距离保护第 I 段一般按躲开下一级线路出口处短路的原则来整定，也就是按躲过本线路末端短路时的测量阻抗来整定，如图 5-17 所示。保护 1 的第 I 段整定阻抗为

$$Z_{set1}^{I} = K_{rel}^{I} Z_{AB} \tag{5-49}$$

式中，可靠系数 K_{rel}^{I} 为距离保护第 I 段的可靠系数，一般取 $0.8 \sim 0.85$；Z_{AB} 为线路 AB 的阻抗。

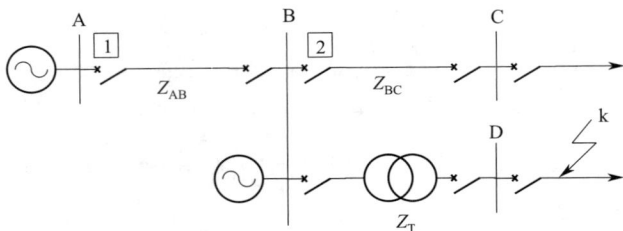

图 5-17 整定计算网络接线

（2）动作时限的整定

距离保护第 I 段的动作时限 $t_1^{\mathrm{I}} = 0$，实际上取决于继电器的固有动作时间。

（3）灵敏度校验

距离保护第 I 段的灵敏系数用保护范围表示，要求大于被保护线路全长的 $80\% \sim 85\%$。

5.4.2 距离保护 II 段整定计算

（1）动作值的整定

保护 1 II 段的动作阻抗按以下两个原则进行计算。

① 与相邻线路的距离保护 I 段相配合。为保证在下一级线路 BC 发生故障时，距离保护 1 II 段的动作范围不超出下一级线路 BC 距离保护 2 I 段的动作范围，即按照躲过线路 BC 距离保护 2 I 段末端短路并考虑分支电流的影响来整定，如图 5-17 所示。当距离保护 1 的 II 段与距离保护 2 的 I 段配合时，距离保护 1 II 段的整定阻抗为

$$Z_{\mathrm{set1}}^{\mathrm{II}} = K_{\mathrm{rel}}^{\mathrm{II}}(Z_{\mathrm{AB}} + K_{\mathrm{br.\,min}} Z_{\mathrm{set2}}^{\mathrm{I}}) \tag{5-50}$$

式中，$K_{\mathrm{rel}}^{\mathrm{II}}$ 为可靠系数，为确保在各种运行方式下保护 1 的 II 段保护范围不超过保护 2 的 I 段保护范围，一般取 0.8；$K_{\mathrm{br.\,min}}$ 为分支系数最小值，取保护 2 的 I 段保护范围内末端短路时流过故障线路的电流与被保护线路电流之比的最小值。

② 与相邻下级变压器差动保护相配合。如图 5-17 所示，若被保护线路的末端母线接有变压器，其距离保护 II 段的动作范围不应超出变压器差动保护的范围，即距离保护 II 段应按照躲过线路末端变压器低压侧出口处短路来整定，设变压器的阻抗为 Z_{T}，则距离保护 1 II 段的整定阻抗为

$$Z_{\mathrm{set1}}^{\mathrm{II}} = K_{\mathrm{rel}}^{\mathrm{II}}(Z_{\mathrm{AB}} + K_{\mathrm{br.\,min}} Z_{\mathrm{T}}) \tag{5-51}$$

此时，由于变压器的阻抗误差较大，可靠系数 $K_{\mathrm{rel}}^{\mathrm{II}}$ 一般取 0.7；分支系数最小值 $K_{\mathrm{br.\,min}}$ 取变压器低压侧出口处短路流过变压器的电流与被保护线路电流之比。

当以上两种情况同时存在时，整定阻抗取距离保护 II 段的整定阻抗式（5-50）和式（5-51）数值中的较小者。

（2）动作时限的整定

为了满足选择性，保护 1 的 II 段动作时间 t_1^{II} 应比保护 2 的 I 段动作时间 t_2^{I} 多一个 Δt，因此，距离保护 II 段动作时间为

$$t_1^{\mathrm{II}} = t_2^{\mathrm{I}} + \Delta t \tag{5-52}$$

（3）灵敏度校验

一般要求距离保护 II 段应保护线路全长，因此针对本线路末端短路保护要有足够的灵敏度。距离保护 1 II 段的灵敏系数为

$$K_{\mathrm{sen}} = \frac{Z_{\mathrm{set1}}^{\mathrm{II}}}{Z_{\mathrm{AB}}} \tag{5-53}$$

一般要求 $K_{sen} \geq 1.25$。若灵敏度校验不满足要求，应进一步延伸保护范围，即采用保护1Ⅲ段与下一级线路保护2Ⅱ段相配合，并延长动作时限。

5.4.3 距离保护Ⅲ段整定计算

（1）动作值的整定

保护1Ⅲ段的动作阻抗按以下三个原则进行计算。

① 按躲过正常运行时的最小负荷阻抗整定。距离保护Ⅲ段一般按躲过正常运行时的最小负荷阻抗 $Z_{L.min}$ 来整定。最小负荷阻抗是指线路上流过最大负荷电流且母线电压最低时的测量阻抗。其值为

$$Z_{L.min} = \frac{\dot{U}_{L.min}}{\dot{I}_{L.max}} \tag{5-54}$$

式中，$\dot{U}_{L.min}$ 和 $\dot{I}_{L.max}$ 分别为线路的最低母线电压和最大负荷电流。

在外部故障切除后，电动机自启动的情况下，若采用全阻抗继电器，保护1Ⅲ段必须立即返回，因此整定值为

$$Z_{set1}^{Ⅲ} = \frac{K_{rel}^{Ⅲ}}{K_{ss} K_{re}} Z_{L.min} \tag{5-55}$$

式中，$K_{rel}^{Ⅲ}$ 为可靠系数，一般取 $0.8 \sim 0.85$；K_{ss} 为电动机的自启动系数，一般取 $1.5 \sim 2.5$；K_{re} 为阻抗元件的返回系数，一般取 $1.15 \sim 1.25$。

若采用方向阻抗继电器，保护1Ⅲ段的动作阻抗需要考虑阻抗角 φ_k 和正常运行时负荷阻抗角 φ_L 的变化，当选择继电器的最大灵敏角 $\varphi_{sen.max} = \varphi_k$ 时，整定值为

$$Z_{set1}^{Ⅲ} = \frac{K_{rel}^{Ⅲ}}{K_{ss} K_{re}(\varphi_{sen.max} - \varphi_L)} Z_{L.min} \tag{5-56}$$

② 按与下一级线路距离保护Ⅱ段配合整定。如图 5-17 所示，距离保护1Ⅲ段与下一级线路 BC 的距离保护Ⅱ段配合时，整定阻抗为

$$Z_{set1}^{Ⅲ} = K_{rel}^{Ⅲ}(Z_{AB} + K_{br.min} Z_{set2}^{Ⅱ}) \tag{5-57}$$

式中，$K_{br.min}$ 取保护2Ⅱ段保护范围内末端短路时流过故障线路的电流与被保护线路电流之比的最小值；$Z_{set2}^{Ⅱ}$ 为下一级线路的距离保护Ⅱ段的动作阻抗整定值。

③ 按与相邻下一级变压器电流、电压保护配合整定。

$$Z_{set1}^{Ⅲ} = K_{rel}^{Ⅲ}(Z_{AB} + K_{br.min} Z_{min}) \tag{5-58}$$

式中，Z_{min} 为相邻下一级变压器电流、电压保护的最小保护范围对应的阻抗值；$K_{br.min}$ 取各种情况下可能出现的最小值。

按上述三个原则进行整定计算，取最小者作为距离保护Ⅲ段的整定值。

（2）动作时限的整定

距离保护Ⅲ段的动作时间应比与之配合的相邻元件的保护的动作时间多一个 Δt，同时还要考虑由于距离保护Ⅲ段一般不经振荡闭锁，所以动作时间不应该小于最大振荡周期（$1.5 \sim 2s$）。

（3）灵敏度校验

① 距离保护Ⅲ段作为本线路Ⅰ段、Ⅱ段保护的近后备保护时，以图 5-17 所示网络接线中保护1为例，按本线路末端短路校验，即

$$K_{sen} = \frac{Z_{set1}^{Ⅲ}}{Z_{AB}} \geq 1.5 \tag{5-59}$$

② 距离保护Ⅲ段作为相邻下一级元件的保护的远后备保护时，仍以图 5-17 所示网络接线中保护1为例，按相邻下一级线路 BC 末端短路校验，即

$$K_{sen} = \frac{Z_{set1}^{III}}{Z_{AB} + K_{br.max} Z_{BC}} \geqslant 1.2 \qquad (5-60)$$

式中，$K_{br.max}$ 为相邻元件末端短路时对应的分支系数最大值。

5.4.4　阻抗继电器的精确工作电流的校验

距离保护的整定计算中，各段阻抗继电器的精确工作电流应分别按各段保护范围末端短路时的最小短路电流来校验，最小短路电流与阻抗继电器的精确工作电流之比应大于1.5。

5.5　影响距离保护正确工作的因素及采取的措施

影响距离保护正确工作的因素主要有短路点的过渡电阻、电力系统振荡和电压互感器二次回路断线等。

5.5.1　短路点过渡电阻的影响及采取的措施

电力系统中短路发生时短路点通常存在过渡电阻。短路点的过渡电阻 R_t 是系统发生相间短路或接地短路时，短路回路中存在的电阻，包括电弧电阻、中间物质的电阻、相导线与大地之间的接触电阻及金属杆塔的接地电阻等。过渡电阻的存在会造成距离保护的测量阻抗发生变化，从而影响保护的正确动作。

（1）单侧电源线路上过渡电阻的影响

单侧电源线路经过渡电阻短路的接线如图5-18所示。当线路 BC 始端经 R_t 短路时，保护2的测量阻抗为 $Z_{m2} = R_t$，保护1的测量阻抗为 $Z_{m1} = Z_{AB} + R_t$。当 R_t 较大时，可能出现 Z_{m2} 超出保护2 Ⅰ 段保护范围，而 Z_{m1} 仍处于保护1 Ⅱ 段保护范围内的情况，此时两个保护均以 Ⅱ 段的时限动作，失去选择性。

（2）双侧电源线路上过渡电阻的影响

双侧电源线路经过渡电阻短路的接线如图5-19所示。当线路 BC 始端经 R_t 发生三相短路时，假设 $\dot{I}_k'$ 和 $\dot{I}_k''$ 分别为两侧电源提供的短路电流，则流经过渡电阻 R_t 的电流为 $\dot{I}_k = \dot{I}_k' + \dot{I}_k''$，母线 A 和 B 上的残余电压为

$$\dot{U}_A = \dot{I}_k' Z_{AB} + \dot{I}_k R_t \qquad (5-61)$$

$$\dot{U}_B = \dot{I}_k R_t \qquad (5-62)$$

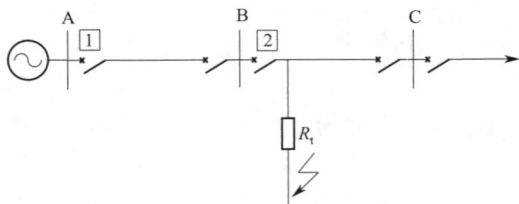

图 5-18　单侧电源线路经过渡电阻短路的接线　　图 5-19　双侧电源线路经过渡电阻短路的接线

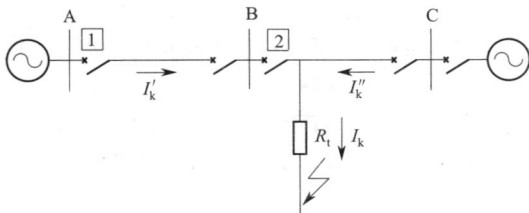

保护1和保护2的测量阻抗分别为

$$Z_{m1} = \frac{\dot{U}_A}{\dot{I}_k'} = \frac{\dot{I}_k}{\dot{I}_k'} R_t e^{j\alpha} + Z_{AB} \tag{5-63}$$

$$Z_{m2} = \frac{\dot{U}_B}{\dot{I}_k'} = \frac{\dot{I}_k}{\dot{I}_k'} R_t e^{j\alpha} \tag{5-64}$$

式中，α 为 $\dot{I}_k$ 超前 $\dot{I}_k'$ 的角度。

当 α 为正值时，测量阻抗 Z_{m1} 和 Z_{m2} 的电抗部分增大，使保护范围缩短，可能造成保护拒动；反之，当 α 为负值时，测量阻抗 Z_{m1} 和 Z_{m2} 的电抗部分减小，使保护范围延长，可能引起保护无选择性动作。

可见，短路点的过渡电阻使阻抗元件的测量阻抗增大，使保护范围缩短。保护装置离短路点越近，受过渡电阻的影响越大；保护装置的整定值越小，受过渡电阻的影响越大。

（3）克服过渡电阻影响的措施

在图 5-20（a）所示的系统中，距离保护 1 Ⅰ 段分别采用橄榄形特性的阻抗继电器、方向阻抗继电器和全阻抗继电器，其整定值都为 $0.85Z_{AB}$。假设在距离保护 Ⅰ 段保护范围内阻抗为 Z_k 处经过渡电阻 R_t 短路，则保护 1 的测量阻抗为 $Z_{m1} = Z_k + R_t$。由图 5-20（b）可知，当过渡电阻分别达到 R_{t1}、R_{t2} 和 R_{t3} 时，具有橄榄形特性的阻抗继电器、方向阻抗继电器和全阻抗继电器依次开始拒动。可见，在相同整定值的情况下，阻抗继电器的动作特性在第一象限 R 轴正方向所占的面积越小，受过渡电阻的影响越大。

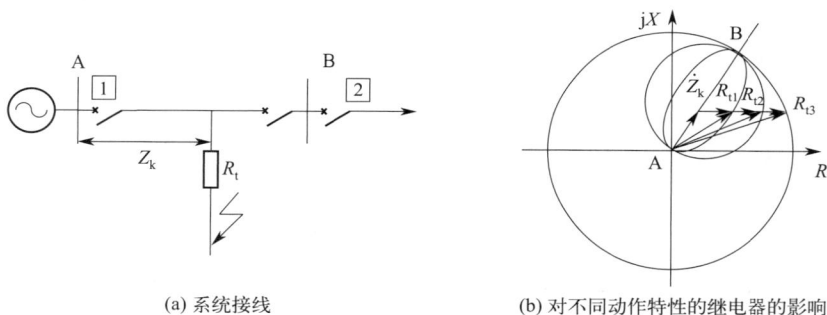

(a) 系统接线　　　　(b) 对不同动作特性的继电器的影响

图 5-20　过渡电阻对不同动作特性阻抗继电器影响的比较

因此，一般采用能允许较大过渡电阻而不致拒动的多边形特性阻抗继电器来克服过渡电阻的影响。如图 5-11 所示的多边形特性阻抗继电器在 R 轴正方向所占的面积大，且在保护区的始端和末端都有比较大的动作区，所以具有较好的承受过渡电阻的能力。

另外，对于反映相间短路故障的阻抗继电器，根据相间短路过渡电阻值在短路瞬间最小的特点，在保护 Ⅱ 段采用能够将短路瞬间的测量阻抗记录下来的测量装置作为保护的启动环节，以消除过渡电阻的影响。

5.5.2　电力系统振荡的影响及采取的措施

当电力系统发生振荡时，系统中各节点电压和各支路电流的幅值与相位及功率都会发生周期性变化，最终造成阻抗继电器的测量阻抗随之周期性变化，当测量阻抗进入阻抗继电器的动作区域时，距离保护可能误动作。

（1）电力系统振荡时电压和电流的变化规律

以图 5-21 所示两侧电源系统接线为例，分析电力系统振荡时电压和电流的变化规律。

系统中各电气量的假定正方向在图 5-21 中已给出，若以 M 侧电势 $\dot{E}_M$ 为参考相量，则 $\dot{E}_M = E_M \angle 0°$。当系统发生振荡时，可认为 N 侧电势 $\dot{E}_N$ 围绕 $\dot{E}_M$ 旋转或摆动，即 $\dot{E}_N$ 落后 $\dot{E}_M$ 的角度 δ 在 0°～360°之间变化，可表示为

$$\dot{E}_N = E_M e^{-j\delta} \tag{5-65}$$

两端电源的电势差 $\Delta\dot{E}$ 为

$$\Delta\dot{E} = \dot{E}_M - \dot{E}_N = E_M(1 - h e^{-j\delta}) \tag{5-66}$$

式中，$h = \dfrac{E_N}{E_M}$ 为 N 侧电势与 M 侧电势的比值；δ 取任意值。

由 M 侧流向 N 侧的电流 $\dot{I}$ 和该电流滞后于两侧电源电势差 $\Delta\dot{E}$ 的角度 φ 分别为

$$\dot{I} = \frac{\Delta\dot{E}}{Z_\Sigma} = \frac{E_M}{Z_\Sigma}(1 - h e^{-j\delta}) \tag{5-67}$$

$$\varphi = \arctan\frac{X_\Sigma}{R_\Sigma} \tag{5-68}$$

式中，$Z_\Sigma = Z_M + Z_L + Z_N$、$X_\Sigma = X_M + X_L + X_N$、$R_\Sigma = R_M + R_L + R_N$ 分别为系统的总阻抗、总电抗和总电阻。

如图 5-22 所示，当 $h=1$ 时，由式(5-67) 得振荡电流的幅值为

$$I = \frac{2E_M}{Z_\Sigma}\sin\frac{\delta}{2} \tag{5-69}$$

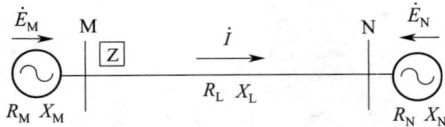

图 5-21 两侧电源系统接线　　　　　图 5-22 系统振荡时电流幅值的变化（$h=1$）

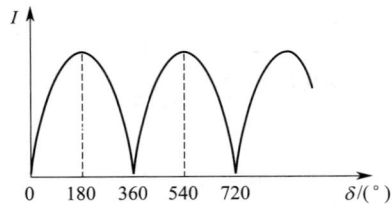

由此可知，振荡电流的幅值与相位都与振荡角度 δ 有关。当 δ 恒定不变时，振荡电流幅值和相位为常数，振荡电流为正弦函数。

系统发生振荡时，中性点电压保持零电位，线路两侧的电压 $\dot{U}_M$ 和 $\dot{U}_N$ 分别为

$$\dot{U}_M = \dot{E}_M - \dot{I} Z_M \tag{5-70}$$

$$\dot{U}_N = \dot{E}_N + \dot{I} Z_N \tag{5-71}$$

当系统与线路的阻抗角相等且 $h=1$ 时，系统发生振荡时的相量图如图 5-23 所示。$\dot{E}_N$ 滞后 $\dot{E}_M$ 的角度为 δ，振荡电流 $\dot{I}$ 滞后电势差 $\Delta\dot{E}$ 的角度为 φ。假设输电线是均匀的，输电线上各点电压矢量的端点将在矢量 $\Delta\dot{E}$ 上移动。从原点 o 到 $\Delta\dot{E}$ 上任一点的矢量即可代表输电线上该点的电压，该点称为系统在振荡角度为 δ 时的电气中心（或称振荡中心）。其中与 $\Delta\dot{E}$ 垂直的矢量 $\dot{U}_Z$ 最短，即在振荡角度 δ 下的最低电压为 $\dot{U}_Z$，此时系统中 $\dot{U}_M$、$\dot{U}_N$ 和 $\dot{U}_Z$ 点的电压幅值随 δ 变化的曲线如图 5-24 所示。

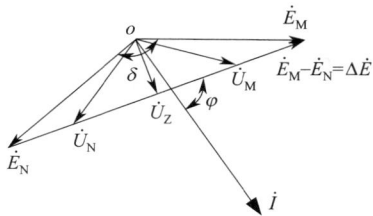

图 5-23　系统振荡时的相量图

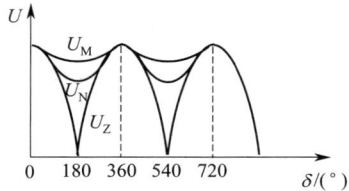

图 5-24　系统振荡时电压幅值的变化

当系统与线路的阻抗角相等且两侧电势幅值相等时,振荡中心不随 δ 的改变而移动,始终位于系统纵向总阻抗 Z_Σ 的中点。当 $\delta=180°$ 时,振荡中心的电压为零,振荡电流最大,相当于振荡中心发生三相短路,但是系统振荡属于不正常运行状态而非故障,保护装置不应动作。因此,保护装置必须能够区分三相短路和系统振荡,防止保护误动作。另外,如果系统各部分的阻抗角不相同,那么振荡中心会随着 δ 的变化而变化,甚至可能移出线路,进入变压器或发电机内部。

（2）电力系统振荡对距离保护的影响

如图 5-21 所示,M 侧阻抗继电器的测量阻抗为

$$\dot{Z}_m=\frac{\dot{U}_M}{\dot{I}}=\frac{\dot{E}_M-\dot{I}Z_M}{\dot{I}}=\frac{\dot{E}_M}{\dot{I}}-Z_M \tag{5-72}$$

由式(5-67)得

$$Z_m=\frac{1}{1-h\,e^{-j\delta}}Z_\Sigma-Z_M \tag{5-73}$$

在近似计算中,假定 $h=1$ 且系统和线路的阻抗角相等,则测量阻抗 Z_m 随 δ 的变化关系为

$$Z_m=\frac{1}{1-e^{-j\delta}}Z_\Sigma-Z_M=\frac{1}{2}Z_\Sigma\left[1-j\cot\left(\frac{1}{2}\delta\right)\right]-Z_M$$
$$=\left(\frac{1}{2}Z_\Sigma-Z_M\right)-j\frac{1}{2}Z_\Sigma\left(\cot\frac{\delta}{2}\right) \tag{5-74}$$

测量阻抗 Z_m 随 δ 的变化关系如图 5-25 所示,复数平面的原点 M 为保护安装处,当全系统阻抗角都相同时,测量阻抗 Z_m 将在 Z_Σ 的垂直平分线 OO' 上移动。由式(5-74)可知,当 $\delta=0°$ 时,$Z_m=\left(\frac{1}{2}Z_\Sigma-Z_M\right)-j\infty$;当 $\delta=180°$ 时,$Z_m=\frac{1}{2}Z_\Sigma-Z_M$,即等于保护安装处到振荡中心之间的阻抗;当 $\delta=360°$ 时,$Z_m=\left(\frac{1}{2}Z_\Sigma-Z_M\right)+j\infty$。此结果表明,当 δ 改变时,不但测量阻抗的大小发生变化,阻抗角也会在 $\varphi_k-90°$ 到 $\varphi_k+90°$ 之间发生变化。

在两侧系统电势不相等,即 $h\neq1$ 的情况下,测量阻抗的变化轨迹是直线 OO' 某一侧的一个圆,如图 5-26 所示。当 $h>1$ 时,测量阻抗的变化轨迹为直线 OO' 上面的圆周 1;当 $h<1$ 时,测量阻抗的变化轨迹为直线 OO' 下面的圆周 2。当 $\delta=0°$ 时,由于两侧电势不相等而产生环流,因此测量阻抗不等于 ∞,而是一个位于圆周上的有限数值。

以母线 M 处的距离保护为例,其距离保护 I 段启动阻抗整定为 $0.85Z_L$,如图 5-27 所示,曲线 1 为橄榄形阻抗继电器特性,曲线 2 为功率方向继电器特性,曲线 3 为全阻抗继电器特性。假设全系统阻抗角相同且 $h=1$,当系统振荡时,结合图 5-25,得出各种动作特性与直线 OO' 的两个交点,其所对应的角度为 δ' 和 δ''。当测量阻抗落在这两个交点之间的范围

时，即位于动作特性区域内，保护可能误动作。如图 5-27 所示，在同样整定值的条件下，全阻抗继电器较功率方向继电器受系统振荡的影响大，功率方向继电器较橄榄形阻抗继电器受系统振荡的影响大。一般而言，阻抗元件的动作特性在阻抗平面上沿直线 OO' 方向所占的面积越大，受振荡的影响就越大。

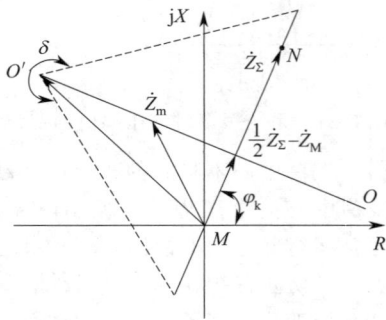

图 5-25　系统振荡时测量阻抗的变化

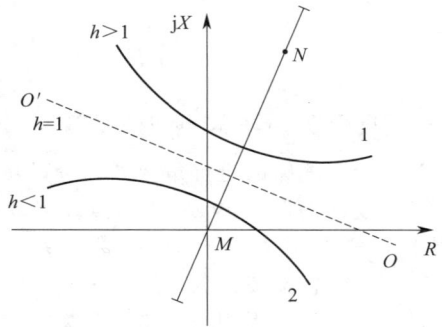

图 5-26　$h \neq 1$ 时测量阻抗的变化轨迹

距离保护受振荡的影响与保护的安装位置有关。保护安装位置离振荡中心越近，受到的影响越大。当振荡中心处于保护范围以外时，保护不会发生误动作。另外，如果保护的动作带有较大的延时，如距离保护Ⅲ段，可以利用延时躲开振荡的影响。

（3）克服电力系统振荡影响的措施

为了克服电力系统振荡对距离保护的影响，一般采取装设专门的振荡闭锁回路的措施，以防止保护误动作。当系统发生振荡且 $\delta = 180°$ 时，距离保护所受到的影响与在系统振荡中心处发生三相短路时的效果相同，振荡闭锁回路必须能够有效地区分系统振荡和三相短路。

系统振荡和三相短路的主要区别如下所述。

① 振荡时，电流和各点电压的幅值均做周期性变化，只在 $\delta = 180°$ 时才出现最严重的现象；而短路后，短路电流和

图 5-27　不同特性阻抗继电器受系统振荡的影响

各点电压的值可认为是不变的。振荡时，电流和各点电压幅值的变化速度 $\left(\dfrac{\mathrm{d}i}{\mathrm{d}t}\text{和}\dfrac{\mathrm{d}u}{\mathrm{d}t}\right)$ 较慢；而短路时，电流突然增大，电压突然降低，$\dfrac{\mathrm{d}i}{\mathrm{d}t}$ 和 $\dfrac{\mathrm{d}u}{\mathrm{d}t}$ 变化速度很快。

② 振荡时，任一点电流与电压之间的相位关系都随 δ 的变化而改变；而短路时，电流和电压之间的相位不变。

③ 振荡时，系统三相对称，没有负序分量出现；而短路时，会有负序分量出现。

根据以上区别，振荡闭锁回路可以通过两种方法实现：一种是利用负序分量出现与否来实现；另一种是利用电流、电压或测量阻抗变化速度的不同来实现。

构成振荡闭锁回路时应满足以下基本要求。

① 系统发生振荡而没有故障时，应可靠地将保护闭锁，并且只要振荡不停息，闭锁不应解除。

② 系统发生各种类型的故障（包括转换性故障，是指先发生某一类型的故障，如单相接地等，而后又转换为另一种类型的故障，如两相接地或三相短路接地等）时，保护不应被闭锁，而应能够可靠地动作。

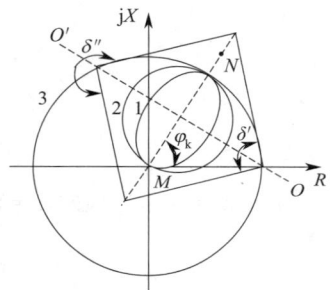

继／电／保／护／原／理

③ 在振荡的过程中发生故障时，保护应能够正确地动作。

④ 先故障而后又发生振荡时，保护不应无选择性地动作。

5.5.3　电压互感器二次回路断线的影响及采取的措施

在系统运行中电压互感器二次回路断线时，阻抗继电器的电压将减少或等于零，致使测量阻抗减小或等于零，会造成距离保护误动作。因此，当电压回路断线时，需要装设相应的电压回路断线闭锁装置将距离保护闭锁，并发出电压互感器二次回路断线信号。

距离保护的电压回路断线闭锁装置应满足以下要求。

① 电压回路发生各种可能导致保护误动作的故障时，应能可靠地将保护闭锁并发出相应的信号。

② 一次系统发生短路故障时，不应闭锁保护并应发出电压回路断线失压信号。

③ 闭锁装置的动作时间应小于保护的动作时限，确保在保护误动作之前实现闭锁，采用负序电流继电器或负序和零序电流增量继电器的距离保护除外。

④ 闭锁装置动作后，应手动复归，防止在处理电压回路断线的过程中，因外部短路导致保护误动作。

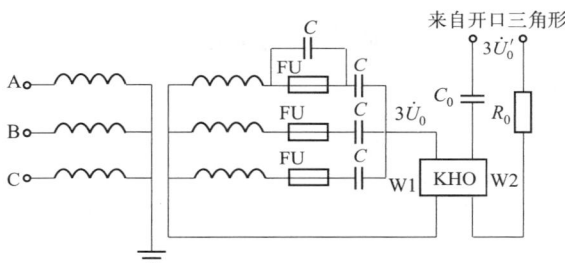

图 5-28　电压回路断线闭锁装置原理接线图

当电压互感器二次回路接地或相间短路时，回路中会出现零序电压，因此，把电压互感器二次回路出现零序电压作为电压回路断线闭锁装置的启动条件。但是要考虑以下两种情况：①当一次系统发生接地故障时，电压互感器二次回路也会出现零序电压，断线闭锁装置不应动作；②电压互感器二次回路发生相间短路，熔断器未熔断或三相熔断器同时熔断时，断线闭锁装置不应动作。

电压回路断线闭锁装置原理接线如图 5-28 所示，断线信号继电器 KHO 的动作线圈 W1 接于由三相电容 C 构成的零序电压过滤器（$3\dot{U}_0$）上，KHO 的制动线圈 W2 经 C_0 和 R_0 接于电压互感器二次开口三角形 $3\dot{U}_0'$ 上。当电压互感器二次回路断线时，零序电压过滤器输出 $3\dot{U}_0 \neq 0$，开口三角形输出 $3\dot{U}_0' = 0$，动作线圈 W1 有电流流过，制动线圈 W2 没有电流流过，所以 KHO 动作将保护闭锁，同时发出断线信号；当一次系统发生接地短路时，零序电压过滤器和开口三角形侧均有零序电压，动作线圈 W1 和制动线圈 W2 均有电流流过，所以 KHO 不动作；当电压互感器二次回路发生相间短路，熔断器未熔断或三相熔断器同时熔断时，动作线圈 W1 上无零序电压，断线闭锁装置不能动作，为此在一相熔断器两端并联一个电容器，保证在上述情况下使 W1 获得零序电压，以使 KHO 动作。

除了上述影响因素外，串联补偿电容、短路电流中的暂态分量、电流互感器的过渡过程、电容式电压互感器的过渡过程及输电线路的非全相运行等因素也会影响距离保护的正确动作。

本章小结

距离保护是反映保护安装处至故障点之间的距离并根据该距离的远近而确定动作时限的保护装置，由于不受电网接线方式和系统运行方式的影响，能够更好地满足选择性、速动性和灵敏性的要求。

阻抗继电器是距离保护装置的核心元件，用于测量保护安装处至故障点之间的阻抗。阻抗继电器的动作特性有圆特性、直线特性、苹果形特性、橄榄形特性及多边形特性等，每种动作特性都有其各自的适用范围。阻抗继电器的动作方程有幅值比较和相位比较两种方式。

三段式距离保护的整定计算需要计算出距离保护Ⅰ段、Ⅱ段和Ⅲ段测量元件的整定阻抗，Ⅱ段和Ⅲ段的动作时限及进行其灵敏度校验。

影响距离保护正确工作的因素主要有短路点的过渡电阻、电力系统振荡、电压互感器二次回路断线等。采用多边形特性阻抗继电器能够克服过渡电阻的影响，装设专门的振荡闭锁回路和电压回路断线闭锁装置能够分别克服电力系统振荡和电压互感器二次回路断线的影响。

<<<< 思考题与习题 >>>>

5-1 距离保护的工作原理是什么？与电网电流保护相比有哪些优点？

5-2 什么是距离保护的时限特性？

5-3 距离保护由哪些部分构成？各部分的作用是什么？

5-4 圆特性阻抗继电器有哪些类型？在复平面上画出它们的动作特性并说明各自的特点。

5-5 直线特性阻抗继电器有哪些类型？它们的区别是什么？

5-6 什么是阻抗继电器的动作方程？幅值比较式和相位比较式动作方程有什么关系？

5-7 什么是阻抗继电器的精确工作电流？它的作用是什么？

5-8 阻抗继电器的接线方式有哪几种？反映相间短路的功率方向继电器为什么常采用0°接线？

5-9 接地距离保护有哪些优点？采用什么接线方式？

5-10 影响距离保护正确工作的因素有哪些？如何消除它们的影响？

继/电/保/护/原/理

第 6 章

电网的差动保护

本章主要内容

本章介绍电网纵联差动保护的基本原理、整定计算和影响保护正确动作的因素及克服方法，平行线路横联差动方向保护的基本原理、相继动作区和死区及整定计算，平行线路的电流平衡保护和电流平衡继电器等内容。

6.1 电网的纵联差动保护

6.1.1 基本原理

电网的电压、电流保护和距离保护是反应于被保护线路一端电气量的变化而动作的保护装置，特点是为保证选择性牺牲了速动性或保护范围。为了既能够保护线路全长，又能够满足选择性和速动性要求，可采用纵联差动保护。

电网的纵联差动（简称纵差）保护是通过比较被保护设备始末两端的电流相量、功率方向等电气量的差别而动作的保护。为了比较被保护设备两端的电气量，需要将一端的电气量传送到另一端，可采用不同类型的信息传输通道。根据信息传输通道的种类，一般将电网的纵联差动保护分为以引导线为信息通道的纵联差动保护、以电力线载波为信息通道的高频保护、以微波为信息通道的微波保护和以光纤为信息通道的光纤保护。这里只介绍以引导线为信息通道的纵联差动保护。

电网的纵联差动保护的基本工作原理是依照基尔霍夫电流定律，即流向一个节点的电流之和等于零这一基本原则来判断被保护设备内部是否发生了故障。如图 6-1 所示，在线路 MN 两端安装具有相同型号和变比的电流互感器，将其二次绕组用电缆连接起来，同极性端子连在一起，差动继电器 KD 接于差流回路中。

由图 6-1(a) 可知，当线路正常运行或外部短路时，MN 两侧一、二次电流大小相等、方向相同，即 $\dot{I}_m = \dot{I}_n$、$\dot{I}'_m = \dot{I}'_n$，故流入差动继电器 KD 的电流（差流）为

$$\dot{I}_d = \dot{I}'_m - \dot{I}'_n = 0 \tag{6-1}$$

由图 6-1(b) 可知，当线路保护范围内部发生故障时，线路两侧电流均流向故障点，流入差动继电器 KD 的电流为总短路电流的二次值，即

(a) 正常运行或外部故障

(b) 线路保护范围内部故障

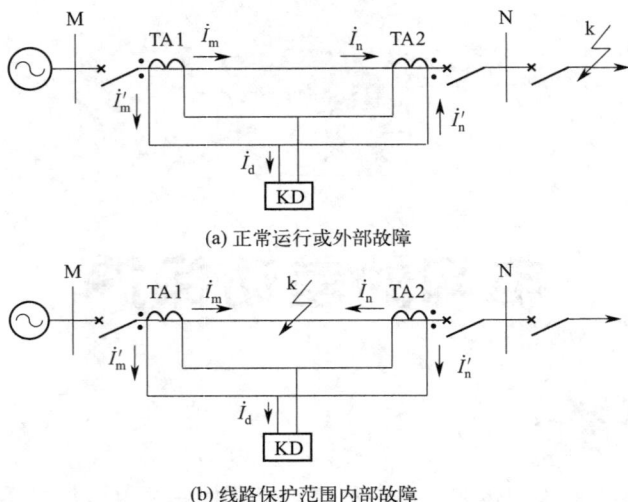

图 6-1　电流差动保护示意图

$$\dot{I}_{d} = \dot{I}'_{m} + \dot{I}'_{n} = \frac{1}{K_{TA}}(\dot{I}_{m} + \dot{I}_{n}) = \frac{\dot{I}_{k}}{K_{TA}} \tag{6-2}$$

式中，K_{TA} 为电流互感器的变比。

当流入继电器的电流 $\dot{I}_{d}$ 大于继电器整定的动作值 $\dot{I}_{d.set}$ 时，差动继电器动作。

由以上分析得出，在内、外部故障时差流 $\dot{I}_{d}$ 存在明显差异，从原理上无须依靠延时等措施就可以瞬时切除线路两端 TA 之间的故障，是一种非常理想的快速主保护。随着光纤通信的普及应用，输电线路纵联差动保护已日益成为高压、超高压输电线路的一种主要保护形式。

6.1.2　纵联差动保护的整定计算

理想情况下线路正常运行或外部故障时，可认为流入继电器的电流 $\dot{I}_{d}=0$。实际上由于线路两端的 TA 特性不完全相同，将导致二次回路中两侧电流不相等，进而在差动回路中产生不平衡电流，致使流入继电器的电流 $\dot{I}_{d}\neq0$。

由于线路两端 TA 的励磁特性不完全相同，当一次电流较小时，TA 不饱和，其二次电流的差别不大；但是当一次电流较大时，铁芯开始饱和，造成二次电流的差别较大，在差动回路中将产生较大的不平衡电流。为了减小不平衡电流对保护的影响，实际应用中一般采用特制的 D 级电流互感器来减少差动回路中的不平衡电流。

假设被保护线路外部发生故障时，流入 TA 的一次电流为 $\dot{I}_{k.max}$，按照 TA 的 10% 误差要求，取 $K_{err}=10\%$；考虑到线路两端的互感器型号的异同，引入同型系数 K_{st}；还要考虑短路时暂态非周期分量的影响，引入非周期分量影响系数 K_{ap}。综上，差动回路中最大的不平衡电流为

$$\dot{I}_{unb.max} = K_{err}K_{st}K_{ap}\dot{I}_{k.max}/K_{TA} \tag{6-3}$$

常用的减小暂态过程中非周期分量电流的方法有两种：一种是在差动回路中接入速饱和变流器；另一种是在差动回路中串入电阻。

（1）动作值的整定

① 按躲过被保护线路外部短路时的最大不平衡电流整定。差动继电器的动作电流为

$$I_{\text{op. set}} = K_{\text{rel}} I_{\text{unb. max}} = K_{\text{rel}} K_{\text{err}} K_{\text{st}} K_{\text{ap}} I_{\text{k. max}} / K_{\text{TA}} \tag{6-4}$$

式中，K_{rel} 为可靠系数，取 $1.2\sim1.3$；K_{err} 为电流互感器 10% 误差，取 0.1；K_{st} 为电流互感器的同型系数，同型号时取 0.5，不同型号时取 1；K_{ap} 为非周期分量影响系数，取 $2\sim3$，如装设速饱和变流器，取 1；$I_{\text{k. max}}$ 为最大外部短路电流。

② 按躲过被保护线路的最大负荷电流整定。正常运行时，若线路一侧电流互感器二次回路断线，差动回路中将流过二次最大负荷电流，所以必须按躲过被保护线路的最大负荷电流整定，即

$$I_{\text{op. set}} = K_{\text{rel}} I_{\text{L. max}} / K_{\text{TA}} \tag{6-5}$$

式中，K_{rel} 为可靠系数，取 $1.2\sim1.3$；$I_{\text{L. max}}$ 为被保护线路的最大负荷电流。

差动继电器的整定值选取式(6-4) 和式(6-5) 两者中的最大值。

（2）灵敏度校验

灵敏系数按被保护线路单侧电源供电时的保护范围末端最小短路电流 $I_{\text{k. min}}$ 计算，即

$$K_{\text{sen}} = \frac{I_{\text{k. min}}}{I_{\text{op}}} \geqslant 1.5\sim2 \tag{6-6}$$

式中，I_{op} 为保护整定值的一次电流值。

6.1.3　影响纵联差动保护正确动作的因素

（1）电流互感器的误差和暂态不平衡电流

在整定计算时，电流互感器的误差对保护的影响通过采用电流互感器的同型系数来消除；暂态不平衡电流的影响可以通过在差动回路中接入速饱和变流器或串联电阻来消除。

（2）采样同步问题

采用线路纵联差动保护原理，保护装置必须依靠信息通道交换同一时刻的电流信息，即要求采样必须同步。同步测量可以通过采取采样时刻调整、采样数据修正、时钟校正及 GPS 同步等相应技术措施来实现。

（3）输电线路的分布电容

由于输电线路沿线存在分布电容，保护正常运行、外部短路时，保护差动回路中会出现电容电流，使不平衡电流增大进而降低保护的灵敏度。为了克服电容电流的影响，通常采取电容电流补偿措施以提高保护的灵敏度。

（4）引导线故障和感应过电压

若引导线断线，会造成保护误动作；若引导线短路，会造成保护拒动。引导线故障时，可以采用监视回路来监视引导线的完好性，同时将保护闭锁并发出信号。对于感应过电压，一般采取相应的雷电过电压保护措施。

6.2　平行线路横联差动方向保护

6.2.1　横联差动方向保护工作原理

横联差动方向保护（以下简称横差保护）是反映平行双回线路中电流差的大小和方向的

保护，利用功率方向元件判断故障线路，既可以用于供电侧，又可以用于受电侧。

如图 6-2 所示，在平行双回线路 MN 两端装设相同型号与变比的电流互感器 TA1～TA4，TA 二次绕组的异名端相连，两端的电流互感器接成差动回路并将电流继电器 KA1 和 KA2 分别接入其中。

如图 6-2(a) 所示，当正常运行或外部故障时，线路 WL1 和 WL2 流过的电流相同，两个电流继电器 KA1 和 KA2 中流过不平衡电流，由于其动作值大于最大不平衡电流 $I_{\text{unb. max}}$，所以保护不会动作。

如图 6-2(b) 所示，当线路 WL1 上发生短路故障时，由于母线 M 到故障点经 WL1 的阻抗远小于母线 M 到故障点经 WL2 和 WL1 的阻抗，所以短路电流 $\dot{I}_{k1}$ 大于 $\dot{I}_{k2}$，流过继电器 KA1 和 KA2 的电流分别为

$$I_{d1} = \frac{1}{K_{\text{TA}}}(I_{k1} - I_{k2}) > I_{\text{set. 1}} \tag{6-7}$$

$$I_{d2} = \frac{1}{K_{\text{TA}}}(2I_{k2}) > I_{\text{set. 2}} \tag{6-8}$$

式中，I_{d1} 和 I_{d2} 分别为流过继电器 KA1 和 KA2 的电流；$I_{\text{set. 1}}$ 和 $I_{\text{set. 2}}$ 分别为电流继电器 KA1 和 KA2 的动作值。

所以，电流继电器 KA1 和 KA2 均动作。

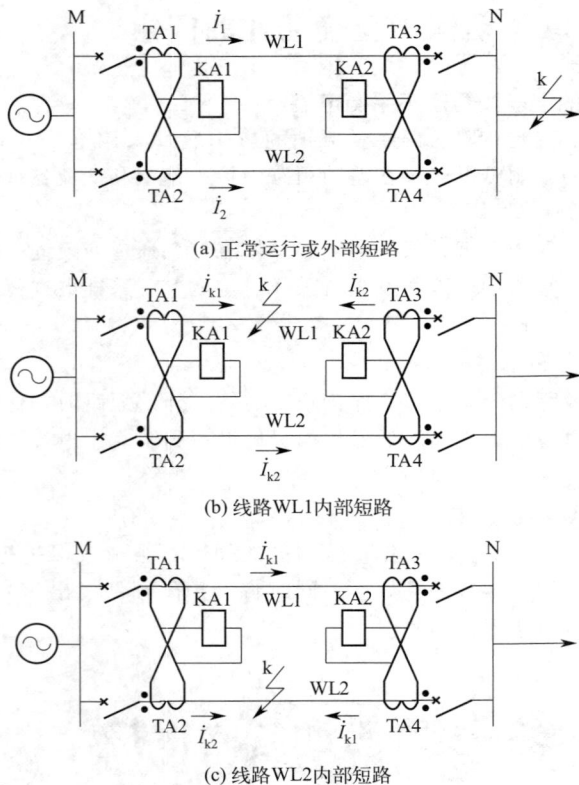

(a) 正常运行或外部短路

(b) 线路WL1内部短路

(c) 线路WL2内部短路

图 6-2 横差保护原理接线图

如图 6-2(c) 所示，当线路 WL2 上发生短路故障时，由于母线 M 到故障点经 WL2 的阻抗远小于母线 M 到故障点经 WL1 和 WL2 的阻抗，所以短路电流 $\dot{I}_{k2}$ 大于 $\dot{I}_{k1}$，流过继电器

KA1 和 KA2 的电流分别为

$$I_{d1} = \frac{1}{K_{TA}}(I_{k2} - I_{k1}) > I_{set.1} \tag{6-9}$$

$$I_{d2} = \frac{1}{K_{TA}}(2I_{k1}) > I_{set.2} \tag{6-10}$$

所以，电流继电器 KA1 和 KA2 均动作。

由此可见，两条平行线路中任一条发生短路时，继电器 KA1 和 KA2 均动作，说明电流继电器 KA1 和 KA2 能够判断两条线路是内部还是外部发生故障，但是不能判断是哪一条线路发生故障，无法满足保护的选择性。由图 6-2(b) 和图 6-2(c) 可知，不同线路内部发生故障时，继电器 KA1 和 KA2 中流过的电流的方向不同，因此，可采用功率方向继电器作为方向元件，以满足选择性，用电流继电器作为保护的启动元件，构成横差保护。若启动元件接入同极性的相差电流，方向元件采用 90°接线，保护接线采用两相式，启动元件和方向元件按相启动，可以构成反映相间短路的横差保护；若启动元件接于两条线路的零序差动回路，方向元件通入零序差动电流、零序电压，可以构成反映接地故障的横差保护。

平行线路横差保护单相原理接线如图 6-3 所示，方向元件的电压取自母线电压互感器二次电压 $\dot{U}_r$，其电流取自差动电流，即将方向元件电流线圈串接于差动回路中。当线路 WL1 发生短路时，启动元件 KA1 和 KA2 动作，方向元件 KP1 和 KP3 动作，将断路器 QF1 和 QF3 跳开，切除故障线路 WL1；当线路 WL2 发生短路时，启动元件 KA1 和 KA2 动作，方向元件 KP2 和 KP4 动作，将断路器 QF2 和 QF4 跳开，切除故障线路 WL2。为了防止因保护动作断开一条线路时横差保护误动作，采用两端断路器的常开辅助触点将保护的正电源闭锁，当故障线路断路器跳闸后，横差保护会自动退出工作。

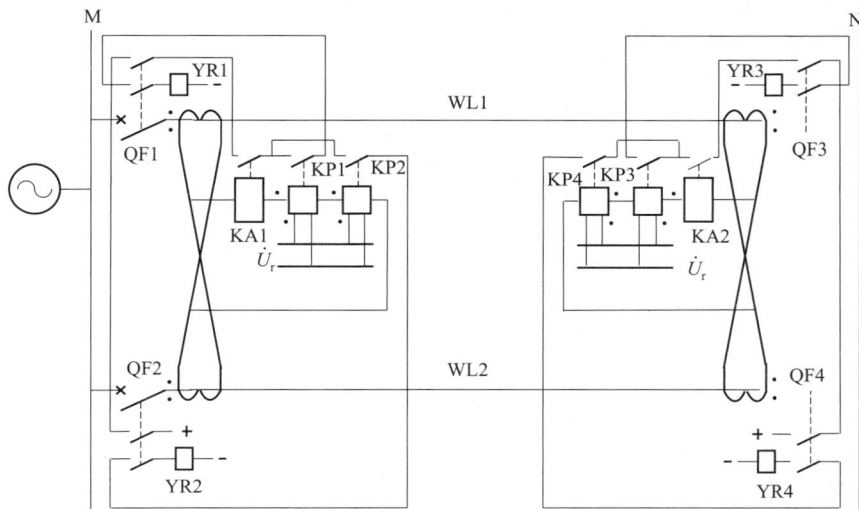

图 6-3　平行线路横差保护单相原理接线

6.2.2　横差保护的相继动作区和死区

(1) 横差保护的相继动作区

当故障发生于任一侧变电所母线附近时，在对侧的保护装置中流过的差流很小。如图 6-4 所示，当线路 WL1 上 N 母线附近 l_M 区域内 k 点发生短路时，流过线路 WL1 的短路电流

I_{k1} 和流过线路 WL2 的短路电流 I_{k2} 近似相等。此时，M 侧保护差动回路中的电流 $I_d = \dfrac{1}{K_{TA}}(I_{k1}-I_{k2})$ 很小，小于启动元件的动作值，所以 M 侧保护不动作；而 N 侧保护差动回路中的电流为 $I_d = \dfrac{1}{K_{TA}}(2I_{k2})$，大于启动元件的动作值，所以 N 侧保护动作，QF3 跳闸。而 QF3 跳闸后，故障并未被切除，M 侧的短路电流分布会立即改变，M 侧线路 WL1 通过全部短路电流，线路 WL2 短路电流 $I_{k2}=0$，所以 M 侧启动元件和方向元件均动作，QF1 跳闸。横差保护的这种先后动作称为相继动作，会发生相继动作的区域称为相继动作区。如图 6-4 所示，在 N 侧母线的区域 l_M 内发生故障时，N 侧保护先动作、M 侧保护后动作，区域 l_M 称为 M 侧保护的相继动作区；同理，在 M 侧母线的区域 l_N 内发生故障时，M 侧保护先动作、N 侧保护后动作，区域 l_N 称为 N 侧保护的相继动作区。

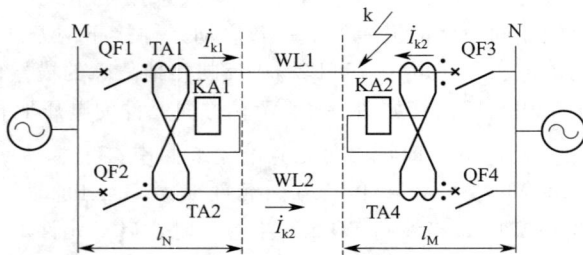

图 6-4　横差保护的相继动作区

横差保护启动元件的相继动作区可按以下方法计算。

设线路全长为 l，单位长度的正序阻抗为 z_1，当相继动作区 l_M 边界上短路时，流过 M 侧的差动电流为 $I_{k1}-I_{k2}$，刚好等于启动元件的动作电流，由于 I_{k1} 和 I_{k2} 的大小与母线 M 到短路点 k 的阻抗成反比，得到

$$\frac{I_{k1}}{I_{k2}} = \frac{(l+l_M)z_1}{(l-l_M)z_1} = \frac{l+l_M}{l-l_M} \tag{6-11}$$

M 侧保护启动元件的一次动作电流为 $I_{op} = I_{k1}-I_{k2}$，短路点的总电流为 $I_k = I_{k1}+I_{k2}$，代入式（6-11）整理得

$$l_M = \frac{I_{k1}-I_{k2}}{I_{k1}+I_{k2}} = \frac{I_{op}}{I_k}l \tag{6-12}$$

一般情况下，相继动作区可用百分数 m_M 来表示，即

$$m_M = \frac{I_{k1}-I_{k2}}{I_{k1}+I_{k2}} \times 100\% = \frac{l_M}{l} \times 100\% = \frac{I_{op}}{I_k} \times 100\% \tag{6-13}$$

同理，可以求出 N 侧保护的相继动作区 m_N。通常要求在正常运行情况下，两侧保护相继动作区的总长应小于线路全长的 50%，即 $m_M + m_N < 50\%$。

横差保护的方向元件也有相继动作区，因为方向元件动作功率小，一般情况下其相继动作区小于启动元件的相继动作区。

（2）横差保护的死区

当保护安装处发生三相金属性短路时，母线残压接近零。由于反映相间短路的横差保护中的方向元件一般采用 90°接线，所以流过功率方向继电器的功率很小，方向元件不动作。一般将方向元件在靠近母线的一段不动作的区域称为横差保护的死区。该死区正好处于对侧保护的相继动作区内，结果是两侧保护都不能动作。横差保护死区的长度不应大于线路全长的 10%。

6.2.3 横差保护的整定计算

（1）启动元件动作电流的整定

① 按躲过外部短路时流过保护装置的最大不平衡电流整定。启动元件的动作电流为

$$I_{\text{op. set}} = K_{\text{rel}} I_{\text{unb. max}} = K_{\text{rel}} (I'_{\text{unb. max}} + I''_{\text{unb. max}}) \tag{6-14}$$

式中，K_{rel} 为可靠系数，取 1.5；$I'_{\text{unb. max}}$ 为因 TA 误差引起的最大不平衡电流；$I''_{\text{unb. max}}$ 为因两回路参数不同引起的最大不平衡电流。

因 TA 误差引起的最大不平衡电流为

$$I'_{\text{unb. max}} = 0.1 K_{\text{st}} K_{\text{ap}} \times 0.5 I_{\text{k. max}} / K_{\text{TA}} \tag{6-15}$$

式中，0.1 为一组电流互感器的 10% 误差；K_{st} 为电流互感器的同型系数，同型号时取 0.5，不同型号时取 1；K_{ap} 为非周期分量影响系数，取 2；$0.5 I_{\text{k. max}}$ 为外部三相短路时，流经一组电流互感器的最大短路电流的周期分量。

因两回路参数不同引起的最大不平衡电流为

$$I''_{\text{unb. max}} = C K_{\text{ap}} I_{\text{k. max}} / K_{\text{TA}} \tag{6-16}$$

式中，K_{ap} 为非周期分量影响系数，取 2；$I_{\text{k. max}}$ 为外部三相短路时，流经双回线路的最大短路电流的周期分量；C 为两回路电流差比例系数，若线路 WL1 和线路 WL2 的阻抗分别为 $R_1 + jX_1$ 和 $R_2 + jX_2$，则 $C = \left| \dfrac{(R_2 - R_1) - j(X_2 - X_1)}{(R_2 + R_1) - j(X_2 + X_1)} \right|$。

② 按躲过单回线路运行时最大负荷电流整定。启动元件的动作电流为

$$I_{\text{op. set}} = \frac{K_{\text{rel}}}{K_{\text{re}} K_{\text{TA}}} I_{\text{L. max}} \tag{6-17}$$

式中，K_{rel} 为可靠系数，取 1.2～1.3；K_{re} 为返回系数，取 0.85；$I_{\text{L. max}}$ 为单回线路运行时的最大负荷电流。

③ 按躲过相继动作区内发生不对称短路时，对侧断路器跳闸后，流过本侧保护的非故障相最大电流整定。启动元件的动作电流为

$$I_{\text{op. set}} = \frac{K_{\text{rel}}}{K_{\text{re}} K_{\text{TA}}} I_{\text{unf. max}} \tag{6-18}$$

式中，K_{rel} 为可靠系数，取 1.2～1.3；K_{re} 为返回系数，取 0.85；$I_{\text{unf. max}}$ 为相继动作区内发生不对称短路时，对侧断路器跳闸后，流过本侧保护的非故障相最大电流。

根据以上三个计算结果，选择其中的最大值作为启动元件的动作值。在两回路参数相同的条件下，通常按第②个条件整定。

（2）灵敏度校验

在平行线路上任一点发生故障时，为了使两侧横差保护均能正确动作，保护装置的灵敏度按以下两种情况校验。

① 在双回线路运行两侧断路器都合闸的情况下，保护区内发生故障时，应保证至少有一侧保护具有足够的灵敏度。因此，在两侧保护灵敏度相等的那一点发生短路时，如图 6-5 中短路点 k，两侧均应有足够的灵敏度。这样，当短路点向一侧移动时，靠近短路点侧的保护的灵敏度会提高，而相反侧的灵敏度会降低。在相同灵敏度点发生短路时，要求保护的灵敏系数大于或等于 2，即

$$K_{\text{sen}} = \frac{I_{\text{k. min}}}{I_{\text{op}}} \geq 2 \tag{6-19}$$

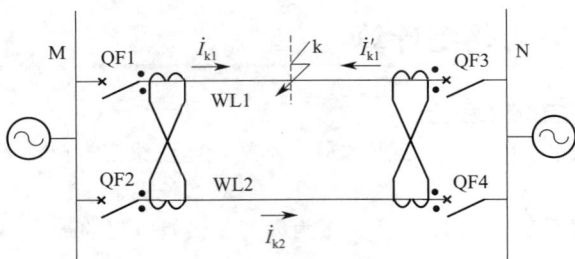

图 6-5　横差保护的相同灵敏度点示意图

式中，$I_{k.\,min}$ 为最小运行方式下，考虑不同类型短路时，流入保护装置的最小差动电流的一次值；I_{op} 为保护整定值的一次电流值。

② 在线路一侧相继动作区内发生短路，另一侧断路器已断开的情况下，保护的灵敏系数应按线路末端短路时流入保护的最小一次差动电流来计算，即

$$K_{sen}=\frac{I_{k.\,min}}{I_{op}}\geqslant 1.5 \qquad (6\text{-}20)$$

式中，$I_{k.\,min}$ 为线路末端短路且近短路点端的断路器已断开的情况下，流入保护的最小差动电流的一次值；I_{op} 为保护整定值的一次电流值。

横差保护的优点是能够快速、有选择性地切除平行线路上的故障，接线简单，易实现；缺点是在相继动作区内发生故障时，切除故障的时间将增加一倍，此外，若采用感应型方向元件，保护装置会有死区。目前，横差保护应用于 66kV 及以下电网。

6.3　平行线路的电流平衡保护

6.3.1　电流平衡保护的工作原理

平行线路的电流平衡保护是基于比较平行双回线路中电流绝对值的大小而工作的保护，是横差保护的另一种形式。在平行双回线路正常运行或外部发生短路时，两回线路中的电流相等，保护不动作；而在平行线路内部发生短路时，故障线路中流过的短路电流大于非故障线路中流过的短路电流，保护动作。

图 6-6 为电流平衡保护的原理接线图。图中1、2 为电流平衡继电器，每个电流平衡继电器有三个线圈，W_w 为工作线圈，W_{res} 为制动线圈，W_v 为电压握持线圈。工作线圈 W_w 接入本回线路电流互感器的二次绕组，产生动作转矩；制动线圈 W_{res} 的匝数比动作线圈多一些，接入另一回线路电流互感器的二次绕组，产生制动转矩；电压握持线圈 W_v 接在母线电压互感器二次侧，始终产生与电压大小相对应的制动转矩。

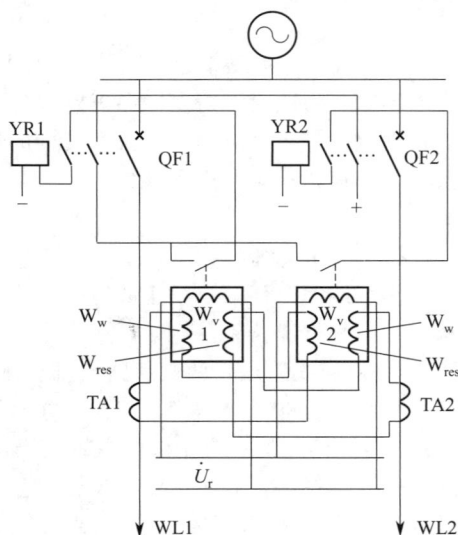

图 6-6　电流平衡保护的原理接线图

在正常运行或外部短路时，两回线路中的电流大约相等，由于制动线圈匝数多于动作线圈，所以制动转矩大于动作转矩，两个继电器均不动作。在平行线路内部短路时，如线路 WL1 发生短路，其中的短路电流远大于线路 WL2 中的短路电流，所以继电器 1 工作线圈中的电流将远大于制动线圈中的电流，这时由于短路造成母线电压低，电压握持线圈产生的制动转矩小，继电器 1 动作，将断路器 QF1 断开；相反，继电器 2 工作线圈中的电流小于制动线圈中的电流，继电器 2 不动作。

当负荷侧断路器因为某种原因断开时，运行方式由双回线路变成单回线路，这时在正常负荷电流的作用下会使保护误动作。电压握持线圈 W_v 就是为防止这种情况发生而设置的。如图 6-6 所示，当线路 WL1 负荷侧断路器断开时，通过继电器 2 制动线圈 W_{res} 的制动电流为零，继电器 2 的工作线圈 W_w 流过正常负荷电流，保护动作将 QF2 跳开，但是由于母线电压正常，继电器 2 的电压握持线圈会产生足够大的制动转矩，防止继电器 2 误动作。

6.3.2　电流平衡继电器

以整流型电流平衡继电器为例介绍其结构与工作原理。图 6-7 所示为 LP-1 型电流平衡继电器原理接线，其工作原理是通过均压幅值比较回路比较平行两回线中电流绝对值的大小。

LP-1 型电流平衡继电器由工作回路和制动回路两大部分构成，如图 6-7 所示。工作回路由电抗变压器 1TX 的二次绕组 1W2、整流桥 VU1 和电阻 R_1 组成。工作电流 i_{op} 取自线路 WL1 的电流互感器二次侧，输入电抗变压器 1TX 的一次绕组 1W1。制动回路由两部分组成：一部分是电流制动部分，由电抗变压器 2TX 的二次绕组 2W2 与 1TX 的二次绕组 1W3、整流桥 VU2 和电阻 R_2 组成，制动电流 i_{res} 取自线路 WL2 的电流互感器二次侧，输入电抗变压器 2TX 的一次绕组 2W1；另一部分是电压制动部分，由电压变换器 TVM 二次绕组 W2 和整流桥 VU3 组成，整流桥 VU3 和 VU2 输出的制动电压并联，制动电压 $\dot{U}_r$ 取自母线电压互感器二次侧，接入电压变换器 TVM 一次绕组 W1。两个电压制动部分的输出值为两者的最大值，较小值会被自动闭锁。极化继电器 KP 为均压比较元件，VD 为隔离二极管。滤波电容 C 起到滤掉交流成分的作用，防止极化继电器动作时接点发生抖动。

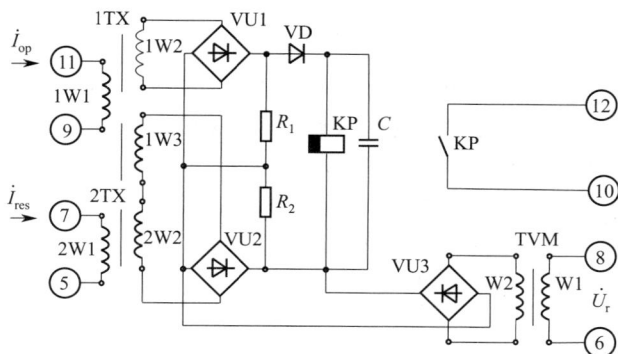

图 6-7　LP-1 型电流平衡继电器原理接线图

当线路正常运行或外部故障时，工作电流 $\dot{I}_{op}$ 和制动电流 $\dot{I}_{res}$ 几乎同向，工作电流 $\dot{I}_{op}$ 经 1TX 在电阻 R_1 上产生正向压降作为动作量；制动电流 $\dot{I}_{res}$ 经 2TX 在电阻 R_2 上产生反向压降作为制动量，由于制动回路中 2TX 的二次绕组 2W2 与 1TX 的二次绕组 1W3 同极性串联，另外，母线二次电压 $\dot{U}_r$ 经电压变换器后经整流桥 VU3 得到的直流制动电压也加在电阻 R_2 上，所以继电器中的制动会大于动作量，极化继电器不动作。

当线路内部故障时，流入电流平衡继电器的工作电流 $\dot{I}_{op}$ 和制动电流 $\dot{I}_{res}$ 近似反向，再由于短路造成母线电压降低，制动量会减少，从而小于动作量，极化继电器动作。

电流平衡保护是基于比较双回线路中的电流来判别故障的，所以，当一回线路停止运行时，保护就不能正常工作，应退出运行。

电流平衡保护适用于单侧电源线路电源侧的双回线路上。其优点是只有相继动作区没有死区，在保护附近发生短路时，保护最灵敏，灵敏度高且接线简单；缺点是不能用在单侧电源平行线路的受电侧。

本章小结

电网的纵联差动保护通过相应的信息传输通道，通过比较被保护设备始末两端的电流相量、功率方向等电气量的差别而动作，既能够保护线路全长，又能够满足选择性和速动性要求。

电网纵联差动保护差动回路中的不平衡电流主要是由互感器误差、互感器型号的差异、外部短路故障及短路时非周期分量等因素造成的。保护动作值整定时既要考虑被保护线路外部短路时的最大不平衡电流，还要考虑最大负荷电流。灵敏度校验按被保护线路单侧电源供电时的保护范围末端最小短路电流计算。

影响纵联差动保护正确动作的因素有电流互感器的误差和暂态不平衡电流、采样同步问题、输电线路的分布电容和引导线故障及感应过电压等，需要采取相应的措施来消除。

横联差动方向保护反映平行双回线路中电流差的大小和方向，利用方向元件判断故障线路，既可以用于供电侧，又可以用于受电侧，具有相继动作区和死区。

横联差动方向保护的整定计算包括启动元件动作电流的整定和灵敏度校验两项内容。

平行线路的电流平衡保护是横差保护的另一种形式，通过比较平行双回线路中电流绝对值的大小而动作，适用于单侧电源线路电源侧的双回线路。

<<<< 思考题与习题 >>>>

6-1 画出纵联差动保护的原理接线图并说明其工作原理。

6-2 纵联差动保护中产生不平衡电流的原因是什么？

6-3 纵联差动保护整定计算时，一般考虑哪些因素？

6-4 画出横差保护的原理接线并说明其工作原理。

6-5 什么是横差保护的相继动作区和死区？

6-6 简述电流平衡保护的工作原理及适用场合。

第 7 章

电力变压器的继电保护

本章主要内容

　　电力变压器的继电保护电力变压器是电力系统中不可或缺的组成部分，其正常运行对于电力系统的稳定和安全至关重要。为了确保变压器的正常运行，及时检测和排除故障，继电保护装置的应用显得尤为重要。对于电力变压器而言，继电保护主要包括差动保护、过流保护、过压保护、欠压保护等多种方式。

7.1 电力变压器的故障类型、不正常运行状态及其相应的保护方式

7.1.1 电力变压器的故障类型

（1）变压器故障分类

变压器故障可分为内部故障和外部故障两类。

① 内部故障。内部故障是指变压器内部绕组和铁芯等部分的故障，主要包括：

a. 绕组短路：变压器绕组短路会导致变压器过载、温度升高等问题。

b. 绕组开路：变压器绕组开路会导致电压降低、输出功率下降等问题。

c. 局部放电：局部放电是指绝缘介质中存在部分放电现象，会导致变压器内部绝缘损坏，进而引起绕组短路、绕组开路、继电器误动等问题。

② 外部故障。外部故障是指变压器外部环境所导致的变压器故障，主要包括：

a. 过电压：过电压会引起变压器绕组局部放电、击穿，绕组间短路等故障。

b. 过电流：过电流会引起绕组局部放电，绕组开路、击穿等故障。

（2）常见故障处理方法

① 绝缘检测。绝缘检测是变压器故障处理的基础，主要是指通过使用绝缘电阻测试仪对变压器进行绝缘电阻测试来判断绝缘能力是否合格。

② 局部放电检测。局部放电检测是指通过检测变压器局部放电现象来判断变压器是否存在绝缘老化、绝缘损坏等问题。一般需要使用特殊的局部放电检测仪来进行检测。

③ 油质检测。变压器油中的气体、水分、杂质等都会对变压器的绝缘性能产生影响，因此油质检测也是常用的处理方法之一，可以通过采样分析变压器油中的成分来判断变压器是否存在故障。

④ 温度检测。变压器温度异常也会导致变压器故障，因此温度检测也是常用的处理方法之一。可以通过在变压器绕组上安装的温度传感器来进行温度检测。

7.1.2　电力变压器不正常运行状态

电力变压器不正常运行状态主要包括：由于外部短路或过负荷引起的过电流、油箱漏油造成的油面降低、变压器中性点电压升高、由于外加电压过高或频率降低引起的过励磁等。

（1）变压器高温

变压器高温是常见的不正常工作状态，其原因有很多，如负荷过大、变压器冷却系统故障等。负荷过大可导致变压器的电流过大，从而产生大量的热量；变压器冷却系统故障也会导致变压器无法及时排除热量，产生高温。解决方法包括调整负载、及时排除冷却系统故障等。

（2）变压器噪声

变压器噪声是一种常见的不正常工作状态，一般是由于变压器的铁芯发生振动造成的。造成铁芯振动的原因有很多，如铁芯接触不良、铁芯本身存在缺陷等。解决方法包括调整铁芯的接触点、更换铁芯等。

（3）变压器振动

变压器振动是一种不正常的工作状态，其主要原因是变压器的内部故障或机械损坏。变压器内部故障可能会导致变压器产生不稳定的电流，增加其负荷，从而导致振动；机械损坏可能会使变压器产生不正常的振动。解决方法包括及时检查变压器内部故障，修复机械损坏等。

（4）变压器异常放电

变压器异常放电是一种严重的不正常工作状态，会给变压器和电网带来很大的安全隐患。其主要原因可能是变压器内部的绝缘物被破坏，导致电流绕过绝缘物直接流向大地等。解决方法是及时检查绝缘物破损，更换绝缘物等。

（5）过负荷

变压器有一定的过负荷能力，但若长期在过负荷下运行，会加速变压器绕组绝缘的老化，降低绝缘水平，缩短使用寿命。

（6）过电流

过电流一般是由于外部短路后，大电流流经变压器而引起的。如果不及时切除，变压器在这种电流下运行会烧损，一般要求和区外保护配合，经延时切除变压器。

（7）油面下降

由于变压器漏油等原因造成变压器内油面下降，油面下降至低于变压器上部时，变压器上部的引线和铁芯将暴露于空气中，会造成变压器引线闪络、铁芯和绕组过热，从而造成严重事故。故应在变压器油面下降到危险位置前发出信号，通知值班员及时处理。

（8）过电压

在正常运行情况下，变压器承受电网的额定电压，但由于雷击、误操作、故障等原因产生的电压，其值可能大大超过正常状态下的数值。如果电压超过最大允许工作电压，则称为变压器过电压。过电压往往会对变压器的绝缘造成很大的危害，甚至使绝缘击穿，威胁变压器的稳定运行。

（9）过励磁

由公式 $B=KU/f$ 可知，电压的升高和频率的降低均可导致磁感应强度 B 的增大，当超过变压器的饱和磁感应强度时，变压器即发生过励磁。现代大型变压器，额定工作磁感应强度为 $1.7\sim1.8T$，饱和磁感应强度为 $1.9\sim2.0T$，两者相差已不大，很容易发生过励磁。

变压器的铁芯饱和后，铁损增加，使铁芯温度上升。铁芯饱和后还会使磁场扩散到周围的空间中，最终使漏磁场增强。靠近铁芯的绕组导线、油箱壁及其他金属结构件，由于漏磁场而产生涡流，使这些部位发热，引起高温，严重时会造成局部变形和损伤周围的绝缘介质。

（10）冷却器故障

对于强迫油循环风冷和自然油循环风冷变压器，当变压器冷却器故障时，变压器散热条件急剧恶化，导致变压器油和绕组、铁芯温度升高，长时间运行会导致变压器各部件过热和变压器油劣化。变压器运行规程规定：变压器满负荷运行时，当全部冷却器退出运行后，允许继续运行至少 20min；当油面温度不超过 75℃时，允许上升到 75℃，但变压器切除冷却器后允许继续运行 1h。

7.1.3　电力变压器的保护方式

变压器保护的任务是对前述的故障和不正常运行状态做出灵敏、快速、正确的反应。因此，目前在变压器中普遍采用的保护有以下两种。

① 变压器主保护：差动保护、瓦斯保护等。差动保护可以作为变压器内部和套管引出线相间短路的保护，以及中性点直接接地系统侧的单相接地短路保护，同时对变压器内部绕组的匝间短路也能进行保护。瓦斯保护能反应变压器内部的绕组相间短路、中性点直接接地系统侧的单相接地短路、绕组匝间短路、铁芯或其他部件过热或漏油等各种故障。见表 7-1。

② 变压器后备保护：后备保护一般有零序保护、过电流保护、过负荷保护、过励磁保护等，此外还有油温、油面监控保护，中性点间隙保护等。见表 7-1。

表 7-1　电力变压器类型

保护类型	故障或不正常工作状态	特别说明
瓦斯保护	本体与有载调压油箱内部各种短路故障、油面降低、绕组开焊故障	主保护
纵差(纵联差动)保护	绕组或引出线相间短路、大接地电流系统侧绕组与引出线单相接地短路、绕组匝间短路	主保护
电流速断保护	绕组或引出线相间短路、大接地电流系统侧绕组与引出线单相接地短路、绕组匝间短路	主保护
过电流保护	变压器外部相间短路、变压器内部绕组相间短路	后备保护
阻抗保护	变压器引出线相间短路	后备保护
零电流保护	变压器外部接地故障、中性点直接接地侧绕组与引出线接地故障	后备保护
零电压保护	变压器接地故障	后备保护
中性点间隙零电流保护	变压器接地故障	后备保护
过负荷保护	变压器对称过负荷故障	延时动作于信号

7.2　变压器瓦斯保护

变压器差动保护能保护变压器内部和外部故障，动作迅速，灵敏系数高，但接线复杂，多用于重要的大容量变压器的主保护。它并不能保护所有内部故障，如变压器油面降低、匝间短路等（因为匝间短路电流通常小于动作电流）。因此，常采用瓦斯保护作为主保护，对变压器内部故障进行全面保护。

当变压器油箱内部发生故障时，短路电流产生的电弧会使变压器油和其他绝缘材料分解，从而产生大量的可燃气体，人们将这种可燃气体统称为瓦斯气体。故障程度越严重，产生的瓦斯气体越多、流速越快，气流中还夹杂着细小的、灼热的变压器油。

7.2.1 瓦斯保护的概念及应用

瓦斯保护是反映变压器油箱内部故障和油面降低的一种保护，对变压器匝间和层间短路、铁芯故障、套管内部故障、绕组内部断线及绝缘劣化和油面下降等故障均能灵敏动作。当变压器油箱内发生故障时，在故障电流和故障点电弧的作用下，变压器油和绝缘材料分解产生的气体从油箱流向油枕上部，利用这些气流与油流动作的保护称为瓦斯保护，也叫作气体保护。

在气体继电器内，上部是一个密封的浮筒，下部是一块金属挡板，两者都装有密封的水银触点。浮筒和挡板可以围绕各自的轴旋转。在正常运行时，继电器内充满油，浮筒浸在油内，处于上浮位置，水银触点断开；挡板则由于本身质量而下垂，其水银触点也是断开的。当变压器内部发生轻微故障时，气体产生的速度较缓慢，气体上升至储油柜途中首先积存于气体继电器的上部空间，使油面下降，浮筒随之下降而使水银触点闭合，接通延时信号，这就是所谓的"轻瓦斯保护"。当变压器内部发生严重故障时，则产生强烈的瓦斯气体，油箱内压力瞬时突增，产生很大的油流向油枕方向冲击，因油流冲击挡板，挡板克服弹簧的阻力，带动磁铁向弹簧触点方向移动，使水银触点闭合，接通跳闸回路，使断路器跳闸，这就是所谓的"重瓦斯保护"。重瓦斯保护动作，立即切断与变压器连接的所有电源，从而避免事故扩大，起到保护变压器的作用。气体继电器有浮筒式、挡板式、复合式等不同类型，大多采用 QJ1-80 型继电器，其信号回路接上开口杯，跳闸回路接下挡板。所谓瓦斯保护信号动作，即因各种原因造成继电器内上开口杯的信号回路接点闭合，光字牌灯亮。

7.2.2 瓦斯保护的原理及组成

在瓦斯保护中，首先要介绍测量元件、出口方式，并对触点进行说明。

测量元件：瓦斯继电器或气体继电器。

出口方式：跳开变压器各侧断路器；对于变压器组接线，保护动作于全停、启动快切。

瓦斯保护的主要元件：气体继电器，安装在油箱与油枕（储油柜）的连接管道上。

当变压器油箱内发生各种短路故障时，由于短路电流和短路点电弧的作用，变压器油和绝缘材料受热分解，产生大量气体，从油箱流向储油柜上部，故障越严重，产生的气体越多，流向储油柜的气流速度也越快。

当变压器绕组发生匝数很少的匝间短路或变压器严重漏油时，纵联差动保护不会动作，而瓦斯保护能动作；当绕组断线时，因为通过的是穿越性电流，此

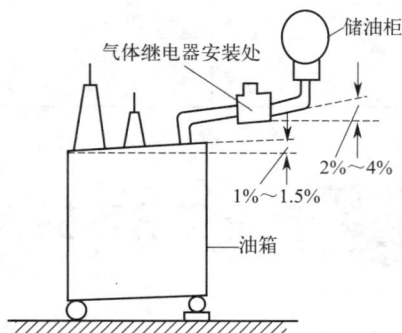

图 7-1　气体继电器

时纵联差动保护不会动作，但由于断线处电弧的作用，瓦斯保护能动作。因此，瓦斯保护除能反映前述故障外，还能起到变压器油箱内短路故障的纵联差动保护的后备保护的作用。为保证气体顺利经气体继电器进入储油柜，变压器顶盖与油面之间应有 $1\% \sim 1.5\%$ 的坡度，连接管道应有 $2\% \sim 4\%$ 的坡度。

7.2.3　气体继电器的构造和工作原理

国内采用的气体继电器有浮筒式、挡板式和复合式三种类型。实践证明，早期的浮筒式气体继电器因浮筒漏气渗油和水银触点防震性能差，容易引起误动。挡板式气体继电器在浮筒式气体继电器的基础上，将下浮筒换成挡板而上浮筒不变，所以仍存在部分缺点。目前广泛采用由开口杯和挡板构成的复合式气体继电器，用干簧触点代替水银触点，提高了防震性能，是比较好的气体继电器，如 QJ1-80 型复合式气体继电器。图 7-2 所示为 QJ1-80 型复合式气体继电器的结构，它由开口杯和挡板构成。正常运行时，继电器及开口杯内都充满了油，开口杯及附件在油内的重力力矩小于平衡锤产生的力矩，所以开口杯向上倾，干簧触点断开。当变压器内部发生轻微故障时，产生的少量气体聚集在继电器上方，使气体继电器油面下降，上开口杯露出油面。这时开口杯及附件在空气中的重力加上杯中油的重量产生的力矩大于油中平衡锤所产生的力矩，所以上开口杯沿顺时针方向转动，带动永久磁铁靠近干簧触点，使干簧触点闭合，发出轻瓦斯保护动作信号。当发生严重故障时，产生的大量气体形成从变压器冲向储油柜的强烈气流，带油的气体直接冲击挡板，使挡板偏转，干簧触点闭合，重瓦斯保护动作发出跳闸脉冲。当轻微漏油时，油面高度下降，上开口杯转动，轻瓦斯保护动作发出信号。由于 QJ1-80 型复合式气体继电器防震性能好，而且调整方便，所以广泛应用于大型变压器和强迫油循环变压器的瓦斯保护中。

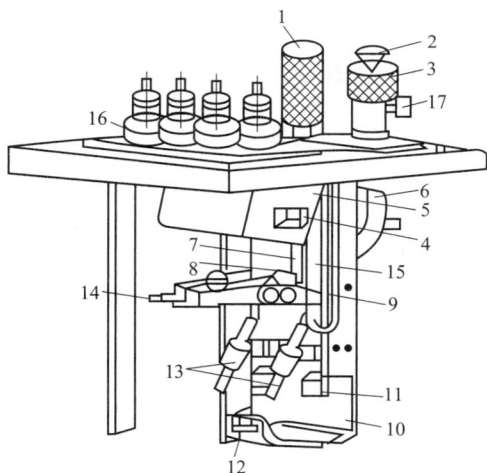

图 7-2　QJ1-80 型复合式气体继电器结构图

1—罩；2—顶针；3—气塞；4，11—永久磁铁；5—开口杯；6—重锤；7—探针；8—开口销；9—弹簧；10—挡板；12—螺杆；13—干簧触点（重瓦斯保护用）；14—调节杆；15—干簧触点（轻瓦斯保护用）；16—套管；17—排气口

① 在正常情况下，继电器充满油，反应轻瓦斯的开口杯 5 在油的浮力和重锤 6 的作用下处于上翘位置，永久磁铁 4 远离干簧触点 15，干簧触点 15 断开；反应重瓦斯的挡板 10 在弹簧 9 的作用下，处于正常位置，其附带的永久磁铁 11 远离干簧触点 13，干簧触点 13 可靠断开。

② 当变压器内部发生轻微故障时，产生少量气体聚集在气体继电器上部，迫使气体继电器内油面下降，使开口杯 5 露出油面，因物体在气体中比在油中受到的浮力小，因此开口杯失去平衡，绕轴落下，永久磁铁 4 随之落下，接通干簧触点 15，发出轻瓦斯保护动作信号。当变压器漏油时，同样由于油面下降而发出轻瓦斯保护动作信号。

③ 当变压器内部发生严重故障时，产生的大量气体形成从变压器油箱冲向油枕的强烈气流并伴随着油流，当油流流速达到整定速度值时，油流对挡板冲击力克服弹簧的作用力，挡板被冲到整定位置时，永久磁铁 11 靠近干簧触点 13，使干簧触点 13 闭合，发出跳闸脉冲，断开变压器各电源侧的断路器。

7.2.4 瓦斯保护的原理接线

瓦斯保护原理接线如图 7-3 所示。气体继电器 KG 的上触点为轻瓦斯触点，保护动作后发送延时信号。继电器的下触点为重瓦斯触点，保护动作后要跳开变压器断路器。由于重瓦斯保护反映油流流速的大小，而油流的流速在故障过程中往往很不稳定，所以以重瓦斯保护动作后必须有自保持回路，KCO 是具有自保持功能的中间继电器，可保证断路器能可靠跳闸。此外，为防止气体继电器在变压器换油或试验时误动作，可通过连接片 XB 将跳闸回路断开。若变压器是有负荷调压变压器，则瓦斯保护包括主变压器的瓦斯保护（本体重瓦斯、本体轻瓦斯）和调压变压器的瓦斯保护（调压重瓦斯、调压轻瓦斯）。

轻瓦斯保护的动作值采用气体容积表示，通常气体容积的整定范围为 $250\sim300cm^3$。对于容量在 10MV·A 以上的变压器，气体容积多为 $250\sim300cm^3$。气体容积的调整可通过改变重锤的位置来实现。

重瓦斯保护的动作值采用油流流速表示，一般整定范围为 $0.6\sim1.5m/s$，该流速指的是导油管中油流的速度。对 QJ1-80 型复合式气体继电器进行油速的调整时，先松动调节杆，再改变弹簧的长度即可，一般整定为 $1m/s$ 左右。

在瓦斯保护接线图中，当气体继电器 KG 轻瓦斯触点（上触点）闭合时，通过信号继电器，延时发出预告信号；重瓦斯触点（下触点）闭合后，经信号继电器 KS、连接片 XB 接通出口中间继电器 KCO，作用于断路器跳闸，切除变压器。

为避免气体继电器下触点受油流冲击出现跳动现象造成失灵，出口中间继电器具有自保持功能，利用其第三对触点进行自锁，以保证断路器可靠跳闸。其中，按钮开关用于解除自锁，如不用按钮开关，也可用断路器 QF1 辅助常开触点实现自动解除自锁（这种办法只有在出口中间继电器 KCO 距高压配电室的断路器距离较近时才可采用，否则连线太长不经济）。

连接片 XB 用于将气体继电器下触点切除到信号灯，使重瓦斯保护退出工作。

瓦斯保护动作后，应从气体继电器上部排气口收集气体。根据气体数量、颜色、化学成分、可燃性等，判断保护动作的原因和故障的性质。瓦斯保护能反映油箱内的各种故障，且动作迅速，灵敏度高，特别是对于变压器绕组的匝间短路（当短路匝数很少时），灵敏度高于其他保护。因此，瓦斯保护目前仍然是大、中、小型变压器必不可少的对油箱内部故障最有效的主保护。但瓦斯保护不能反映油箱外的引出线和套管上的任何故障，因此不能单独作为变压器的主保护，需要与纵联差动保护或电流速断保护配合使用。

瓦斯继电器的上触点为轻瓦斯触点，动作于信号；下触点为重瓦斯触点，动作于跳闸。

① 当变压器内部发生严重故障时，下触点闭合，经信号继电器 KS 启动出口中间继电器 KCO，其动合触点闭合，分别跳开变压器两侧断路器 QF1、QF2。

② 为防止内部故障时油流流速不稳定，使瓦斯继电器触点抖动，从而影响可靠跳闸，

(a) 原理接线图

(b) 直流展开图

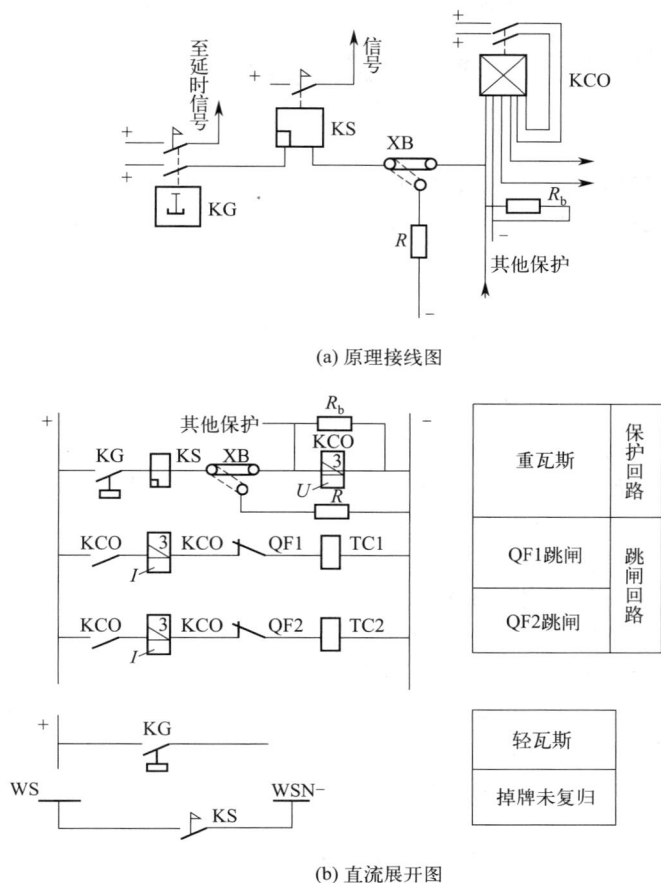

图 7-3　瓦斯保护原理

采用具有自保持的中间继电器 KCO。

③ 为防止瓦斯继电器在变压器换油或试验时误动作，可将切换片 XB 切到电阻 R 上，断开跳闸回路，使重瓦斯保护动作于信号。

7.2.5　变压器的瓦斯保护范围

瓦斯保护是变压器的主保护，它可以反应油箱内的一切故障，包括油箱内的多相短路、绕组匝间短路、绕组与铁芯或与外壳间的短路、铁芯故障、油面下降或漏油、分接开关接触不良或导线焊接不良等。瓦斯保护动作迅速、灵敏可靠，而且结构简单。但是它不能反应油箱外部电路（如引出线上）的故障，所以不能作为保护变压器内部故障的唯一保护，通常与纵差保护配合。

另外，瓦斯保护也容易在一些外界因素（如地震）的干扰下误动作。变压器有载调压开关的瓦斯继电器与主变的瓦斯继电器作用相同，但安装位置和型号不同，800kV·A 及以上的油浸式变压器和 400kV·A 及以上的车间内油浸式变压器均应装设瓦斯保护。对带负荷调压的油浸式变压器的调压装置，也应装设瓦斯保护。

7.3　变压器的纵联差动保护

纵差保护是变压器主保护之一，保护采用瞬时动作，跳开各侧开关。其保护区域是构成差动保护的各侧电流互感器之间包围的部分，包括了变压器本体、电流互感器与变压器之间的引出线。通常其保护范围包括了各侧电流互感器以内的区域，可以保护变压器绕组的相间短路、匝间短路、各侧引出线短路及中性点接地侧变压器绕组和引出线上的单相接地短路。然而与线路、发电机差动保护不同，变压器一般具有两个及以上电压等级，变压器原副边电气量反映的是变压器各侧磁耦合关系，因此变压器差动保护不平衡电流产生的因素更多，特别是变压器励磁涌流、过励磁均对保护产生影响。纵联差动保护适用于各种类型的变压器，包括壳式变压器、油浸式变压器、干式变压器等。在电力系统中，由于电力传输的特殊性，变压器经常存在各种故障或损坏，而纵联差动保护可以及时检测和保护变压器，保障电力系统的安全运行。

7.3.1　纵联差动保护组成部分

纵联差动保护主要由主保护、备用保护、电流互感器、远方端保护等部分组成。其中，主保护和备用保护都可以进行电流比较计算，并输出故障信号；电流互感器用于变换电流信号，并将其输入到纵联差动保护中进行信号比较和计算；远方端保护用于将纵联差动信号传输到远方位置，从而实现对变压器的保护。

7.3.2　纵联差动保护的基本原理

变压器在运行过程中，由于负荷、电压等因素的影响，可能会产生不同程度的电流不平衡，从而引起变压器绕组温度的不均衡。为了保证变压器绕组不被高温损坏，需要对变压器进行纵联差动保护。纵联差动保护是一种依靠变压器两侧电流的不平衡来检测和保护变压器的保护装置。在正常工作情况下，变压器两侧的电流应该是平衡的，如果出现不平衡，则可能是发生了故障，需要保护进行动作。

差动保护原理基于基尔霍夫电流定律，把被保护区域看作一个节点，如果流入保护区域的电流等于流出的电流，则保护区域无故障或是外部故障，如果流入保护区域的电流不等于流出的电流，则说明存在其他电流通路。即其是保护区内发生故障，利用输入电流与输出电流的相量差作为动作量的保护。

① 变压器差动保护的工作原理与线路纵差保护的原理相同，都是比较被保护设备各侧电流的相位和数值的大小。

② 变压器差动保护与线路纵联差动保护的区别。由于变压器高压侧和低压侧的额定电流不相等以及变压器各侧电流的相位往往不相同，因此为了保证纵联差动保护的正确工作，须适当选择各侧电流互感器的变比及各侧电流相位的补偿，使正常运行和区外短路故障时，两侧二次电流相等。

以单相双绕组变压器为例，变压器高、低压侧分别装设电流互感器 TA1 和 TA2，并按图 7-4(a) 所示极性连接。设变压器变比为 $n_T = U_1/U_2$，n_{TA1}、n_{TA2} 分别为两侧电流互感器的变比。$\dot{i}_1$、$\dot{i}_2$ 分别为变压器高、低压侧的一次电流，正方向设为从母线流向变压器。$\dot{i}_1'$、$\dot{i}_2'$

分别为相应电流互感器的二次电流。流入差动继电器的差流为

$$\dot{I}_d = \frac{\dot{I}_1}{n_{TA1}} + \frac{\dot{I}_2}{n_{TA2}} = \dot{I}_1' + \dot{I}_2' \tag{7-1}$$

如图 7-4(a) 所示极性关系，变压器正常运行或外部故障时，流过变压器两侧电流互感器的一次电流大小相等、方向相反，即 $I_1 = -I_2$。为了使差动保护可靠、不动作，应使差流为零，即

$$\dot{I}_d = \frac{\dot{I}_1}{n_{TA1}} + \frac{\dot{I}_2}{n_{TA2}} = 0$$

则

$$\frac{I_1}{n_{TA1}} = \frac{I_2}{n_{TA2}}$$

即变形为

$$\frac{n_{TA2}}{n_{TA1}} = \frac{I_2}{I_1} = \frac{U_1}{U_2} = n_T \tag{7-2}$$

式(7-2) 是构成变压器纵联差动保护的基本原则，变压器纵联差动保护两侧的电流互感器变比配合关系应尽量满足式(7-2)，以减小不平衡电流。

当变压器发生短路故障时，相当于变压器内部多了一个故障支路，流入差动继电器的差动电流等于故障点电流（变换到电流互感器二次侧），如图 7-4(b) 所示，其值很大，使差动保护动作。可以看出，纵联差动保护的保护范围是 TA1、TA2 之间的电气回路。变压器正常运行或区外故障时，流入纵联差动保护的差流为不平衡电流。因此，为保证变压器纵联差动保护的灵敏度，应采取相应措施减小或消除差流回路中不平衡电流的影响。

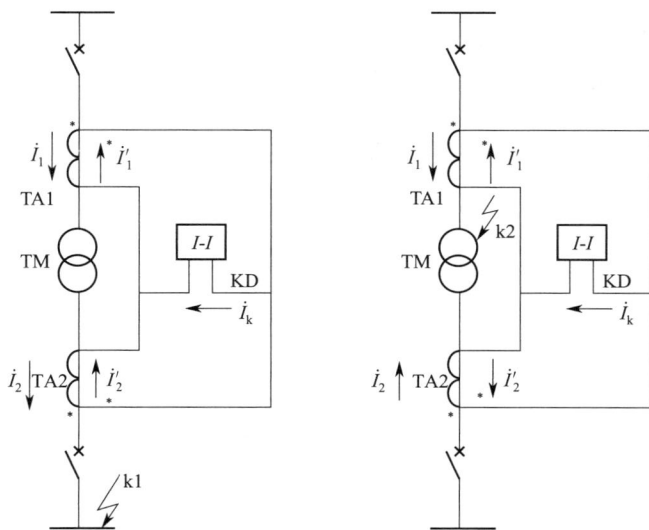

(a) 双绕组变压器正常运行时的电流分布　　(b) 双绕组变压器区内故障时的电流分布

图 7-4　单相变压器纵联差动保护的原理接线

7.3.3　变压器纵联差动保护的整定原则

（1）纵联差动保护动作电流的整定原则

① 在正常运行情况下，为防止电流互感器二次回路断线时引起差动保护误动作，保护

装置的动作电流 I_{op} 应大于等于变压器的最大负荷电流 $I_{L.max}$，即

$$I_{op} \geq K_{rel} I_{L.max} \tag{7-3}$$

式中，K_{rel} 为可靠系数，一般取 1.3。

目前，微机差动保护一般可以判断电流互感器是否断线，并且在断线情况下将差动保护闭锁，此时整定值可不用考虑断线影响，因此整定值可以小于额定电流。

② 躲开保护范围外部短路时的最大不平衡电流，动作电流整定为

$$I_{act} = K_{rel} I_{unb.max} \tag{7-4}$$

式中，可靠系数 K_{rel} 一般取 1.3；$I_{unb.max}$ 为保护外部短路时的最大不平衡电流，可由式 $I_{unb.max} = (\Delta f_z + \Delta U + K_{ap} K_{ss} K_{er}) I_{k.max}$ 计算得到。其中，Δf_z 为计算变比与实际变比不一致时引起的相对误差，在微机保护中采用电流平衡调整已使该误差接近零，但为可靠性考虑，一般仍沿用常规取值 $\Delta f_z = 0.05$；ΔU 为由带负荷调压所引起的相对误差，考虑到变压器有载调压分接头可能调节至正或负的最大位置，因此 ΔU 取电压调整范围的一半；K_{ap} 为非周期分量系数，可取 $1.5 \sim 2.0$，对于有速饱和变流器的保护可取 1.3；K_{ss} 为电流互感器的同型系数，当两侧电流互感器的型号、容量均相同时可取为 $K_{ss} = 0.5$，当两侧电流互感器不同时可取 $K_{ss} = 1$；K_{er} 为电流互感器的比误差，计算最大不平衡电流时该值可取为 10%；$I_{k.max}$ 为保护范围外部最大短路电流归算到二次侧的数值。

③ 无论按上述哪一个原则整定变压器纵联差动保护的动作电流，都必须能够不受变压器励磁涌流的影响。当变压器纵联差动保护采用二次谐波制动、间断角等原理识别励磁涌流时，它本身就具有躲开励磁涌流的性能，整定值一般无须再另作考虑。而当采用具有速饱和铁芯的差动继电器时（BCH-1、BCH-2 型差动继电器），虽然可以利用励磁涌流中的非周期分量使铁芯饱和来避免励磁涌流的影响，但运行经验显示，差动继电器的动作电流仍需整定为 $I_{op} \geq 1.3 \dfrac{I_{NT}}{K_{TA}}$ 才能消除励磁涌流的影响。对于各种原理的差动保护，其消除励磁涌流影响的性能和保护整定值，最后还应通过现场的空载合闸试验加以检验。

（2）纵联差动保护灵敏系数的校验

变压器纵联差动保护的灵敏系数可按下式校验

$$K_{sen} = \frac{I_{K.min.k}}{I_{op}}$$

式中，$I_{K.min.k}$ 为保护范围内部故障时流过差动继电器的最小差流（一般是单侧电源情况下内部故障的短路电流）。

按照要求，灵敏系数 K_{sen} 一般不应小于 2。当不能满足要求时，需要采用具有比率制动特性的差动继电器。

必须指出，即使灵敏系数的校验能够满足要求，但对变压器内部的匝间短路、轻微故障等情况，纵联差动保护往往不能动作。运行经验表明，在此情况下通常是瓦斯保护首先动作，待故障进一步发展后差动保护才动作。显然，差动保护的整定值越大，对变压器内部故障的反应能力越低。

7.4 变压器励磁涌流

7.4.1 励磁涌流的特点及克服励磁涌流的方法

① 励磁涌流。在空载投入变压器或外部故障切除后恢复供电等情况下，变压器励磁电

流的数值达到变压器额定电流的 6～8 倍时形成励磁涌流。

② 产生励磁涌流的原因。在稳态情况下的铁芯中的磁通应滞后于外加电压 90°，在电压瞬时值 $u=0$ 时合闸，铁芯中的磁通应为 $-\Phi_m$。但由于铁芯中的磁通不能突变，因此将出现一个非周期分量的磁通 $+\Phi_m$，如果考虑剩磁 Φ_{res}，这样经过半周期后铁芯中的磁通将达到 $2\Phi_m+\Phi_{res}$，其幅值如图 7-5 所示。此时变压器铁芯将严重饱和，通过图 7-6 可知此时变压器的励磁电流的数值将变得很大，达到额定电流的 6～8 倍，形成励磁涌流。

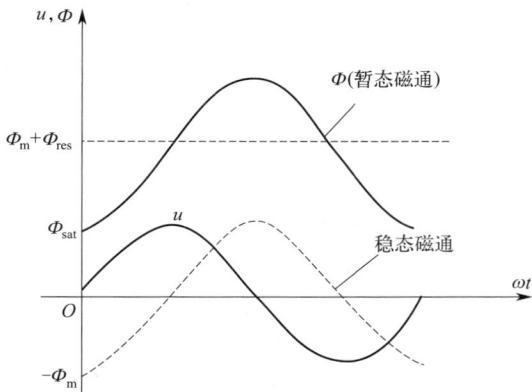

图 7-5　变压器空载投入时的电压和磁通波形

③ 励磁涌流的特点。a. 励磁电流数值很大，并含有明显的非周期分量，使励磁电流波形明显偏于时间轴的一侧；b. 励磁涌流中含有明显的高次谐波，其中励磁涌流以二次谐波为主；c. 励磁涌流的波形出现间断角。

④ 克服励磁涌流对变压器纵差保护的影响的措施。a. 采用带有速饱和变流器的差动继电器构成差动保护；b. 利用二次谐波制动原理构成差动保护；c. 利用间断角原理构成变压器差动保护；d. 采用模糊识别闭锁原理构成变压器差动保护。

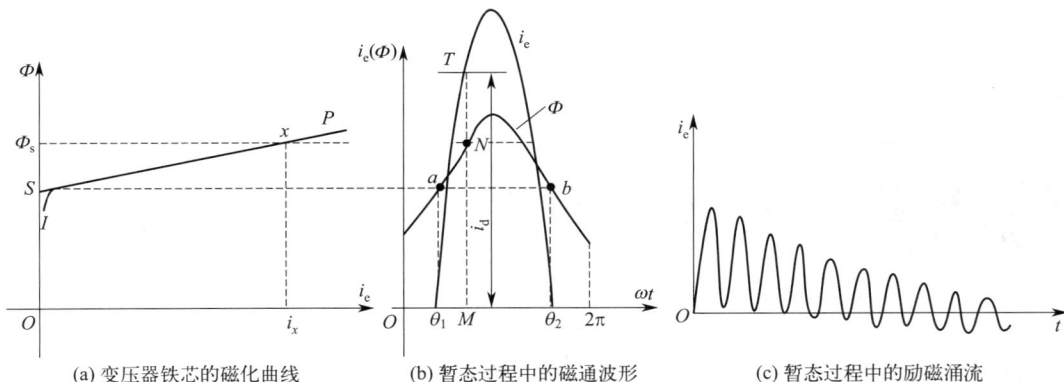

(a) 变压器铁芯的磁化曲线　　　　(b) 暂态过程中的磁通波形　　　　(c) 暂态过程中的励磁涌流

图 7-6　单相变压器励磁涌流图解法

7.4.2　变压器励磁涌流的识别方法

(1) 利用二次谐波电流制动识别励磁涌流

测量纵联差动保护中三相差动电流中的二次谐波分量来识别励磁涌流。判别式为

$$I_{d2} > K_2 I_d \tag{7-5}$$

式中，I_{d2} 为差动电流中的二次谐波电流；K_2 为二次谐波制动系数；I_d 为差动电流。

当式(7-5) 满足时，判为励磁涌流，闭锁纵联差动保护；当式(7-5) 不满足时，开放纵联差动保护。

二次谐波电流制动原理因判据简单，在电力系统的变压器纵联差动保护中获得了普遍应用。

（2）利用波形对称识别原理识别励磁涌流

波形对称识别原理是利用判别差动回路电流波形对称性来识别励磁涌流。所谓波形对称，是指工频半周时间内的差动电流波形延迟半周与相邻半周时间内的电流波形关于时间轴对称。

波形对称的判据为

$$|i_{d(a)} - i_{d(a-\pi)}| > K|i_{d(a)} - i_{d(a-\pi)}| \tag{7-6}$$

式中，$i_{d(a)}$ 为某一时刻差动电流的瞬时值；$i_{d(a-\pi)}$ 为超前 $i_{d(a)}$ 半个工频周期的差动电流瞬时值；K 为常数。

利用式（7-6）对电流进行连续半周比较，满足式（7-6）的电流波形视为对称，否则视为不对称。对于正弦波短路电流，半周内均有 $i_{d(a)}$ 与 $i_{d(a-\pi)}$ 大小相等、方向相反，满足式（7-6）。实际上在变压器内部短路时，差动回路电流并非是理想正弦波，但是通过适当选择 K 值，仍能满足式（7-6）判据的要求。

波形对称识别元件能有效地识别励磁涌流引起的差动电流波形畸变，使差动保护躲开励磁涌流的能力大大提高，并在变压器空载投入伴随区内故障时，使差动保护能快速、可靠动作。

（3）判别电流间断角识别励磁涌流

判别电流间断角识别励磁涌流的判据为

$$\theta_j > 65°, \theta_w < 140° \tag{7-7}$$

只要 $\theta_j > 65°$ 就判为励磁涌流，闭锁纵联差动保护；而当 $\theta_j \geqslant 65°$ 且 $\theta_w \geqslant 140°$ 时，则判为故障电流，开放纵联差动保护。可见，对于非对称性励磁涌流，能够可靠闭锁纵联差动保护；对于对称性励磁涌流，虽然 $\theta_{jmin} = 50.8° < 65°$，但是 $\theta_{w.max} = 120° \leqslant 140°$，同样也能可靠闭锁纵联差动保护。

7.5 变压器纵联差动保护不平衡电流

为保证纵联差动保护的选择性，差动保护的动作电流必须躲开可能出现的最大不平衡电流。因此，最大不平衡电流越小，保护的灵敏度就越高，故深入了解不平衡电流产生的原因，并设法减小不平衡电流成为差动保护的核心问题。下面重点分析变压器纵联差动保护产生不平衡电流的原因及减小不平衡电流的主要措施。

7.5.1 变压器差动保护中的不平衡电流

变压器差动保护中存在的不平衡电流有以下几种。

① 电流互感器误差不一致造成的不平衡电流。由于变压器两侧电流互感器型号不同，由此产生不平衡电流。

② 电流互感器和自耦变压器变比标准化产生的不平衡电流。

③ 变压器带负荷调节分接头时产生的不平衡电流。

变压器外部短路时差动回路产生的最大不平衡电流为

$$I_{unb.max} = (10\% \times K_{ss} + \Delta U + \Delta f_N)\frac{I_{k.max}}{n_{TA}} \tag{7-8}$$

式中，K_{ss} 为电流互感器同型系数；ΔU 为带负荷调压变压器分接头调整的相对百分数，通常最大值为 15％；Δf_N 为平衡线圈实际匝数与计算值不同引起的相对误差。

7.5.2 不平衡电流起因

在正常运行及区外故障情况下，变压器差动保护的不平衡电流均比较大，其原因如下。

① 变压器差动保护两侧电流互感器的电压等级、变比比、容量及铁芯饱和特性不一致，都可能使差动回路的稳态和暂态不平衡电流比较大。

② 变压器正常运行时由励磁电流引起的不平衡电流。变压器正常运行时，励磁电流为额定电流的 3％～5％。当外部短路时，由于变压器电压降低，此时的励磁电流更小，因此，在整定计算中可以不考虑。

③ 空载变压器突然合闸，或者变压器外部短路切除而变压器端电压突然恢复时，暂态励磁电流的大小可达到额定电流的 6～8 倍，可与短路电流相比拟。

④ 变压器两侧电流相位不同。电力系统中变压器常采用 Y,d11 接线方式，因此，变压器两侧电流的相位差为 30°，如图 7-7 所示，Y 侧电流滞后△侧电流 30°，若两侧的电流互感器采用相同的接线方式，则两侧对应相的二次电流也相差 30°左右，从而产生很大的不平衡电流。

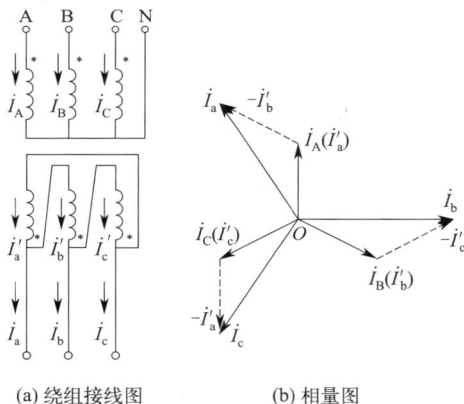

(a) 绕组接线图　　　　(b) 相量图

图 7-7　变压器 Y,d11 联结相量图

⑤ 正常运行中的有负荷调压，根据变压器运行要求，需要调节分接头，这又将增大变压器差动保护的不平衡电流。

⑥ 由于电流互感器计算变比与实际变比不同而产生的不平衡电流。另外，变压器差动保护还需要考虑以下两种情况的灵敏度。

a. 变压器差动保护能反映高、低压绕组的匝间短路。虽然匝间短路时短路环中电流很大，但流入差动保护的电流可能并不大。

b. 变压器差动保护应能反应高压侧（中性点直接接地系统）的单相接地短路，但经高阻接地时故障电流也比较小。

综上所述，差动保护用于变压器：一方面由于各种因素产生较大或很大的不平衡电流；另一方面要求能反应轻微内部短路，变压器差动保护要比发电机差动保护复杂。

【实例分析】计算由于电流互感器实际变比与计算变比不等而产生的不平衡电流，见表 7-2，正常情况将产生 0.21A 的不平衡电流。

表 7-2　计算变压器额定运行时差动保护臂中的不平衡电流

电压侧/kV	38.5(40.4)		6.3
额定电流/A	120(114.3)		733
电流互感器接线方式	△		Y
电流互感器计算变比	$\sqrt{3} \times 120/5 = 207.8/5$		733/5
电流互感器实际变比	300/5=60		1000/5=200
差动臂的电流/A	207.8/60=3.46(3.3)		733/200=3.67
不平衡电流/A	3.67－3.46(3.3)=0.21(0.37)		

7.5.3　减小不平衡电流的措施

① 减小稳态情况下的不平衡电流。变压器差动保护各侧用的电流互感器，选用变压器差动保护专用的 D 级电流互感器；当通入外部最大稳态短路电流时，差动保护回路的二次负荷要能满足 10% 误差的要求。

② 减小电流互感器的二次负荷。这实际上相当于减小二次侧的端电压，从而相应地减少电流互感器的励磁电流。减小二次负荷的常用办法：减小控制电缆的电阻（适当增大导线截面面积，尽量缩短控制电缆长度）；采用弱电控制用的电流互感器（二次额定电流为 1A）等。

③ 采用带小气隙的电流互感器。这种电流互感器铁芯的剩磁较小，在一次电流较大的情况下，电流互感器不容易饱和，因而励磁电流较小，有利于减小不平衡电流，同时也改善了电流互感器的暂态特性。

④ 减小变压器两侧电流相位不同而产生的不平衡电流，采用相位补偿。

a. 采用适当的接线进行相位补偿法。如果变压器为 Y,d11 接线，其相位补偿的方法是将变压器星形侧的电流互感器接成三角形，将变压器三角形侧的电流互感器接成星形，以补偿 30°相位差。

b. 数值补偿。通过自耦变流器或平衡线圈进行补偿，使差动回路中的不平衡电流最小化。

⑤ 减小电流互感器由于计算变比与标准变比不同而引起的不平衡电流，采用数值补偿：

$$I_{unb.\,max} = (K_{ss} \times 10\% + \Delta U + \Delta f_N) \frac{I_{k.\,max}}{n_{TA}}$$

⑥ 减小暂态过程中非周期分量电流的影响。

a. 差动保护采用具有速饱和特性的中间变流器；

b. 选用带制动特性的差动继电器或间断角原理的差动继电器等，利用其他方法来解决暂态过程中非周期分量电流影响的问题。

7.6　和差式比率制动式差动保护

比率制动式差动保护是差动保护的一种，即变压器比率制动式完全纵差保护。它是基于变压器原理而设计的。将变压器的一侧接在一个具有额定电压的电压互感器的一侧，电压互感器的另一侧接在线路上。当变压器正常运行时，电压互感器两侧电压基本相等，通过保护装置的比较和运算，两侧电流也是相等的，差动量为零，保护不动作。但当变压器出现短路或过流时，由于变压器内部电阻的存在，电压互感器两侧的电压将不相等，造成保护装置动作，实现对变压器的保护。变压器纵差保护的不平衡电流随外部短路时一次侧穿越性短路电流的增大而增大。可以利用穿越电流来产生制动作用，使穿越电流大时产生的制动作用大，穿越电流小时产生的制动作用小，继电器的动作电流也随之增大或减小。这就是比率制动，它是防止外部短路引起保护误动的好方法。

7.6.1　比率制动式差动保护原理

为避开区外短路不平衡电流的影响，同时区内短路要有较高的灵敏度，理想的办法就是采用比率制动特性。

比率制动的差动保护是分相设置的，利用双绕组变压器单相来说明其原理。以流入变压器的电流方向为正方向，差动电流为 $I_d = |\dot{I}_1 + \dot{I}_2|$，为了使区外故障时制动作用最大，区内故障时制动作用最小或等于零，制动电流可采用 $I_{res} = |\dot{I}_1 - \dot{I}_2|/2$。

以 I_d 为纵轴，表示差动电流，I_{res} 为横轴，表示制动电流，比率制动的微机差动保护的特性曲线如图 7-8 所示，a、b 线表示差动保护的动作整定值，这就是说 a、b 线的上方为动作区，a、b 线的下方为非动作区。a、b 线的交点通常称为拐点。c 线表示区内短路时的差动电流。d 线表示区外短路时的差动电流。

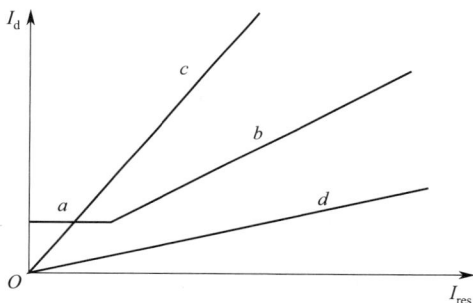

图 7-8　比率制动式差动保护的特性曲线

7.6.2　两折线比率制动特性

微机变压器差动保护的差动元件的动作特性最基本的是两段折线形的动作特性，如图 7-9 所示。图中，$I_{op.min}$ 为差动元件起始动作电流幅值，也称为最小动作电流；$I_{res.min}$ 为最小制动电流，又称为拐点电流 [一般取 （0.5～1.0）I_{2N}，I_{2N} 为变压器计算侧电流互感器二次额定计算电流]；K 为制动段的斜率，$K = \tan\alpha$。

微机变压器差动保护的差动元件采用分相差动，其比率制动特性可表示为

$$I_d \geqslant I_{op.min}, I_{res} \leqslant I_{res.min}$$
$$I_d \geqslant I_{op.min} + K(I_{res} - I_{res.min}), I_{res} > I_{res.min}$$

式中，I_d 为差动电流的幅值；I_{res} 为制动电流的幅值。

变压器差动保护的差动电流取各侧电流互感器（TA）二次电流相量和的绝对值。

对于双绕组变压器，有

$$I_d = |\dot{I}_1 + \dot{I}_2|$$

对于三绕组变压器或引入三侧电流的变压器，有

$$I_d = |\dot{I}_1 + \dot{I}_2 + \dot{I}_3|$$

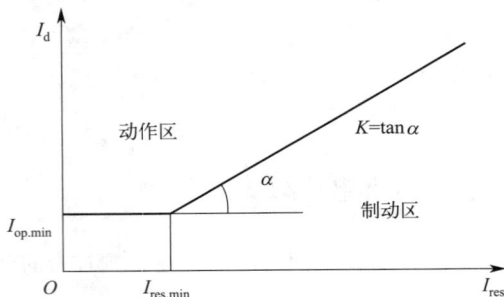

图 7-9 两折线比率制动式差动保护特性曲线

式中，$\dot{I}_1$、$\dot{I}_2$、$\dot{I}_3$ 为变压器高、中、低压侧 TA 的二次电流。

注意，无论是双侧绕组还是多侧绕组，电流都要折算到同一侧进行计算和比较。

7.6.3　制动电流的取法

在微机保护中，变压器制动电流的取得方法比较灵活，关键是应该在灵敏性和可靠性之间做一个最合适的选择。

① 对于双绕组变压器、两侧差动保护，一般有以下几种取法：

a. 制动电流为高、低压两侧 TA 二次电流相量差的一半，即 $I_{res} = |\dot{I}_1 - \dot{I}_2|/2$；

b. 制动电流为两侧 TA 二次电流幅值和的一半，即 $I_{res} = (|\dot{I}_1| + |\dot{I}_2|)/2$；

c. 制动电流为两侧 TA 二次电流幅值的最大值，即 $I_{res} = \max\{|\dot{I}_1|, |\dot{I}_2|\}$。

② 对于三侧及多侧差动保护，一般有以下取法：

a. 制动电流取各侧 TA 二次电流幅值和的一半，即 $I_{res} = (|\dot{I}_1| + |\dot{I}_2| + |\dot{I}_3| + |\dot{I}_4|)/2$；

b. 制动电流取各侧 TA 二次电流幅值的最大值，即 $I_{res} = \max\{|\dot{I}_1|, |\dot{I}_2|, |\dot{I}_3|, |\dot{I}_4|\}$。

注意，无论是双侧绕组还是多侧绕组，电流都要折算到同一侧进行计算和比较。

7.7　变压器的电流速断保护

对于容量较小的变压器，若过电流保护的时限大于 0.5s，可以在其电源侧装设电流速断保护，它与瓦斯保护相配合，作为电源侧部分绕组和套管及引出线故障的主要保护。电流速断保护的原理接线图如图 7-10 所示。电源侧为直接接地系统时，保护采用完全星形联结，若非直接接地系统，则采用两相不完全星形联结，保护动作于跳开两侧断路器。

保护的动作电流按以下两个条件计算，并取其中较大者作为保护的动作电流。

① 按躲过变压器负荷侧母线 k1 点短路时的最大短路电流整定，即

$$I_{op} = K_{rel} I_{k1.max}$$

式中，K_{rel} 为可靠系数，对于 DL-10 型继电器，取 1.3～1.4；$I_{k1.max}$ 为 k1 点短路时，流过保护的最大三相短路电流。

② 保护的动作电流还应按躲过变压器空载投入时的励磁涌流计算，通常取

$$I_{op} = (3 \sim 5) I_{TN}$$

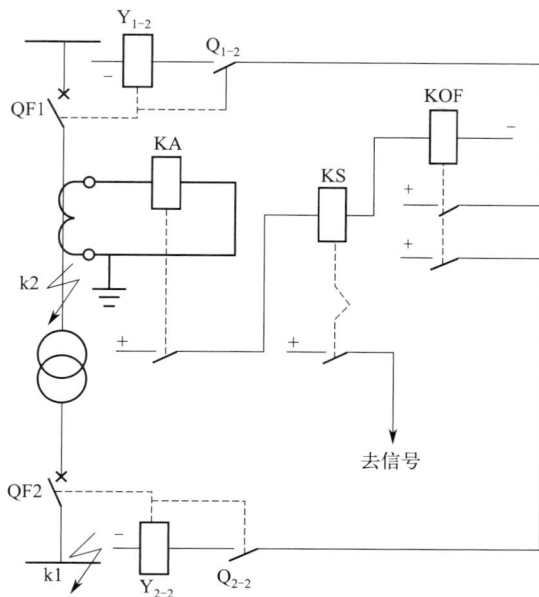

图 7-10 变压器电流速断保护单相原理接线

式中，I_{TN} 为保护安装侧变压器的额定电流。

另外，保护的灵敏系数按保护安装处 k2 点最小两相短路电流校验，即

$$K_{s.\,min} = I_{k2.\,min}^{(2)} / I_{op} \geqslant 2$$

本章小结

电力变压器的继电保护主要包括瓦斯保护、纵差保护或电流速断保护、过电流保护等。

瓦斯保护是变压器的主保护之一，用于反应油箱内部的短路故障及油面降低。它分为重瓦斯和轻瓦斯保护，重瓦斯保护动作于断路器，轻瓦斯保护动作于发出信号。瓦斯保护能够迅速切除变压器，以避免油箱局部变形、破裂或爆炸等严重后果。

纵差保护或电流速断保护用于防御各种相间故障、匝间故障、单相接地短路等，反应变压器绕组及引出线的短路故障。对于容量较小的变压器，如果后备保护动作时间长于 0.5s，则装设电流速断保护。

过电流保护作为变压器相间短路的后备保护，既是变压器本身相间故障的近后备保护，也是相邻元件（包括母线和线路）的远后备保护。常用的保护方式包括过电流保护、低电压启动的过电流保护、复合电压启动的过电流保护等。

此外，根据变压器的不同故障和不正常工作状态，还需要装设其他保护装置，如反应变压器对称过负荷的过负荷保护，反应过励磁的保护等。这些保护措施共同确保了电力系统的安全、稳定运行，防止变压器因故障或不正常工作状态而受损。

<<<< 思考题与习题 >>>>

7-1 变压器可能出现哪些故障和不正常运行状态？一般应装设哪些保护？

7-2 变压器的后备保护可采取哪些方案？各有什么特点？

7-3　何为变压器的励磁涌流？励磁涌流有哪些特点？变压器励磁涌流产生的原因是什么？如何减小和消除励磁涌流带来的影响？目前在纵联差动保护中采取了哪些措施？

7-4　在变压器的纵联差动保护中，比率制动特性的差动继电器制动绕组接入的原则是什么？举例说明。

7-5　为什么要装设变压器的过励磁保护？试说明如何测定变压器的过励磁倍数？

7-6　一台双绕组降压变压器，容量为 $15MV \cdot A$，变压比为 $[(35\pm2)\times(1+2.5\%)]/6.6$，短路电压百分数 $U_k=8\%$，采用 Y,d11 联结，差动保护采用 BCH-2 型差动继电器，求 BCH-2 型差动继电器差动保护的整定值。已知 6.6kV 侧最大负荷电流为 1000A，6.6kV 侧外部短路时最大三相短路电流为 9420A，最小三相短路电流为 7300A（已归算到 6.6kV 侧）；35kV 侧电流互感器的变流比为 600/5，6.6kV 侧电流互感器的变流比为 1500/5；可靠系数 $K_e=1.3$。

第 8 章

自动重合闸

本章主要内容

自动重合闸（简称重合闸）是断路器因某种故障原因分闸后，利用机械装置或继电自动装置使其自动重新合闸的设施。如果电力系统发生的故障是暂时性的，继电保护装置使断路器跳闸切断电源后，经预定时间再使其自动重合，若故障已自动消除，线路即重新恢复供电，如果故障是持续性的，则断路器再次跳闸，不再重合。按重合次数，分一次重合闸和多次重合闸；按相数，分三相自动重合闸和单相自动重合闸；按使用场合，分单侧电源自动重合闸和双侧电源自动重合闸。

8.1 自动重合闸的作用及使用要求

在电力系统的故障中，大多数是输电线路（特别是架空线路）的故障。运行经验表明，架空线路故障大多是"瞬时性"的，例如，由雷电引起的绝缘子表面闪络、大风引起的碰线、鸟类及树枝等物体掉落在导线上引起的短路等，在线路被继电保护迅速断开以后，电弧即时熄灭，外界物体（如树枝、鸟类等）也被电弧烧掉而消失。此时，如果把断开的线路断路器再合上，就能够恢复正常的供电。因此，称这类故障是"瞬时性故障"。除此之外，还有"永久性故障"。例如，由于线路倒杆、断线、绝缘子击穿或损坏等引起的故障，在线路被断开以后，它们仍然是存在的。这时，即使再合上断路器，由于故障依然存在，线路还要被继电保护再次断开，因而不能恢复正常的供电。由于输电线路上的故障具有以上性质，因此，在线路被断开以后再进行一次合闸就有可能大大提高供电的可靠性。为此，在电力系统中广泛采用了当断路器跳闸以后能够自动地将其重新合闸的自动重合闸装置。

8.1.1 自动重合闸在电力系统中的作用

自动重合闸是将因故障跳开的断路器按需要自动投入的自动装置。电力系统运行经验表明，架空线路绝大多数的故障是"瞬时性"的，永久性的故障一般不到 10％。因此，在由继电保护动作切除短路故障后，电弧将自动熄灭，绝大多数情况下短路处的绝缘可以自动恢复。因此，自动将断路器重合，不仅提高了供电的安全性和可靠性，减少了停电损失，而且提高了电力系统的暂态水平，增大了高压线路的送电容量，也可纠正由于断路器或继电保护造成的误跳闸。所以，架空线路要采用自动重合闸。在线路上装设自动重合闸以后，由于它并不能判断是瞬时性故障还是永久性故障，因此，在重合以后可能成功（指恢复供电不再断开）也可能不成功。根据运行资料统计，自动重合闸的成功率（重合成功的次数与总重合次数之比）一般在 60%～90%（主要取决于瞬时性故障占故障总数的比例）。

自动重合闸的主要作用：①大大提高供电的可靠性，减少线路停电的次数，特别是对单侧电源的单回线路尤为显著；②在高压输电线路中采用重合闸，还可以提高电力系统并列运行的稳定性；③在电网的设计与建设过程中，有些情况下由于考虑重合闸的作用，可以暂缓架设双回线路，从而节省投资；④对断路器机构不良或继电保护误动作而引起的误跳闸，也能起到纠正的作用。对于重合闸的经济效益，应该用无重合闸时，因停电造成的国民经济损失来衡量。由于重合闸本身的投资很小、工作可靠，因此，在电力系统中获得了广泛应用。

但事物都是一分为二的，在采用重合闸以后，当重合于永久性故障时，也将带来一些不利的影响，例如：①使电力系统又一次受到故障的冲击；②使断路器的工作变得更加重，因为它要在很短的时间内连续切断两次短路电流。这种情况对于油断路器必须加以考虑，因为在第一次跳闸时，由于电弧的作用，已使油的绝缘强度降低，在重合后第二次跳闸时，是在绝缘已经降低的不利条件下进行的，因此，油断路器在采用了重合闸以后，其遮断容量也会有不同程度的降低（一般降低到原来的 80%左右）。因此，在短路容量比较大的电力系统中，上述不利条件往往限制了重合闸的使用。

近年来，自适应重合闸技术得到深入发展，即在重合之前预先判断是瞬时性故障还是永久性故障，从而决定是否重合，这样就大大提高了重合闸的成功率。目前这种新技术在微机保护中逐步得到应用。

8.1.2 对自动重合闸的基本要求

正常运行时，当断路器由于继电保护动作或其他原因而跳闸后，自动重合闸装置均应动作。由运行人员手动操作或通过遥控装置将断路器断开时，自动重合闸不应启动。继电保护动作切除故障后，自动重合闸装置应尽快发出重合闸脉冲。

（1）重合闸不应动作的情况

① 手动跳闸或通过遥控装置将断路器断开时，重合闸不应动作。

② 手动投入断路器，由于线路上有故障，而随即被继电保护断开时，重合闸不应动作。因为在这种情况下故障是属于永久性的，是由于检修质量不合格、隐患未消除或接地线忘记拆除等原因所造成的，再重合一次也不可能成功。

除上述条件外，当断路器由继电保护动作或其他原因而跳闸后，重合闸均应动作，使断路器重新合闸。

（2）重合闸的启动方式

自动重合闸有以下两种启动方式。

① 断路器控制开关的位置与断路器实际位置不对应启动方式（简称不对应启动）。当控制开关操作把手在合闸位置而断路器实际上在断开位置的情况时使重合闸自动重合。而当运行人员手动操作控制开关使断路器跳闸以后，控制开关与断路器的位置是对应的，因此重合闸不会启动。

这种启动方式简单、可靠，还可以纠正断路器因误碰而跳闸或偷跳，可提高供电的可靠性和系统运行的稳定性，在各级电网中具有良好的运行效果，是所有重合闸的基本启动方式。

② 保护启动方式。保护启动方式是对上述不对应启动方式的补充。这种启动方式便于实现某些保护动作后闭锁重合闸的功能，以及保护逻辑与重合闸的配合等。但保护启动方式不能纠正断路器本身的误动作。

（3）自动重合闸的动作次数

自动重合闸的动作次数应符合预先的规定。例如：一次重合闸就应该只重合一次，当重合于永久性故障而再次跳闸以后，就不应该再重合；二次重合闸就应该能够重合两次，当第二次重合于永久性故障而跳闸以后，就不应该再重合。国外有与捕捉同期相结合的二次重合闸技术，而我国广泛采用一次重合闸。

（4）自动重合闸的复归方式

自动重合闸在动作以后能经预先整定的时间后自动复归，准备好下一次再动作。

（5）重合闸与继电保护的配合

自动重合闸应有可能在重新合闸以前或重新合闸以后加速继电保护的动作，以便更好地和继电保护相配合，加速故障的切除。

如果用控制开关手动合闸并合于故障上时，也宜采取加速继电保护动作的措施，因为这种故障一般是永久性的，应予以切除。当采用重合闸后加速保护动作时，如果合闸瞬间所产生的冲击电流或断路器三相触点不同时合闸所产生的零序电流有可能引起继电保护误动作，则应采取措施（如适当增加一延时）予以防止。

（6）对双侧电源线路上重合闸的要求

在双侧电源线路上的重合闸，应考虑合闸时两侧电源间的同期问题。

（7）闭锁重合闸

自动重合闸应具有接收外来闭锁信号的功能。当断路器处于不正常状态（如操作机构中使用的气压、液压降低等）而不允许实现重新合闸时，应将自动重合闸闭锁。

8.1.3 自动重合闸的分类

一般来说，按照作用于断路器的方式，自动重合闸分为单相重合闸、综合重合闸、三相重合闸。110kV及以上线路大多采用三相一次重合闸。运行经验显示，110kV以上的大接地电流系统的高压架空线路上，短路故障中的70%以上是单相接地短路，特别是220kV以上的架空线路，由于线间距离大，单相接地故障甚至高达90%。在这种情况下，如果只把发生故障的一相断开，然后再进行单相重合闸，而未发生故障的两相在重新合闸周期内仍然继续工作，就能大大提高供电的可靠性和系统并列运行的稳定性。因此，在220kV以上的大接地电流系统中，广泛采用了单相重合闸。一般在220kV及以下电压单回联络线路、两侧电源之间相互联系薄弱的线路（包括经低一级电压线路弱联系的电磁环网），特别是大型汽轮发电机组的高压配电线路上采用综合重合闸。当发生单相接地故障时，采用单相重合闸；而当发生相间短路时，采用三相重合闸方式。对于允许使用三相重合闸的线路，但使用单相重合闸对系统或恢复供电有较好的效果时，可采用综合重合闸。三相重合闸是指不论在输、配电线路上发生单相短路还是相间短路，其继电保护装置均将线路三相断路器同时跳开，然后启动自动重合闸后再同时重新合三相断路器的方式。一般来说，在线路两侧分别为电源与用电设备，相互联系较强的线路采用三相重合闸。

供电系统架空线路的故障大多是瞬时性的。这些瞬时性故障中由于雷击引起的绝缘子表面闪络、大风引起的碰线、鸟害和树枝等造成的短路占故障总数的 $80\%\sim90\%$。当故障线路被断开后，由于故障的瞬时性，故障点的绝缘强度会自动恢复，故障会自动消除，这时若能重新将断路器合上，就可以重新恢复供电。自动重合闸（automatic reclosing device，ARD）就是利用了瞬时性故障这一特点。当线路故障时，在继电保护装置的作用下将断路器跳开，同时启动自动重合闸，经过一定时限自动重合闸使断路器重新合上。若线路故障是瞬时性的，则重合成功后恢复供电；若线路故障是永久性的且不能消除，则继电保护装置将线路再次切断。

按照动作次数，自动重合闸分为一次重合闸、二次重合闸和三次（多次）重合闸。根据对架空线路自动重合成功率的统计，一次重合成功率达为 80% 左右，二次重合成功率占 $15\%\sim16\%$，三次重合成功率约为 5%。因此，在 35kV 及以下的供电系统的架空线路上大多采用三相一次重合闸装置。

按照重合闸的应用场合，自动重合闸可以分为单侧电源重合闸和双侧电源重合闸。

8.2 电源线路的三相一次自动重合闸

8.2.1 单侧电源线路的三相一次自动重合闸

所谓三相一次自动重合闸，是指输电线路上发生单相接地、相间短路或三相短路时，继电保护均将线路的三相断路器一起断开，然后重合闸装置启动，并经过预定延时后发出重合命令，将三相断路器重新合上的重合闸。若故障为瞬时性的，重合成功；若故障为永久性的，则继电保护再次动作，将三相断路器一起断开，且不再重合。

在我国电力系统中，三相一次自动重合闸使用非常广泛。目前，我国电力系统中的重合闸有电磁型、晶体管型和集成电路型三种。它们的工作原理完全相同，只是实施方法不同。

图 8-1 所示为电磁型三相一次自动重合闸接线展开图，由重合闸启动回路、重合闸时间元件、一次合闸脉冲元件及执行元件四部分组成。它是按控制开关与断路器位置不对应原理启动的具有后加速保护动作性能的三相一次自动重合闸。图中虚线框内为 DH-2A 型重合闸继电器内部接线，它由一个时间继电器 KT、一个中间继电器 KM、电容器 C（电容器的充电时间一般为 $10\sim15s$，具有充电慢、放电快的特点）、充电电阻 R_4、放电电阻 R_6 及信号灯 HL 组成。

控制开关 SA 是手动操作的控制开关，其触点的通断情况见表 8-1，其他各元件的名称和作用如下。

表 8-1 SA 触点的通断情况

操作状态		手动合闸	合闸后	手动跳闸	跳闸后
SA 触点号	2-4	—	—	—	×
	5-8	×	—	—	—
	6-7	—	—	×	—
	21-23	×	×	—	—
	25-28	×	—	—	—

KCT 是跳闸位置继电器。当断路器处于跳闸位置时，它通过断路器的辅助触点 KCT_1 启动 AAR。

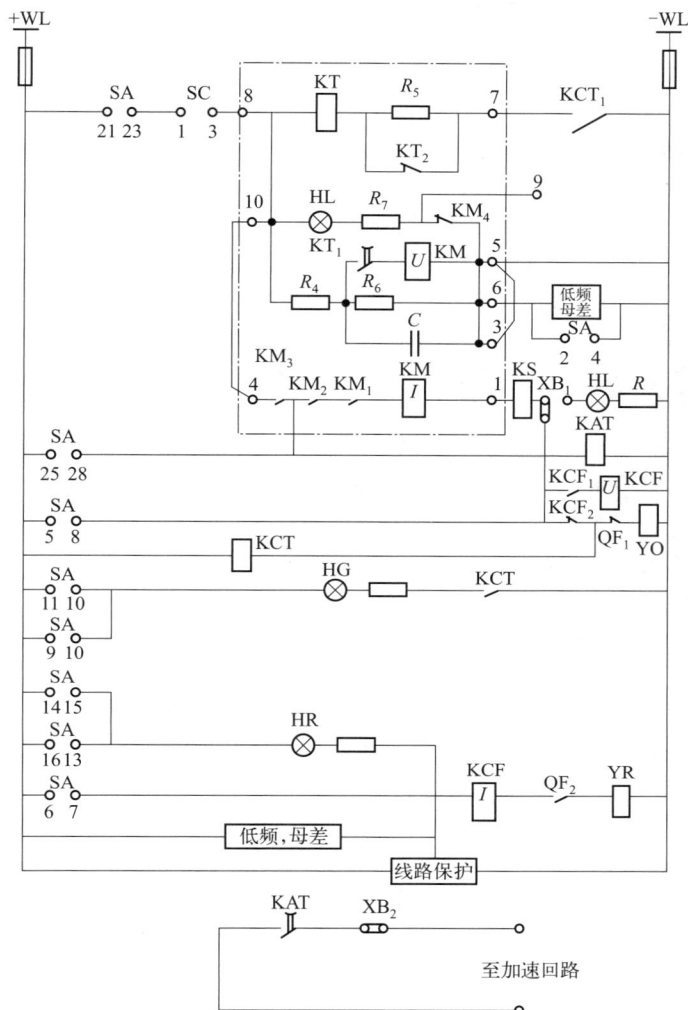

图 8-1 电磁型三相一次自动重合闸接线展开图

YO 是合闸线圈。合闸线圈励磁时，使断路器合上，但当断路器处于断开位置时，由于 KCT 线圈电阻的限流作用，流过 YO 的电流很小，此时 YO 不会动作去合上断路器。

SA 是断路器手动合、跳闸控制开关，它有六个位置，向右转：预合、合闸、合闸完了。向左转：预跳、跳闸、跳闸完了。

SC 是转换开关，用以投入或退出 AAR。

KCF 是防跳继电器，用于防止断路器多次重合于永久性故障而损坏断路器。

KAT 是加速保护动作的中间继电器，具有瞬时动作、延时返回的特点，保证手动合闸于故障线路或者重合于故障线路时，快速切除故障。

下面分析这种自动重合闸的工作原理。

① 在输电线路处于正常运行状态时，断路器处于合闸位置，其触点 QF_1 打开，QF_2 闭合；跳闸位置继电器 KCT 线圈失电，常开触点 KCT_1 打开；控制开关 SA 处于合闸后位置，其触点 21-23 接通；SC 处于接通状态，触点 1-3 接通；电容器 C 经 R_4 充电，充电电压为 220V（或 110V）的直流操作电源电压；KM_4 闭合，信号灯 HL 点亮，表示 KM 触点及线圈完好，AAR 处于准备动作状态。

② 断路器因继电保护动作或其他原因跳闸时，断路器的触点 QF_1 闭合，QF_2 打开，此时，控制开关 SA 在合闸后的位置，断路器在跳闸位置，两者位置不对应。因 QF_1 闭合，跳闸位置继电器 KCT 线圈得电（正控制电源＋WL→KCT 线圈→QF_1→YO→负控制电源－WL），常开辅助触点 KCT_1 闭合，启动重合闸时间继电器 KT，其常闭触点 KT_2 打开，电路中串入电阻 R_5，保证线圈 KT 的热稳定性，KT 的延时触点 KT_1 经过约 1s 的延时闭合，KT_1→KM 电压线圈→电容器 C→KT_1 构成回路，使 KM 电压线圈得电，从而使 KM 的辅助常开触点 KM_1、KM_2、KM_3 闭合，从而接通了断路器的合闸回路（正控制电源＋WL→SA 触点 21-23→SC 触点 1-3→8→10→KM_3→KM_2→KM_1→KM 电流线圈→KS 线圈→XB_1→KCF_2→QF_1→YO→负控制电源－WL），合闸线圈 YO 励磁，使断路器重新合上，同时，重合闸动作的信号继电器 KS 励磁动作，发出重合闸动作信号。KM 电流线圈启动自保持作用，当电容器放电启动 KM 电压线圈后，可通过电流线圈的自保持作用使 KM 在合闸过程中一直处于动作状态，直到断路器可靠合闸。

如果线路上发生暂时性故障，则自动重合成功。合闸后，断路器的辅助常开触点 QF_2 闭合，常闭触点 QF_1 打开，断路器跳闸位置继电器 KCT 失电，触点 KCT_1 断开，时间继电器 KT 失电，触点 KT_1 打开，电容器 C 经 R_4 重新充电，经 10～15s 后充满，整个回路恢复到正常运行时的状态，准备好再次动作。

如果线路发生的是永久性故障，断路器合闸后，由于故障依然存在，则继电保护动作再次将断路器跳开。此时，KCT 得电→KCT_1 闭合→KT 得电→KT_1 延时约 1s 闭合→电容器 C 经 KM 电压线圈放电，因电容器充电时间较短，其两端电压小于 KM 的启动电压，故断路器不能再次重合。由于触点 KT_1 闭合，电容器被短接而不能充电，电阻 R_4（约几兆欧）与 KM 电压线圈（约几千欧）串联，KM 电压线圈分配的电压远小于其动作电压，从而保证了 AAR 只动作一次。

③ 用控制开关 SA 手动跳闸时，将 SA 由合闸后位置转向预跳位置，SA 触点 2-4 闭合，电容器 C 经过 R_6 迅速放电，使电容器两端电压接近零；SA 触点 21-23 断开，切断了 AAR 的正电源，使断路器不会合闸；同时，SA 触点 6-7 闭合，接通了断路器的跳闸线圈 YR，使断路器跳闸。

④ 用控制开关 SA 手动合闸时，将 SA 由跳闸后的位置转向预合时，SA 触点 21-23 接通，2-4 断开，电容器 C 开始充电；触点 25-28 接通，启动加速继电器 KAT，为加速跳闸准备；触点 5-8 闭合，接通合闸线圈 YO（＋WL→触点 5-8→KCF_2→QF_1→YO→－WL），使断路器合闸。如果合闸到永久性故障上，当手动合上断路器时，保护装置立即动作，经加速继电器 KAT 使断路器快速跳闸，由于电容器充电时间很短，不能启动 KM，断路器不会重合。

⑤ 防止多次重合与重合闸闭锁回路。断路器中采用了防跳继电器 KCF，以防止断路器多次重合于永久性故障。若线路中发生了永久性故障，而且在第一次重合时出现 KM_1、KM_2、KM_3 触点黏住不能返回，如果无防跳继电器，将形成断路器跳闸-合闸不断反复的"跳跃"现象。在断路器控制回路中串入防跳继电器 KCF，在断路器第一次跳闸的同时，启动了 KCF 的电流线圈，使 KCF 动作，但因 KCF 电压线圈没有自保持电压，断路器跳闸后，KCF 自动返回；在断路器第二次跳闸时，若 KM_1、KM_2、KM_3 触点黏住，KCF 电压线圈有自保持电压，使 KCF_1 闭合，KCF_2 断开，切断了 YO 的合闸回路，防止了断路器的再次重合闸，此时，KM_4 打开，使信号灯 HL 熄灭，给出重合闸故障信号。手动重合闸时，KCF 同样能防止断路器多次重合。

某些情况下断路器不允许重合，如母线保护装置动作后、自动按频率减负荷装置动作后、线路断路器跳闸后，不允许重合闸动作，应将 AAR 闭锁。可将母线保护装置动作触点或自动按频率减负荷装置的出口辅助触点分别与 SA 的 2-4 触点并联，接通电容器 C 的放电回路，放掉其储存的电能，从而保证断路器跳闸后无法再合闸。

随着晶体管和集成电路技术的发展，晶体管型三相一次自动重合闸得到了广泛的应用。图 8-2 所示为晶体管型三相一次自动重合闸的原理接线图。它主要由重合闸启动元件、重合闸延时元件、一次合闸出口和放电元件、执行元件、控制开关和后记忆电路组成。

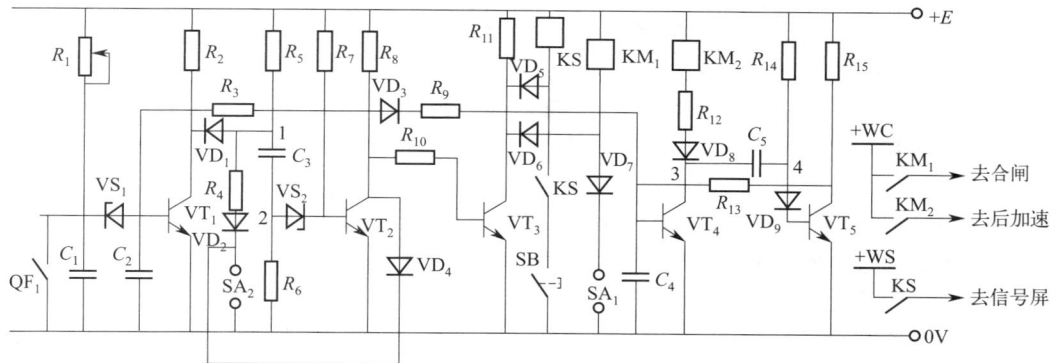

图 8-2　晶体管型三相一次自动重合闸的原理接线图

① 重合闸启动元件。当断路器控制开关的位置与断路器位置不对应时，或者继电保护装置发出启动命令时，自动重合闸启动。

② 重合闸延时元件。因断路器跳闸后短路点电弧熄灭和绝缘强度恢复需要一定时间，同时断路器灭弧介质绝缘强度的恢复也需要一定时间，因此自动重合闸启动后，需经一个预定的时间再发出合闸命令。该延时可以根据灭弧时间等具体情况整定。

③ 一次合闸出口和放电元件。所谓一次合闸出口和放电元件，是指发出合闸命令并保证只合闸一次的回路。当重合闸启动且延时时间到后，重合闸发出合闸命令，使断路器重合。但发出一次合闸命令后，三相一次自动重合闸需要 15～25s 的时间才能复归。在未复归之前，自动重合闸不会再次发出合闸命令，这样也就保证了自动重合闸在一次故障切除后只合闸一次。

因为模拟式重合闸在合闸一次后使一个充满电的电容器放电，下次合闸要等到电容器再次充满电才能进行，这需要 15～25s 的时间，也就保证了只能合闸一次。微机保护重合闸是利用计数器计数和清零代替电容器充放电的，但仍沿用重合闸放电这个说法。

④ 控制开关。控制开关是指手动操作把手和有关的控制回路（用于手动跳闸与手动合闸命令的发出，手动合闸或手动跳闸时应闭锁重合闸）。这是因为当手动跳闸一般属于计划性跳闸操作，为避免不必要的重合，需要利用控制开关的手动跳闸辅助触点闭锁重合闸；当手动合闸时，为防止合闸于永久性故障时继电保护跳闸后自动重合闸再次动作于永久性故障，同样利用控制开关的手动合闸辅助触点闭锁重合闸。

⑤ 执行元件。由具体的重合闸操作回路构成的执行元件完成断路器的合闸操作及发出信号。另外，为保证重合或手动合闸于永久性故障的情况下继电保护能够加速切除故障，在重合或手动合闸后短时闭合后加速保护中的 KAT 接点，以实现对重合闸的后加速保护。

单侧电源线路的自动重合闸的参数整定如下。

（1）自动重合闸的动作时限的整定

为保证自动重合闸功能的实现，应对其参数进行正确的整定。图 8-2 所示的自动重合闸，其主要参数是动作时限值，即时间继电器的延时时间。从减少停电时间和减轻电动机自动启动的要求考虑，自动重合闸的动作时限越短越好。因为电源中断后，电动机的转速急剧下降，电动机被其负荷制动，当重合闸成功恢复供电以后，很多电动机要自启动，由于自启动电流很大，容易引起电网内电压的降低，造成自启动困难或拖延其恢复正常工作的时间，电源中断的时间越长，影响越严重。整定动作时限需要考虑以下两方面。

① 自动重合闸的动作时限必须大于故障点去游离的时间，以保证故障点绝缘强度可靠恢复。断路器跳闸后，使故障点的电弧熄灭并使周围介质恢复绝缘强度是需要一定时间的，必须在这个时间以后进行合闸才有可能成功。在考虑绝缘强度恢复时，还必须计及负荷电动机向故障点反馈电流时使绝缘强度恢复变慢的因素。另外，对于单电源环状网络和平行线路，线路两侧的保护装置可能会以不同的时限切除故障，因而断电时间应从后跳闸的一侧断路器断开时开始算，因而在整定本侧重合闸的时限时，应考虑以本侧以最小的动作时限跳闸、对侧以最大的时限跳闸后有足够的断电时间来整定。

② 自动重合闸动作时，继电保护装置必须已经返回，而且断路器的操作机构已经恢复到正常状态，做好合闸准备。因此，自动重合闸的动作时限必须大于断路器及其操作机构准备好合闸的时间。这个时间包括断路器触点周围介质绝缘强度的恢复时间及灭弧室充满油的时间，以及操作机构恢复到原状态准备好再次动作的时间。重合闸必须在这之后才能向断路器发出合闸脉冲，否则，有可能因重合在永久性故障上造成断路器爆炸。

一般情况下，断路器及其操作机构准备好重合的时间都大于故障点介质去游离的时间，因此，自动重合闸的动作时限 t_{AAR} 只需按照条件②考虑即可。

对于不对应启动方式

$$t_{AAR} = t_{OS} + t_S \qquad (8-1)$$

对于继电保护启动方式

$$t_{AAR} = t_{OS} + t_{off} + t_S \qquad (8-2)$$

式中，t_{OS} 为操作机构准备好合闸的时间，对电磁操作机构取 $0.3 \sim 0.5 \mathrm{s}$；t_{off} 为断路器的跳闸时间；t_S 为储备时间，通常 t_S 取 $0.3 \sim 0.4 \mathrm{s}$。

对于 35kV 以下线路，当由上述条件计算出 t_{AAR} 小于 0.8s 时，一般取 t_{AAR} 为 $0.8 \sim 1.0 \mathrm{s}$。

（2）自动重合闸的复归时间的整定

自动重合闸动作时，继电保护装置一定要已经可靠复归，同时断路器的操作机构已经恢复到正常状态。其复归时间是指自动重合闸的准备动作的时间，也就是指电容器 C 上两端电压从零充电到能使中间继电器动作的电压所需的时间。整定复归时间时应满足以下两个条件。

① 断路器重合到永久性故障时，即使以继电保护装置的最大时限切除故障，也不会引起断路器的多次重合。

② 必须保证断路器的切断能力的恢复。当自动重合闸的动作成功后，自动重合闸的复归时间不小于断路器恢复到可再次动作所需要的时间，一般自动重合闸的复归时间取 $15 \sim 25 \mathrm{s}$。

8.2.2　双侧电源线路的三相一次自动重合闸

（1）双侧电源线路的重合闸的特点

在双侧电源输电线路上设置重合闸时，除应满足在 8.2.1 节中提出的各项要求以外，还必须考虑如下特点。

① 时间的配合。当线路上发生故障时，两侧的保护装置可能以不同的时限动作于跳闸。

例如，一侧为Ⅰ段动作，而另一侧为Ⅱ段动作。此时，为了保证故障点电弧的熄灭和绝缘强度的恢复，以使合闸尽可能成功，线路两侧的重合闸必须保证在两侧断路器均跳闸后，经过一定延时再进行合闸。

② 同期问题。当线路因故障跳闸以后，常常存在重合时两侧系统是否同期及是否允许非同期合闸的问题。

因此，双侧电源线路上的重合闸应根据电网的接线方式和运行情况，采取一些附加的措施，以适应新的要求。

（2）双侧电源线路的自动重合闸的工作方式

双侧电源线路的自动重合闸具有多种工作方式，保证了重合闸在不同应用场合具有更显著的效果。根据双侧电源线路的自动重合闸的特点，大致可将其工作方式归纳为两类：一类是不检定同期和无压的重合，如快速重合、非同期重合、解列重合及自同期重合等；另一类是检定同期或无压的重合，如检定平行线路电流的重合，一侧检定线路无电压、另一侧检定同期的重合等。

① 快速自动重合。所谓快速自动重合，是指保护断开两侧断路器后在0.5~0.6s内使之再次重合，在这样短的时间内，两侧电动势夹角摆动不大，系统不可能失去同步。即使两侧电动势夹角摆动较大，只要冲击电流对电力系统及其元件的冲击在可以耐受的范围之内，线路重合后很快就会拉入同步。因此，采用快速自动重合是提高系统并列运行稳定性和供电可靠性的有效措施。使用快速自动重合需要具备下列条件。

a. 线路两侧均有全线瞬时动作的保护，如纵联保护。

b. 线路两侧有快速动作的断路器，如快速空气断路器。

c. 重合闸重合瞬间对电力系统及其设备的最大冲击电流小于允许值。

② 非同期重合。所谓非同期重合，是指在线路两侧断路器跳闸后，不管两侧电源是否同期即进行合闸的重合方式。当符合下列条件且认为有必要时，可采用非同期重合。

a. 非同期重合时，流过电机、同步调相机或电力变压器的最大冲击电流不超过允许值。在计算时，应考虑实际中可能出现的同步电机或电力变压器的冲击电流最大的运行方式。

b. 非同期重合后所产生的振荡对重要负荷的影响较小，或者可以采取措施减小其影响（例如，尽量使电动机在电压恢复后能自启动，在同步电机上装设同期装置等）。

③ 解列重合及自同期重合。在双侧电源的单回线路上，当不能采用非同期重合时，还可以根据具体情况采用下列重合方式。

a. 解列重合。小电源与系统解列后，小电源的容量应基本上与所带的重要负荷相平衡，这样就可以保证对地区重要负荷的连续供电并保证电能的质量。在两侧断路器跳闸后，系统侧的重合闸检查线路无电压，在确认对侧已跳闸后进行重合，如果重合成功，则由系统恢复对地区非重要负荷的供电，然后在解列点处实行同期并列，电力系统即可恢复正常运行。如果重合不成功，则系统侧的保护再次动作跳闸，对地区非重要负荷的供电将被迫中断。

解列点的选择原则：应尽量使发电厂的容量与其所带的负荷接近平衡，这是这种重合方式所必须考虑并加以解决的问题。

b. 自同期重合。对于水电厂，如果条件允许，可以采用自同期重合，水电厂侧的保护则动作于跳开发电机的断路器并灭磁，而不跳开故障线路的断路器。然后，系统侧的重合闸检查线路无电压而重合，如果重合成功，水电厂侧母线电压恢复正常，则水轮发电机再实现与系统的自同期并列，因此称为自同期重合。如果重合不成功，则系统侧的保护再次动作跳闸，水电厂也被迫停机。

采用自同期重合时，必须考虑对水电厂对地区负荷供电的影响，因为在自同期重合的过程中，如果不采取其他措施，将被迫停止向地区负荷。当水电厂有两台以上的机组时，为了保证对地区负荷的供电，则应考虑使一部分机组与系统解列，继续向地区负荷供电，另一部分机组实行自同期重合。

④ 线路两侧电源联系紧密时的自动重合。并列运行的发电厂或电力系统之间在电气上有紧密联系时，由于同时断开所有联系的可能性几乎不存在，因此，当任一条线路断开又进行重合时，都不会出现非同期重合问题。在这种情况下，可以采用不检查同期的自动重合闸。

⑤ 检查双回线路另一回线路电流的重合。当不能采用非同期重合时，可采用检定另一回线路上是否有电流的重合闸。因为当另一回线路上有电流时，即表示两侧电源仍保持同步运行，因此可以重合。采用这种重合方式的优点是电流检定比同期检定简单。

⑥ 具有同期检定和无电压检定的重合。当上述各种重合方式难以实现，而同期检定重合的确有一定效果时，例如，当两个电源与两侧所带的负荷各自接近平衡，因而在单回联络线路上交换的功率较小，或者当线路断开以后，每个电源侧都有一定的备用容量可供调节，则可以采用同期检定和无电压检定的重合。

（3）双侧电源线路的重合闸分类

双侧电源线路的重合闸的类型很多，按照是否检查同期可以分为以下两类。

① 检查同期的重合闸

此类重合闸有检查无压和检查同期的三相一次重合闸、检查平行线路是否有电流的重合闸等。

② 不检查同期的重合闸

此类重合闸有非同期重合闸、快速重合闸、解列重合闸及自重合闸。

（4）双侧电源线路重合的主要方式

① 三相快速自动重合。所谓三相快速自动重合，是指当输电线路上发生故障时，继电保护装置能很快使线路两侧断路器断开，并立即进行重合。三相快速自动重合具有快速的特点，从线路短路开始到重新合闸，整个过程的时间在 $0.5 \sim 0.6 \mathrm{s}$ 以内，在这样短的时间内，两侧电源电动势之间的夹角摆动不大，不会危及系统的稳定性，由于重合的周期很短，断路器重合后，系统能很快拉入同步，所以，在 $220 \mathrm{kV}$ 以上的线路中应用比较多，它是提高系统并列运行稳定性和供电可靠性的有效措施。

采用三相快速自动重合方式必须具备以下条件。

a. 线路两侧都装有能瞬时动作的保护整条线路的继电保护装置，如高频保护等。

b. 线路两侧必须装设可以进行快速自动重合的断路器，如快速低压断路器等。

c. 线路两侧断路器重新合闸时两侧电动势的相位差不会导致系统稳定性被破坏。

d. 应用快速自动重合时需校验线路两侧断路器重新合闸瞬间所产生的冲击电流，要求通过电气设备的冲击电流周期分量不超过规定的允许值。

当两侧电源电动势的绝对值相等时，输电线路的冲击电流为

$$I = \frac{2E}{Z_{\Sigma}} \sin \frac{\delta}{2} \tag{8-3}$$

式中，δ 为两侧电动势可能摆动的最大角度，最严重时，$\delta = 180°$；Z_{Σ} 为系统的总阻抗；E 为发电机的电动势，对于所有同步发电机，$E = 1.05U_{\mathrm{N}}$（U_{N} 为发电机的额定电压）。

按规定，式(8-3) 计算得出的冲击电流不应超过以下规定数值。

对于汽轮发电机，$I \leqslant \dfrac{0.65}{X_{\mathrm{d}}''} I_{\mathrm{N}}$；

对于有纵横阻尼回路的水轮发电机，$I \leqslant \dfrac{0.6}{X_d''} I_N$；

对于无阻尼回路或阻尼回路不全的水轮发电机，$I \leqslant \dfrac{0.65}{X_d'} I_N$；

对于同步调相机，$I \leqslant \dfrac{0.84}{X_d'} I_N$；

对于电力变压器，$I \leqslant \dfrac{100}{U_K(\%)} I_N$；

式中，I 为通过发电机、变压器的最大冲击电流的周期分量；I_N 为各元件的额定电流；X_d'' 为发电机的纵轴次暂态电抗标准值；X_d' 为发电机的纵轴暂态电抗标准值；$U_k(\%)$ 为电力变压器短路电压的百分比。

② 三相非同期自动重合。三相非同期自动重合是指当输电线路发生故障时，两侧断路器跳闸后，不考虑线路两侧电源是否同步就进行自动重合的方式。在合闸的瞬间，两侧电源可能同步也可能不同步，非同期自动重合后，系统将自动拉入同步。只有当线路上不具备快速自动重合的条件，且符合下列条件时，可采用三相非同期自动重合。

a. 非同期自动重合时，通过发电机、变压器等元件的最大冲击电流不应超过规定的允许值。冲击电流的允许值与三相快速自动重合的规定值相同，在计算冲击电流值时，两侧电源电动势之间的夹角取 $180°$。

b. 采用非同期自动重合后，在两侧电源由非同步运行拉入同步运行的过程中，电力系统处于振荡状态。此时，系统中各点电压在不同范围内波动，对重要负荷的影响应较小，对继电保护的影响也必须采取措施躲过，否则可能引起继电保护的误动，如果非同期重合过程中系统振荡，可能引起电流保护、电压保护和距离保护误动作。

c. 采用非同期重合后，电力系统可以迅速恢复同步运行。

（5）检查同期的三相自动重合

当两侧电源的线路上既没有条件采用三相快速自动重合，又不能采用非同期重合时，可以考虑采用检查同期的三相自动重合。这种重合方式的特点是对于双侧电源输电线路，两侧电源断路器断开后，其中一侧的断路器先合上，另一侧断路器在重合时，先检查线路两侧电源是否满足同期条件，条件符合时，才允许进行重合。这种重合方式不会产生很大的冲击电流，也不会引起系统振荡，合闸后系统也能很快地拉入同步。

8.3　自动重合闸与继电保护的配合

在电力系统中，自动重合闸与继电保护的关系密切，两者的配合使用不仅可以简化保护装置，还可以加速切除故障，提高供电可靠性。自动重合闸与继电保护的配合方式有自动重合闸前加速保护和自动重合闸后加速保护两种。

8.3.1　自动重合闸前加速保护

自动重合闸前加速保护简称前加速，多用于单侧电源供电的辐射形线路中。当线路上发生故障时，靠近电源侧的电流速断保护首先无选择性地瞬时跳闸，切除故障，然后借助自动重合闸来纠正这种无选择性的动作。若为暂时性故障，重合成功，线路恢复供电；若为永久性故障，保护将再次动作，这时保护有选择性地切除故障。图 8-3 所示为 AAR 前加速保护动作原理说明图。

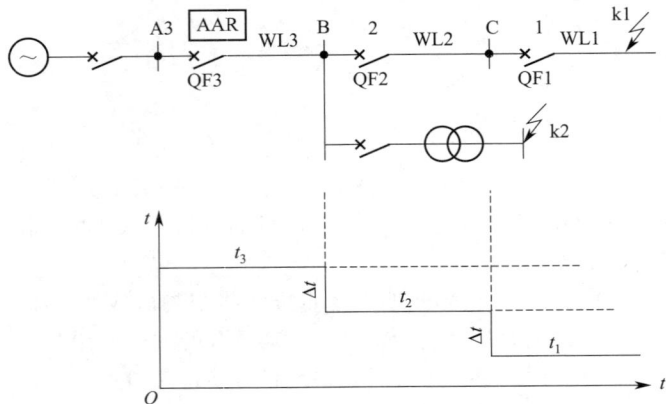

图 8-3　AAR 前加速保护动作原理说明图

系统线路 WL1、WL2、WL3 上各装设一套定时限过电流保护和电流速断保护，定时限过电流保护动作按阶梯时限原则整定。这样，线路 WL3 上定时限过电流保护的动作时限最长，并在靠近电源的线路 WL3 上装设三相自动重合闸装置，其动作电流按躲过变压器低压侧短路的最大短路电流进行整定。

当线路 WL1、WL2、WL3 上任意一点发生故障时，电流速断保护因不带延时，将瞬时断开电源侧断路器 QF3，由自动重合闸装置自动将无选择性电流速断保护闭锁，使其退出运行，然后启动重合闸，将该断路器重新合上。若是瞬时性故障，则重合成功，供电恢复正常；若是永久性故障，则利用定时限过电流保护有选择性地切除故障。

采用自动重合闸前加速保护的优点如下所述。

① 能快速切除瞬时性故障。

② 使瞬时性故障不至于发展成永久性故障，提高重合的成功率。

③ 只需一套自动重合闸，设备少、接线简单、易于实现。

④ 能保证发电厂和重要变电所的母线电压为额定电压的 $60\%\sim70\%$，从而保证厂用电和重要用户用电的电能质量。

采用自动重合闸前加速保护的缺点如下所述。

① 断路器 QF3 的工作条件变坏，动作次数增多。

② 对于永久性故障，故障切除的时间较长。

③ 若重合闸装置或断路器 QF3 拒动，将扩大停电范围；在最末一级线路上产生故障，也可能造成全部停电。

因此，自动重合闸前加速保护主要适用于 35kV 以下的发电厂、变电所引出的直配线路，以便能快速切除故障，保护母线电压。

8.3.2　自动重合闸后加速保护

自动重合闸后加速保护简称"后加速"，其工作方式是当输电线路发生第一次故障时，继电保护有选择性地动作，将故障切除，然后进行重合闸。若是暂时性故障，则重合成功，线路恢复供电；若是永久性故障，则加速故障线路的保护装置动作，无选择性地将故障切除。"后加速"的原理说明图如图8-4所示。实现自动重合闸后加速保护的方法是将加速继电器与电流保护的电流继电器的动合触点串联。

图8-4中KA为过电流继电器的触点，当线路发生故障时它启动时间继电KT，然后经整定的时限后KT2接点闭合，启动出口继电器KCO而跳闸。

当重合闸重合后，后加速的KAT动合触点将闭合1s，如果重合于永久性故障上，则过电流继电器KA再次动作，此时即可由时间继电器的瞬时动合接点KT1、连接片XB和KAT的接点串联而立即启动出口继电器KCO动作于跳

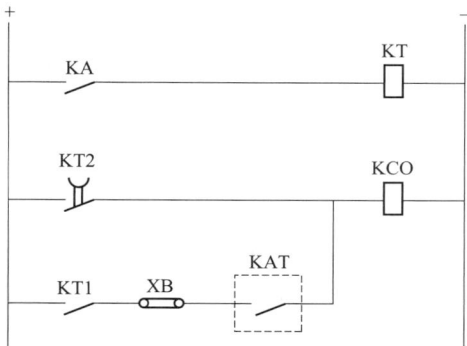

图8-4　自动重合闸后加速保护原理说明图

闸，从而实现了重合闸重合后使电流保护加速动作。

采用"后加速"的优点如下所述。

① 第一次保护动作于跳闸是有选择性的，不会扩大停电范围，尤其是在重要的高压电网中，一般不允许保护无选择性地动作，然后以重合的方式来纠正。

② 由于再次断开永久性故障的时间加快，有利于系统并联运行的稳定性，保证了永久性故障能瞬时切除，并仍然具有选择性。

采用"后加速"的缺点如下所述。

① 第一次切除故障可能存在延时，影响重合的效果。

② 每个断路器上都需要装设一套重合闸，与"前加速"相比更为复杂。

自动重合闸后加速保护只用了一个加速继电器，简单、可靠。目前，其广泛应用于35kV及以上电压等级的电网中，应用范围不受电网结构的限制。

8.4　综合自动重合闸

在220kV及以上的大接地系统中，由于架空线路的线间距离较大，发生相间故障的概率较小，而发生单相接地故障的概率较大。在高压输电线路的故障中，绝大部分是瞬时性单相接地故障。从滤波照片中还能发现，在发生的相间故障中，相当一部分也是由单相接地故障发展而成的。因此，如果能在线路上装设可以分相操作的三个单相断路器，当发生单相接地故障时，只把故障相的断路器断开，然后重合，另外未发生故障的两相可以继续运行。这样，不但可以提高供电的可靠性和系统并联运行的稳定性，还可以减少相间故障的发生，这种工作方式的重合闸叫作单相自动重合闸。

8.4.1　综合自动重合闸的工作方式

我国在220kV及以上的高压电力系统中，广泛应用了综合自动重合闸。它是由单相自动重合闸和三相自动重合闸综合在一起构成的，适用于中性点直接接地系统，同时具有单相自动重合闸和三相自动重合闸的性能。在相间短路时，保护动作跳开三相断路器，然后进行三相自动重合；在单相接地短路时，保护和重合闸只断开故障相，然后进行单相自动重合。

综合自动重合闸的工作方式可由转换开关切换,一般可以实现以下几种重合方式。

① 单相自动重合方式。线路上发生单相接地故障时,保护动作只跳开故障相的断路器,然后进行单相自动重合。若是瞬时性故障,则恢复供电;若是永久性故障,而系统又不允许长期非全相运行,则自动重合后,保护动作跳开三相断路器,不再进行重合。

② 三相自动重合方式。不论输电线路上发生单相接地故障还是相间故障,均实行三相自动重合。当重合到永久性故障时,断开三相并不再进行重合。

③ 综合自动重合方式。若线路上发生单相接地故障,只跳开故障相,实行单相自动重合,当重合到永久性故障时,断开三相并不再进行重合;若线路上发生相间短路,跳开三相断路器,实行三相自动重合,当重合到永久性相间故障时,断开三相并不再进行重合。

④ 停用方式。其又称为直跳方式。线路上发生任何形式的故障时,均断开三相不再进行自动重合,此方式也叫停电方式。

8.4.2 单相自动重合工作方式下的特殊问题

综合自动重合闸在单相自动重合工作方式下,在单相接地短路时,只跳开故障相,因此必须对故障相进行判断,从而确定跳开哪一相。需要设置接地故障判别元件和故障选相元件,还应考虑潜供电流对综合自动重合闸的影响,以及非全相运行对继电保护的影响。

(1) 故障判别元件和故障选相元件

故障判别元件的作用是判别故障类型,当输电线路上发生故障时,用于判别故障是单相接地故障还是相间故障,以确定是单相跳闸还是三相跳闸。故障选相元件的作用是当故障类型确定后,还需要确定是哪一相故障,以便与继电保护配合,只跳开发生故障的那一相。

故障判别元件一般由零序电流继电器和零序电压继电器构成。线路发生相间短路时,故障判别元件不动作,继电保护启动三相跳闸回路使三相断路器跳闸。当线路发生接地短路时,出现零序分量,判别元件启动,判别出故障是单相接地故障还是两相接地故障,并由选相元件选出故障相后,再由继电保护决定是单相跳闸还是三相跳闸。

故障选相元件是实现单相自动重合的重要元件,当线路上发生接地短路故障时,选出故障相。常用的故障选相元件如下所述。

① 相电流选相元件。在三相线路上各装设一个过电流继电器,其动作电流按大于最大负荷电流的原则进行整定,适于装在线路的电源端,并仅在短路电流较大的情况下采用,长距离、大负荷线路不能采用。它是根据相短路电流增大的原理而动作的。

② 相电压选相元件。在三相线路上各装设一个欠电压继电器,其动作电压应小于正常运行及非全相运行时可能出现的最低电压。这种选相元件适于装设在小电源侧或单侧电源受电侧;在很短的线路上也可采用,但要检验其灵敏性,通常只作为辅助选相元件。

③ 阻抗选相元件。将三个低阻抗继电器分别接入三个相电压和经过零序补偿的相电流上,以保证继电器的测量阻抗与短路点到保护安装处之间的正序阻抗成正比。阻抗选相元件能明确地选择故障相,相比前两种选相元件具有更高的选择性和灵敏性,因此它在复杂电网中得到了广泛的应用。阻抗选相元件可以选用全阻抗继电器、方向阻抗继电器或带偏移特性的阻抗继电器。目前,多采用带有记忆功能的方向阻抗继电器。

④ 相电流差突变量选相元件。此种选相元件是利用在短路时电气量发生突变这一特点工作的。近年来,在超高压网络中,该选相元件被用作综合自动重合闸的选相元件。微机型

成套线路保护装置中均采用具有此种原理的选相元件。继电保护、选相元件和判别元件的逻辑电路如图8-5所示。

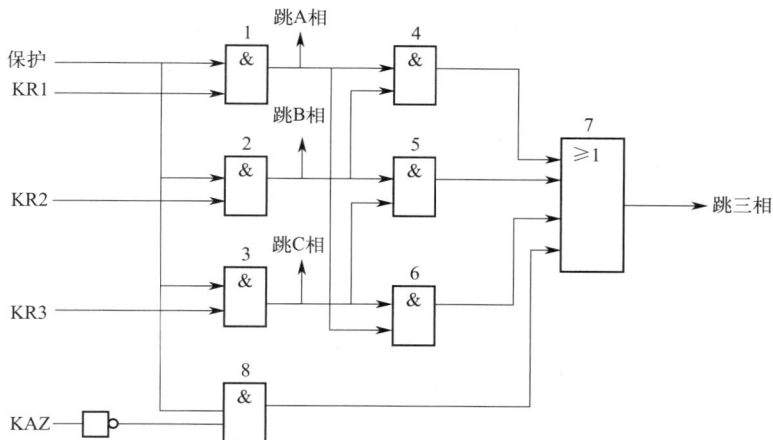

图 8-5　继电保护、选相元件和判别元件的逻辑电路

图 8-5 中，KR1、KR2、KR3 为三个反映 A、B、C 单相接地短路的阻抗继电器，作为选相元件；零序电流继电器 KAZ 作为判别是否发生接地短路的判别元件。

当线路发生相间短路时，没有零序电流，判别元件 KAZ 不动作，继电保护通过与门 8 跳开三相断路器。当线路发生接地短路故障时，故障线路上有零序电流，判别元件 KAZ 动作，与门 1、2、3 中之一开放，跳开单相断路器，如果两个选相元件动作，则说明发生了两相短路，与门 4、5、6 中之一开放，保护将跳开三相断路器。

（2）潜供电流对综合自动重合闸的影响

当线路发生故障时，线路两侧的断路器跳闸后，由于非故障相与故障相之间存在电容与电感，此时短路电流虽已经被切除，但故障点弧光通道中仍有一定的电流通过，这个电流称为潜供电流。由于潜供电流的存在，短路时弧光通道中的去游离受到严重阻碍，电弧不能很快熄灭，而自动重合闸只有在故障点电弧熄灭且绝缘强度恢复后，才有可能成功启动。因此，单相自动重合闸的动作时间必须考虑潜供电流的影响。要保证单相自动重合闸有良好的效果，单相自动重合闸的动作时间一般应比三相自动重合闸的动作时间长。

潜供电流的大小与线路的参数有关，线路电压越高、负荷电流越大、线路越长，则潜供电流越大，对单相自动重合闸的影响越大，重合闸的动作时间越长。通常在 220kV 及以上的线路上，单相自动重合闸的动作时间要选择在 0.6s 以上。

（3）非全相运行状态对继电保护的影响

采用综合自动重合闸后，要求在单相接地故障时只断开故障相的断路器，这样在重合闸周期内出现了只有两相运行的非全相运行状态，使线路处于不对称运行状态，从而在线路上产生了负序分量和零序分量的电压和电流。这些分量会对电力系统中的设备、继电保护和附近的通信设施产生影响，尤其是继电保护可能会误动作。应采用在单相自动重合时进行闭锁，或使保护的动作值躲过非全相运行，或使其动作时限大于单相自动重合闸周期等方式防止继电保护装置误动作。

若单相自动重合不成功，根据实际需要，系统需要转入长期非全相运行时，还应考虑长期出现的负序电流对发电机的影响、长期出现的负序和零序电流对电网继电保护的影响，以及零序电流对通信线路的干扰等问题。

8.4.3 综合自动重合闸的构成原则及其要求

在线路故障时，如果重合闸的构成不当、重合闸的选相元件选择不当、装置出现故障等，都可能导致断路器拒动或误动。因此，正确设计重合闸对发挥重合闸的作用具有相当重要的意义。

在设计综合自动重合闸时应考虑的主要问题如下。

① 综合自动重合闸的工作方式。综合自动重合闸通过切换应能实现综合自动重合、三相自动重合、单相自动重合和直跳四种工作方式。

② 综合自动重合闸的启动方式。综合自动重合闸的启动方式主要是不对应原则进行启动，即控制开关在合闸位置时，断路器实际在断开位置，利用两者位置不对应的方式进行启动。但考虑到单相自动重合过程中需要进行一些保护的闭锁，逻辑回路中需要对故障相实现选相等，还应采用一个由保护启动的重合闸启动回路。因此，在综合自动重合闸的启动回路中，目前采用两种启动方式，其中以不对应启动方式为主，保护启动方式作为补充。

③ 综合自动重合闸与继电保护相配合。在设置了综合自动重合闸的线路上，保护动作后一般要经过综合自动重合闸才能使断路器跳闸，考虑到非全相运行时有些保护可能误动，必须采取措施进行闭锁。因此，为满足综合自动重合闸与各种保护之间的配合，其一般设有五个保护端子，即 M、N、P、Q、R 端子。

a. M 端子接非全相运行时可能误动的保护，如距离保护 I、II 段和零序保护 I、II 段，在非全相运行中未采用其他措施时，应将它们闭锁。

b. N 端子接非全相运行时本线路和相邻线路不会误动的保护，如相位差高频保护。

c. P 端子接相邻线路非全相运行时会误动的保护。

d. Q 端子接任何故障都必须切除三相并允许进行三相重合的保护，如可进行重合的母线保护。

e. R 端子接只要求跳三相断路器，而不再进行重合的保护，如长延时的后备保护。

④ 单相接地故障时，只跳故障相断路器，然后进行单相重合，如果重合不成功，则跳开三相断路器，并不再进行重合。相间故障时，跳开三相断路器，并进行三相重合，如果重合不成功，仍跳开三相断路器，并不再进行重合。

在设计综合自动重合闸时，除了应考虑上述情况以外，还要考虑选相元件拒动、高压断路器的性能等问题。

本章小结

自动重合闸在电力系统中起着提高供电可靠性、系统并列运行稳定性，以及纠正误跳闸的重要作用。

自动重合闸（ARC）是一种能够自动重新投入因故障而跳开的断路器的装置。它的主要作用如下。

① 提高供电可靠性：自动重合闸能够有效地应对输电线路中 80%～90% 的瞬时性故障，这些故障在继电保护动作断开电源后，由于故障点的电弧自行熄灭，绝缘介质重新恢复强度，故障自行消除，通过重新合上线路断路器，可以恢复正常供电。一次重合的成功率为 60%～70%，而二次重合的成功率可提升至 80%～90%。

② 提高系统并列运行的稳定性：当联络线跳开导致功率不平衡时，自动重合闸能够加

继/电/保/护/原/理

快事故后电力系统电压恢复速度，从而增强系统稳定性。

③ 纠正误跳闸：对于因继电保护误动、操作机构不良等原因引起的误跳闸，自动重合闸能够起到纠正作用。

此外，自动重合闸还能够节省建设输电线路的投资。然而，它也有局限性，例如，在大负荷线路中不利于保护动作，不能作为相邻线路的后备保护，并且在输电线路过长时，保护可能出现相继动作。自动重合闸不能判断故障的性质，对于瞬时性故障能够成功重合，但对于永久性故障重合不成功。

自动重合闸与继电保护的配合使用，能够进一步提高电力系统的安全性和可靠性。"前加速"和"后加速"是两种主要的配合方式，前者能够在故障发生时快速切除，而后者是在第一次有选择性的动作后，若重合不成功，则迅速切除故障。这两种方式各有优缺点，前者能够快速切除故障，但可能在重合于永久性故障时切除时间长；后者虽然能够有选择性地切除故障，但操作较为复杂，且第一次切除故障需要延时。因此，选择合适的配合方式对于确保电力系统的稳定运行至关重要。

<<<< 思考题与习题 >>>>

8-1 电力系统对自动重合闸的具体要求有哪些？

8-2 三相一次自动重合闸的组成部分包括哪些？

8-3 双侧电源输电线路的自动重合闸的特点是什么？都有哪些重合方式？

8-4 同期检定和无电压检定的自动重合闸的工作过程是怎样的？

8-5 简述前加速和后加速的特点、动作过程及其应用场合。

8-6 潜供电流的产生原因及其影响因素有哪些？

8-7 保护装置、选相元件与重合闸回路的配合关系是怎样的？

8-8 思考自适应重合闸可能的实现方式有哪些。

第 9 章

发电机保护

发电机保护是为了确保发电机安全运行，安全运行对保证电力系统的正常工作和电能质量起着决定性的作用。针对发电机各种不同的故障和不正常工作状态，必须装设性能完善的发电机继电保护装置，防止因各种故障和异常工况导致发电机损坏，采取保障电力系统稳定运行的一系列措施。发电机保护的主保护包括差动速断、差动保护、方向限时电流速断、过压保护、过流保护、低压启动过流保护、基波零序过压保护等。辅助保护包括横差保护、负序功率方向保护、复合电压启动的过流保护、定时限过负荷保护、反时限过负荷保护、负序过流保护、三次谐波型定子一点接地保护、转子一点接地、过励磁保护、失磁保护等。

9.1 发电机的故障、不正常运行状态及其保护方式

9.1.1 发电机的故障

（1）转子故障

转子故障是发电机故障的常见类型之一，主要包括转子短路、转子断裂、转子不对称和转子失速等。转子故障会导致发电机电磁力矩的不平衡和发电机的机械损坏，甚至可能导致严重的事故。

（2）定子故障

定子故障包括定子短路、定子断裂、定子绕组接头松动和定子绕组内部绝缘损坏等。定子故障会使发电机的电磁力矩不对称，产生不平衡振动和热损坏，并可能导致发电机烧毁。

（3）绕组接地故障

绕组接地故障是发电机故障的另一常见类型，主要包括单相接地故障和双相接地故障。绕组接地故障会产生较大的中性点电压和地电流，严重时会引起绕组烧毁和设备损坏。

（4）绕组间短路故障

绕组间短路故障是指同一相序的两个绕组或多个绕组之间发生短路。绕组间短路故障会产生较大的电流和电磁力矩，可能会短时间内烧毁绕组。

9.1.2　发电机不正常运行状态

由于发电机是旋转设备，一般在设计制造时，考虑的发电机的过载能力都比较弱，一些不正常的运行状态将会严重威胁发电机的安全运行，因此必须及时、准确地进行处理。主要的不正常运行状态如下。

（1）定子绕组负序过电流

当外部不对称短路或不对称负荷（如单相负荷、非全相运行等）时，引起负序过电流。发电机承受负序过电流的能力非常弱，很小的负序过电流流经定子绕组，就可能会引起转子铁芯严重过热，甚至烧损发电机的铁芯、槽锲和护环。大机组上一般配置两套反应负序过电流的保护。

（2）定子对称过电流

当外部发生对称三相短路时，会引起发电机定子过热，因此应有反应对称过电流的保护。

（3）过负荷

当负荷超过发电机额定容量时，引起三相对称过负荷。当发电机过负荷时，应及时报警。

（4）过电压

由于突然甩负荷而引起的定子绕组过电压，会影响发电机的绝缘寿命，因此必须有反应过电压的保护。

（5）过励磁

当电压升高、频率降低时，会引起发电机和主变压器过励磁，从而使发电机过热而损坏，需装设反应过励磁的保护。

（6）频率异常

发电机在非额定频率下运行，可能会引起共振，使发电机疲劳损伤，应配置频率异常保护。

（7）发电机与系统之间失步

当发电机和系统失步时，巨大的交换功率会使发电机无法承受而损坏，应配有检测失步的保护装置。

（8）误上电

大型发电机-变压器组（简称发变组）出线一般为 3/2 断路器接线，在发电机并网前有误合发电机断路器的可能，有可能导致发电机损伤。

（9）启停机故障

发电机组在没有给励磁前，有可能发生绝缘破坏的故障，若能在并网前及时检测出，就可以避免大事故的发生。对于大型发电机组，具有启停机故障检测功能对安全将十分有利。

9.1.3　发电机保护方式

为保护发电机免受故障的影响，通常采用以下保护方式。

（1）差动保护

差动保护是最常用的发电机保护方式，用于保护发电机绕组。差动保护的作用是检测发电机绕组内部的电流差异，如果发现电流差异超过一定的限值，则发出故障信号，触发保护动作。

（2）过流保护

过流保护的作用是监测发电机输出电流，将电流信号进行放大后，与预设的保护值比较，如果超过保护值，则保护触发动作。过流保护可以保护发电机在短路或电流异常情况下不受损伤。

（3）接地保护

接地保护的作用是检测发电机绕组接地电流，当接地电流超过预设的限值时，保护会触发动作，保护发电机免受接地故障的影响。

（4）失速保护

失速保护可以检测到发电机失速或减速的情况，保证发电机运行的安全性。

发电机的安全运行对保证电力系统的正常工作和电能质量起着决定性的作用，同时发电机本身也是十分贵重的电气设备，因此，应该针对各种不同的故障和不正常运行状态装设性能完善的继电保护。

针对以上故障类型及不正常运行状态，发电机应装设以下继电保护。

① 对于1MW以上的发电机的定子绕组及其引出线的相间短路，应装设纵联差动保护。

② 对于直接连于母线的发电机定子绕组单相接地故障，当单相接地故障电流（不考虑消弧线圈的补偿作用）大于规定的允许值时，应装设有选择性的接地保护。

③ 对于发电机定子绕组的匝间短路，当定子绕组星形接线、每相有并联分支且中性点侧有分支引出端时，应装设横差保护；200MW及以上的发电机有条件时可装设双重化横差保护。

④ 对于发电机外部短路引起的过电流，可采用下列保护方式：

a. 负序过电流及单元件低电压启动过电流保护，一般用于50MW及以上的发电机；

b. 复合电压（包括负序电压及线电压）启动过电流保护，一般用于1MW以上的发电机；

c. 过电流保护，用于1MW及以下的小型发电机；

d. 带电流记忆的低压过电流保护，用于自/并励发电机。

⑤ 对于由不对称负荷或外部不对称短路引起的负序过电流，一般在50MW及以上的发电机上装设负序过电流保护。

⑥ 对于由对称负荷引起的发电机定子绕组过电流，应装设接入一相电流的过负荷保护。

⑦ 对于水轮发电机定子绕组过电压，应装设带延时的过电压保护。

⑧ 对于发电机励磁回路的一点接地故障，1MW及以下的小型发电机可装设定期检测装置，1MW以上的发电机应装设专用的励磁回路一点接地保护。

⑨ 对于发电机励磁消失故障，在不允许发电机失磁运行时，在自动灭磁开关断开时应连锁断开发电机的断路器；对于采用半导体励磁以及100MW及以上采用电动机励磁的发电机，应增设直接反应于发电机失磁时电气参数变化的专用失磁保护。

⑩ 对于转子回路的过负荷，100MW及以上且采用半导体励磁系统的发电机应装设转子过负荷保护。

⑪ 对于汽轮发电机主汽门突然关闭而出现的发电机变电动机异常运行方式，为防止损坏汽轮机，200MW及以上的大容量汽轮发电机宜装设逆功率保护，燃气轮发电机应装设逆功率保护。

⑫ 对于 300MW 及以上的发电机，应装设过励磁保护。

⑬ 其他保护：当电力系统振荡影响机组安全运行时，在 300MW 机组上，宜装设失步保护；当汽轮机的低频运行造成机械振动、叶片损伤，以及对汽轮机危害极大时，可装设低频保护；当水冷发电机断水时，可装设断水保护等。

为了快速消除发电机内部的故障，在保护动作于发电机断路器跳闸的同时，还必须动作于自动灭磁开关，断开发电机励磁回路，使定子绕组中不再感应出电动势继续供给短路电流。

9.2 发电机的纵差保护和横差保护

横差保护和纵差保护是发电机保护系统中的核心部分，用于保护发电机运行的安全性。横差保护主要作用是防止短路故障和转子不均衡现象带来的损害，并通过检测发电机的两相电流之差来判断是否触发保护动作。纵差保护则是为了保护发电机的绝缘和防止对地故障而设计的，其基本原理是通过检测发电机的两相电流之和来判断是否触发保护动作。横差保护是将发电机定子回路和励磁系统回路的电流进行比较，当差值超过设定值时，保护动作。它主要用于保护发电机相间短路和接地故障。纵差保护是将发电机定子回路两端电压进行比较，当差值超过设定值时，保护动作。它主要用于保护剩磁接入、转子接地、励磁等故障。

9.2.1 纵联差动保护的分类

纵联差动保护由三个分相差动元件构成。若按由差动元件两侧输入的电流的不同进行分类，可以分成完全纵联差动保护和不完全纵联差动保护两类。其交流接入回路如图 9-1 所示。图中，Ka、Kb、Kc 为发电机 A、B、C 三相的差动元件。

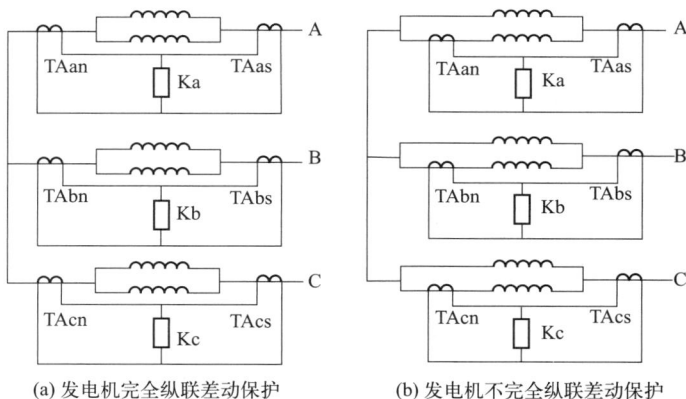

(a) 发电机完全纵联差动保护　　(b) 发电机不完全纵联差动保护

图 9-1　发电机纵联差动保护的交流接入回路

发电机完全纵联差动保护在发电机相间故障主保护中性点侧和发电机引出线侧分别装有两组电流互感器，其保护范围是定子绕组及其引出线。由于差动元件两侧 TA 的型号、变比完全相同，因而受暂态特性的影响相对较小，故其动作灵敏度也较高，但不能反应定子绕组的匝间短路及定子线棒开焊。

发电机不完全纵联差动保护除能保护定子绕组的相间短路外，还能反应定子线棒开焊及定子绕组的某些匝间短路。但是，由于在中性点侧只引入定子绕组的一个分支或几个分支的电流，故在整定计算时，还应考虑各分支电流不相等时产生的差流。

9.2.2 发电机纵差保护原理

纵联差动保护是反应发电机定子绕组及其引出线相间短路故障的主保护。它保护的范围就是差动保护用的 CT 之间的线路及发电机的定子绕组。发电机完全纵差保护和不完全纵差保护的原理都是比较发电机两侧同相电流的大小及相位。完全纵差保护是比较每相定子首末两端的全相电流；不完全纵差保护是比较机端每相定子的全相电流和中性点侧每相定子的部分相电流。

9.2.3 发电机横差保护原理

发电机横差保护用于保护发电机定子匝间短路，以及发电机中性点具有 6 个引出端的情况，发电机内部的不对称短路故障也可以保护。横差保护属于发电机匝间短路保护时，大容量发电机一般由两个并联的绕组组成，正常时两绕组的电动势相等，各提供一半负荷电流。任一绕组匝间短路时，两绕组电动势不再相等，出现电势差，在两绕组中产生环流。

9.2.4 横差保护和纵差保护的区别

（1）区别于保护原理

纵差保护和横差保护在保护原理上有着很大的区别，前者是通过两相电流的差异来触发保护，后者则是通过两相电流的总和来触发保护。横差保护可以有效地防止发电机内部的短路和转子的不均匀旋转，同时也可以保证发电机电流的正常分布。而纵差保护可以检测发电机的漏电流，判断对地故障是否存在。

（2）区别于作用对象

横差保护和纵差保护在作用对象上也存在差异，前者用于对发电机内部的保护，而后者用于对发电机外部环境的保护。横差保护主要针对发电机内部的故障，包括短路和转子不均衡等。而纵差保护主要是为了避免发电机对地故障所带来的损害，并且可以有效地保护发电机所在的整个电力系统。

（3）区别于触发方式

横差保护和纵差保护还有一点区别就是触发方式。横差保护是通过检测两相电流差异的程度来判断是否触发保护动作，而纵差保护是根据两相电流之和的程度来判断是否触发保护动作。在实际应用中，无论是横差保护还是纵差保护，都应该基于可靠的测量和判别技术来动作。因此，在应用横差保护和纵差保护时，必须根据实际需要对保护系统进行高效、准确和可靠的测试和调整。

9.2.5 横差保护和纵差保护的应用场合

横差保护和纵差保护在电力系统中都有着广泛的应用。横差保护通常用于中小型发电机组以及发电机与振动的协同控制等领域中。而纵差保护广泛应用于发电机组的大规模使用场景中，如大型火电厂、核电站和燃气发电机等场景。

总体来说，横差保护和纵差保护在发电机保护中都有着重要的作用。它们的检测原理不同，在实际应用中需要根据具体情况进行选用。另外，为了保证发电机的正常运行，对发电机保护系统的可靠性要求较高，需要经常进行保养和检测，以保证系统的稳定性和可靠性。

9.3 发电机的单相接地保护

发电机是电力系统中最重要的设备之一，其外壳需要安全接地。发电机定子绕组与铁芯间的绝缘损坏，就形成了定子单相接地故障，这是一种最常见的发电机故障。发生定子单相接地故障后，接地电流经故障点、三相对地电容、三相定子绕组而构成通路。当接地电流较大能在故障点引起电弧时，将使定子绕组的绝缘和定子铁芯烧坏，也容易扩展成危害更大的定子绕组相间或匝间短路，因此，应装设发电机定子绕组单相接地保护。发电机单相接地保护适用于水轮机（容量不超过 10MW）、汽轮发电机（容量不超过 100MW）的定子的保护；该保护装置具有定子一点接地保护功能和定子二点接地保护功能；同时具有 RS 485、以太网、光纤等多种通信接口；可与发电机差动保护、发电机后备保护等构成完整的发电机保护。

我国发电机的中性点一般不接地或经高阻抗（如经过电压互感器）接地，因此，接地故障电流仅为电容电流，而三相电压仍然对称，所以发电机定子绕组接地保护只需要在接地时发出信号，待负荷转移后再停机。但是，如果定子接地电流过大，则会严重烧毁定子铁芯，使发电机遭受严重损坏。根据我国中、小型机组运行经验，按照不损伤铁芯，或者损伤以后无须大修并能带接地点运行的条件确定允许接地电流。按照 GB/T 14285—2023《继电保护和安全自动装置技术规程》规定接地电流允许值，见表 9-1。若接地电流超出表 9-1 规定的范围，应采取补偿措施。这样，接地保护动作后只需要发信号，不立即停机，但应向中心调度报告，及时转移负荷，为计划停机创造条件。

表 9-1　发电机定子绕组单相接地故障电流允许值

发电机额定电压/kV	发电机额定容量/MW		接地电容电流允许值/A
6.3	≤50		4
10.5	汽轮发电机	50～100	3
	水轮发电机	10～100	
13.8～15.75	汽轮发电机	125～200	2*
	水轮发电机	200～300	
18～20	汽轮发电机	300～660	1
	水轮发电机	400～700	
22～27	汽轮发电机	800～1750	0.5
	水轮发电机	800～1000	

* 对氢冷发电机为 2.5。

对于发电机-变压器组，对容量在 100MW 以下的发电机，应装设保护区不小于定子绕组串联匝数 90% 的定子接地保护，对容量在 100MW 及以上的发电机，应装设保护区为 100% 的定子接地保护，保护带时限动作于信号，必要时也可以动作于切断发电机。

（1）单相接地的电路特征

当发电机定子出现单相接地故障时，相当于将系统的一条带额定电流的相线转化为了零线，并且电路中会存在大量的感性分量。此时，接地点电压升高，接地故障电流与额定电流之间的比值将变得非常小。

（2）保护装置的工作原理

为了保护发电机定子免受损害，需要安装相应的保护装置。单相接地保护通常采用零序电流（指发电机三相电流的代数和）保护。在正常运行时，三相电流互相平衡，零序电流为零。但当发生单相接地故障时，零序电流会突然增大，保护装置会检测到这个变化并触发动作，将发电机从电网切断，避免进一步的损害。

（3）保护措施的实施

除了安装保护装置外，还需要采取其他措施防止单相接地故障的发生。常见的措施如下。

① 定期对发电机进行绝缘检测，及时发现并排除可能导致单相接地的隐患。

② 定期清洗发电机绕组、换油及清洗冷却系统，保证其正常运转。

③ 为了防止发生接地故障，应尽量减少外界和内部的损坏因素，减少可能引起接地的因素，如电缆支架与金具架等应绝缘固定。

总之，发电机定子单相接地保护检测并切断电路来保护发电机定子免受单相接地故障的损害。还应采取其他措施防止故障的发生。

9.4 发电机的负序过电流保护

当发电机内、外部发生不对称短路故障或三相负荷严重不对称时，定子绕组将流过负序电流，建立负序旋转磁场，此时在转子表层从轴向到端部沿端部方向形成的闭合回路中会感应出 $100\,\mathrm{Hz}$ 交流电流，数值很大，有时甚至可达 $250\,\mathrm{kA}$ 左右。这样大的电流流经槽楔与大小齿间的接触面及与护环间的接触面，将引起局部高温导致严重灼伤，甚至可能造成护环松脱。此外，产生的两倍工频交变电磁力矩作用在转子大轴和定子机座上，将引起机组振动，造成金属疲劳和机械损伤。

由以上分析可知，发热和振动是定子负序电流对发电机的主要影响。由于构造不同，水轮发电机组承受机械振动的能力要比汽轮发电机组弱得多，因此振动条件是决定水轮发电机组承受负序电流能力的主要依据。对于汽轮发电机组，特别是大型机组，由于热容量余度较小，所以发热条件是决定汽轮发电机组承受负序电流能力的主要依据。

针对发电机在三相负荷不对称时所产生的负序电流发出相应信号和进行动作的保护称为发电机的负序过电流保护。根据电力系统在正常运行时负序电流分量很小（接近零），而在系统出现不对称故障时会产生很大的负序分量电流的原理，可以通过测量负序电流的大小判别是否发生故障。

发电机定子负序电流保护，即发电机转子表层负序过负荷保护，分为定时限保护和反时限保护。

① 定时限保护：动作电流按发电机在长期允许的负序电流下运行能可靠返回的条件整定。

② 反时限保护：按发电机制造厂家提供的转子表层允许的反时限过负荷能力整定。反时限保护动作特性的上限电流按主变压器高压侧两相短路的条件计算；反时限保护动作特性的下限电流通常由保护所能提供的最大延时决定。

9.4.1 发电机承受负序电流的能力

发电机都具有一定的承受负序电流的能力，一般按长期和短时两种情况考虑。

（1）发电机长期允许的负序电流 $I_{2\infty}$

发电机长期允许的负序电流 $I_{2\infty}$ 是由与转子相关的材料的性能决定的。通过稳态负序试验可以测定 $I_{2\infty}$ 的大小。规定在额定负荷下，汽轮发电机的 $I_{2\infty}$ 不超过 6%，水轮发电机的 $I_{2\infty}$ 不超过 12%。大型直接冷却式发电机 $I_{2\infty}$ 的范围尚在研究中。

（2）发电机短时承受负序电流的能力

发电机短时承受的负序电流 I_2 显然大于 $I_{2\infty}$，并且负序电流作用的时间 t 越短，I_2 越大，其关系式为

$$I_{2*}^2 \cdot t = A \tag{9-1}$$

式中，I_{2*} 为以发电机额定电流为基值的定子绕组负序电流的标幺值；t 为负序电流 I_{2*} 流过发电机所持续的时间；A 为发电机允许过热时间常数，它与发电机容量、冷却方式等有关，非强迫冷却的发电机，$A \approx 30$，直接冷却式 $100 \sim 300\text{MW}$ 汽轮发电机，$A = 6 \sim 15$，600MW 汽轮发电机，$A = 4$。

发电机的单机容量越大，其所允许的承受负序电流的能力越低（A 值减小）。根据 $I_{2*}^2 \cdot t = A$ 可作出发电机允许负序电流曲线，如图 9-2 所示。因此，发电机容量越大，越需要装设性能更好的负序电流保护。

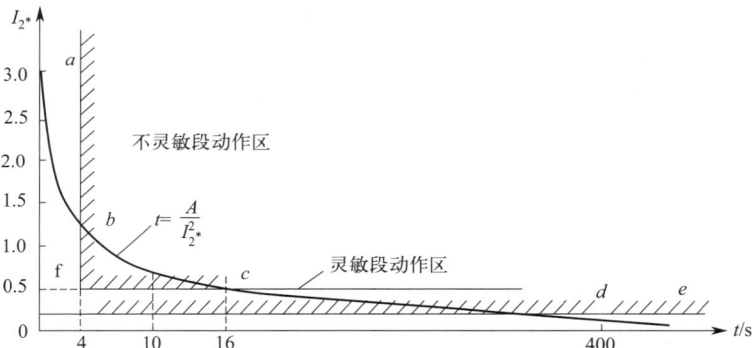

图 9-2　定时限负序电流保护动作特性与发电机允许负序电流曲线配合情况

针对上述情况而装设的发电机负序电流保护实际上是反应定子绕组电流不对称而引起的转子过热的保护，是大型发电机的主保护之一。

此外，由于大容量机组的额定电流很大，而在相邻元件末端发生两相短路时的短路电流可能较小，采用复合电压启动的过电流保护作为相邻元件后备保护时往往不能满足对灵敏性的要求。在这种情况下，采用负序过电流保护作为后备保护，就可以提高对不对称短路的灵敏性。由于负序过电流保护不能反应三相短路，因此，当用它作为后备保护时，还需要加装一个单相式的低电压启动过电流保护，以专门反应三相短路。

9.4.2　定时限负序电流保护

目前对直接冷却的汽轮发电机和水轮发电机，大都采用两段式定时限负序电流保护，即发出负序过负荷信号和负序过电流跳闸，其原理接线如图 9-3 所示。在图 9-3 接线中，Z 为

负序电流过滤器。电流继电器 KA 和低电压继电器 KVU 构成单相式低电压启动的过电流保护，用以反应三相短路故障。负序电流继电器 1KA 和时间继电器 1KT 构成负序过负荷保护，动作后发出发电机不对称过负荷信号；负序电流继电器 2KA 和时间继电器 2KT 构成负序过电流保护，动作于发电机跳闸，主要作为发电机转子受热的主保护，同时和单相式低电压启动的过电流保护一起作为定子相间短路的后备保护。

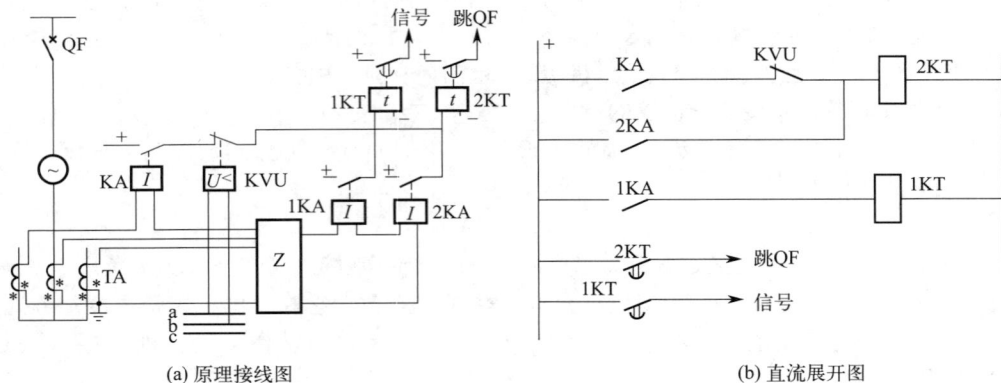

(a) 原理接线图　　　　　　　　　　(b) 直流展开图

图 9-3　两段式定时限负序电流保护原理接线图

（1）定时限负序电流保护动作整定值

1KA 的动作电流应躲过发电机长期允许的负序电流 $I_{2\infty}$ 整定，其负序动作电流通常为

$$I_{2.\text{op}} = 0.1 I_N \tag{9-2}$$

1KT 的动作时限取 5～10s，动作后发出信号。

电流继电器 2KA 和时间继电器 2KT 构成负序电流保护，其负序动作电流为

$$I_{2.\text{op}} \leqslant \sqrt{\frac{A}{t}} I_N \tag{9-3}$$

当 $t=120$s、$A=30$ 时，式(9-2) 变为

$$I_{2.\text{op}} \leqslant 0.5 I_N \tag{9-4}$$

此外，保护装置的动作电流还应与相邻元件的后备保护在灵敏系数上相配合。2KT 的动作时限按后备保护的原则逐级配合，一般取 3～5s，动作后跳开发电机。

（2）定时限负序电流保护动作特性分析

设负序过电流部分动作电流为 $0.5 I_N$，整定时间为 4s，动作于跳闸；负序过负荷部分动作电流为 $0.1 I_N$，整定时间为 10s，动作于信号。具体应用于 $A=4$ 的导线直接冷却的 600MW 发电机上，保护动作特性和发电机允许的负序电流曲线如图 9-2 所示。由图可知：

① 在曲线 ab 段内，保护装置的动作时间（4s）大于发电机的允许时间，因此，就可能出现发电机已被损坏而保护尚未动作的情况。

② 在曲线 bc 段内，保护装置的动作时间小于发电机的允许时间，从发电机能继续安全运行的角度来看，在不该切除时就将它切除了，因此，没有充分利用发电机本身所具有的承受负序电流的能力。

③ 在曲线 cd 段内，是依靠保护装置动作发出信号然后由值班人员来处理的。但当出现的负序电流靠近 c 点附近时，发电机所允许的时间与保护装置动作的时间实际上相差很小，因此，就可能发生在保护给出信号后，值班人员还未来得及处理时，发电机运行已超过了允许时间。由此可见，在 cd 段内装置动作于信号也是不安全的。

④ 在曲线 de 段内，保护根本不反应。

由以上分析可以看出：两段式定时限负序电流保护的动作特性与发电机允许的负序电流曲线不能很好地配合。因此，为防止发电机转子遭受负序电流的损坏，在 100MW 及以上 $A<10$ 的发电机上应装设能够模拟发电机允许负序电流曲线的反时限负序过电流保护。

9.4.3　反时限负序过电流保护

反时限负序过电流保护的动作特性与发电机允许负序电流曲线相配合，也就是让保护的动作特性具有反时限特性。

反时限特性是一种电流大时动作时限短，而电流小时动作时限长的时限特性。通过适当调整，可使该动作特性曲线在允许负序电流曲线上面，以避免发电机由于负序电流引起的转子过热而损坏。

图 9-4 示出了反时限负序过电流保护动作特性与允许负序电流曲线的配合关系，动作特性曲线在允许负序电流曲线之下对发电机的安全是有利的，如图 9-4(a) 所示。

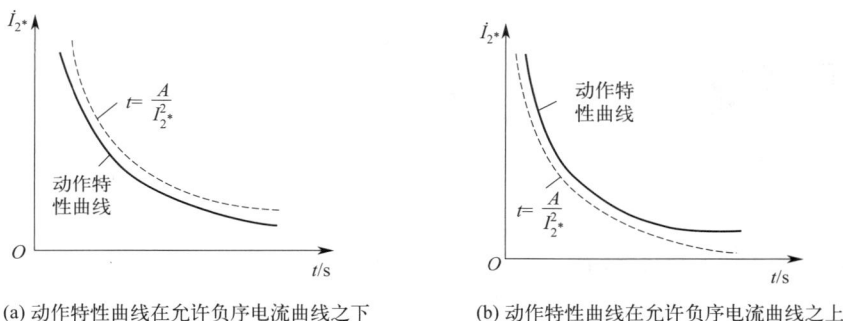

(a) 动作特性曲线在允许负序电流曲线之下　　　(b) 动作特性曲线在允许负序电流曲线之上

图 9-4　反时限负序电流保护动作特性与允许负序电流曲线间的配合关系

但是，由于 $I_2^2 \cdot t \leqslant A$ 这一判据是偏于保守的，实际持续允许负序电流比 $I_2^2 \cdot t = A$ 所确定的大，因此，负序过电流保护的动作特性曲线通常可以设置在负序电流曲线之上，如图 9-4(b) 所示。此时，保护装置的动作特性可表示为

$$t = \frac{A}{I_{2*}^2 - \alpha} \tag{9-5}$$

式中，α 值是取决于转子温升特性的常数，以此考虑转子散热的影响，即随 t 的增加，动作特性适当上移。因长期允许的负序电流为 $I_{2*\cdot\infty}$（$I_{2*\cdot\infty} = \dfrac{I_{2\infty}}{I_N}$），所以可取 $\alpha < I_{2*\cdot\infty}$。

反时限负序过电流保护反应于发电机定子的负序电流，防止发电机转子表面过热。该负序电流是取自发电机中性点 TA 的三相电流。反时限曲线由上限定时限、反时限、下限定时限三部分组成。

当发电机负序电流大于上限整定值时，则按上限定时限动作；如果负序电流小于下限整定值，但不足以使反时限部分动作，或者反时限部分动作时间太长时，则按下限定时限动作；负序电流在上、下限整定值之间，则按反时限动作。

反时限负序特性能真实地模拟转子的热积累过程，并能模拟散热，即发电机发热后若负序电流消失，热积累并不立即消失，而是慢慢地消失，如果此时负序电流再次增大，则上一次的热积累将成为该次的初值。

反时限部分的动作方程为

$$(I_{2*}^2 - \alpha)t \geqslant A \tag{9-6}$$

发电机反时限负序过电流保护动作特性曲线及逻辑图如图 9-5 所示。

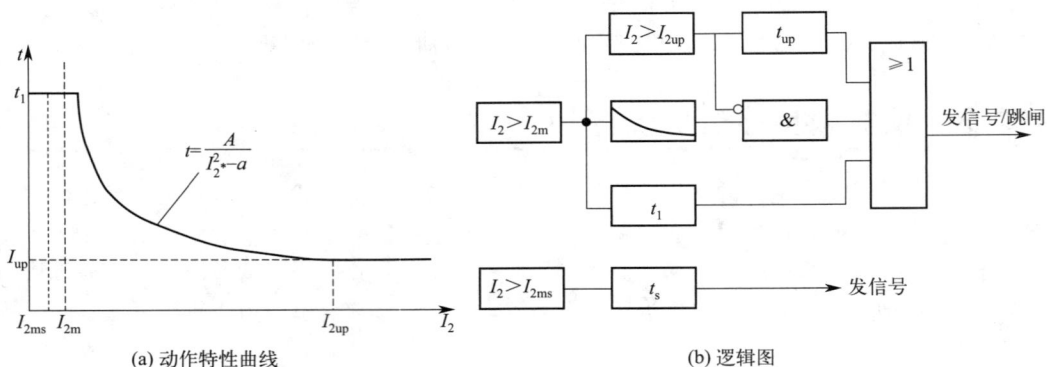

(a) 动作特性曲线　　　　　　　　　　(b) 逻辑图

图 9-5　发电机反时限负序过电流保护动作特性曲线及逻辑图

9.5　发电机的失磁保护

　　大容量汽轮发电机绝大部分采用交流励磁机系统。这种系统比直流励磁机系统复杂，组成环节多，实践表明它容易产生失磁故障。发电机失磁后，转入异步运行要从系统吸收大量无功功率，如果系统无功功率储备不足，将引起系统电压下降，甚至造成电压崩溃，从而瓦解整个系统。由于发电机从电网中大量吸收无功功率，会影响并限制了发电机送出的有功功率。失磁后，发电机转入低滑差异步运行，在转子及励磁回路中将产生脉动电流，因而增加了附加损耗，使转子和励磁回路过热。所以，容量在 100MW 以上的发电机应装设失磁保护。

　　发电机与无限大系统并列运行的等值电路如图 9-6（a）所示。$\dot{E}_q$ 为发电机同步电动势，$\dot{U}_g$ 为发电机机端电压，$\dot{U}_s$ 为系统电压，X_d 为发电机同步电抗，X_s 为系统与发电机间的联系电抗，φ 为受端功率因数角，δ_e 为 $\dot{E}_q$ 与 $\dot{U}_s$ 间的夹角（即功角），综合电抗 $X_{d\Sigma} = X_d + X_s$。发电机受端的有功功率和无功功率分别为

$$P = \frac{E_q U_s}{X_{d\Sigma}} \sin\delta_e \tag{9-7}$$

$$Q = \frac{E_q U_s}{X_{d\Sigma}} \cos\delta_e - \frac{U_s^2}{X_{d\Sigma}} \tag{9-8}$$

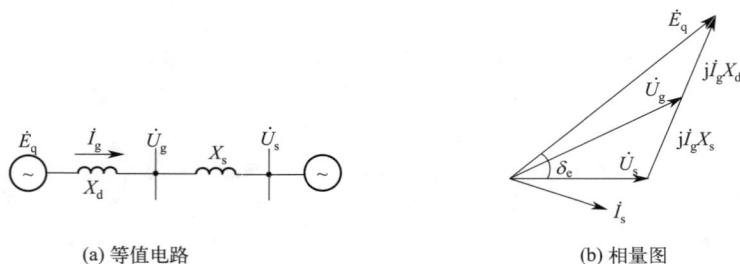

(a) 等值电路　　　　　　　　　　　(b) 相量图

图 9-6　发电机与无限大系统并列运行

9.5.1 发电机失磁过程中的机端测量阻抗

发电机失磁时，主要以机端测量阻抗变化的最终结果作为判据，因此，在讨论失磁保护原理之前，首先分析失磁时机端测量阻抗的变化规律。发电机从失磁开始到稳定异步运行，一般可分为失磁到失步前、临界失步点和失步后的异步运行三个阶段。对机端测量阻抗的变化分析如下。

（1）失磁到失步前阶段

发电机由失磁到失步前这一阶段，一方面由于发电机的加速度使 δ_e 角增大，增加有功功率输出；另一方面由于失磁后电动势 $\dot{E}_q$ 下降，使有功功率输出减少。因此，失磁到失步前阶段的有功功率输出基本不变，而无功功率输出则由正值变为负值。此时机端测量阻抗为

$$Z_m = \frac{\dot{U}_g}{\dot{I}_g} = \frac{\dot{U}_s}{\dot{I}_s} + jX_s = \frac{U_s^2}{P_s - jQ_s} + jX_s = \frac{U_s^2}{2P_s}(1 + e^{j2\varphi}) + jX_s = \frac{U_s^2}{2P_s} + jX_s + \frac{U_s^2}{2P_s}e^{j2\varphi} \quad (9-9)$$

其中

$$\varphi = \tan^{-1}\frac{Q_s}{P_s}$$

由式（9-9）可以看出，发电机失磁到失步前阶段，机端测量阻抗 Z_m 为一圆方程，圆心坐标为（$\frac{U_s^2}{2P_s}$，jX_s），圆半径为 $\frac{U_s^2}{2P_s}$。在这个阶段中，有功功率 P 为常数，所以称为等有功阻抗圆（简称等有功圆）。对应不同的有功功率 P_1、P_2、P_3 的等有功圆如图9-7所示。

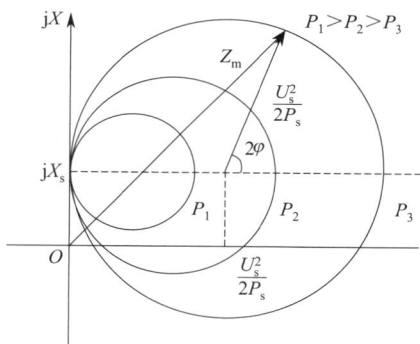

图 9-7　等有功阻抗圆

（2）临界失步点阶段

发电机失磁后，电动势 $\dot{E}_q$ 与系统电压 $\dot{U}_s$ 间的夹角 δ_e 达到 90° 时，发电机处于失去静态稳定的临界点，由式（9-7）、式（9-8）可知

$$Q = -\frac{U_s^2}{X_{d\Sigma}} \quad (9-10)$$

Q 为负值，表明发电机由系统吸收无功功率。只要综合电抗 $X_{d\Sigma}$ 和系统电压 U_s 不变，Q 就是一常值，所以临界失步点称为等无功点。此时机端测量阻抗为

$$Z_m = \frac{\dot{U}_g}{\dot{I}_g} = \frac{U_s^2}{P_s - jQ_s} + jX_s = \frac{U_s^2}{-j2Q_s} \times \frac{(P - jQ_s) - (P + jQ_s)}{P - jQ_s} + jX_s = \frac{U_s^2}{-j2Q_s}(1 - e^{-j2\varphi}) + jX_s$$

$$(9-11)$$

将式（9-8）的 Q 值代入并化简后可得

$$Z_{m} = -j\frac{X_{d} - X_{s}}{2} + j\frac{X_{d} + X_{s}}{2}e^{-2j\varphi} \tag{9-12}$$

式(9-12)为一圆方程，其圆心坐标为 $\left(0, -j\dfrac{X_{d} - X_{s}}{2}\right)$，半径为 $\dfrac{X_{d} + X_{s}}{2}$，这个圆称为临界失步阻抗圆或等无功阻抗圆，也称为静稳边界阻抗圆，圆内为失步区，如图9-8所示。

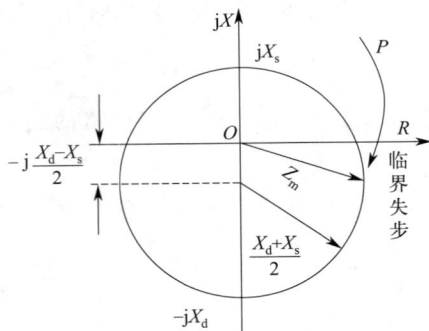

图 9-8　静稳边界阻抗圆

（3）失步后的异步运行阶段

图9-9为异步发电机的等效电路图，图中参数均已折算到定子侧或均为标幺值。$X_{s\sigma}$、$X_{e\sigma}$、$X_{D\sigma}$ 分别为定子绕组漏抗、励磁绕组漏抗、阻尼绕组漏抗；r_{e}，r_{D} 分别为励磁绕组电阻、阻尼绕组电阻；X_{ad} 为定子绕组与转子绕组间的互感抗。显然机端测量阻抗是滑差 s 的函数。

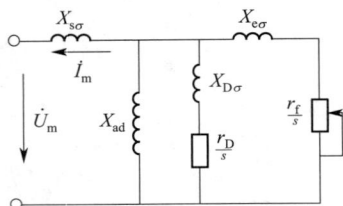

图 9-9　异步发电机的等效电路图

当发电机在空载情况下失磁时，$s \to 0$，机端测量阻抗为

$$Z_{m} = -jX_{s\sigma} - jX_{ad} = -jX_{s} \tag{9-13}$$

当发电机在额定功率下失磁时，$s \to \infty$，机端测量阻抗为

$$Z_{m} = -j\left(X_{s\sigma} + \frac{1}{\dfrac{1}{X_{ad}} + \dfrac{1}{X_{e\sigma}} + \dfrac{1}{X_{D\sigma}}}\right) = -jX''_{s} \tag{9-14}$$

以上只是讨论了两种极端的情况。进一步分析可知，当 s 在0与∞之间变化时，失磁后机端测量阻抗位于第Ⅳ象限，并最后落在异步阻抗圆内。异步阻抗圆是以 $\left(0, -j\dfrac{X_{s} + X''_{s}}{2}\right)$ 为圆心、以 $\dfrac{X_{s} - X''_{s}}{2}$ 为半径的圆，如图9-10所示。

（4）临界电压阻抗圆

图9-11为发电机-变压器组经联系电抗 X_{s} 与无穷大电源母线并列运行时的电路图，其中 X_{T} 为变压器电抗。发电机失磁后，从系统吸收无功功率，同时定子电流增大，因此引起

继/电/保/护/原/理

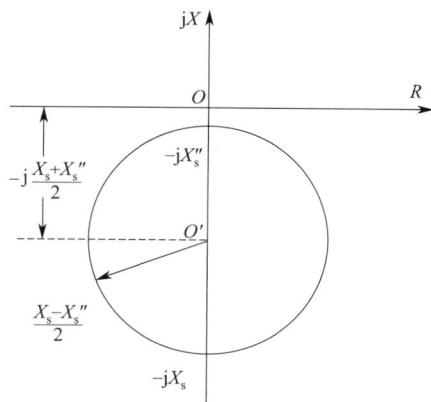

图 9-10　异步阻抗圆

发电机电压 $\dot{U}_g$、高压母线电压 $\dot{U}_M$ 降低。$\dot{U}_g$ 的降低对厂用电负荷不利，如果降低到 70% 额定电压以下，则厂用电负荷将不能正常工作。$\dot{U}_M$ 的降低将影响系统运行，如果降到临界电压（约为额定电压的 85%）以下，则可能导致系统稳定被破坏。因此，失磁保护应注意监视电压降低的情况。

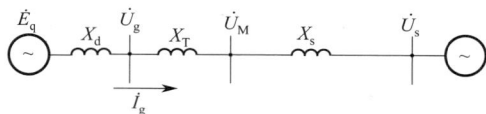

图 9-11　发电机-变压器组经联系电抗 X_s 与无穷大电源母线并列运行时的电路图

设高压母线电压 U_M 为临界值，即 $U_M = K_M U_s$，注意到机端测量阻抗 $Z_m = \dfrac{\dot{U}_g}{\dot{I}_g}$、高压母线向外看去的阻抗 $Z_M = \dfrac{\dot{U}_M}{\dot{I}_g}$、系统母线向外看去的阻抗 $Z_{st} = \dfrac{\dot{U}_s}{\dot{I}_g}$，则有关系

$$K_M = \frac{\dot{U}_M}{\dot{U}_s} = \left| \frac{Z_M}{Z_{st}} \right|$$

而 $Z_M = Z_m - jX_T$、$Z_{st} = Z_m - j(X_T + X_s)$，则有

$$K_M = \left| \frac{Z_M - jX_T}{Z_m - j(X_T + X_s)} \right|$$

将 $Z_m = R_m + jX_m$ 代入，得到

$$R_m^2 + (X_m - X_T)^2 = K_M^2 [R_m^2 + (X_m - X_T - X_s)^2]$$

整理得到

$$R_m^2 + \left[X_m + \left(\frac{K_M^2}{1 - K_M^2} X_s - X_T \right) \right]^2 = \left(\frac{K_M^2}{1 - K_M^2} X_s \right)^2 \tag{9-15}$$

在复数阻抗平面上，式（9-15）表示 Z_m 端点的变化轨迹为一个圆，圆心在 $\left(0, -j\dfrac{K_M^2}{1 - K_M^2} X_s + jX_T \right)$ 处，半径为 $\dfrac{K_M^2}{1 - K_M^2} X_s$，如图 9-12 所示。该圆称作临界电压阻抗圆或等电压圆。当发电机失磁后，机端测量阻抗由第 I 象限沿等有功圆进入第 IV 象限，当达到临界电压阻抗圆时，表示高压母线电压已降低到临界值。

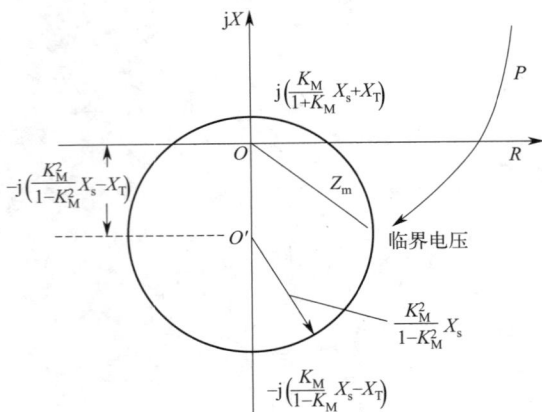

图 9-12 临界电压阻抗圆

9.5.2 失磁保护判据及保护方案

不论是什么原因造成发电机失磁故障，总希望有选择地、迅速地检测出来，以便采取措施保证发电机和系统的安全。发电机失磁后，定子侧电气量都要发生变化，所以大型同步发电机的失磁保护都是利用定子回路参数的变化来检测发电机的失磁故障。在定子侧可作为失磁保护的主要判据如下。

① 无功功率方向改变。

② 机端测量阻抗的变化（越过静稳阻抗边界、进入异步阻抗边界）。

图 9-13 所示为汽轮发电机失磁过程中机端测量阻抗特性。失磁后，机端测量阻抗 Z_m 末端轨迹由第Ⅳ象限进入第Ⅰ象限，当越过 R 轴时，无功功率改变方向，由原来发出感性无功功率变为向系统吸收感性无功功率，因此机端无功功率方向改变可作为失磁保护的一个判据。

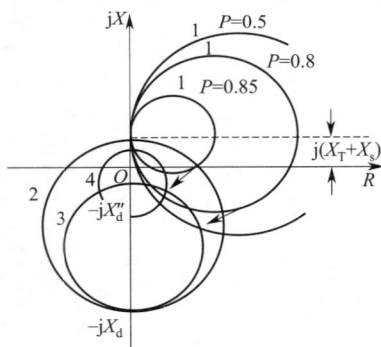

图 9-13 汽轮发电机失磁过程中机端测量阻抗特性

1—等有功阻抗圆；2—临界失步阻抗圆；3—异步阻抗圆；4—临界电压阻抗圆

机端测量阻抗进入第Ⅳ象限后，进一步将越过静稳阻抗边界（临界失步阻抗圆），此时发电机可能失步。一般情况下，失磁前发电机送出的有功功率越大，则由失磁到失步的时间越短。在失步前，失磁故障对机组本身和系统不会造成危害。因此，从保证机组和系统安全角度出发，可将静稳阻抗边界作为失磁保护的一个判据。

发电机失步后，机端测量阻抗将随滑差的增大进入异步阻抗边界（异步阻抗圆），表明发电机已进入异步运行状态。也可将异步阻抗边界作为失磁保护的一个判据。

由以上分析可见，从检出失磁故障的速度来看，无功功率方向判据最快，静稳阻抗边界次之，而异步阻抗边界最慢。

机端测量阻抗进入静稳阻抗边界和异步阻抗边界，并不是失磁故障所独有的特征。当外部短路、系统振荡、长线充电、自同期和电压回路断线时，机端测量阻抗也会进入静稳阻抗边界和异步阻抗边界。因此必须增设辅助判据才能保证选择性。失磁保护可利用的辅助判据有以下三种。

（1）转子励磁电压下降

失磁过程中，励磁电流和励磁电压都要下降，而在短路和系统振荡过程中，转子励磁电压不仅不会下降，反而会因强励而上升。故可利用检测的转子励磁电压作为辅助判据。

励磁电压下降是失磁故障的直接原因，过去曾用来作为失磁保护的主要判据。但是励磁电压是一个变化范围很大的参数，由空载到强励，励磁电压可在空载励磁电压的 $6\sim8$ 倍范围内变化。此外，在系统振荡和短路过程中，励磁回路中还要出现交流分量电压，它与直流分量相叠加后，有时励磁电压可达零值。在失磁异步运行中，励磁回路中也会有很大的感应电压。所以，励磁电压下降仅作为辅助判据之一加以利用。

（2）负序分量

发电机失磁时，定子回路不会产生负序分量，但在短路和短路引起的振荡过程中或最初瞬间总要出现负序分量，因此，可利用负序分量作为失磁的辅助判据。常用负序电压元件或负序电流元件作为失磁保护的闭锁元件。当出现负序时，闭锁失磁保护。

（3）延时

系统振荡时，机端测量阻抗只短时穿过失磁阻抗继电器的动作区，而不会长期停留在动作区内。以静稳阻抗边界为判据的失磁阻抗继电器的动作区较大，躲过振荡所需的时间较长，一般取 $0.5\sim1.0\mathrm{s}$ 的延时。当以异步阻抗边界为判据时，躲过振荡所需的时间较短，一般取 $0.4\sim0.5\mathrm{s}$ 的延时。

对于电压回路断线时，失磁阻抗继电器误动作的问题用增设电压回路断线闭锁元件加以解决，这样可防止因失压而引起失磁保护误动作。对于正常情况下的长线充电及自同期并列，都属于正常操作，为避免失磁保护误动作，可采用闭锁元件。

9.5.3　失磁保护方案

根据发电机的特点和系统状况，可以用主要判据和辅助判据来实现失磁保护。目前实际应用的失磁保护方案很多，各有优缺点，以下只介绍两例。

（1）隐极式同步发电机的失磁保护举例

图 9-14 为隐极式同步发电机的失磁保护框图。其中，K 为失磁阻抗继电器，通常具有圆特性或苹果形动作特性，是失磁的主要判别元件。保护以励磁低电压、电压回路断线闭锁（图中用 B 表示）、延时作为辅助判据。

发电机完全失磁时，励磁低电压元件动作，当机端测量阻抗落入失磁阻抗继电器的动作区内时，K 动作，于是"与"门 Y1 有输出，经短延时元件 T1（$0.2\sim0.3\mathrm{s}$）动作于减出力（有功负荷），必要时也可动作于跳闸。如果发电机严重低励，导致发电机进相运行，且失磁阻抗继电器的测量阻抗接近静稳阻抗边界，为防止失磁保护误动作，所以引入时间元件 T1。借助自动调节励磁装置作用于增加励磁，可使发电机退出不稳定运行区，恢复稳定运行。

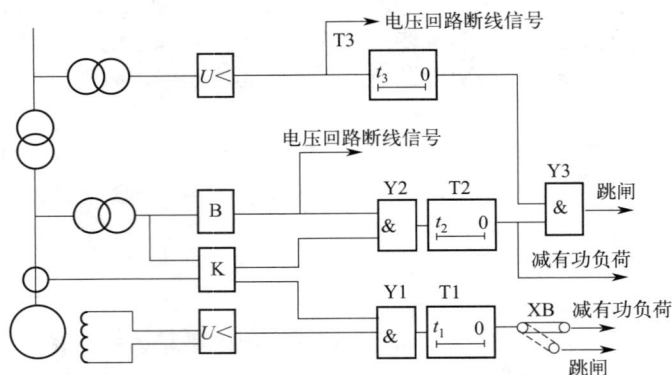

图 9-14 隐极式同步发电机的失磁保护框图

重负荷情况下部分失磁时，K 可能动作，而励磁低电压元件不动作。此时"与"门 Y2 有输出，经延时元件 T2（为 1～1.5s）动作于减出力。引入时间元件 T2 可躲过外部短路故障和系统振荡的影响。

发电机失磁后 K 动作，如果高压母线电压低于允许值，则励磁低电压元件动作后经延时元件 T3（约为 0.25s）使"与"门 Y3 动作于跳闸。因为临界阻抗圆小于静稳边界阻抗圆，所以 K 先于低电压继电器动作，故高压母线电压低到允许值时，T2 已先动，保护就以 T3 的时限跳闸。引入时间元件 T3 的目的在于失磁失步后，有功功率和高压母线电压出现周期性波动时，防止保护误动作。

其中，K 的动作特性既可以按静稳阻抗边界整定，也可以按异步阻抗边界整定。

（2）凸极式同步发电机的失磁保护举例

图 9-15 为一凸极式同步发电机失磁保护框图，其中 K 为失磁阻抗继电器，可按静稳阻抗边界或异步阻抗边界整定，是失磁的主要判别元件；励磁低电压、延时作为辅助判据。

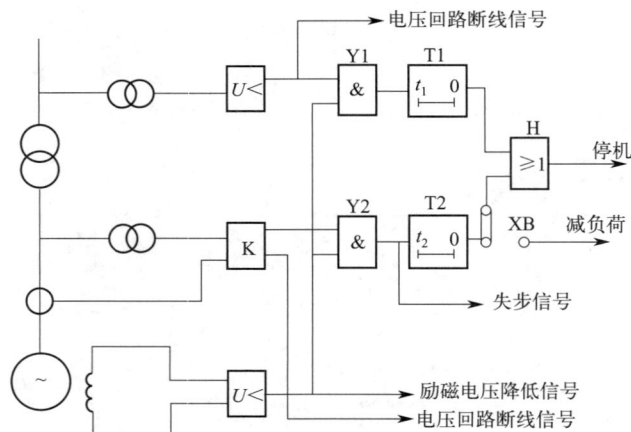

图 9-15 凸极式同步发电机失磁保护框图

发电机失磁后，励磁低电压元件动作，若高压母线电压下降到接近崩溃电压值，则母线低电压元件动作，"与"门 Y1 有输出，经延时元件 T1（为 0.5～1s）、"或"门 H 动作于停机。T1 用于躲过振荡过程中短时的电压降低。失磁过程中，若母线电压并未降到崩溃电压值，由于 K 已动作，"与"门 Y2 有输出，发出失步信号，同时经延时元件 T2（为 0.5～1s）、"或"门 H 动作于停机（一般水轮发电机是凸极机，在失磁以后振动很大）。同样，T2

延时元件也用于躲过振荡的影响。

本章小结

发电机的保护配置和策略是确保电力系统稳定运行的关键。发电机的保护包括多种类型，旨在应对不同类型的故障和异常运行状态，确保电力系统的安全性和稳定性。

① 发电机的故障与不正常运行状态：发电机可能遇到的主要故障包括定子绕组故障、转子绕组故障，以及由于过载、短路或其他原因引起的异常运行状态。这些故障和异常状态如果不及时处理，可能会导致设备损坏，甚至影响整个电力系统的稳定运行。

② 保护配置如下所述。

纵联差动保护：用于检测定子绕组相间短路和匝间短路。

匝间短路保护：通过检测绕组中的电流变化来预防匝间短路。

定子绕组单相接地保护：防止定子绕组对地短路。

转子接地保护：监测转子对地绝缘状况，预防接地故障。

失磁保护：当发电机失去励磁时，保护装置动作，防止发电机过速和电压下降。

负序过电流保护：应对不对称故障引起的负序过电流。

③ 保护策略的实施如下所述。

根据发电机的类型、容量及在电力系统中的位置，选择合适的保护配置。

定期对保护装置进行测试和校验，确保其正确动作。

监控发电机的运行状态，及时发现并处理潜在问题。

发电机的保护是电力系统安全运行的重要组成部分。通过实施上述保护策略，可以有效应对各种故障和异常状态，保障电力系统的稳定供电。同时，随着技术的进步，未来的发电机保护将更加智能化，能够更好地适应电力系统的复杂性和多变性的挑战。

<<<< 思考题与习题 >>>>

9-1 发电机可能发生的不正常工作状态主要有哪些？

9-2 发电机有哪些故障形式？应该装设哪些保护？

9-3 发电机和变压器的纵联差动保护在构成和原理上有哪些相同点和不同点？

9-4 何谓纵向零序电压？如何取得纵向零序电压？

9-5 何谓发电机的负序电流反时限保护？为何要采用负序电流反时限保护？

第 10 章

▶母线继电保护◀

本章主要内容

　　母线保护是保证电网安全、稳定运行的重要设备，它的安全性、可靠性、灵敏性和速动性对保证整个区域电网的安全具有决定性的意义。因此，设置动作可靠、性能良好的母线保护，使之能迅速检测出母线故障所在，并及时有选择性地切除故障是非常必要的。

10.1 母线故障和装设母线保护基本原则

　　母线是电力系统的重要设备，在整个输配电系统中起着非常重要的作用。母线连接的设备很多，电气接线复杂。相关设备操作频繁、设备外绝缘击穿、机械损坏、外力异物、人员误操作等均可能造成母线故障。母线故障是电力系统最严重的故障之一。一旦母线出现问题，连接在该母线上的所有设备必然被切除，势必造成较大面积的停电。枢纽变电站的母线故障若不能及时切除，还有可能引发电力系统稳定性被破坏的事故。由于母线位于变电站内部，定期的检查与维护降低了母线发生故障的概率，即便如此，母线故障并不能完全避免，需要配置性能完善的保护，以便在母线故障时及时切除故障，保证电力系统安全、稳定运行。

　　对于非重要且对系统影响较小的母线，当母线发生故障时，可以依靠与母线相连的设备的后备保护切除。如图 10-1 所示，当变电站 M 母线发生故障时，若分段断路器 QF 处于合闸位置，当没有装设专用母线保护时，则由 QF1、QF2 所在处的线路保护 II 段动作（通常情况下 QF3、QF4 处的线路保护不动作）切除故障。发电厂和变电所的母线是电力系统的重要设备，当母线上发生故障时，将使连接在故障母线上的所有设备在修复故障母线期间，或转换到另一组无故障的母线上运行以前被迫停电。此外，电力系统中枢纽变电所的母线故障时，还可能引起系统稳定的破坏，造成严重的后果。

　　母线上发生的短路故障可能是各种类型的接地短路故障和相间短路故障。母线上各类短路故障的比例与输电线路不同。在输电线路的短路故障中，单相接地故障约占故障总数的 80% 以上。而在母线故障中，大部分故障是由绝缘子对地放电引起的，母线故障开始阶段大多表现为单相接地故障，而随着短路电弧的移动，故障往往发展为两相或三相接地短路故障。

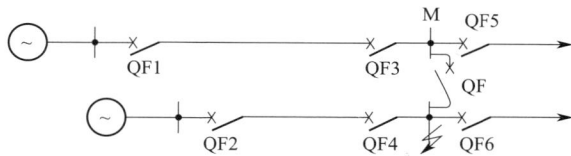

图 10-1　简单电力系统

10.2　装设母线保护基本要求

母线保护应满足以下基本要求：对各种母线故障有很好的鉴别能力；具备快速响应、灵敏可靠的特点；在保证正确判读故障的同时，尽量减少误动作；保证系统整体的可靠性和安全性。

① 光伏发电系统可不设专用母线保护，发生故障时可由母线有源连接元件的后备保护切除故障。有特殊情况时，如后备保护时限不能满足要求，也可设置独立母线保护装置。

② 10kV 母线保护。

a. 配置原则。若光伏系统侧为线变组接线，经升压后变为直接输出，不配置母线保护。对于设置 10kV 母线的光伏系统，10kV 母线保护配置应与 10kV 线路保护统筹考虑。当系统侧配置线路过电流保护或距离保护时，光伏系统侧可不配置母线保护。可由变电站侧线路保护切除故障，也可依靠各进线的后备保护切除故障。

b. 技术要求。母线保护应能切除故障；当线路两侧配置线路纵联电流差动保护时，光伏系统侧应配置一套母线保护；在光伏系统最终满足一次接线的要求时，母线保护不应受电流互感器暂态饱和的影响而发生不正确动作，并应允许使用不同变比的电流互感器；母线保护不应受母线故障时流出母线的短路电流影响而拒动。

③ 系统侧变电站需要校验其母线保护是否满足接入方案的要求。若能满足接入的要求，予以说明即可。若不能满足光伏系统接入方案的要求，则系统侧变电站需要配置母线保护。

④ 380V/220V 线路不配置母线保护。

⑤ 其他要求。需核实变电站侧备自投方案、相关线路的重合闸方案，要求根据防孤岛检测方案提出调整方案；光伏系统线路接入变电站后，备自投动作时间须躲过光伏系统防孤岛检测动作时间；10kV 公共电网线路投入自动重合闸时，应校核重合时间。

10.3　母线主保护的种类

常见的母线主保护类型如下。

① 差动保护。通过比较母线两端电流差值来实现保护，当电流差值超出一定范围时，差动保护继电器动作，断开故障电路的电源。

② 周波电流保护。将母线两端电流的相位差和谐波频率进行比较，在电流相位差超过限值时进行动作，具有保护速度较快、误动作率低等优点。

③ 波形比率保护。利用母线两端电流波形的比率来实现对母线的保护，具有抗干扰性强、灵敏、动作迅速、误动作率低等优点。

④ 过电压保护。当母线系统中出现过电压故障时，过电压保护会通过比较信号电压和设定的保护电压值来使保护动作，防止电压过高对电力设备造成损坏。

⑤ 过电流保护。是针对一般故障所采取的保护手段。当母线系统中出现电流过载、短路等故障时，过电流保护会通过比较信号电流和设定的保护电流值来使保护动作，控制电力设备的运行状态。

⑥ 母线接地保护。母线接地保护是电力系统非常重要的保护措施，如果母线出现故障或短路现象，可能会导致大量电流流入地面而引起电气事故。

⑦ 过温保护。母线在高温环境中易发生故障，过温保护在母线超过一定温度时及时进行报警或断电。

⑧ 专用母线保护。在 110kV 及以上的分段单母线、双母线及 3/2 接线母线上应装设母线保护。

此外，母线主保护还包括母联过电流保护、母联充电保护、母联非全相保护、母联死区保护和母联失灵保护等。

综上所述，母线主保护是电力系统中非常重要的保护之一。不同种类的母线主保护有着各自的保护对象和保护方式，可以相互补充和配合，以确保电力设备的安全运行。

10.4 母线差动保护

为满足速动性和选择性的要求，母线保护都是按差动原理构成的。实现母线差动保护必须考虑在母线上一般连接着较多的电气设备（如线路、变压器、发电机等），因此，就不能像发电机的差动保护那样，只用简单的接线加以实现。但不管母线上有多少设备，实现差动保护的基本原则仍是适用的，即：

① 在母线正常运行及外部故障时，母线上所有连接设备流入的电流和流出的电流相等。

② 当母线上发生故障时，所有与母线连接的设备都向故障点供给短路电流或残留的负荷电流，按基尔霍夫电流定律 $\sum I_i = I$（I 为短路点的总电流）。

③ 从每个连接设备中电流的相位来看，在正常运行及外部故障时，至少有一个设备中的电流的相位和其余设备中的电流的相位是相反的。具体来说，就是电流流入的设备和电流流出的设备中电流的相位相反。而当母线故障时，除电流等于零的设备以外，其他设备中的电流是接近同相位的。

根据原则①和原则②可构成电流差动保护，根据原则③可构成电流比相式差动保护。本节将结合以上原则，讨论用于母线的电流差动保护。

10.4.1 电流差动母线保护的原理

电流差动母线保护（简称母线差动保护）原理基于基尔霍夫电流定律（KCL）和基尔霍夫电压定律（KVL）。在母线正常运行及外部故障时，流入和流出母线的电流相等，各线路的电流向量和等于零。当母线上发生故障时，流入和流出的电流不再相等，差动电流（即流入和流出母线的电流向量和）不再等于零。母线差动保护通过比较差动电流的大小和方向来判断母线是否发生故障。母线差动保护通常由两个或多个电流互感器组成，这些电流互感器分别安装在母线的不同位置。当电流通过这些电流互感器时，它们会产生相应的电压信号。

母线差动保护通过电压信号差值来判断是否存在故障。

在双母线系统中，母线差动保护还可以区分是哪一条母线发生故障。此外，为了提高保护的可靠性和选择性，母线差动保护通常还会设置启动元件、复合电压闭锁元件、CT回路断线闭锁元件等。电流差动母线保护原理是母线保护的一种最常用的保护原理，其依据是基尔霍夫电流定律。对于一个母线系统，母线上有 n 条支路，$I_d = I_1 + I_2 + I_3 + \cdots + I_n$，为流入母线的电流和，即母线保护的差动电流。当系统正常运行或外部发生故障时，流入母线的电流和为零，母线保护不动作。当母线发生故障时，电流和等于流入故障点的电流，如果大于母线保护所设定的动作电流，母线保护将会动作。在实际的系统中，微机的保护"差电流"与"和电流"不是从模拟电流回路中直接获得的，而是通过电流采样值的数值计算求得，即采集母线各支路的电流互感器的电流值，由母线保护计算所得。因此，电流互感器能否正确提供电流，成为母线保护能否正确动作的一个关键因素。实际中，当母线外部发生故障时，母线差动电流 $I_d \neq 0$，而为一小的数值，这是由电流互感器误差产生的差动不平衡电流。差动不平衡电流随着故障电流的增大而增大，当区外近距离发生故障时，差动不平衡电流增大，有可能导致保护装置误动作。为了避免保护误动作，提出了具有制动特性的母线差动保护。

就作用原理而言，所有母线差动保护均反应母线上各连接设备二次电流的向量和。当母线上发生故障时，各连接设备的电流均流向母线；而在母线之外有故障时（线路上或变压器内部发生故障），各连接设备的电流有流向母线的，有流出母线的。母线上故障母差（母线差动）保护应动作，而母线外故障母差保护可能不动作。按照母线差动保护差流回路输入阻抗的大小，可将其分为低阻抗型母线差动保护（一般为几欧）、中阻抗型母线差动保护（一般为几百欧）和高阻抗型母线差动保护（一般为几千欧）。低阻抗型母差保护通常叫作电流型母线差动保护。根据动作条件分类，电流型母线差动保护又可分为电流差动式母差保护、母联电流比相式母差保护及电流相位比较式母差保护。

10.4.2 单母线完全电流母线差动保护

母线完全差动保护是将母线上所有的各连接支路的电流互感器按同名相、同极性接到差流回路。各支路应采用具有相同变比和特性的电流互感器，若电流互感器变比不相同，可采用中间变流器等方式进行补偿。在微机保护中可采用平衡系数平衡以保证在母线无故障情况下满足 $\sum i = 0$。该保护的原理接线如图 10-2 所示。

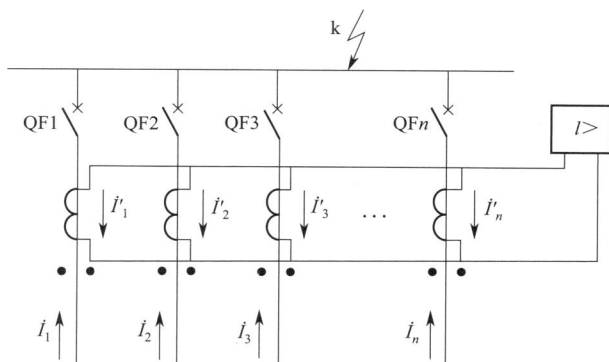

图 10-2 完全电流母线差动保护的原理接线图

在正常运行及外部故障时，母线的流入和流出电流之矢量和 $\sum \dot{i} = 0$。母线差流回路中的电流是由于各电流互感器特性不同而引起的不平衡电流 I_{unb}，其值相对较小。当母线上 k 点发生故障时，所有与电源连接的支路都向 k 点供给短路电流。此时母线差流回路中的电流为

$$\dot{i}_{kA} = \dot{i}'_1 + \dot{i}'_2 + \dot{i}'_3 = \frac{1}{n_{TA}}(\dot{i}_1 + \dot{i}_2 + \dot{i}_3) = \frac{1}{n_{TA}}\dot{i}_k$$

式中，$\dot{i}_k$ 为故障点的全部短路电流，其值很大，因此，母线差动保护动作，使所有连接支路的断路器跳闸。完全电流母线差动保护的动作电流按下述条件整定，并取最大值。

① 躲开外部故障时所产生的最大不平衡电流，当所有电流互感器均按 10% 误差曲线选择，且差动继电器采用具有速饱和铁芯的继电器时，其动作电流 I_{act} 计算式为

$$I_{act} = \frac{K_{rel}K_{er}K_{k.max}}{n_{TA}}$$

式中，K_{rel} 为可靠系数，取为 1.3；$K_{k.max}$ 为在母线外任一连接设备短路时，流过差动保护 TA 一次侧的最大短路电流；n_{TA} 为母线保护用 TA 的变比。

② 由于母线差动保护电流回路中连接的设备较多，接线复杂，因此，TA 二次回路断线的概率比较大。为了防止正常运行情况下任一 TA 二次回路断线引起保护误动作，动作电流 I_{act} 应大于任一连接设备的最大负荷电流 $I_{L.max}$，即

$$I_{act} = \frac{K_{rel}I_{L.max}}{n_{TA}}$$

式中，K_{rel} 为可靠系数，取 1.3；$I_{L.max}$ 为最大负荷电流。

当母线保护保护范围内发生故障时，应采用下式校验灵敏系数，即

$$K_{sen} = \frac{I_{k.min}}{I_{act}n_{TA}}$$

式中，$I_{k.min}$ 为在母线上发生故障的最小短路电流门槛值，其值一般应不小于 2A。

需要说明的是，在实际应用中，为了提高完全电流母线差动保护的灵敏度，仍需要采取措施解决外部故障时差流回路的不平衡电流问题。目前，普遍采用的是具有各种制动特性的母线差动保护。完全电流母线差动保护原理简单，适用于单母线运行或双母线经常只有一组母线运行的情况。

所谓不完全电流母线差动保护，是指只将连接于母线的各有电源支路的电流接入差流回路，而无电源支路的电流不接入差流回路，因而在无电源支路上发生的故障被认为是母线差动保护保护范围内的故障。此时，差动保护的整定值应大于所有这种线路的最大负荷电流之和，这样在正常运行情况下差动保护才不会误动作。

10.4.3 高阻抗型母线差动保护

高阻抗型母线差动保护是在差流回路中接入很大的阻抗（可达到数千欧姆），以阻止由于电流互感器饱和引起的不平衡电流流入继电器。

工作原理：在母线发生外部短路时，一般情况下，非故障支路电流不是很大，它们的电流互感器不易饱和；但是故障支路电流是各电源支路电流之和可能非常大，它们的电流互感器就可能极度饱和。此时，故障支路的一次电流几乎全部流入其励磁支路，使二次电流近似为零，差动继电器中将流过很大的不平衡电流，完全电流母线差动保护将误动作。为避免上述情况下母线保护的误动作，电流差动继电器可以改用内阻很高的电压继电器，其阻抗一般为 $2.5 \sim 7.5$ kΩ。在外部故障时，各非故障支路的二次电流之和不为零，该不平衡电流被迫

流入故障支路电流互感器的二次绕组，使差动回路的不平衡电流大大减小，几乎为零，电压继电器不动作；在内部短路时，所有支路的二次电流都流向电压继电器，电流较大，由于其内阻很高，电压继电器两端出现高电压，于是电压继电器动作。

高阻抗型母线差动保护的原理接线如图 10-3 所示。

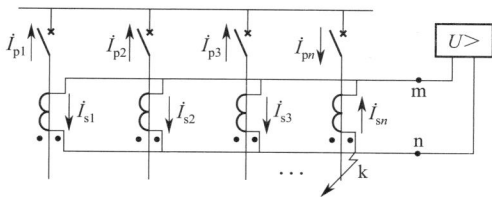

图 10-3　高阻抗型母线差动保护原理接线图

假设母线上连接有 n 条支路，第 n 条支路为故障支路，母线外部短路的等值回路如图 10-4 所示。图中虚线框内为故障支路 TA 的等效回路，Z_μ 为励磁阻抗，$Z_{\sigma 1}$ 和 $Z_{\sigma 2}$ 分别为 TA 一次和二次绕组漏抗，r 为故障支路 TA 至电压继电器二次回路的阻抗值（二次回路连线阻抗值），r_μ 为电压差动继电器的内阻。

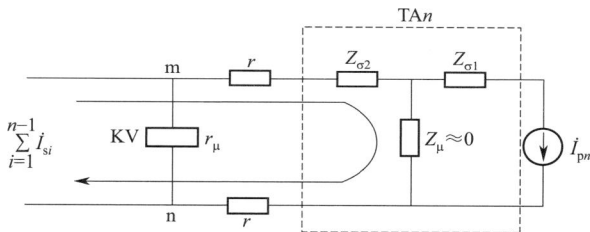

图 10-4　母线外部短路时高阻抗型母线差动保护等值电路

在外部短路时，若电流互感器无误差，则非故障支路二次电流之和与故障支路二次电流大小相等、方向相反，此时差动继电器（不论是电流型的还是电压型的）中的电流为零，非故障支路二次电流都流入故障支路 TA 的二次绕组。外部短路最严重的情况是故障支路中 TA 出现极度饱和的情况，其励磁阻抗 Z_μ 近似为零，一次电流全部流入励磁支路。由于电压差动继电器 KV 的内阻 r 很高，虽然非故障支路二次电流都流入故障支路 TA 的二次绕组，差动继电器中电流仍然很小，不会动作。在内部短路时，所有引出线电流都是流入母线的，所有支路的二次电流都流向电压继电器，由于内阻很高，电压继电器端出现高电压，于是电压继电器动作。

高阻抗型母线差动优点是接线简单、选择性好、灵敏度高，在一定程度上可防止母线发生外部短路以及 TA 饱和时母线保护的误动作。但高阻抗型母线差动保护要求各支路 TA 的变比相同，TA 二次回路的电阻和漏抗要小。TA 的二次侧要尽可能在配电装置处就地并联，以减小二次回路连线的电阻，因而此种母线保护一般只适用于单母线。此外，由于二次回路阻抗较大，在范围内故障产生大故障电流的情况下，TA 二次侧可能出现相当高的电压，因此必须对二次回路的电缆和其他部件采取加强绝缘水平的措施。

10.4.4　具有制动特性的母线差动保护

根据制动特性的不同，可以将具有制动特性的母线差动保护分为比率差动、大电流范围制动、复式比率差动。比率差动继电保护的原理是采用一次穿越电流作为制动电流，母线保护动作电流随制动电流的变化而变化，从而使其在母线外部故障时能够有一定的制动能力，如图 10-5 所示。

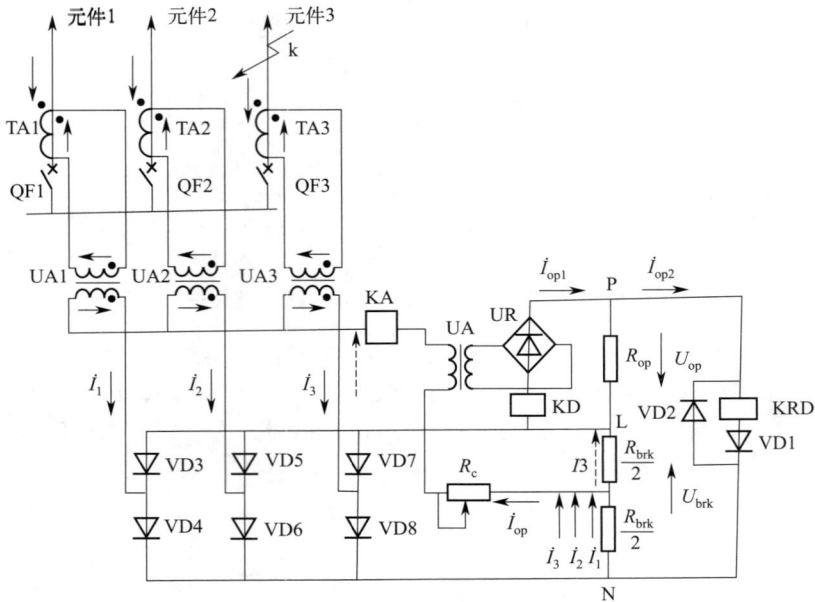

图 10-5　比率制动特性的母线差动保护单相原理接线

图 10-5 所示为具有比率制动特性的母线差动保护单相原理接线图，其启动元件和选择元件采用的是中阻抗型电流瞬时差动原理。UA1～UA3 为辅助电流变换器，将各电流互感器的二次电流变换为 $\dot{i}_1$、$\dot{i}_2$、$\dot{i}_3$，并且将电流互感器的不等变流比调整为相等。在电流互感器的二次侧还可以接入其他保护。VD3～VD8 构成全波整流电路。$\dot{i}_1$、$\dot{i}_2$、$\dot{i}_3$ 分别经全波整流电路后加在制动电阻 R_{brk} 上，制动电阻 R_{brk} 上的电压 U_{brk} 为制动电压。差动电流 $\dot{i}_{op}$ 流经电位器 R_c、差动中间电流变换器 UA 和电流继电器 KA，回到辅助电流变换器的公共点。电流继电器 KA 为电流回路断线监视继电器。UA 的二次电流经整流桥 UR 全波整流后，流过继电器 KD 和电阻 R_{op}，KD 为不带制动特性的电流差动继电器，电阻 R_{op} 上的电压 U_{op} 为动作电压。

当 $U_{op} > U_{brk}$ 时，P 点电位高于 N 点电位，电流 $\dot{i}_{op2}$ 流过比例差动回路的执行继电器 KRD，KRD 为一快速干簧管继电器，其动作时间为 1ms。KRD 动作后，启动一个快速动作并自保持的中间继电器，接通母线保护出口继电器，保护动作。

当 $U_{op} < U_{brk}$ 时，N 点电位高于 P 点电位，二极管 VD1 截止，KRD 中无电流通过，其线圈被二极管 VD2 旁路，KRD 可靠不动作。保护的动作方程为

$$|\dot{i}_1 + \dot{i}_2 + \dot{i}_3| - K(|\dot{i}_1| + |\dot{i}_2| + |\dot{i}_3|) \geqslant I_{op.min}$$

式中，$I_{op.min}$ 为保护的最小动作电流；K 为制动系数。

其中，左边第一项为动作电流，第二项为制动电流。动作电流随制动电流的增大而增大，因此，该保护为具有比率制动特性的母线差动保护。

总之，当母线外部故障时，由于启动元件和选择元件均具有很强的制动特性，不会因故障电流过大及电流互感器饱和而误动作；当母线内部故障时，保护的制动电压和动作电压分别是从电阻 R_{brk} 和 R_{op} 上取得的，而 R_{brk} 和 R_{op} 回路的时间常数非常小，约为零，即制动电

压和动作电压是几乎同时且瞬时建立起来的，加之执行继电器的动作时限只有 1ms，保护装置能在 TA 饱和前可靠动作，因此保证了保护的快速性和可靠性。

该保护的特点是接线简单、性能良好，能利用快速动作来解决由于电流互感器饱和对母线保护带来的问题，具有快速、可靠等优点。

10.5 电流比相式母线保护

电流比相式母线保护是一种常用的电力系统母线保护，其基本原理是通过比较不同位置的电流的大小来判断电力系统中是否存在故障。

在正常情况下，电力系统中的电流是平衡的，而当发生故障时，电流会出现不平衡，通过将母线两侧电流进行比较，可以确定故障位置，并通过保护动作切断故障电流，保证电力系统安全运行。

电流差动保护要求在母线外部短路或正常运行时二次电流总和为 0。由于在实际运行中 TA 特性总是存在差异，差流中不平衡电流较大，这必然会影响电流差动保护的灵敏度。电流比相式母线保护是根据母线在内部故障和外部故障时各连接设备电流相位的变化来工作的。众所周知，当母线发生短路时，各有源支路的电流相位几乎是一致的；当外部发生短路时，非故障有源支路的电流流入母线，故障支路的电流则流出母线，两者相位相反，利用这种相位关系来构成电流比相式母线保护。

为简单说明保护工作的基本特点，假设母线上只有两条连接支路，如图 10-6 所示。当母线正常运行及外部故障时（如 k1 点），电流 $\dot{i}_1$ 流入母线，电流 $\dot{i}_2$ 由母线流出，按规定的电流正方向，$\dot{i}_1$ 和 $\dot{i}_2$ 大小相等、相位相差 180°，如图 10-6(a) 所示。而当母线内部故障时（k2 点），$\dot{i}_1$ 和 $\dot{i}_2$ 都流向母线，在理想情况下两者相位相同，如图 10-6(b) 所示。显然，对母线上各支路电流进行相位比较，便可判断内部或外部故障。

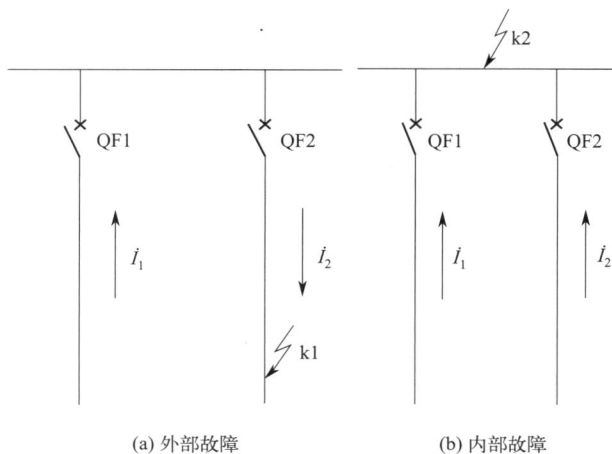

(a) 外部故障　　　　　　　　(b) 内部故障

图 10-6　母线外部与内部故障时电流流向

采用电流比相式母线保护的特点如下所述。

① 保护装置的工作原理是基于相位的比较，而与幅值无关，因此在采用正确的相位比较方法时，无须考虑电流互感器饱和引起的电流幅值误差，提高了保护的灵敏性。

② 当母线连接支路的电流互感器型号不同或变比不一致时，仍然可以使用，因而此种保护的使用条件较宽。

电流比相式母线保护具有运行方式灵活、接线简单等优点，在 35～220kV 的双母线上得到了广泛的应用。主要缺点是：正常运行时母联断路器必须投入运行；保护的动作电流受外部短路时最大不平衡电流的影响；在母联断路器和母联电流互感器之间发生短路时，将出现死区，要靠线路对侧后备保护来切除故障。

10.6 元件固定连接的双母线电流差动保护

当双母线按照元件固定连接方式运行时，保护装置可以保证有选择性地只切除发生故障的一组母线，而另一组母线仍可继续运行；当元件固定连接方式被破坏时，任一母线上的故障都将导致切除两组母线，使保护失去选择性。所以，从保护的角度看，希望尽量保证元件固定连接方式不被破坏，这就必然限制了电力系统运行调度的灵活性。

当发电厂和重要变电站的高压母线为双母线时，为了提高供电的可靠性，常采用双母线同时运行，母线联络断路器处于投入状态。按照一定的要求，每组母线上都固定连接约 1/2 的供电电源和输电线路，这种母线称为固定连接母线。当任一组母线故障时，只切除接于故障母线上的元件，而另一组母线上的连接元件则照常运行，从而缩小了停电范围，提高了供电的可靠性。因此，双母线电流差动保护要有能区别是哪一组母线故障的选择元件以及能区别内部故障和外部故障的启动元件。双母线同时运行时支路固定连接的电流差动保护单相原理接线如图 10-7 所示。

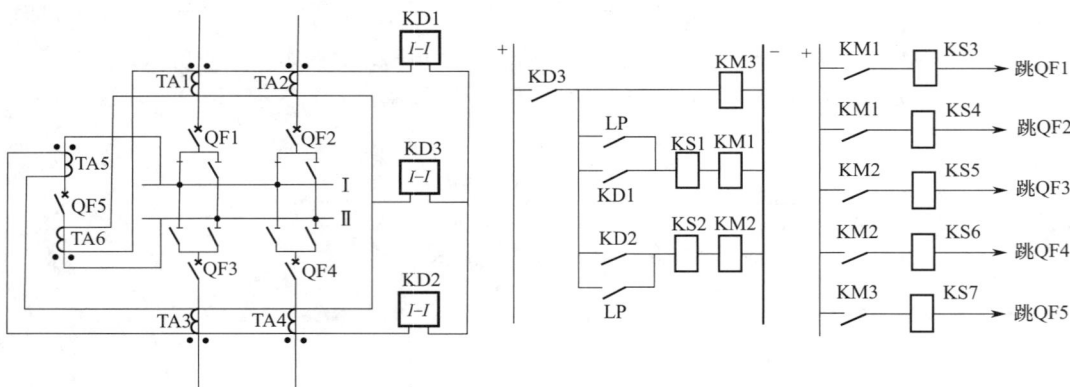

(a) 交流回路接线图　　　　　　　　　　(b) 直流回路展开图

图 10-7　双母线同时运行时支路固定连接的电流差动保护单相原理接线图

TA1、TA2、TA3、TA4 和差动继电器 KD3 组成一个完全电流差动（总差动）保护。当任一组母线上发生故障时，它都会动作；而当母线外部故障时，它不会动作；在正常运行方式下，它作为整个保护的启动元件；当固定接线方式破坏并有保护范围外部故障时，可防止保护的非选择性动作。如图 10-8、图 10-9 所示，当正常运行及母线外部故障（k 点）时，流经继电器 KD1、KD2 和 KD3 的电流均为不平衡电流，保护装置已躲开整定值，不会误动作。

图 10-8 中 k 点短路时，只有 KD2 和 KD3 动作，最后由断路器 QF3、QF4 和 QF5 跳闸

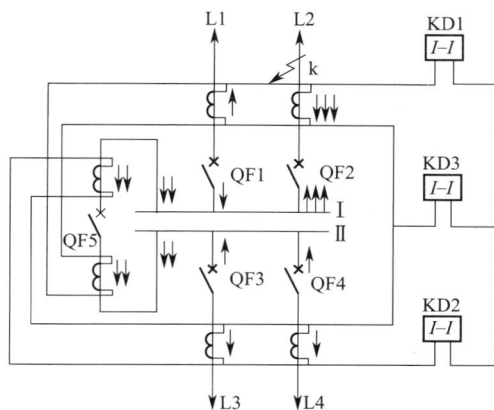

图 10-8 按正常连接方式运行时，保护范围外部故障时电流的分布（一）

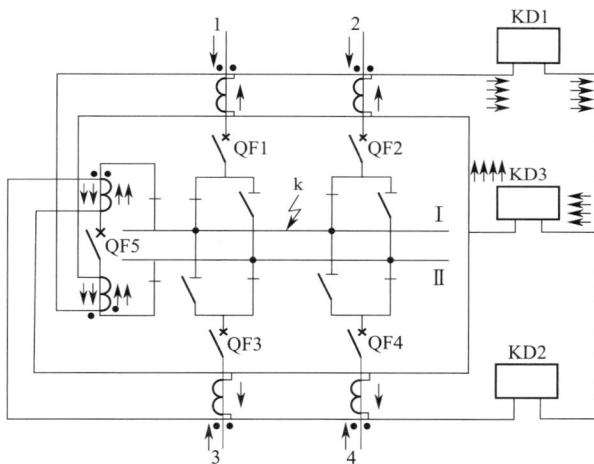

图 10-9 按正常连接方式运行时，保护范围外部故障时电流的分布（二）

切除故障。在固定连接方式破坏时，保护装置的动作情况将发生变化。例如，当连接支路 1 自母线Ⅰ按正常连接方式运行，母线Ⅰ上有故障切换到母线Ⅱ上工作时，由于差动保护的二次回路不能随意切换，因此，按原有连接方式工作的Ⅰ、Ⅱ两母线的差动保护都不能正确反应母线上实际连接元件的阻抗值，因而在 KD1 和 KD2 中出现差电流。在这种情况下，保护无法判断在哪一组母线上发生了故障。

10.7 母线保护的特殊问题及其对策

10.7.1 电流互感器的饱和问题及母线保护常用的对策

由于母线的连接设备众多，在发生近端外部故障时，故障支路电流可能非常大，其 TA 易发生饱和，有时可达极度饱和。这种情况对于普遍以差动保护作为主保护的母线而言极为不利，可能会导致母线差动保护误动作。为此，母线保护必须要考虑采取防止 TA 饱和误动作的措施，在母线外部故障 TA 饱和时能可靠闭锁差动保护，同时在发生外部故障转换为内部故障时，能保证差动保护快速开放、正确动作。

目前，国内较常采用的母线差动保护有中阻抗型母线差动保护和数字式母线差动保护，并且在 110kV 及以上电压等级的电网中广泛使用，具有较高的稳定性和可靠性。在这些母线保护中采用了多种抗 TA 饱和的方法，本节将对此予以说明。

（1）中阻抗型母线差动保护抗 TA 饱和的措施

中阻抗型母线差动保护利用 TA 饱和时励磁阻抗降低的特点来防止差动保护误动作。由于保护装置本身差动回路电流继电器的阻抗一般为几百欧，此时 TA 饱和造成的不平衡电流大部分被饱和 TA 的励磁阻抗分流，流入差动回路的电流很少，再加之中阻抗型母线差动保护带有制动特性，可以使外部故障引起 TA 饱和时保护不误动。而对于内部故障 TA 饱和的情况，则利用差动保护的快速性在 TA 饱和前即动作于跳闸，不会出现拒动的现象。

（2）数字式母线差动保护抗 TA 饱和的措施

目前，数字式母线差动保护主要为低阻抗型母线差动保护，影响其动作正确性的关键是 TA 饱和问题。结合数字式保护的性能特点，数字式母线差动保护抗 TA 饱和的基本对策主要基于以下几种原理。

① 具有制动特性的母线差动保护。具有制动特性的母线差动保护在 TA 饱和不是非常严重时，比率制动特性可以保证母线差动保护不会误动作。但当 TA 进入深度饱和时，此方法仍不能避免保护误动，需要采用其他专门的抗 TA 饱和的方法。

② TA 线性区母线差动保护。TA 饱和后，在每个周波内的一次电流过零点附近存在不饱和时段。TA 线性区母线差动保护就是利用 TA 的这一特性，在每个周波 TA 退出饱和的线性区内，投入差动保护。由于此种原理的保护实质上是避开了 TA 饱和区，所以能对母线故障作出正确的判定。为保证 TA 线性区母线差动保护正确动作，必须实时检测每个周波 TA 饱和与退出饱和的时刻。但是由于 TA 饱和时的电流波形复杂，如何正确判断出 TA 饱和和退出饱和的时刻，判断出 TA 的线性转变区，是实现此方法的关键和难点。

③ TA 饱和的同步识别法。当母线外部故障时，无论故障电流有多大，TA 在故障的最初瞬间（在 1/4 周波内）都不会饱和，在饱和之前差流很小，母线差流元件不会误动作；若采用母线电压启动元件构成差动保护，在故障发生时则可以瞬时动作，两者的动作有一段时间差。当母线内部故障时，差流增大和母线电压降低同时发生。TA 饱和的同步识别法就是利用这一特点区分母线的内部、外部故障。在判别出母线外部故障 TA 饱和时，则闭锁母线差动保护。考虑到系统可能会发生外部转内部的母线转换性故障，因而 TA 饱和的闭锁应该是周期性的。

④ 通过比较差动电流变化率鉴别 TA 饱和。TA 饱和后，二次电流波形出现缺损，在饱和点附近二次电流的变化率突增。而当母线内部故障时，由于各条线路的电流都流入母线，差流基本上按照正弦规律变化，不会出现外部故障 TA 饱和条件下差流突变较大的情况。因此，可以利用差流的这一特点进行 TA 饱和的检测。

TA 进入饱和需要时间，而在 TA 进入饱和后，在每个周波一次电流过零点附近都存在一个不饱和时段，在此时段内 TA 仍可不畸变地转变一次电流，此时差流变化率很小。利用这一特点也可构成 TA 饱和检测元件。在短路瞬间和 TA 饱和后每个周波内的不饱和时段，饱和检测元件都能够可靠地进行闭锁保护。

⑤ 波形对称原理。TA 饱和后，二次电流波形发生严重畸变，一个周波内波形的对称性被破坏，分析波形的对称性可以判定 TA 是否饱和。判别对称性的方法有多种，最基本的一种是电流相隔半周波的导数的模值是否相等。

⑥ 谐波制动原理。当发生外部故障 TA 饱和时，差流的波形实际上是饱和 TA 励磁支路的电流波形。当 TA 发生轻度饱和时，故障支路的二次电流出现波形缺损现象，差流中包含大量的高次谐波。随着 TA 饱和深度的加深，二次电流波形缺损的程度也随着加剧，但内部故障时差流的波形接近工频电流，谐波含量少。

谐波制动原理利用了 TA 饱和时差流波形畸变的特点，根据差流中谐波分量的波形特征检测 TA 是否发生饱和。这种方法是利用保护范围外转范围内故障时故障电流中存在的谐波分量的减少的情况来迅速动作差动保护。

10.7.2　母线运行方式的切换及保护的自适应

各种主接线中以双母线接线的运行最为复杂。随运行方式的变化，母线上各种连接设备在运行中需要经常在两条母线上切换，因此希望母线保护能自动适应系统运行方式的变化，免去人工干预及由此引起的人为误操作。

可以利用隔离开关辅助触点来判断母线的运行方式。在集成电路型母线保护中通常采用引入隔离开关辅助触点来判断母线运行方式的方法。为防止隔离开关辅助触点引入环节发生错误，有些母线保护采用引入每副隔离开关的动合触点和动断触点，以两对触点的组合来判别隔离开关的状态。但这种方法常会因为隔离开关辅助触点不可靠（如接触不良、触点粘连或触点抖动等）而导致出错，因此在实际工程应用中并不真正有效。当辅助触点出错时，会导致母线保护拒动或因保护失去选择性而扩大切除故障的范围。

数字式保护具有强大的计算、自检及逻辑处理能力，数字式母线保护可以充分利用这些优势，采用将隔离开关辅助触点和电流识别两种方法相结合的、更加先进、有效的自适应运行方式。具体实现方法是：将运行于母线上的所有连接设备的隔离开关辅助触点引入保护装置，实时计算保护装置所采集的各连接设备的电流瞬时值，根据运行方式识别判据来校验隔离开关辅助触点的正确性，确定无误后，形成各设备的"运行方式字"，运行方式字反映了母线各连接设备与母线的连接情况；若校验后有误，保护装置则自动纠正错误。数字式母线保护的这种自适应运行方式能更有效地减轻运行人员的负担，提高母线保护动作的正确率。

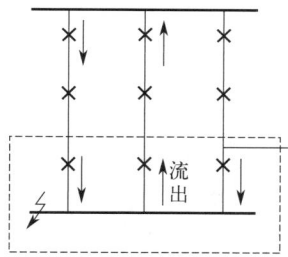

图 10-10　断路器的母线短路时有电流流出的情况

10.8　断路器失灵保护

电力系统中有时会出现继电器保护动作而断路器拒绝动作的情况。发生断路器失灵故障的原因很多，主要是断路器跳闸线圈在 110kV 及以上的发电厂和变电所中，当输电线路、变压器或母线发生短路，在保护装置动作于切除故障时，可能伴随故障设备的断路器拒动，即发生了断路器失灵故障。产生断路器失灵故障的原因是多方面的，如断路器跳闸线圈断线，断路器的操动机构失灵等。高压电网的断路器和保护装置都应具有一定的后备，以便在断路器或保护装置失灵时，仍能有效切除故障。相邻设备的远后备保护方案是最简单、合理的后备方式，既是保护拒动的后备，又是断路器拒动的后备。但是在高压电网中，由于各电源支路的助增作用，实现上述后备方式往往有较大困难（灵敏度不够），而且由于动作时间较长，容易造成事故范围的扩大，甚至引起系统失稳而瓦解。有鉴于此，电网中枢地区重要的 220kV 及以上主干线路，必须装设全线速动保护时，通常可装设两套独立的全线速动主保护（即保护的双重化），以防保护装置拒动；对于断路器的拒动，则可专门装设断路器失灵保护。

断路器的母线短路时有电流流出的情况如图 10-10 所示。

（1）装设断路器失灵保护的条件

由于断路器失灵保护是用于系统故障的同时断路器失灵的双重故障的保护，因此允许适当降低对它的要求，即仅要求最终能切除故障即可。装设断路器失灵保护的条件：

① 相邻设备的远后备保护灵敏度不够时，应装设断路器失灵保护。对于分相操作的断路器，允许只按单相接地故障来校验其灵敏度。

② 根据变电所的重要性和装设失灵保护作用的大小来决定如何装设断路器失灵保护。例如，多母线运行的 220kV 及以上变电所，当失灵保护能缩小断路器拒动引起的停电范围时，就应装设失灵保护。

（2）对断路器失灵保护的要求

① 失灵保护的误动和母线保护误动一样，影响范围很广，必须有较高的可靠性（安全性）。

② 失灵保护首先动作于母联断路器和分段断路器，此后相邻设备的保护能以相继动作切除故障时。失灵保护仅动作于母联断路器和分段断路器。

③ 在保证不误动的前提下，应以较短延时、有选择性地切除相关断路器。

④ 失灵保护的故障判别元件和跳闸闭锁元件应对断路器所在线路或设备末端故障有足够的灵敏度。

（3）断路器失灵保护工作原理

断路器失灵保护由启动元件、时间元件、闭锁元件和跳闸出口元件等部分组成。

启动元件由该组母线上所有连接设备的保护出口继电器和故障判别元件构成。只有在故障设备的保护装置出口继电器动作后不返回（表示继电保护动作，断路器未跳开），同时在保护范围内仍然存在故障且故障判别元件处于动作状态时，启动元件才动作。

时间元件的延时按断路器跳闸时间与保护装置返回时间之和整定（通常 t 取 0.3～0.5s）。当采用单母线分段或双母线接线时，延时可分为两段，Ⅰ段动作于分段断路器或母联断路器，Ⅱ段动作于跳开有电源的出线断路器。

为了提高失灵保护的可靠性（不误动），对于失灵保护的启动，还需与另一条件组成"与"门。此另一条件通常为各相电流，电流持续存在，说明断路器失灵，故障尚未清除。电流元件的整定值，如能满足灵敏度要求，应尽可能大于负荷电流。为提高出口回路的可靠性，应再装设低压元件和（或）零序过电压元件或负序过电压元件，后者控制的中间继电器触点与出口中间继电器触点串联构成失灵保护的跳闸回路。对于启动元件中的故障判别元件，当母线上连接的设备较少时，可采用检查故障电流的电流继电器；当连接的设备较多时，可采用检查母线电压的低电压继电器。当采用电流继电器时，在满足灵敏度的情况下，整定值应尽可能大于负荷电流；当采用低电压继电器时，动作电压应按最大运行方式下线路末端发生短路故障时保护有足够的灵敏度来整定。

10.9 典型微机母线保护

目前，电力系统母线主保护一般采用比率制动式差动保护，它的优点是可有效防止外部故障时保护误动。在内部故障时，若有电流流出母线，保护的灵敏度会下降。

微机母线保护在硬件方面采用多CPU技术，使保护各主要功能分别由单片CPU独立完成，在软件方面通过各软件功能相互闭锁制约，以提高保护的可靠性。此外，微机母线保护通过对复杂庞大的母线系统各种信号（各路输入电流、电压模拟量、开关量及差流和负序、零序量）的监测和显示，不仅提高了装置的可靠性，也提高了保护的可信度，并改善了保护的人机对话环境，减少了装置的调试和维护工作量。软件算法的深入开发则使母线保护的灵敏度和选择性得到不断的提高。如母线差动保护采用复合比率式差动保护及同步识别法可以克服TA饱和对差动不平衡电流的影响。

（1）微机母线保护的配置

① 主保护配置。母线主保护为复式比率差动保护，采用复合电压及TA断线两种闭锁方式闭锁差动保护。大差动瞬时动作于母联断路器，小差动选择元件动作跳开被选择母线的各支路断路器。这里母线大差动是指除母联断路器和分段断路器以外，各母线上所有支路的电流所构成的差动。某一段母线的小差动是指与该母线相连接的各支路的电流构成的差动，其中包括了与该母线相关联的母联断路器或分段断路器的电流。

② 其他保护配置。断路器失灵保护由连接在母线上的各支路断路器的失灵启动触点来启动，其连接该母线的所有支路断路器。此外，还设有母联单元故障保护和母线充电保护。

③ 保护启动元件配置。母线保护启动元件有两种母线电流突变量元件：母线各支路的相电流突变量元件、双母线的大差动过电流元件。只要有一个启动元件动作，母线差动保护即工作。

（2）微机母线差动保护的TA的变比的设置

常规的母线差动保护为了减少不平衡差流，要求连接在母线上的各条支路的TA的变比必须完全一致，否则应安装中间变流器，这就造成保护的体积很大而不方便。微机母线保护的TA的变比可由菜单输入，由软件进行不平衡补偿，从而允许母线各支路的TA的变化不一致，也不需要装设中间变流器。

运行前，将母线上连接的各支路的TA的变比输入后，软件以其中的最大变比为基准进行电流折算，使保护在计算差流时各TA的变比变为一致。在母线保护计算判据及显示差流时，也以最大变比为基准。

本章小结

母线继电保护是电力系统的重要组成部分，旨在快速、有选择性地切除故障母线，确保电力系统的稳定运行和设备的安全。

母线作为电力系统中汇集和分配电能的关键设备，其故障会对整个系统的稳定性和供电质量造成严重影响。因此，对母线继电保护的要求极高，必须能够快速响应并准确地识别故障，防止故障扩大。母线继电保护的基本原则包括利用供电设备的保护来保护母线及装设专门的保护装置。这些保护装置需要满足速动性、选择性和可靠性要求，以确保在母线发生故障时，能够迅速隔离故障区域，避免影响无故障区域的供电。

母线继电保护方法主要包括利用相邻回路保护实现母线保护、电流差动原理母线保护（包括不完全差动保护和完全差动保护）及母联电流相位比较原理母线保护等。这些不同类型的保护各有特点，适用于不同的场景，以满足电力系统的多样化需求。

对于特别重要的母线，如220kV及以上的母线，应装设专用的母线继电保护，以确保在任一组（或段）母线上发生故障时，能够快速、有选择性地切除故障，同时保证另一组

（或段）无故障母线继续运行。此外，对于重要的单母线发电厂或变电所，也需要装设专用的母线继电保护，以快速切除母线上的故障。

总之，母线继电保护是保障电力系统安全稳定运行的重要手段，通过采用专门的保护装置和策略，可以有效应对母线故障，减少停电时间和范围，提高电力系统的可靠性和安全性。

<<<< **思考题与习题** >>>>

10-1　简述双母线上母线继电保护的配置。

10-2　试述判别母线故障的基本方法。

10-3　何谓母线完全电流差动保护？

10-4　分别简述高阻抗型母线差动保护、中阻抗型母线差动保护和低阻抗型母线差动保护的工作原理。

10-5　简述运行方式改变对双母线接线方式母线差动保护的影响，并简述数字式母线差动保护对运行方式的自适应方法。

10-6　何谓断路器失灵保护？

继/电/保/护/原/理

参考文献

［1］ 卢继平，沈智健. 电力系统继电保护［M］. 北京：机械工业出版社，2019.

［2］ 刘学军. 电力系统继电保护［M］. 北京：机械工业出版社，2020.

［3］ 贺家李，李永丽，董新洲，等. 电力系统继电保护原理［M］. 5版. 北京：中国电力出版社，2023.

［4］ 韩笑. 电力系统继电保护［M］. 北京：高等教育出版社，2022.

［5］ 张保会，尹项根. 电力系统继电保护［M］. 北京：中国电力出版社，2022.

［6］ 贺家李，李永丽，董新洲，等. 电力系统继电保护原理［M］. 5版. 北京：中国电力出版社，2023.

［7］ 王秋红，舒玉平，唐顺志. 电力系统继电保护及自动装置［M］. 北京：中国电力出版社，2023.